本书为教育部哲学社会科学重大课题攻关项目
“世界历史进程中多元文明互动与共生研究”
（项目批准号08JZD0037）**的成果之一**

世 界 历 史 进 程 中 多 元 文 明 互 动 与 共 生 研 究 丛 书

刘新成 主编

十八世纪中西互动：
学术交流与传承

Interaction between China and the West in 18th Century:
Academic Exchange and Inheritance

陈晓华 著

中国社会科学出版社

图书在版编目（CIP）数据

十八世纪中西互动：学术交流与传承／陈晓华著．—北京：中国社会科学出版社，2015.4

ISBN 978－7－5161－3625－6

Ⅰ.①十…　Ⅱ.①陈…　Ⅲ.①学术交流—研究—中国、西方国家—18世纪　Ⅳ.①G321.94

中国版本图书馆CIP数据核字(2013)第271321号

出 版 人　赵剑英
策划编辑　郭沂纹
责任编辑　丁玉灵
责任校对　徐　楠
责任印制　李寡寡

出　　版　中国社会科学出版社
社　　址　北京鼓楼西大街甲158号
邮　　编　100720
网　　址　http://www.csspw.cn
发 行 部　010－84083685
门 市 部　010－84029450
经　　销　新华书店及其他书店

印　　刷　北京市大兴区新魏印刷厂
装　　订　廊坊市广阳区广增装订厂
版　　次　2015年4月第1版
印　　次　2015年4月第1次印刷

开　　本　710×1000　1/16
印　　张　23
插　　页　2
字　　数　389千字
定　　价　69.00元

总　序

刘新成

当前，受全球化、“文明冲突”以及国际争端等诸多因素的影响，世界、文明和民族国家三者关系问题越来越受到关注。联合国将2001年定为“文明对话年”，联合国教科文组织则发布了“保护文化多样性宣言”。文明对话也好，保护文化多样性也好，其实都指向一个根本性的问题，即“异同关系”问题：世界同一，而文明和国家各异，因此必须处理好“异”和“同”的关系。

西方的“异同观”曾颇为“直白”：以异化同，亦即以西方文明同化世界，这与西方传统有关。西方自古典时代起就自视甚高，自称文明民族的同时，将毗邻的波斯人和日耳曼人等称为野蛮人。柏拉图设计的国家体制号称体现“普遍理想”，罗马法则以标志“人类共识”的“自然法”冠名。基督教取代犹太教也具有用普世宗教替代民族宗教的性质。中世纪教会宣称，世间全部生命毫无例外地服从上帝意志，（信仰）异端即属异类。宗教改革后，西方新兴阶级又恃其财富自称“上帝的选民”，睥睨所有“现世生活中的失败者”。1548年西班牙人胡安·金斯·德·塞普尔维达写到，根据亚里士多德的学说，西方人的海外征服完全正义，因为在非正义君主统治下的印第安人并非完整意义上的人类，欧洲人是来解放他们的。在这些人看来，欧洲的海外扩张乃勉为其难的“白人负担”。启蒙运动后，宗教说教不再有市场，取而代之的是理性主义进步观和目的论，西方发展道路被说成人类发展必由之路，非西方文明与西方文明之间不再是类别之分，而是发展水平的差距，不仅西方对世界的同化理所当然，而且非西方文明的唯一出路就是向西方靠拢。总之，如某些西方学者所言，长期的唯我独尊加上近代以来视简化为美德的科学思维习惯，已经把西方导向“政治学摩尼教陷阱”，在他们眼中，世界永远是“我方”与“对方”

对峙的世界。时至今日，虽然许多西方人对“西方中心论”已经有所警觉，但传统思维方式仍然存在，仅从近年出版的中译西著《国富国穷》（［美］戴维·S. 兰德斯，新华出版社 2010 年版）和《文明》（［英］尼尔·弗格森，中信出版社 2012 年版）等书中，就可以看到这一点。

在非西方世界，尽管如中国等有古代文明传统的国家在历史上不乏“求同存异”“同无妨异”“异不害同”等思想，但这些思想一般仅就本族内部而言，与营造“世界秩序”没有多大关系。事实上他们也不可能以这样的态度“看世界”。他们与世界“碰撞”的历史很大程度上是与被西方侵略的屈辱史连在一起的，他们从一开始认识世界，就陷于承认劣势又不甘于劣势，反感西方又不得不学习西方的矛盾之中，“体用心态”并非中国专利。从中国的“师夷制夷”到日本的“西方技术加日本精神”，从阿拉伯半岛的瓦哈比教到俄罗斯的民粹派，从沙特君主“要现代化，不要西化”的主张到 20 世纪 30 年代以后兴起的伊斯兰原教旨主义，尽管语言不同，说法各异，所产生的社会影响或运动后果也不尽一致，但都表达了一种二元对立的“世界定式”：在这个定式的一边是本土，另一边是西方。本土一方最初可能是某种文明，但随着时代进展越来越多指向民族国家。

有言道“读史使人明智”，但殊不知历史学本身也是时代的产物，受时代局限的史学有时非但不能使人明智，反而会制造认识误区。西方的世界史学就曾经起过误导作用。西方“现代历史科学”源于 19 世纪末的兰克学派。当时的欧洲民族主义盛行，唯心史观大行其道。黑格尔认为，人类历史就是一部理性发展史，但各民族理性发展不均衡，因而形成不同的民族精神，而理性发展到极致的民族精神（如日耳曼民族精神）则代表世界精神。按照这种历史观，只有理性民族才有历史可言（黑格尔认为东方民族尚未进入理性时代，所以没有历史），而世界历史就是理性民族史。黑格尔哲学中聚合不同民族精神而成的“想象世界”，在历史学演绎下成为以国家为本体的“历史世界”，这就意味着，西方历史学从一诞生就不承认“整体世界”的历史，而只承认“分割为不同民族和国家的世界”的历史。民族国家成为历史叙述的基本单位，所有人物、事件都在民族国家的背景下展开，国家之间彼此隔绝、互无联系，整体世界更无从谈起。这种“化整为零”的世界历史观凸显欧洲国家的理性先行者地位，与西方人长期以来的优越感相契合，与当时欧洲盛行的民族主义相呼应，是一种地道的西方产品，但是伴随西方的海外扩张和“文化殖民”，其影响遍及全球。今天，世界绝大多数国家的历史教育都采取本国史加外国史的模式，汤因比式的推崇民族文化纯洁性、视文化混杂为没落标志的“世界史”编纂方式在在留下痕迹，以至堆积国别、忽略整体成为世界历史叙述中的普遍现象，其结果是只见树木、不见森林，突出区别、淡化同一，呈现在人们眼前的多是一个分裂乃至对立和冲突的世界。

然而，20世纪特别是20世纪下半叶世界形势的发展却与世界史学叙述的传统脉络背道而驰。国际交往空前频繁，人员、商品、资本空前流动，国际组织、跨国组织空前活跃，现代化过程固有的规律限制了文化孤立存在和自我维护的机会，而以互联网为标志的科技发展简化了文化互动过程，静态的文明差异逐渐淡化，全球化趋势有目共睹。人们正是在对当代特点的思考和对现实世界的解释中，产生了对传统世界历史观的怀疑。德国学者哈贝马斯提出交往理论。他认为，人们的交往能力如同生产能力一样，也是推动社会发展的动力，“在实践知识、交往行动和用共识调解行为冲突的领域中，也存在着学习过程。……而且，只有这些学习过程才可能使新的生产力得到使用”。我国学者费孝通不失时机提出的“各美其美、美人之美、美美与共、天下大同”的思想，使我国传统文化中的“和而不同”观念具有了不同凡响的现代内涵。在国际史学界，布罗代尔、巴勒克拉夫、麦克尼尔、斯塔夫里阿诺斯等人或呼吁或力行，以宏观视野审视世界史，将世界作为一个整体而不是各部之和加以考察，所谓“全球史观”一时蔚然成风。全球史观内容繁复，“互动说”是其核心理念之一。该学说认为，人类属于为了生存不得不相互依存的物种，而他们为获得地球有限的能量必然彼此竞争，因此各人类群体不得不认真体会竞争与合作的关系；对合作与竞争理解最深入者通常可以获得最大限度的生存繁衍机会，与他人、他者、他方共处与交流能力是导致人类整体成功生存与繁衍的力量；在有文字以来的大部分时间里，推动历史变化的车轮是陌生人之间的接触，因为这种接触引起双方重新思考，在某种情况下甚至令其改变原有的行为方式，最初正是这类接触和反应导致文明的产生，此后文明之间或国际势力之间的互动乃是促成世界历史从文明的原初状态向当今状态演变的动力和基础，因此可以说，“世界历史的发展主要应归功于各文明、文化之间的相互交流，相互作用”。“互动说”容有不周之处，但它提供了一个全新的视角，从这种视角来审视世界历史，或许会带来新的启发。

首都师范大学全球史研究中心成立于2004年。十余年来我们除译介全球史论著外，也尝试做些研究工作。2008年在前期研究基础上，该中心获得教育部资助，承担了“世界历史进程中多元文明互动与共生研究”重大攻关课题。本套丛书就是该课题的研究成果。在我们申请这个课题的时候，就有专家问我们：你们怎么解释世界历史上的冲突？强调“共生”是否掩盖了国际冲突？我们承认世界历史上冲突不断，并无掩盖之想。我们也不相信互联网理想主义者尼葛洛·庞蒂所说的，“互联网的普及将改变我们的国别概念，国家会像个樟脑丸从固体直接转为气体那样蒸发掉”，而对于当前国际上有关淡化民族利益的政治图谋，我们也保持足够的警惕。我们这些研究在重现历史上曾经发生却在世界历史学中被忽略的和平共处现象的同时，并不回避冲突，只是把冲突放在不同族群、不同文明之间的接触、相遇、碰撞、交往、交流、互动、共处、互容、相融等诸多方面中间来呈现，避免唯冲突论。

我们处在一个全球化时代，“全球公民”如何相处是一个越来越现实的问题。“文明冲突论”所引发的反响与争议事实上已远远超出作者亨廷顿原书涉及的内容。如何认识所谓“全球社会”才是关键所在，杜维明先生说，当前，“从政治上和伦理上说，世界民族大家庭需要作出艰苦的努力，才能超越出自我利益辞藻之上，重获世界相互依靠的精神”。我国作为负责任的世界大国，已提出建立“和谐世界”的美好愿景。本套丛书倘能使读者对世界的同一性和世界各部分之间的关联性增加一点儿认识，我们就很满足了。

目　录

绪　论

一　本书问题的提出及意义

（一）问题的提出

18 世纪及其前后的欧洲正是中国由明末到清朝全盛的时期，这个时期入主中原作为中国大地主人的少数民族的满族在与汉族的互动中，接受了汉族的先进文化，引导多民族国家最终走向了文化的认同。同时，明末以来，学术文化政治之间，以及学术文化内部互动，促成了学术文化总结大势。

这个时期中西[①]之间也开始了第一次大规模的实质性的面对面互动，西方传教士将西方文化带入中国这个有着古老文化传统的国度来，同时也向西方讲述他们眼中的中国，在当时的欧洲掀起了中国热，启迪了欧洲人的革命思想，成为欧洲大革命的思想源泉之一，而西方的知识也通过传教士译介到中国，影响到中国的园林建筑、历法算术、地理知识、中国对世界的认识等。

在中西的这次认知中，从早期接受西学的先驱徐光启等与保守势力之间对西学的不同态度中，中学西学的体用问题已露端倪，如何对待外来文明成为日后有识的中国士大夫一直追寻的问题，成为中国走向近代的伏笔。中西的这次接触，双方都同样经受了猛烈的精神撞击。不过，在这个撞击中，中西双方大体遵循从误读到共识至分歧，从碰撞到融合再分裂，从排斥到欣赏又纷争，周而复始。当然，也不乏友情深厚的时期。西方在中国的传教也在这个总体而言的和谐规律下起伏着，直至罗马教廷固执教

① 当时的欧洲即西方文化的代表，因此全书除特殊说明外，所言西方均指欧洲。

义，彻底破坏中西和谐互动必须尊重他国传统的前提，传教士被驱逐出中国内地，中西交流暂告一段落。

在根深叶茂的中国文明面前，对中国文化有所认识理解后的耶稣会（Societas Iesu，S. J.）士沙勿略（St. Francois Xavier，1506—1552）开创了“适应性传教策略”。其后，利玛窦（Matteo Ricci，1552—1610）继承并实践之，使耶稣会融入中国文化中，获得了中国士大夫阶层的认可，得以在中国内地立足并进入统治中心，使中西之间互动共生出和谐，为中西交流争取到很长一段时间的总体而言的和谐。

然而，正是“适应性传教策略”使耶稣会士又不得不接触中国上层，自然不可避免接触中国的政治。不过，在明季总体上因利玛窦把握到位，耶稣会与东林党只是道义相投而互相理解支持，耶稣会的重心在传教的顺利与否，并不热衷政治权力，所以直到明王朝结束，耶稣会虽倾向东林党，但卷入其中的是非与争斗并不厉害，也并未因明代激烈的党争而招致多少祸患，传教事业一直处于大体和谐中，只是在利玛窦去世后，龙华民（Nicolas Longobardi，1559—1654）改变了利玛窦传教策略，使耶稣会受到来自反对派士大夫的打击，耶稣会才有了自利玛窦等创建的“适应性传教策略”带来很长一段时间中西互动和谐之后的一次打击。这个打击还因为耶稣会卷入了代表中国皇权的敏感的历法中去。西历是耶稣会获得中国认可并借此立足的技术优势之一，然而历法在中国具有“匡以正时，时以作事，事以厚生。生民之道，于是乎在矣”[①] 的功效，涉及中国敏感的皇权，因此西历在成为耶稣会邀宠上层的优势的同时，也成为了严守夷夏之防的中国士大夫致耶稣会之命的撒手锏。中西双方需要更多的互动，进一步加强认识理解，才能走出这个怪圈。最后，这个打击虽然以传教士胜利告终，但远没有结束，在未来的清朝还会重演，甚至更厉害。当然，在明亡之际，多年的与皇室、东林党的友好关系，以及出于对教众、传教事业的考虑，耶稣会最终选择了进入明王朝内部，与明王朝合作，站在明王朝一边，反击清政权的入关。耶稣会这次与政治紧密接触，当另作别论。它并非有违利玛窦对政治的谨慎，实质上是耶稣会与明王朝互动共生和谐的表现，虽然这个和谐的形式是战争。

---

① （唐）孔颖达：《春秋左传正义·文公六年》，载（清）阮元校刻《十三经注疏附校勘记》，中华书局 1980 年版，第 1845 页。

利玛窦去世后，时代很快掀开了新的一页，明王朝覆灭了，作为少数民族的清王朝入主了中原。清王朝以宽大之姿收容并保护了请求政治庇护的耶稣会士，而耶稣会士与统治上层关系密切的特征并未因新主来临而有所改变。皇威无常，耶稣会在中国因接近上层而生，最后必然也因接近政治而毁掉自己几百年来精心经营的事业。

入主中原的清王朝，他们顺应了汉族的文化，并与汉民族积极互动，尤其是汉族上层士大夫，以朱子学为统治的思想根基，以汉民族的礼仪道德敦风化俗，笼络汉族士大夫，除弊兴利，战争的创伤很快得到恢复，继之走向了盛世。当然，他们打击、清理思想异端者也是有力而无情的，但多倾向下层士大夫或百姓，或者是党派中的士大夫。而在华传教士继利玛窦之后，除汤若望（Johann Adam Schall von Bell，1591—1666）、南怀仁（Ferdinand Verbiest，1623—1688）等少数传教士能望其项背外，余者难以企及。既缺少如利玛窦一样的才智，又窥觑上层，结交权贵，希冀从中获得自己的利益。在大清盛世的传教士，在高居宝座傲视天下的雄主圣君面前，必然会受到重挫。而就领导耶稣会的西方教皇集团而言，一旦耶稣会与教皇集团的亲密期结束，远在西方的教皇集团就不免认为耶稣会在华的“适应性传教策略”是对教义的背叛，最后只能导致中西礼仪之争，在华传教士全面退出中国内地。这是中西文化差异带来的观念分歧的必然结局。不过，虽然结局遗憾，但中西这次互动给双方带来的影响却是深远的。

在这个颇漫长的碰撞冲突和谐交织的互动共生中，尊重知识倡扬理性追寻幸福的18世纪的西方，中国自然成了它们爱好的对象。虽然此时的它们也并不真正完全了解中国，但相信中国值得它们借鉴。数学家瓦尔夫因崇孔而失职，引起欧洲学者的同情。路易十五想改革，贝尔坦（Bertin，1720—1792）主张介绍中国思想。当然，西方对中国的模糊认识与理解，在传教士的各类著述的引导下也较以前认识明确，并引起西方各界高度关注中国的思想文化，对西方风俗、艺术和科学贡献巨大。如18世纪的西方思想家以中国为例，要求变宗教为社会的工具，要求信仰和理智要绝对分离。像孟德斯鸠（Montesquieu，C. L. de S.，1689—1755）的《法意》不时举中国为例。而伏尔泰（Voltaire）则崇尚孔子，以及中国的政府组织、制度等。在伏尔泰看来，中国的“六部”互相制衡，因此中国政府组织不是绝对的专制，他所写的《路易十四时代》还专门设一章讲中国的礼节问题。又魁奈（Francois Quesnay，1694—1774）等的重农思想与重农学派的形成也直接来源于中学。对于欧洲人对中国文化的重建，有学者提出了“欧洲化中国（Euro-sinica）”[①] 的概念，这个概念无疑是中西互动于欧洲一方的形象总结。不过，他们对中国的误读也依旧存在。

西学则影响到中国的历法算术、地理知识、园林建筑及对世界的认识等。中国士大夫与传教士合作译介西学。如徐光启与利玛窦合作翻译《几何原本》，还与利玛窦和另一位西方传教士熊三拔（Sabbathinus de Ursis，1575—1620）合作，翻译过测量、水利方面的科学著作。还在研究我国古代历法的基础上，吸收了当时欧洲在天文方面的最新科学知识，对天文历法进行了研究。正是受西历的影响，中国历法获得了进步。但天文历法是中国的禁区，最大程度地代表着皇权，被认为关系着封建政权的存亡。传教士以先进的历法技术希冀邀接中国上层，顺利传教。在中西互动共生和谐中，也自然种下了祸根。不过，这并不有违中西互动共生和谐的主题。

虽然中西互动在18世纪最后以中断告结，但双方在大致和谐友好与碰撞冲突交织的矛盾中吸纳着异质文明，并使它成为这个时期中西交流的主题，一定程度上决定了双方的未来走向。

本书以文献研究为基础，以全球史观整合文献学、学术史、思想文化史的研究，旨在揭示中西之间碰撞冲突与和谐交织的互动共生，突出中西之间如果能够互谅互让，势必能达成共识，共建和谐，共同前进，以区别于多数中西交流研究侧重碰撞冲突的主题。同时，在全球史观下，突破主义与中心之争，加强对话，站在平等视角下认识中西双方的互动共生，为当今“推动不同文明友好相处、平等对话、发展繁荣，共同构建一个和谐世界”提供历史与文化依据。

鉴于本书多学科跨国界长时段大范围的特色，因此在具体研究方法上，以文献为基础，采用综合研究与分类研究及个案研究相结合的方法进行研究，提炼出跨学科跨国界研究的成就，并在研究重点上有所突破。综合研究注重大范围长时段、多学科的结合；分类研究从中西各自的角度看

---

① ［加拿大］夏瑞春：《欧洲化中国：过去和未来》，潘琳译，《中国文化研究》2004年第3期，第41页。

对方，但要突出互动；个案研究主要选取代表中国知识界的《四库全书》的纂修，代表欧洲知识界的狄德罗（Diderot，Danis，1713—1784）《百科全书，或科学、艺术和工艺详解辞典》（*Encyclopédie*，*ou Dictionnaire Raisonné Des Sciences*，*Des Arts Et Des Métiers*）（以下简称狄德罗《百科全书》）的撰修来看18世纪及其前后的中国与欧洲。这个个案是贯穿全课题的灵魂，是本书的纲。

狄德罗《百科全书》与《四库全书》同在18世纪先后撰修。围绕这两部巨著的编撰，中西知识界均做出了反应，并对中西双方的未来产生了深远影响。而就两书而言，一丛书，一类书，形式上看似不可比，但实质上可比。因为它们是当时各自文化及文化圈的代表，从它们身上可见18世纪的中西时代、中西文化，以及中西未来不同发展道路及原因。此外，类书、丛书作为中国传世文献的重要形式，其对中国文化在“保留古代文献”、“为研究提供服务”、“对现代图书编纂的影响”[①] 等方面贡献的共同之处，以及二者互补相得益彰的功能，及其均具有的会通精神，是有目共睹的。因此，将《四库全书》与狄德罗《百科全书》放在同一框架下研究，是切实可行的。

本书旨在比较异同，揭示两部巨著撰修及其前后的时代特征，以及从中体现出的中西不同的社会人文、政治走向，认知中西双方在碰撞冲突与和谐共生交织之际各自的反应，并注重对来华传教士媒介的解读。

至于《四库全书》与狄德罗《百科全书》的比较研究，李煜瀛首次从编撰者、编撰方式、二书所处文化体系、意义、二书所反映的知识性与世界性特征谈及。其后，戴逸以《〈四库全书〉和狄德罗〈百科全书〉——为纪念法国革命二百周年而作》为题把二书编纂放在18世纪中西互动视野中，就两书产生的社会背景、编纂目的、人员构成、体例、宗旨、方法、指导思想、知识内涵、影响、各自对他者文化的认知等方面比较，指出两书之间的差异犹如18世纪东西方社会以及中华民族和法兰西民族之间的巨大差异，但两书却“保留了东西方文化交流和相互影响的

---

① 韩翠花：《类书与丛书在文化传播上的不同作用》，《中国典籍与文化》1998年第3期，第58—60、60—61、61—62页。

早期痕迹”[1]，对中西互动颇有贡献。肖东发、周悦《〈四库全书〉与法国〈大百科全书〉的编纂出版之比较》就二书编纂背景、编纂目的、编纂者、编纂过程、主要内容、成书后的影响六方面进行了对比，强调了二书编纂出版给18世纪及以后的东西方世界带来的重大影响与结果，并指出正是图书出版对社会、对文化、对一个民族、对整个国家的巨大作用，故对当今的出版事业不无借鉴意义。[2] 黄爱平在《〈四库全书〉纂修研究》单列一章，将两书放入18世纪的大背景下，比较二书产生的土壤、编撰目的、方法、思想内容，以及社会作用等方面的差异，认为“《百科全书》熔铸了18世纪中叶以前欧洲取得的全部文化成果，反映了新兴资产阶级的思想学说，那么，《四库全书》则是汇辑了中国漫长历史进程中留下来的丰富遗产，体现了传统文化的鲜明特征。……它们各具有不同的用途和价值。《百科全书》作为知识辞典，主要供给人们寻检查阅，帮助人们系统求知；而《四库全书》作为综合性丛书，着重保存文化典籍，提供学者研究利用。正因为如此，所以《四库全书》至今仍被公认为中国传统文化的宝库，古代典籍的渊薮。在这份珍贵的历史遗产中，既保存着中华民族数千年灿烂文明的精华，也包含着封建文化的各种糟粕”[3]。李均惠《〈四库全书〉的功过评说兼与法国〈百科全书〉比较》也对两书的编撰过程及影响作了简要对比。英国汉学家 J. A. G. Roberts 的 *L'image de la Chine dans l'Encyclopédie*(《百科全书中的中国影像》)[4]，将狄德罗《百科全书》中与中国有关的条目进行梳理分析，对研究“百科全书派”学者如何认知当时中国文化有参考意义。然而，以上研究有重《四库全书》轻狄德罗《百科全书》，详四库馆臣而略“百科全书派”的一面。此外，二书编撰的某些具体问题并未深入，且国外学者将两书放在同一框架下论述者，尚告阙如。同时，围绕两部巨著撰修来看中西及其互动，中西互动对它们的影响，归纳其中异同，见知它们生命在未来的延续，对未来

① 戴逸:《〈四库全书〉和狄德罗〈百科全书〉——为纪念法国革命二百周年而作》,《历史研究》1989年第2期，第178页。

② 肖东发、周悦:《〈四库全书〉与法国〈大百科全书〉的编纂出版之比较》,《学术交流》2006年第7期，第183页。

③ 黄爱平:《〈四库全书〉纂修研究》，中国人民大学出版社1989年版，第388页。

④ J. A. G. Roberts, *L'image de la Chine dans l'Encyclopédie*, *Recherches sur Diderot et sur l'Encyclopédie*, N22, 1997.

学术等方面的影响，并由此一窥中西道路的殊途，进而探究原因，也是尚待开垦的空间。

（二）研究意义和方法

首先，与时代要求同步，把握学术前沿，为“四库学”、狄德罗《百科全书》及其相关研究，以及中西文化交流提供了新思路，并探索了研究路径。

四库修书代表了18世纪东方文化，狄德罗《百科全书》代表了18世纪西方文化并对未来西方[①]世界有深远影响，并且二书均有体现他者文化因素的成分，把二书放在16世纪末至18世纪以来中西互动的大背景下而言，二书可以说是有互动的。当然，这个互动有大小之分。大则指中西互动大环境的汲养，各自体现的对方文化因素；小则指四库修书有乾隆受好胜心驱使，使其有赶超狄德罗《百科全书》的一面。因此，分析两部巨作撰修及其前后的学术交流与传承，以及其中知识分子的表现，分析二书体现的他者文化元素，一则可打破《四库全书》与乾嘉学术及思想政治文化各自为阵的研究局面，一则可打破中西两部巨著多独立研究的局面，用全球史观重新审视中西交流，突出二者之间的互动。具体而言，“四库学”研究侧重文献研究，多学科结合研究，本就不多。把《四库全书》的纂修与同时代西方学术文化联系起来研究，更少企及。此外，无论四库馆臣或《四库全书总目》所体现的四库馆臣西学观还是狄德罗《百科全书》的中学观，都不是全球史视野下的中西互动研究，有站在各自立场上的中国中心主义或西方中心主义之嫌。故而，本书首次用全球史观进行综合研究，把中西放在平等的环境下，从文献学史、学术政治史、思想文化史的角度以《四库全书》与狄德罗《百科全书》为本考察中西18世纪及其前后知识分子的心路历程、历史性格与命运，对18世纪中西知识分子代表及其代表性成果进行学术思想文化和政治关系的专门研究和分析，见知中西18世纪的学术、思想文化及政治风云，以及中西各自民族精神的形成与发展。

如何站在“全球史”的视野下进行历史文献学研究，如何把历史文献学研究与相关学科研究相结合，本书另列单篇详为阐释。

---

① 这个西方是包括美国的西方。

其次，本书要澄清中西之间的一些误读。如对传教士的认识问题，中西有差异，如何整合，有待重新发掘材料。这正与当下对历史文化要求重回原本，辩证认知的浪潮相吻合。

最后，本书坚持以“弘扬民族文化，开掘文化宝藏，以历史引导未来”为旨，希冀不负两部巨著的世界性地位，在全球化的今天，在各国文化战略纷呈中，尽力所能，担当起认识传统、振奋民族精神、构建社会主义和谐首善社会，以及建设中国和谐首善的国际文化形象的重任，为中西文化和谐共处，共同建设人类家园尽绵薄之力。并且希冀能为当今大型书籍编纂提供鉴戒与思路。

二　中西研究的再思考

——全球史视野下的历史文献学研究

如何对待西方文明，自西方文明与中国文明接触，中国人就开始思考了。虽然长久以来，中国以谦谦君子、泱泱大国气度接纳异质文明，但那多是在一种戒备状态，以及“非我族类，其心必异”的心理下竭力以主人的姿态同化到自己可以认可的一定程度的包容，夷夏之防始终牢系着封建时代的中国人，尤其是那时的中国知识阶层，所以异质文明在封建时代中国立足的前提是改造适应，与中国文明最后融为一体，难分彼此。更何况异质文明几乎很少有机会传入中国，中国国门敞开概率很小、口子甚窄，中国古代史上中西文明实质性的三次接触，仅最后一次小有气候。这最后一次接触，中国在对西方文明的局促不安中，既接受又排斥，有碰撞也有和谐，有友谊也有分裂，在互动中共生着。然而，最后的结果仍然是西方文明几乎全线退出中国。此后，西方列强以大炮打开中国国门，中国文明走向何方，如何正视西方文明，举国关注，但中学西学体用问题直至今日也未得圆满解决。至于如何进行中西研究，从理论到实践，更是议行纷纷，各有耕耘。有从人物角度认识中西的，有从西方文献看中国的，有从中国文献看西方的，有把中西之间类似或同时代类似的事件进行比较的。如何有效整合这些中西研究的流派，上升到理论高度，为学界、文化界，以及受众提供可供鉴戒的范例，应该是进行中西研究者必然的责任和义务。在这里，整合中西交通研究流派，“全球史视野”值得我们加倍关注，同时我们也不应忽视研究中文献的把握与运用。

全球史研究是指以全球为视角来研究具体历史，把全球视为一个整体，运用文化人类学、考古学等相关学科的成果，研究这个整体如何运行。[①] 囊括了多学科大范围长时段，互动共生是它的核心理念。它的研究去除了中心与主义，使研究在一种和谐持平的氛围下进行。如此，可达视野开阔，问题意识浓厚，研究深刻独到之功；而无论中学西学，任何一种研究，文献均是其本，一切研究由此而始。没有文献为基础，任何学术研究均为无源之水，无本之木。因此，个人认为可以把全球史视野运用到历史文献学研究中去，使全球史研究有深厚的文献基础，也扩大历史文献学的视野和发展空间。

全球史的概念本源自西方，如何把全球史视野运用到对西方文献的驾驭中，西方世界当不陌生。把全球史视野运用到中国历史文献学，要处理好的主要还是全球史视野如何与中国历史文献学结合的问题。因此，这里，就如何把全球史理念与中国历史文献学相结合，展开讨论。

（一）中国历史文献学学科建设问题

1923年梁启超首创“文献学”之名，他认为“广义的史学，即文献学”[②]。就此而言，中国文献学与广义的中国史学相等，包括狭义的中国史学，即通常意义上的中国史学学科，因此中国历史文献学的发展关系着中国史学的发展。

今天的时代，全球化的形势对中国学者提出了具备应对纷繁复杂的国际形势素质的要求。同时，如何处理自20世纪初期以来至今的中西之争问题，也是中国学者一直没有定论的难题，当今学者概莫能外。在这个大势下，中国学术界的前沿领域在潜移默化中悄然变化。就其中极具中学代表性的传统学问中国历史文献学而言，何去何从，既关系中国历史文献学自身的未来，也关系着史学的发展，是中国历史文献学学者不得不面对的一件大事，也是从事历史学工作者应重视的问题。

中国历史文献学学科自20世纪初期建立至今，已几经演变。它建立

① 以上观点见［美］杰里·本特利、赫伯特·齐格勒：《新全球史》（北京大学出版社2007年版）、刘新成：《互动：全球史观的核心理念》（《全球史评论》2009年第2辑，北京大学出版社2009年版）。

② 梁启超：《中国近三百年学术史》，山西古籍出版社2001年版，第87页。

不久之后，曾迎来了第一个发展高峰。陈垣在开展史学研究的同时，集前人及自己文献考据的实践经验，用科学方法系统总结为各门具有法则和范例的、可供传授、便于研习、操作和成长的专学，其中尤其是校勘学、避讳学、史源学等最为典范，从而不断扩展了中国历史文献学的学科内容，为中国历史文献学不断充实完善奠定了基础。20 世纪 60、70 年代，历史文献学受“左”的形势影响，发展滞后。20 世纪 80 年代以后，与“文化大革命”后需要重塑国民精神相一致，中国传统文化得到倡扬，中国历史文献学随之迎来了第二个发展完善的高峰。在学科建设方面，张舜徽《中国文献学》、吴枫《中国古典文献学》在 1982 年出版，二书在数十年文献学发展积累的基础上，对有关古文献的源流、部类、数量、考释、注疏、版本、校勘与流通阅读，以及类书、四部书、丛书、辑佚、辨伪等方面作出了较系统的梳理，建立了较为系统完善的文献学学科体系。与此同时，许多专家、学者对文献学学科涉及的对象、目的、内容和方法提出了自己的见解，尤其是白寿彝，更是对中国文献学的基本理论、发展历史和分支学科的建立，在理论上构建了运行系统的框架，他认为中国历史文献学分为理论部分、历史部分、分类学部分及应用部分四个部分，其中理论部分包括：历史和历史文献学的关系、历史学与历史文献的关系、历史文献作为史料的局限性、历史文献的多重性、历史文献和有关学科等问题。[①] 另外，白寿彝还谈到了研究历史文献学的意义，历史文献和历史文献学的发展史等问题。[②] 他们三人与这一时期其他专家、学者对文献学科的认识和见解一道建立了较为系统的历史文献学学科。此外，各大专院校纷纷设置中国历史文献学专业，招收了本科生、研究生等，并开设出配套课程，有的学校还推出了函授课程。所设课程基本涵括语言文字、文献基础及历史文化三方面内容。如上海师范大学开设有：文字、音韵、训诂、版本目录学、校勘学、方志学、《诗经》研究、《史记》研究、《汉书》研究、《宋史》研究、古代诗词的整理与研究、历史地理及相关实习课。[③] 总之，教学与理论相长，中国历史文献学蔚然大兴。

---

① 白寿彝：《谈历史文献学》，载白寿彝《白寿彝史学论集》（上），北京师范大学出版社 1994 年版，第 558—559 页。

② 同上书，第 507 页。

③ 吕友仁：《历史文献学是历史系的不能承载之重——历史文献学学科建设刍议》，中国历史文献研究会第二十六届年会论文，2005 年，第 1—2 页。

其后，经济浪潮波及学术文化领域，而中国历史文献学学科本身所固有的传统学术痼疾以及历史遗留问题也在不断显现。当然，这无疑也妨碍了它自身学理的推陈出新。而随着一批功力深厚的老专家的谢世，历史文献学界缺乏具有深厚功底的学术接班人，有后继无人之势。同时，中国历史文献学学科自身也忽略了建设与前进步伐，不但脱离了与其他学科的联系与交叉，也脱离了社会实际生活。此外，历史文献学的阵地主要在学术文化界，教学实践的不全面，当然不可能使它得到清晰完整的阐释和认识。它的重要地位，无疑也很难得以突出。这一切遂令中国历史文献学学科在 90 年代后失去了发展后劲。至于历史文献学在广义史学方面的发展，更是无从谈起。[①] 但欣幸的是，20 世纪末以来，国家对传统文化的重视，又把中国历史文献学等传统学科推到了学术舞台前沿。近年来出现了选辑、影印为主的四库系列丛书，如北京大学季羡林主编《四库存目丛书》、上海图书馆编《续修四库全书》、王钟翰编《四库禁毁丛书》等四库系列丛书的出版等，均是新时期中国历史文献学兴盛的表现。

综观中国历史文献学学科建立后的发展演变可知，它的发展是与中华传统的彰显紧密联系在一起的，同时它自身的与时俱进也是必不可少的。中国历史文献学的演变史从某种角度而言就是中国传统文化精神在现代及当代的兴衰史，也是一部社会、文化发展史，意味着回归传统，重塑民族精神的历史取向。这同时也说明了中国历史文献学学科地位的重要性。

不过，虽然形势有利于中国历史文献学学科的发展，但是如果中国历史文献学学科内部的痼疾无以妥善解决、自身学理得不到提升，也很难抓住时代机遇。因此，在经济全球化形势下，中国历史文献学学科自身改革日显重要，这对中国历史文献学学科未来及史学的发展均有重大意义。

笔者认为，当前就中国历史文献学的发展而言，它自身的改革与国际视野的拓展同等重要，而全球史研究的互动理念正可把二者统一起来，即从全球史视野出发深化中国历史文献学研究，以解决目前面临的问题。

全球史研究的特征之一是在于“把全球化历史化”，对全球化进行系统总结，了解世界一体化的起源和过程，从人类历史中寻找智慧；二是在

① 陈晓华：《中国历史文献学学科建设及教学的思考》，《历史教学》2007 年第 1 期，第 45—46 页。

于“把历史学全球化”①。“把历史学全球化”，就我个人理解而言，大而言之，即是突破了历史研究的国界局限，把笔触伸向全世界这个广阔空间，在不同文化的碰撞中寻找历史的轨迹、生命的缘起、探究人类与世界的未来，建立“‘全球普适性的历史话语系统’，‘使历史学本身全球化’”②；小而言之，则是就不同国家的文化进行比较研究。文化之间的比较研究并非全球史流派产生后才有的，但全球史的出现，无疑赋予国别之间的比较研究以新理念。刘新成在《光明日报》撰文明确指出，全球史观是一种认识方法，一种把局部历史现象放在全球视野中考察的方法。全球史观的“高明”之处在于它的核心理念：文化互动，即关注大范围、长时段的整体运动，研究跨国家、跨文化、跨文明、跨学科、跨领域的各种互动关系或现象，试图通过互动研究去除旧框架，重新理解和认识历史，达到各国各民族文化之间的平等交流。

中国历史文献学的改革，在基本原理如目录学、版本学、校勘学等理论的革新之外，首先要解决的就是研究空间拓展的问题。这个空间的拓展实际就是加大与国内其他学科，与国外各种研究及其理论方法之间的联系。而这正是全球史互动研究理念的一种表现。从全球史视野出发并非仅仅局限于中西互动，或不同学科之间。中西之间各自的互动，以及各学科内部的互动都是全球史视野中的互动。

（二）中国历史文献学的同质互动问题

1. 与中国考古学研究的互动

中国历史文献学之所以和中国考古学相联系，是中国历史文献易流失的特质导致的。中国历史文献在传承过程中，在天灾人祸兵燹、封建统治者的内部矛盾以及封建统治者的文化政策等各种因素下，有所流失是必然的。这部分流失的文献要么彻底销声匿迹，要么藏之深山，要么掩之地下，这就使历史因文献的记载有断层现象。这历史中记载的断层部分，往往需要依靠考古学成果来补足，自然使中国历史文献学与中国考古学必然有所结合。

---

① 刘新成：《中文版序言》，载［美］杰里·本特利、赫伯特·齐格勒《新全球史》，北京大学出版社2007年版，第V页。

② 同上书，第VI页。

与中国历史文献学一样，中国考古学也既古老又年轻。中国考古学的历史可以上溯到孔子时期，而它的学科体系的建立也是在20世纪20年代。所不同的是，考古学的名称本身是从西方引进的，而中国历史文献学无论从名称还是内涵都是土生土长的。

中国历史文献学与中国考古学结合渊源有自。"文献"一词，最早见于《论语·八佾》。子曰："夏礼吾能言之，杞不足征；殷礼吾能言之，宋不足征也。文献不足故也。足则吾能征之矣。"[①] 文献的缺失，致使孔子找不到需要的证据去证明口耳相传下来的故实的真确。而封建统治者对文献的禁毁，也致使一些文献不复流传。当北宫锜问孟子周朝所订班爵俸禄情况时，孟子曾这样回答："其详不可得闻也。诸侯恶其害己也，而皆去其籍。"[②] 同时，孟子对历史上记载的事实也表示了自己的疑惑，如认为"纣之不善不如是之甚也"，对圣人德行也表示出了"流血"的怀疑，也就是说对文献记载的真伪提出了思考。所以，统治者对孟子是有看法的。而这些有真伪的典籍，靠什么去鉴别呢？流失的典籍，怎么才能见到它们的真实面目？考古发掘就是一把开门的钥匙。因缘际会，某一天已经不存于世的典籍可能出土，典籍真实面目或真伪状况不证自明。如关于温文尔雅的禅让在古史传说中有各异的记载，真伪难辨，《竹书纪年》的出土彻底打破了禅让的神话。《竹书纪年》道："舜囚尧，复偃塞丹朱，使不与父相见"[③]，"舜南面而立，尧帅诸侯北面而朝之"[④]。原来禅让也是血腥的。

由中国历史文献记载的缺失而带来的对历史文献记载的怀疑，尤其是上古历史的怀疑，到清代愈演愈烈。崔述说："世益古则取舍益慎，世益晚则采择益杂。故孔子序《书》，断自唐虞；而司马迁作《史记》，乃始于黄帝。……近世以来……乃始于庖羲氏，甚至有始于开辟之初盘

---

① 《论语注疏·八佾》，（三国·魏）何宴集解，（宋）邢昺疏，载（清）阮元校刻《十三经注疏附校勘记》，中华书局1980年版，第2466页。

② 《孟子注疏·万章》，（东汉）赵岐注，（宋）孙奭疏，载（清）阮元校刻《十三经注疏附校勘记》，第2741页。

③ 《竹书纪年》，载张元济辑《四部丛刊初编》第17册，上海书店1989年商务印书馆影印本，第9页a。

④ 《孟子》卷9、《万章》上，载张元济辑《四部丛刊初编》第8册，第6页b。

古氏者。"[①] 到20世纪20年代疑古派形成之时就彻底否定整个上古历史。顾颉刚认为古史的记载中，时代愈后，传说的古史期愈长，比如周代人心目中最古的人是禹，到孔子时有尧、舜，到战国时有黄帝、神农，到秦有三代，到汉以后有盘古。司马迁关于上古历史的著述在无坚实的文献材料下，只有任凭历史去评说优长。倘若我们确信疑古派所言，那么整个中国的上古史都将被推翻，中国的历史将大大缩短，我们民族的根基将消失殆尽，所以顾颉刚等的疑古确实过了头，这点后来顾颉刚自己也意识到了。因此，在建立起上古信史任务面前，考古学责任重大。因为这段历史几乎没有文献可查，几乎全是故老传说或历史遗迹。如司马迁上古历史记载的真实性，自19世纪末20世纪初到夏商周断代工程以来的考古成果，才终于彻底给予了肯定与褒奖。这个长跨度的其中"五四"以后的一段时期，面对上古历史真伪问题，中国历史学是在"信古"、"疑古"、"考古"、"释古"中度过的，各有论说，难有定论。当然，肯定中国考古学的成绩与重要性，并非就否定中国历史文献学的成绩与重要性。

从甲骨文发现到1949年以前，最能经受住时间考验，成就最大的史学理论还是王国维的"二重证据法"。"二重证据法"出自王国维并非偶然。19世纪末至20世纪初大量出土文献以及西方近代哲学，特别是实证主义思想的影响，再加上王国维扎实的国学功底，多学科训练的经历，敏锐的思维与视野，促使王国维提出了"二重证据法"。正如他自己所说："古来新学问，大都由于新发现。有孔子壁中书出，而后有汉以来古文家之学；有赵宋古器出，而后有宋以来古器物、古文字之学。惟晋时汲冢竹简出土后，即继以永嘉之乱，故其结果不甚著，然同时杜元凯注《左传》，稍后郭璞注《山海经》，已用其说；而《纪年》所记禹、益、伊尹事，至今成为历史上之问题。然则中国纸上之学问者，固不自今日始矣。"[②] 清末至民国初年，诸如甲骨文字的发现与著录、铜器群的发现与考释、考古学的发掘和古器物学的研究、西北文物的发现与著录、内阁大库军机处档案与太平天国史料的发现与著录，[③] 无疑为搜集史料开了新

① （清）崔述：《考信录提要》，载（清）崔述《崔东壁遗书》，顾颉刚编订，上海古籍出版社1983年版，第13页。

② 王国维：《王国维文集》第4集，中国文史出版社1997年版，第33页。

③ 顾颉刚：《当代中国史学》，上海古籍出版社2002年版。

途，拓展了史料的空间。王国维适逢其会，并做出了积极的理论思考，这就使他走在了学界的前沿，开拓出了新学术。他的《殷卜辞中所见先公先王考》考证出王亥为殷的先祖，而长期以来存有疑义的《史记·殷本纪》中记载的报乙报丙报丁，也在卜辞中有了相应的位次。另外，又考证出殷人兄弟无论长幼，与已立未立，他们的名号典礼并没有等别，化解了卜辞中父甲父乙等名称求诸世系不能通的疑惑。他的《续考》，则将殷先公的名号完全考释清楚。《殷卜辞中所见先公先王考》及《续考》的问世，澄清了长久以来殷商世系不清的问题，也证实了《史记》等一批文献资料的可靠性，使中国可信古史可上溯到殷商时期，拓宽了历史研究的领域。他的《古史新证》，则率先提倡用地下材料与纸上材料二重结合，即用甲骨文金文等出土文献结合传世文献考证古史的真伪，用甲骨证商史，用金文证周史，补证纸上的材料，证明古书的某部分全为实录，即百家不雅驯的话语，也不无表示一面的事实。"二重证据法"自提出后，遂成为中国历史学界及中国考古学界至关重要的法则。而有关甲骨文、金文的研究，发展到今天，它们的最大特色就是结合传世文献进行研究。

20 世纪 30 年代末至 70 年代，时代的缘故，中国考古学几乎寸步难行，中国历史文献学也举步维艰，更莫谈二者的结合研究。这种状况到 20 世纪 70 年代末才被打破。20 世纪 70 年代末以来，思想禁锢逐渐打破，经济发展、社会安定，举国上下重视科学文化，知识分子地位提高，在解放思想、实事求是的学风中，学者们敢于摆脱迷信、教条主义和实用主义的精神枷锁，以求实求真的态度考辨典籍文献和史实。多年来在"左"的路线下，特别是在"文化大革命"中随意歪曲历史、歪曲史料的现象，需要拨乱反正，也加重了辨伪学的责任和任务。而 70 年代几次重大古文献出土，使人们不得不对前人的辨伪成果进行重新审视和反思，这为 80 年代中国考古学与中国文献学结合研究的发展带来了契机。80 年代的辨伪热潮，更加显示了"二重证据法"的强大生命力。1971 年安徽阜阳西汉汝阴侯夏侯灶墓出土了《晏子春秋》残简，1972 年山东临沂银雀山汉墓出土了《孙子》、《六韬》、《尉缭子》、《管子》、《晏子春秋》、《墨子》、《孙膑兵法》等残简，1972 年长沙马王堆汉墓出土了《老子》、《战国纵横家书》、《易经》以及阴阳、天文、五行、杂占等 10 多种 12 余万字的大批帛书，1973 年河北定县汉墓出土了《晏子春秋》、《论语》、《儒家者言》、《哀公问五义》、《文子》、《太公》等 8 种残简，1975 年湖北云梦睡虎地出土了《编年纪》、《日书》等 10 种秦简，1978 年青海大通县上孙家寨汉墓出土了与《孙子》有关的竹简文献等。

这些简牍帛书的出土使其中历来被怀疑或断言是伪书的《文子》、《尉缭子》、《鹖冠子》、《晏子春秋》、《六韬》、《孙子兵法》等成了真书，促使学术界对前人辨伪成果重新审视考辨，这个时期结合出土文献辨伪的论作激增。对此，郑良树日后在《古籍真伪考辨的过去与未来》一文中有很好的总结，他认为，“七十年代竹简帛书的出土，无疑的是辨伪这门学问的试金石……为古籍真伪研究最上乘的第一手资料”，因此，“竹简帛书的出土……同时也将检验千多年古籍真伪研究的成果”。“竹简帛书的检验之后，即知先贤在古籍辨伪的研究上，确实犯有值得重视的缺点”；“在态度上，有些学者感情用事，成见太深，主观太强，以‘每辨必伪’，‘逢书必假’为一逞快之事；在方法上，有些学者过分‘粗心大意’、‘跳级论证’，强不知以为知”。为此，他提出了古籍辨伪应该“在态度上要平实”，“在方法上要严密”，“在论证上要周备”，“在论断上要谨慎”的观点。[①] 郑良树的总结非常到位，在简帛大量出土基础上所做的学问，到这个时期已经形成一门出土文献与传世文献结合研究的学问“简帛学”。

促进中国考古学与中国历史文献学研究的进一步结合，在全球化的今天也越来越受到重视。而中国历史文献学与中国考古学之间的特殊关系，使得中国历史文献学与中国考古学相映生辉，共同前行，可取得更大的佳绩。

在中国历史文献学界，有关这方面的呼声很大，拓展空间非常广。从银雀山汉墓到马王堆汉墓及郭店楚简，都有大批出土文献可与传世文献相比较。如出土的《孙膑兵法》、《尉缭子》、郭店《老子》等，都可以与相应的传世本进行比较校勘，从而整理出更符合古书原貌的典籍。这也是中国历史文献学开辟新领域、创建新的分支学科的一个途径。如 2002 年 6 月湖南湘西龙山县里耶古城出土了大批秦木简达 3 万多枚，是秦始皇时期的县府档案，非常珍贵。媒体称，据这些材料可以改写秦史。比如，竹简中有“洞庭郡”的记载，这就使秦郡的设置由原来的 36 个郡增为 37 个郡。此外，竹简中还反映了大量秦代行政、邮传、经济方面的信息，这

① 郑良树：《古籍真伪考辨的过去与未来》，《文献》1990 年第 2 期，第 255 页。

些都是非常宝贵的。有学者建议中国历史文献学学科应该建立古文书学学科，运用古文书学的方法，对简牍的书写格式、内容类别、收发渠道、档案功能、时间地点和简牍形制等做深入、系统研究，改变或增添文献学的内容。①

今天的中国考古学已开始脱离历史学，走上独立发展的道路，一些大学成立了考古学院，但是中国考古学完全与历史学绝缘是不可能的，它毕竟与中国历史学有千丝万缕的联系，而就考古而言考古也必然是单调的。就中国考古学与中国历史文献学结合研究而言，无论是甲骨学还是简帛学，究其实还是中国考古学与中国历史文献学的结合，如果把甲骨学、简帛学等与中国历史文献学及考古学均联系紧密的学科都统一在一个专名下，称为“考古文献学”，是否更有利于中国考古学与中国历史文献学的结合，是值得我们思考的一个问题。这方面具体实践的成果已经很多，只是还需要理论上的总结。

2. 与中国文化史、社会史研究的互动

一部社会发展史、社会历史文化发展史，是可以在文献的产生、聚散、文献学的发展中体现出来的，它们之间密切相连。因此，中国历史文献学的研究如能与社会史、文化史研究相结合，会相得益彰，加深中国历史文献学研究的分量。比如有些学者近些年所做的古代和近代私家藏书文化研究，如黄建国等主编《中国古代藏书楼研究》（中华书局1999年版）、周少川《藏书与文化——古代私家藏书文化研究》（北京师范大学出版社1999年版）、李雪梅《中国近代藏书文化》（现代出版社1999年版），就是文献研究与文化史、社会史研究结合的典型。他们的成果，“视野开阔，整体观照，都将藏书视作一种重要的社会文化现象，并将其置于一个大的历史文化背景下进行探讨。着眼点虽在藏书，但目光却是整个社会文化风气的深层变迁，这种文化视角的采用是自觉的，比如后两书都在卷首的绪论中对以前的研究工作进行总结，然后解释采用文化视角的必要性。这种探讨角度的转换无疑对中国藏书文化会有更新更深入的认识”②。其中，《藏书与

① 周少川等：《世纪断想——中国历史文献学学科建设的思考》，《历史文献研究》第22辑，华中师范大学出版社2003年版，第4—5页。

② 淮茗：《中国藏书文化研究的新收获——评三部新出版的中国藏书文化论著》，《中国图书评论》2001年第2期，第16页。

文化——古代私家藏书文化研究》一书更是体现了文献与社会史文化史相结合的道路，它“将私家视为中国古代一种内蕴极其丰富的文化现象、中国文化史研究的一个重要课题，自觉采用文化的视角”，它的研究角度的变化“必然会带来观点的变化，以前司空见惯的现象就此获得新的意义和价值，比如作者对古代私家藏书与社会历史环境相互关系的论述，这一问题以前涉及较少，作者结合丰富的古代藏书史料，详细论述了政治经济条件和学术文化演变对藏书文化的深远影响，探讨了北风南移和私家藏书文化中心的转移……对古代藏书楼、藏书章、藏书习俗、藏书嗜好等问题，以前只是作为典故趣话来谈论，但在作者眼里，它们都是古代藏书家文化心态的生动见证，对于揭示他们的文化心态具有重要的史料价值。如果不是文化视角的采用，是不易发现这些问题的重要价值的”[①]。由此可见，中国历史文献学走与中国文化史、社会史互动的道路，将会极大地拓宽现有研究空间。

然而，遗憾的是，虽然中国历史文献学与中国文化史、社会史的互动有一些实践，但鲜有理论高度的总结。当然，也有学者在呼吁三者之间的结合，但只是谈结合，没有统一的理论口号，没有明确的旗帜相号召，必然达不到在从事中国历史文献学者中广为推介，形成普遍意识的功效。因此，有必要从全球史视野出发，强调互动共生中长时段大范围的研究，使中国历史文献学与中国文化史、社会史的结合形成规模和意识，增强中国历史文献学的活力。

3. 与中国学术史研究的互动

中国历史文献学的发展史，其实也是一部与学术之间的互动史。例如，西汉开国以来重视整理文献，口耳相传用当时文字记录的为今文经，秦火余烬下的文献为古文经。围绕二者的整理，形成了与它们相适应的两门学问，即今文经学与古文经学。而古文经学又与注疏之学一脉相通，汉唐注疏大盛，于是有学界缜密的学风。到它后期注疏泛滥，动辄千言的时候，也是学风破败到无病呻吟的时期。宋代大兴图籍，类书等大量问世，金石等广为整理出版，使需要广阅读方能疑经惑古，多见识方可考辨的学问有了坚实的基础。在这基础上，宋儒从儒家原典中寻找圣人的道。而宋

① 淮茗:《中国藏书文化研究的新收获——评三部新出版的中国藏书文化论著》，《中国图书评论》2001 年第 2 期，第 16 页。

儒对儒家经典的重读，直接引发对传世经典的怀疑与考辨，对汉唐传注的怀疑与批评，对汉唐传统经学的章句训诂式研究方法的抨击。因此，宋代的经学可以说就是对经典与汉唐传注进行的重新审视。明初，太祖朱元璋认为《四书》、《五经》如五谷，不可一日不食。成祖朱棣命胡广将宋代理学家的著作辑成《性理大全》等，颁行天下，遂确立朱子学独尊的地位。由此，可以说，大约起自中唐，以明代初年《四书五经大全》的编纂为止的“宋明性理之学”时期，从某一个角度而言，就是对汉唐所累积而成的烦琐的义疏训诂的再批判与再出发。而明代中后期取代朱子学地位的阳明心学也不过是朱子学的衍生。明人好藏书，明代藏书家为名利而作伪的盛名，也是与明人空疏浮泛的学风一致的。清代前中期整理书籍，开馆修书，既总结了学术又引导了学术风气，到乾嘉时期考据之风成为学术主流。而由刘向父子到《隋书·经籍志》确立，其后一向为主流并到四库修书时达到顶峰的四部分类法，它的发展史也是一部学术史，在中国学术史上也具有举足轻重的地位。而当四部分类法达到顶峰的时候，它不能容纳所有书籍的弊病已显，学术的变革也从中露出了端倪。预示着中国的学术将走向新的征程，中国的时代也将翻开新的一页。

中国历史文献学与中国学术史的互动共生研究具有广泛的发展空间。学术史不仅要从思想、义理的角度去写，还要从文献、史实的角度去写，两者不可偏废。[①] 文献学研究也要从学术的角度去思考。中国历史文献学各个时代的各种经典的注释、校勘都能反映时代的精神，校勘注释的内容都能看到学术思想和学术观点、看到中国学术史的转变，同一著作的不同版本也足可反映出不同的思想和学术，文献学应该在这方面做出学术史的说明。而学术史也应该有文献学的基础，学术史很大程度上是各学派的发展史，以及错综复杂的关系史，而各学派的观点是靠自己学派的经典著作来诠释的。经典著作的历代解读，也是学术史不可或缺的部分。不同学派的时代、发展阶段，尤其是不同学派形成发展的说明，都需要依凭文献为线索。《明儒学案》、《宋元学案》实际就是学派史，但这方面的研究和陈述并不多。又如《四库全书》的研究，从事中国历史文献学研究者看到的多是纂修、版本、校勘、考辨等纯文献学方面的内容，忽略与学术史的互动。全球史的互动理念提醒我们，既然中国历史文献学与学术史有着互

① 易丹：《李学勤谈清代学术的几个问题》，《中华读书报》2001年8月15日第9版。

动共生的关系，那么二者的结合研究将是未来必然的发展趋势，应当引起我们的重视。

4. 与人类学的互动

下面，我们谈谈中国历史文献学和人类学的结合问题。

人类学（anthropology）是从生物和文化的角度对人类进行全面研究的学科群，词由 anthropos 和 logos 组成，从上理解就是有关人类的知识学问，它是以综合研究人体和文化（生活状态），阐明人体和文化的关联为目的的。人类学大致可区分为：主要研究形态、遗传、生理等人体的人体人类学；以风俗、文化史、语言等文化为研究对象的文化人类学，以及专门研究史前时期的人体和文化的史前人类学。自然人类学也称为人体人类学。

中国历史文献学与人类学的联系很早就有了。中国历史文献的著述，需要的史料并非金匮石室及私家所藏所能涵括尽的，中国历史文献的著述者为了收集史料，往往遍访名山大川，搜集古老传说。《史记》就是司马迁在阅读官方藏书外，“网罗天下放失旧闻”，实地考察各地风俗而成，如司马迁亲历薛地，发现薛地闾里率多暴桀子弟，与邹鲁地区风俗不同。唐朝司马贞在《史记索隐后序》中说：“太史公之书，既上序轩黄，中述战国，或得之名山坏壁，或取之以旧俗风谣，故其残文断句难究详矣。”在没有文字的上古时期，要还原它的历史，只有靠口耳相传或考古发现。但考古对古代的中国人而言无疑是灭绝人伦，断子绝孙的大忌，即使有考古发现，亦多半是盗墓者所为。所以口耳相传、田野调查对历史著述就显得非常重要了，尤其是当历史记载空白时，口耳相传、田野调查的地位更是突出，司马迁《史记》的《五帝本纪》即口耳相传、田野调查的结晶。面对五帝史料的不可得见于历史文献，司马迁不惜四方游历，曾西到空桐，北过涿鹿，东渐于海，南浮于江淮，访问众多长老，听长老们讲述许多有关五帝的传闻典故并记载了下来。东晋史学家常璩《华阳国志》为展示民众缔造文化，把史笔深入到民众生活中，他搜集了大量所谓正统轻视的民间诗歌谚语。“这些都是民间实际生活的概括，用了这些，不仅更容易反映当时社会的现实，增强形象的真实感，而且也可使文字生动活泼。”[①] 他记载了巴人现存最早的诗歌及各地流传的俚语。诸如反映民风

① 仓修良：《华阳国志》，载《中国史学名著评介》第 1 卷，山东教育出版社 1990 年版，第 262 页。

民俗的，如“川崖惟平，其稼多黍。旨酒嘉谷，可以养父。野惟阜丘，彼稷多有。嘉谷旨酒，可以养母”①、“惟月孟春，獭祭彼崖。永言孝思，享祀孔嘉。彼黍既洁，彼牺惟泽。蒸命良辰，祖考来格”②；反映人生道德的，如“惟德实宝，富贵何常。我思古人，令问令望”③；讥时政的，如“愿君奉诏，惟德日亲”④；颂功德的，如“没世遗爱，式镜后人”⑤、“汉德广，开不宾。渡博南，越兰津。渡澜沧，为他人”⑥ 等。这些诗歌、谚语都从不同侧面反映了当时民众生产生活的真实，可以说是史诗。“汉民族缺乏叙事史诗，但独有咏史诗一类体裁，吊古怀旧之篇章甚富。而此类诗章，多半也不是叙事或描述，而代之以象征、暗示、抒情等手法，虚化眼前景象，幻化所咏史事。”⑦ 常璩采录的这些丰富的诗歌、俚语、民间故事，都是在人民中不断产生、流传和不断修改的口头创作，如果常璩不重视搜集，不深入民间实地采访，不广泛接近人民，体会人民的思想感情，是绝不可能办到的。⑧ 这些诗歌俚语更生动、更真实地反映了当时的社会风貌和人们的思想活动，起着一般叙述所达不到的效果。⑨ 仓修良道：“这些民歌，虽然形式比较简单，语言也较少加工，短小精悍，直叙其事。却都是当时社会现实最尖锐、最直接、最迅速的反映，富有浓厚的生活气息。……常璩在书中引用了这些民间歌谣，态度明朗，爱憎分明，说明他在采录这些民间流传的诗歌时，不单是注意它们的艺术性，而且也很注意诗歌的思想性。”⑩ 从中既可窥见巴族本身的文化特点，亦可看到中原文化的影响痕迹。这对探求古代巴文化的发展源流及与中原文化的关系，都具有重要意义。⑪ 这就是口耳相传、田野调查所产生的著书魅力。

---

① 刘琳：《华阳国志校注》，巴蜀书社 1984 年版，第 28 页。

② 同上书，第 28 页。

③ 同上。

④ 同上书，第 41 页。

⑤ 同上。

⑥ 同上书，第 427 页。

⑦ 章益国：《史与诗》，《学术月刊》1999 年第 10 期，第 69 页。

⑧ 刘重来：《常璩与〈华阳国志〉》，四川人民出版社 1985 年版，第 80 页。

⑨ 同上书，第 77 页。

⑩ 仓修良：《华阳国志》，载《中国史学名著评介》第 1 卷，山东教育出版社 1990 年版，第 263 页。

⑪ 刘固盛：《现存最早的巴人诗歌》，《文史杂志》1997 年第 3 期，第 35 页。

中国历史文献著述者与口述历史、田野调查二者联系的纽带就是中国历史文献著述者对历史资料的追寻，这种追寻很好地把中国历史文献和人类学联系起来，而且为了避免历史材料的单一，叙述生动活泼，论证具有说服力，应更多地把口述史与田野调查引入中国历史文献研究中。

以上各学科与中国历史文献学的结合研究，其中考古学、人类学的结合研究最见全球史理念。考古学、人类学概念本是从西方引进的，它们引入中国的过程就是一种互动，与中国历史文献学的结合则更能体现经济全球化背景下的学科互动研究与中国历史文献学的结合。

（三）中国历史文献学的异质互动问题

我们还要重视中国历史文献学的跨国界研究，应具有深远的国际视野。历史文献学这个学科不仅中国有，外国也有。如法国有法国国立文献学院，法国信息科学院和图书馆高等学校图书史教授弗雷德里克·巴比耶，即毕业于此。又如“国际文献工作联合会”（The International Federation for Information and Documentation）是由“国际目录学会”发展而来。

中国历史文献学要走向世界，那么加强中西文献的比较研究、重视域外汉籍研究，也是必要而重要的。当然，中西文献的比较研究以及域外汉籍的研究，这个工作早已开展起来，但形成规模，拥有更大的队伍，却还需要进一步的倡扬，也尚待时日，而且在研究方法和理论的自觉运用与总结上也较为薄弱。综观当前的中西文献的比较或域外汉籍的研究，往往不自觉地会为作者所处的国度、成长背景，文化汲养以及喜好所局囿，难免会生出一些偏颇，因此有必要加强理论指导。当年，白寿彝有感于中西比较研究的重要，指出：“文化是赖比较而更明白的，我们自己不能看到自己的面貌，用镜子照照和别人比比，才可以晓得自己的面貌是丑是俊，丑在哪里，俊在哪里。”[①] 白寿彝的话明白晓畅、深入浅出，启迪后学，弥久愈浓。于此，全球史视野无疑可以堪当重任。

进入21世纪，总结过去以开拓未来，至为重要。有关全球化的功过得失的总结，发展历程的追溯，是其中重要课题。这个课题，在全球史流

① 白寿彝：《整理国故介绍欧化的必要和应取的方向》，载白寿彝《白寿彝史学论集》（上），第434页。

派那得到了较好的完成。这个理念就是站在全球的视野下，关注大范围、长时段的整体运动，所及范围跨国家、跨文化、跨文明、跨学科、跨领域，既有观念信仰方面的，也有生态方面的，还有病理、生理、智力方面的，以及人类活动与社会结构之间的关系等。去除旧框架，否定国家本位，重新理解和认识历史，还原历史本来面目，才能真正达到各国各民族与其文化之间的平等。

国家本位的否定，各国各民族的平等，还历史本原，虽然本来就应是所有历史学家遵循的准则，但由于各自所处的国别以及民族的不同，难免在狭隘的民族主义和爱国主义情绪下，轻重不等地偏袒自己国度的历史与文化。而关于中西文化的研究，有三种倾向需要破除，一是欧洲中心主义，一是中国中心主义，中国中心主义再扩大就是东方中心主义。无论是亨廷顿的“文明冲突”，还是赛义德的“东方学”，或者中国的全盘西化、中西结合、开门拿来、开窗出去等均大小不等地有着各自的主义，他们虽然在特定时期对本民族或不同民族交往做出了积极的应对，促进了民族精神的发扬，但主义的东西，多少有点偏向，对于中西文化研究的和谐与发展，以及当今全球化趋势下和谐共进的主题而言似有所拘囿。

因此，在综合国力不断提升的背景下，中国高举和平、发展、合作的旗帜，准确把握国际形势发展趋势，妥善化解各种挑战，在营造和平发展的国际环境的同时，向世界全面阐释“和谐世界”的外交新理念的形势下，“全球史”的视野不仅有利于全球化下学术的兼容并包，各派各家理念互动共生，中西古今真正实现一家，使大家加入到了一种和谐平等的环境中来，而且有利于认识到世界是各国各民族的合力，历史是世界共同缔造和书写的，任何单一峻急的主义都不利于时代的发展，不符合时代的主题。确实，当今时代各国都应该肩负起戒除私心的重任，对历史尽力做到公正真实。面对全面公正辩证看待世界，就书写本国和他国交通史而言，全球史的理念无疑是深刻的，它的色彩内容自然也先进而不乏创意，可以说是引领未来中西认识与研究更具和谐友善特质的航标。作为中西研究之一的中西文献比较研究，以及域外汉籍研究，当然概莫能外，也受益匪浅。

如何通过全球史视野加强中国历史文献学学科建设，笔者看法如下。一是把全球史的核心理念“互动”引入中国历史文献学研究中。中国历史文献学的研究往往是静止的，如果注重互动，那么中国历史文献学研究会动起来活起来，会增加活力。如七阁《四库全书》我们可以在研究他们本身，比较异同之外，研究纂修人员、乾隆意志以及其他因素造成的七阁《四库全书》的不同状貌，挖掘时代对它们的影响，以及它们的优劣对纂修人员命运的影响。这些研究互有关联，环环相扣，就是一种互动，即同质文化的内部互动。还有一种异质文化的互动，如把中西文献的比较研究，建立在互动的前提上，中西文献流动及传播相互影响的特质就会凸显，会使中西文献的比较有更广阔的背景，揭示出中西文献交流传播中蕴含的深层次内涵，这就是一种发生在中西之间的外部互动，不是发生在中国内部文化之中的。当前时代条件下，同质和异质两类文化互动中，异质文化互动更见活跃。

二是注重长时段、大范围研究。就历史文献学而言，长时段、大范围要求中国历史文献学不局限于一人一事，而是注重纵向研究和横向研究的结合。如对《四库全书总目》的研究，我们可以跳出就《四库全书总目》而言《四库全书总目》的局面，而是在更广阔的空间研究《四库全书总目》，即广义的《四库全书总目》研究。广义的《四库全书总目》研究包括以下方面：一是对《四库全书总目》编撰过程的研究，以及对《四库全书总目》补订、续编、批评与研究。一是对《四库全书总目》研究方法的总结。一是对已有《四库全书总目》成果的批评和研究，实为间接的、二次的《四库全书总目》研究。同时把目光投向四库修书同时代的狄德罗《百科全书》的撰修，以见中西文化发展的不同趋势。当然，长时段、大范围研究，也自然把考古学、人类学、学术史、文化史、思想史、经济史等与中国历史文献学研究结合起来。

三是要破除西方中心论等学术偏见。从全球史视野出发研究中国历史文献学，一个必然的结果就是科学评价中国历史文献及历史人物，尤其是对中国历史文献学中长期未得解决的疑难问题，态度一定要公允。讲究历史真实，去伪存真，这在中国历史文献学研究中，本身就是一个优良传统，加以全球史视野，无疑更是一个警醒，是学术不分中西，不分古今的客观与公正的体现。世界历史本来就是世界各国人民共同缔造和书写的，任何偏颇的“中心论”都不利于时代的发展，不符合时代的主题。历史文献研究者，在面对中西学术问题、解析中西文献时，应力争同等对待本国及他国的历史与文化，努力去除“西方中心主义”等偏见，在跨国家、跨文明、跨文化、跨领域、跨学科研究中尽力持平。全球史视野下中国历史文献学研究，无疑加强了文化的内部与外部、同质与异质的互动，以及异质文化互动下的求同存异。

以全球史视野研究中国历史文献学，空间很广，大有可为。本书即是在全球史视野下，把中国历史文献学与学术史、思想文化史、政治史等结合起来进行的跨国界研究。

第一章

18 世纪的中西时代

18 世纪对中国和西方来说都是一个重要的时期，既是文化走向集成之时，又是酝酿思想变革之期，而且这个时期中西双方经过两个多世纪正式面对面全方位互动之后，均在各自思考并总结这场中西互动。

16、17 世纪的中国明人几乎毫无保留地跟随处于主流地位的思想精英阶层，在他们构设的蓝图下生活，人人都有理想，人人均可以成为圣人，但最终却走向了空泛，为人行事，乃至学术均虚妄而不切实际。最后，连他们赖以生存的载体——明王朝，也走到了尽头。清朝代替明朝，历史翻开了新的一页。清廷在与汉民族的互动中，渐至接受了先进的汉文化，把汉人的统治术运用到极致。牢笼与打击并行不悖，征书、修书与禁书及文字狱相联系，文化专制加强，统治阶级内部斗争也非常激烈，封建集权达到顶峰，但这丝毫未影响到文化的集成大势，这个时期的思想文化界非常活跃，异彩纷呈，出现了顾炎武、黄宗羲、王夫之等启蒙思想家，学术文化总结大势呼之欲出。多民族国家在互动中也共生出多民族及其文化之间的和谐，各民族互通有无、互补短长，尤其是清廷最终较满意地取得了先进民族汉民族的文化认同，中华民族大家庭中的所有成员一道共同营建了康乾盛世的和谐。

这个时期，西方不但科学技术快速发展，政治与文化也逐渐发生了重大变化。资产阶级开始登上历史舞台，它们为自己未来计，希冀打破束缚，做历史舞台的主宰。在这个大势下，学术文化界出现了总结大势，总结学术科技艺术成就，总结社会发展趋势，为资产阶级的前进发舆论先声。这些思想界的精英们，用他们的笔向世俗和教会发出改革的呼声，思想领域出现了波澜壮阔的启蒙运动，继而爆发了资产阶级大革命，资产阶级彻底胜利，登上了政治舞台。在这个过程中，欧洲资产阶级的视野更及于广阔的海外。面对资产阶级要求发展的声浪，西方教会集团出于抗衡新兴资产阶级的需要，派传教士来到了东方，来到了中国，从 16 世纪中叶起开始了与中国长达两个多世纪的正面全方位互动，并在欧洲殖民浪潮中不自觉充当了先行军的角色。这个时期，对世界扩大了认识的欧洲，又因诸多传教士从传教区发回来的报告、信函、译作或著述等，既加强了对东方的认知，也激发了欧洲对东方更浓厚的兴趣和憧憬。但是这一良好的互动关系却因教会自己不顾他国国情强行在他国严格按照教规传教而引发与他国的礼仪之争而告结，教会为此付出了在东方几个文明古国传教事业陷入低潮，引发教难的代价，最后连教会自己也为此沮丧万分，不知所措。

由上可见，这个时期的中西双方何其相似。当明人沉醉于知识精英的引导时，西方也不例外。东西双方均不约而同沉湎于文化人构设的理想蓝图，率而从之。可惜的是，结局却大相径庭。中方的明朝走向了虚无，因为这个时期中方的少数民族的武力提前结束了明朝可能由此产生的汉民族内部的自我催新，变成在少数民族统治下的思想反省下的革新，而这个少数民族文化落后于汉民族文化，专制在它们手中加强，因此这个思想先觉遂只有在少数人中间进行，无法形成波澜壮阔的启蒙思潮，启蒙思想昙花一现而已，需要新时代方可唤醒并壮大，形成真正意义上的启蒙。不过，这个时期的西方，当西方理想蓝图受到封建势力约束时，尤其是法国，几乎全民都向往思想革新，冲破牢笼的堤岸，建立了新的符合自己思想要求及利益需要的国家。像托克维尔所说，缺乏政治自由的法国，抽象的文学政治渗透到了 18 世纪启蒙思想中，没有实践经验的作家们构设的理想蓝图使全体法国人都“抛弃了现实社会，沉湎于虚构社会。人们对现实状况毫无兴趣，他们想的是将来可能如何，他们终于在精神上生活在作家建造起来的那个理想国里了”①，最后彻底摧毁了旧社会旧制度。至于英国，因为理论家们多有实践，他们虽主张革新，却也看到过流血的悲惨，也就引导人民选择了温文尔雅的共荣共存，互惠互利。

在这样的时代环境下，中西双方各自养育出来的学术、思想乃至政治上的精英，广为著述，传播自己的思想，与时代呼应，领时代之先。同时他们都把眼光投向异域，认识他者，碰撞出思想的火花，可谓中西知识界正式接触后的一次高潮。

中西交通，虽然从考古学上说，在原始社会就已经存在，但那只是人类形成时期的种族交往，来得快也去得快，留下来的只是那些禁不起自然

① ［法］托克维尔：《旧制度与大革命》，商务印书馆 1997 年版，第 181 页。

淘汰或天灾人祸或有意无意长埋地下者，作为中西曾经有过交往的证据，留待考古来个大发现。不过，这只是种族形成时期的擦肩而过。张骞出使西域带来的大秦使者朝华等，虽然形成了丝绸之路，但二者之间多是外在的互通有无，深层次的思想文化互动不足，其结果应多如唐代诗人李颀《古从军行》所言“空见蒲桃入汉家”，且西域并非真正意义上的西方。中国古老文明与他者文明第一次碰撞、开始融入异质成分要到公元前后印度佛教传入之后。隋唐，外商可直接到内地贸易，广州、扬州、长安等地还有外商邸店。尤其是唐都长安，基督教等不同宗教人员聚居长安，令长安获得了世界性大都市的地位。宋朝，中国与他者之间更从海上建立起来联系，有专门管理贸易的市舶司。然而，中国与他者互动至此，二者互动依然流于肤浅。元代，随着元人东征西伐，中国与他者之间的互视均有所进步，但思想文化互动总体而言仍未得深入大范围展开。明代郑和下西洋，来去的是宣扬国威。到明末清初，亦即 16 世纪末至 17 世纪初，中国文化第一次大规模地与西方面对面接触，西方传教士接踵而至，将西方文化带入我们这有着古老文化传统的国度来。当这两种基本独立发展起来的伟大文化第一次有了真正实质性大规模接触时，中国与西方在世界观上显露出了巨大的差异，双方均经受了猛烈的精神撞击。[①] 自认识之初就有的误读，在这个时期开始减少，但依然存在。在有明末以来接触经历积累之后的 18 世纪的中西互动，中国虽然禁教，中西互动虽然几乎停滞，但乾隆因个人喜好，他的周围仍不乏传教士，仍不乏就他爱好下的中西互动。加以中国封建时代特有的上层建筑的话语权，即使仅仅北京一地中西互动，也是能有影响全国的效果的，所以 18 世纪中西互动是禁而有高潮的。同时，士大夫们面对帝王已经确定的对待传教士的态度，亟须为帝王献上他需要的中西互动总结大作，以引导臣民的中学西学观。而西方 18 世纪正是“中国热”的高潮，各类言说蜂拥而出，也需要一部总结大作。正是在这样波澜壮阔的背景下，中西双方孕育出了两部至今仍价值不菲的大型书籍——《四库全书》、狄德罗《百科全书》。

---

① ［法］J. 谢和耐：《中国文化与基督教的冲撞·内容说明》，于硕等译，辽宁人民出版社 1989 年版。

一　18 世纪的中国

我国古代学术发展到清代，进入了它的总结期。这个总结实际上亦是学术的自觉与自律的体现，而这个自觉与自律被政治牢牢锁系着。学术依违于政治之间，上演了一场场学术独立与学术依附的悲喜剧，在 18 世纪前后表现尤为剧烈。同时，与西方接触及其反应也在 18 世纪前后表现明显。正是在这个时期，在清代发展到乾隆朝，学术、文化、政治与中西互动总结的需要，以及兴盛的经济所具有的文化建设保障力等合力打下的坚实基础，令乾隆朝有了中国学术文化史上的浩大工程——《四库全书》的编撰。

（一）学术总结的需要

1. 学术的自觉检讨

清代的学术总结，是从自觉检讨开始的。四库开馆前的学术状况是，一方面学术在进行自我反省自我更新，一方面整个社会在进行着具体的学术文化总结工作。

清前期学术检讨的直接原因是明清易代之痛。明朝遗民归因明亡于学术，重新认识并检讨学术。同时，清朝在积极营建自己的新王国，构建新气象，对学术提出了与自己统治相适应的要求。二者互动产生的合力，令学术悄然变化。

明代阳明心学发展到明末，早已走向了空疏，明人刻书就是这浮泛世风的较好说明。明人刻书可谓历代极糟糕的一朝，有记载言“盖明季士风浮伪。喜以藏蓄异本为名高，其不能真得古书者，往往赝作以炫俗，其不能自作者，则又往往窜乱旧本，被以新名，如是者指不胜屈”[①]，故明人刻书有“书亡”的美誉。而明季士大夫又多为阳明末流的追随者，纷纷“束书不观，游谈无根”[②]，学问空疏，见解迂浅，却好名过分。[③] 一

① （清）永瑢等：《四库全书总目·搜采异闻集》，中华书局 1965 年版，第 1087 页。

② （明）杨慎：《升庵诗话笺证·邵公批语》，王仲镛笺证，丁福保辑《历代诗话续编》本《升庵诗话》增补各条，上海古籍出版社 1987 年版，第 528 页。

③ （清）袁枚：《随园诗话》卷 16，载王英志编《袁枚全集》（三），江苏古籍出版社 1993 年版，第 519 页。

时诡辩空想充斥社会，家国之大事反而践行不够，所谓“昔之清谈谈老、庄，今之清谈谈孔、孟，未得其精而已遗其粗，未究其本而先辞其末。不习六艺之文，不考百王之典，不综当代之务，举夫子论学、论政之大端一切不问，而曰‘一贯’，曰‘无言’，以明心见性之空言，代修己治人之实学。股肱惰而万事荒，爪牙亡而四国乱，神州荡覆，宗社丘墟”①。明亡之后，不是朱子学一脉，就是王学子弟的士人们痛定思痛，纷纷检讨明亡的惨烈教训。经过一番潜心思考后，他们把明亡归因于王学造成的浮泛世风。以政治得失溯源学术，未免过头。不过，恰可说明学术与政治之间的张力，也有助于改进学术，促进学术新生。

“在学术史上，每当一种学术形式走向极端而趋于没落的时候，它必然要向其相反的方向转化。”② 因此一些才智之士，躬行实践，他们考察山川形胜，民物风情，倡导经世致用的实学，著于文写于书，奋臂以振阳明心学的流弊。顾炎武认为君子为学，在于明道，在于救世。弄诗为文，只不过是雕虫篆刻而已，于国计民生并无多大益处。③ 黄宗羲言：“明人讲学，袭语录之糟粕，不以《六经》为根柢，束书而从事于游谈。故问学者必先穷经。经术所以经世。不为迂儒，必兼读史。读史不多，无以证理之变化；多而不求于心，则为俗学。”④ 要求经史并重，同时也并不完全抛弃思，学而不思则学问流于俗气，以经史为基础的思既会让学问精进，又使学问境界更高。对于先儒所为经术本旨，李颙有更深刻的认识。他认为圣贤立言的初心，为国家期望的本意。他说：“孔、曾、思、孟，立言垂训，以成《四书》，盖欲学者体诸身，见诸行。充之为天德，达之为王道，有体有用，有补于世。否则假途干进，于世无补。”⑤ 在对儒家经典的理解和认识上，主张从小学入手，用训诂名物的方法达其真义，以经学救济理学之穷。对这个时候学术界的潮流，张尔岐的认识很精到，他讲道“士生今日，欲倡正学于天下，似不必多所著述，正当以笃志力行

① （清）顾炎武：《日知录集释》卷7《夫子之言性与天道》，（清）黄汝成集释，清道光十四年嘉定黄氏西溪草庐重刊定本，第6页b。

② 陈祖武：《清初学术思辨录》，中国社会科学出版社1992年版，第17页。

③ （清）顾炎武：《日知录集释·初刻自序·又与人书》，（清）黄汝成集释，第1页b。

④ 赵尔巽等：《清史稿·儒林一》，中华书局1998年版，第3357页。

⑤ 同上书，第3358页。

为先务耳"[①]，把握住了学术发展的态势与主脉。当时才俊之士"痛矫时文之陋，薄今爱古，弃虚崇实，挽回风气"[②]，学术为之幡然一变。于是，清初出现了"诸儒，以实践实用之学相倡率，一时风靡景从，明季诡辩空想之弊几绝"[③] 的良好学术局面。

不过，他们所倡导的实学，发展到后来，经世致用中的激进色彩蜕掉，考据跃而居上风，在乾嘉之际遂形成清代的汉学。这就是清中叶及其以前统治者所倡导的"庶读者知致远经方，务求为有用之学"[④]。汉学最终占据学术主流的经历，就是一部宋明理学扬弃史，也是一部学术的发展流变史，而总汉学大成的批判的实现是在《四库全书总目》中完成的。梁启超说："四库馆就是汉学家大本营，《四库提要》就是汉学思想的结晶体。"[⑤] 正如《四库提要》在论及陈启源《毛诗稽古编》时所指出的："盖明代说经，喜骋虚辨。国初诸家，始变为徵实之学，以挽颓波。古义彬彬，于斯为盛！"[⑥] 清代学者力挽文化"颓波"，始变"虚辨"的学风，盛起"徵实之学"，于学术实有革命的意义。

在这个学术潮流下，短短近百年间，人才辈出，著述如林，"举凡经学、史学、文学、先秦诸子、性理天道、音韵乐律、天文历算、舆地沿革，乃至释道经籍，诸多学术领域，无不为一时学者广为涉足"。它的气魄的博大，思想的开阔，影响的久远，在中国古代学术史上，足可与先秦时代的百家争鸣相媲美。这就是所谓"国初之学大，乾嘉之学精，道咸以降之学新"[⑦]。

从清初至四库修纂以来清学术内部的更新，西学也实与其任。清初至中期大凡有成就的汉学先驱，无不接触过西学。黄宗羲在顺治七年

① （清）贺长龄等编：《清经世文编》卷 2《学术·儒行·答顾宁人书》，清道光年间翠筠山房刻本，第 14 页 a。

② （清）皮锡瑞：《经学历史》，清光绪年间善化皮氏师伏堂刻本，第 60 页 a。

③ 黄鸿寿编：《清史纪事本末》卷 22《诸儒出处学问之概》，民国四年上海文明书局石印本，第 3 页 a。

④ （清）永瑢等：《四库全书总目》卷首《凡例》，中华书局 1965 年版，第 18 页。

⑤ 梁启超：《中国近三百年学术史·清代学术变迁与政治的影响》，山西古籍出版社 2001 年版，第 22 页。

⑥ （清）永瑢等：《四库全书总目》卷 16《毛诗稽古编》，第 132 页。

⑦ 王国维：《观堂集林·沈乙庵先生七十寿序》，《观堂集林》卷 19，乌程蒋氏密韵楼 1923 年印，第 28 页。

(1650)曾登绛云楼阅钱谦益所藏西书，潜心研究西历，胜赞汤若望对中国历法的发凡启蒙之功。顾炎武音韵学所取得的成就实有西方音韵学的启发。王锡阐、梅文鼎、江永、戴震、钱大昕等均精研西历。像胡适就称顾炎武《音韵五书》、阎若璩《古文尚书疏证》的考证方法，全系受利玛窦来华影响。而徐宗泽则言："新汉学系经学从考据方面的发展，古代制度文物，经考据学者的研究，艰涩难解的古书，大体可以阅读。因此，新汉学系统学堆积起巨大的考古材料，从把封建统治工具的经学，改变成科学的古代社会史、古代哲学史原料看，它自有很高的价值存在。"① 二人所言虽有夸大之嫌，但可见清初以来学术由空虚浮泛的阳明心学走向考据之途，西学与中国传统经世致用之学一样，起了不可小觑的作用。当时接触过西学的有识的清初士人，是能感触到西学的求实治学精神并吸纳它。这精神在清初到清中期的学术自觉改革浪潮中，与中国传统学术精神一脉相通，共同铸就了清初到清中期学术的自觉更新。

不唯学者们在检讨学术，从清初到四库修纂前，官方也在对学术进行检讨，经历了尊崇朱子学到复兴经学的过程。

顺治、康熙、雍正、乾隆均崇奖过朱子学。乾隆，他的臣子歌颂他万机之暇，每天坚持读经一编，② "八十天子犹尊师，崇贤坊、大成殿，二月上丁来释奠。春渠如鉴，波溶溶，前年天子临辟雍，太平盛世皆稽古，乡饮酒歌诗乐谱"③，"祖训是寻，青旗央央，越岁来谒，前圣后圣，其揆则一"④，但一则朱子学成为庙堂之学后自身生命力的缺乏；一则朱子学者多虚伪好党争，朱子学在他们手中成为他们获取仕途名利的工具，本身学理难以在他们手中得到发展，加以康熙为彻底根治由学问而朋党，解决困扰朝政的分门植党，自觉引导经学复兴。他所引导的

① 范文澜：《中国经学史的演变》，载《范文澜历史论文集》，中国社会科学出版社 1979 年版，第 299 页。

② （清）洪亮吉：《卷施阁诗》卷 9《开经筵第十五》，（清）洪亮吉《洪北江诗文集》二，《四部丛刊初编》集部，上海涵芬楼影印《北江全书》本，上海书店出版社 1989 年据商务印书馆 1926 年版重印，第 5 页 b。

③ （清）洪亮吉：《卷施阁诗》卷 9《亲释奠第十六》，（清）洪亮吉《洪北江诗文集》二，第 5 页 b。

④ （清）洪亮吉：《卷施阁诗》卷 9《谒阙里第十九》，（清）洪亮吉《洪北江诗文集》二，第 6 页 a。

经学复兴与学术界理学衰退汉学兴起的学术自觉发展潮流异曲同工，二者合流，到乾嘉的时候蔚为大观，经学复古于是一跃而为学界主流。

在经学复兴，理学衰退浪潮中，西学也起了推波助澜的作用。清初理学家们如汉学先驱一样，也深受西学的影响。清初理学家热爱西学，如陆世仪研究几何学，对天文历法主张废除官方垄断，效法徐光启等求会通，源于个人志趣；如陆陇其与利类思（Ludovicus Buglio，1606—1682）、南怀仁交往甚深，濡染西学，系于因缘际会；而李光地，学习西方地理学时期，一是因工作需要与南怀仁接触，一是为时风的需要；到他倾心西方历算时期，他学习历算并聚集一批通西方历算之士编纂大型历算书籍，扩大西学的影响，却是投康熙的喜好，出于政治目的。在清初理学家生活的时代，面对君主所好，以及西学客观存在的事实，西学成为理学家们不得不谈的一个话题。而从陆世仪"明体而适用"、陆陇其"求之虚不如求之实"来看，虽然清初理学家们的西学讲的仍是理学，但理学中明显多了求实致用的成分。显然，清初的求实之风也已然影响到清初理学家们的西学。这求实之风是清初学术发展大势，既然也不无西学促成的一面，因此清初理学就不无西学影响的一面。当然，这也是清初理学家们敏锐捕捉到实学浪潮，在一定程度上顺应学术潮流来救治理学弊病的举措，但这终究治不了理学的病根。如李光地虽然在地球形体方面，面对康熙的西学喜好，承认地圆说，高众多时人一筹，但却并未吸纳西方科学的思维观念，依然停留在理学"动静体性"中。并且他研究地理历算，根本还是为了趋时附势。理学家们更顾及的是自己的利益，并非都能做到如二陆那样顺应学术实际，纠正自己的偏颇。

不过，无论是对阳明心学还是理学的自觉检讨，我们从中均可以发现一个规律，除少数清人外，清人一方面用西学修正自己不足，一方面却排斥西学精神。这就是自接触西方以来，中国至今争论没有结果的问题——如何对待西学的问题。因此，清初到中期的学术检讨，也是对西学的自觉检讨。

西学自明末进入中国，无论在民间还是官方，无论是接纳或排斥，均引起过轩然大波。然而，即或如此，在明末清初改朝换代的翻天覆地的巨变中它依然存活下来，一度还得到很大发展。当入关之初的多尔衮与顺治以宽大的姿态许可了传教士请求的庇护，也就接纳了西学。至于接纳的程度，以及如何规范，当江山还没有一统的时候，清统治者自己尚没有暇日去认真思考，做出相应的规划。而传教士依然如对明朝统治者一样，用他们的器物迎取清统治者的欢心。他们曾用自己的利炮炮轰过清人，如今也同样用它为清人彻底击败明朝的残余势力助一臂之力。故而，传教事业在清初得以迅猛发展，但未免也令清人怀疑他们的赤诚。此外，传教士的优势与痼疾是共生的。接近上层统治者，可以超常规超速度获得需要的利益，也必然因与天阙距离太近天威不定带来破败。不过，清初统治者均可谓明君，天威不测，必然也有传教士自身的原因。

自沙勿略的适应性传教策略创制伊始，就隐伏了传教士接近上层统治者带来的对中国政事的干预，由此而来的天威的必然震怒。一个政策最初制定的初衷是积极而不乏良善的，但都不可能达到至善至美，优秀的继承者往往会扬长避短，遏制住缺陷，不断发扬光大，但渐到后期，它的继承者的错误理解或偏执等，终将导致弊病的彰显，势必导致它终结或改良的命运。

清初统治者对西学大体是热爱的。不过，这个热爱与明季一样主要还是器物方面的。对于西学中的思想，他们坚执夷夏之防，他们不希望好不容易建立起来的一统思想被动摇，因此对传教士的教理或西学中的学理并不重视，同时他们允许传教士传教是在传教士遵守中国法律道德，执行适应中国国情的传教条件下，他们并不完全信任这些传教士。面对西方教皇集团不顾中国国情全面推行自己教义，以及在中国的西方传教士中的一些不理智的传教行为，清统治者一再警示，在引导并规范西方传教士的同时，也向臣民发出了对待西学的官方态度——“节取其技能，而禁传其学术”①，并要求传教士传教遵守中国的法律道德秩序。中西互动走到这步，是需要思考和总结的。因此，对于到清初已存在百余年的西学，如何对待，到18世纪，是到自觉检讨并总结以引导臣民认识西学，确立西学走向的时候了。

2. 文献学的总结

在清初到中期的学术检讨中，文献学得以完成总结。不过，清初及中期，文献及其整理研究并非静止状态。清初及中期凭借政府的力量多次求书编书，促成了文献的全面整理研究与文献学各学科之间的互动共进，形成了文献学及其研究的集成态势。

---

① （清）永瑢等：《四库全书总目》卷125《寰有铨》，第1081页。

（1）清前期及中期对求书刻书的重视

野蛮的征服者与文明的被征服者之间的共同规律就是“野蛮的征服者总是被那些他们所征服的民族的较高文明所征服，这是一条永恒的历史规律”①。清代自清太祖主动意识到汉化的重要并积极实践，到一批自动效忠或笼络来的士人服务于清廷，加速清人汉化，清廷一直坚持不懈地做着自觉汉化的工作。加以汉族激烈的民族情绪，清廷在武装镇压的同时，更是意识到需要依靠典籍来牢笼民心与士心。因此，图谱典籍对清廷的意义就非常重要。昭梿《啸亭续录》记载道：“崇德初，文皇帝患国人不识汉字，罔知治体。乃命达文成公海翻译《国语》、《四书》及《三国志》各一部，颁赐耆旧，以为临政规范。”② 及定鼎后，“定鼎后设翻书房于太和门西廊下，拣择旗员中谙习清文者充之，无定员。凡《资治通鉴》、《性理精义》、《古文渊鉴》诸书，皆翻译清文以行”③。其中深文奥义，不需要烦劳注释，自能明晰，一时颇盛。有户曹郎中和素，他翻译的《西厢记》、《金瓶梅》等书，绝精，疏栉文字，都中肯綮，大家都争相诵读。对于清统治者倾力崇儒重文，西方学者从民族主义出发，认为清统治者或许因为他们异族血统，比明朝统治者更鼓励儒学研究。④ 这有一定道理。但作为落后汉民族先进文化成为汉民族主人的少数民族加强汉文化的学习，是多种因素互动的结果，并非血统这个单一因素可以解释的。

清政府出于政治需要，需要编纂书籍牢笼士子文人；从文化角度考虑，需要顺应大势与潮流。故而，他们进入关内后，对典籍的接收管理从整体上而言是很积极的。如进入南京，清廷马上敕谕“一切紧要图籍，俱著收藏毋失”⑤。顺治十四年（1657）三月甲寅：“诏直省学臣购求遗

① 马克思：《不列颠在印度统治的未来结果》，载中共中央编译局编《马克思恩格斯选集》第 2 卷，人民出版社 1972 年版，第 70 页。

② （清）昭梿：《啸亭续录》卷 1，上海申报馆仿聚珍本印，第 7 页。

③ 同上。

④ Donald F. Lach Edwin J. Van Kley. Jesuit Letterbooks, Ethnohistories, and Travelogues. Chapter XX: *China: The Late Ming Dynasty. Asia in the Making of Europe.* Volume III *A Century of Advance.* Book Four: *East Asia.* 1993 by the University of Chicago（译注：唐纳德·拉赫与弗雷德里克：《中国：晚明时期，欧洲崛起中的亚洲》第 3 卷《进步的世纪》，第 4 册《东亚》，美国芝加哥大学出版社 1993 年版）.

⑤ （清）《世祖章皇帝实录》，中华书局 1985 年版，第 152 页。

书。"[①] 官员们从稳固统治出发，也纷纷上奏求书征书。顺治十四年(1657)正月，兵科给事中金汉鼎奏言："再如海内古文秘录，所在多有，宜特遣词臣分道购求。"[②] 陈炌上请购遗书疏："如今日者皇上虚怀求治，念切民生，广开言路，皇皇然勤政之暇，批阅经史，至午夜不寐，宵旦经营，殆将从书册中求为今日之实可见诸行事者，不欲绝远于古也。但往代兵燹之后，书籍散逸，数年以来，又方在开创，势难搜辑，取资或略。……臣谓上之好文如此，而书籍散落，无以仰佐高深，则搜罗宜在今日矣。敢乞诏示天下，广集诸书，各随方隅之所有，特加购求，并同四方郡县之志，上贡天府，俾如邱如索，咸备观览，其有宜于古仍宜于今者，立即行之；即有宜于古不宜于今者，亦得其意而善用之。……臣故谓书宜广搜也。向臣衙门请实司经局，久已得旨，所在未见赍解，况今之购求，仰备睿览，又万万与经局不同，敢乞责成学臣，专董其事，即酌空廪空俸学田用给书值，按季解送。至若非圣之书，拒绝勿纳。天下虽大，不出阶序而运矣。……"[③]

而学者、文人在国家干戈平息后，在丰富的图书资源，安定富庶的生活条件下，在文士的闲情逸致与附风作雅，以及对文化的承先绍志与崇尚下，也纷纷参与编纂书籍的大业。此外，清统治者入关后，随着政治统治的日益巩固和社会经济的不断恢复和发展，文化事业也在以前各朝的基础上有了更大的发展。当时，印刷、造纸等手工业不断发展和改进，书坊，以及装订、糊裱书籍的作坊逐步增多，这种状况对于图书的出版、流传和典藏都更为有利，何炳棣道"至 1750 年为止，中国印制出来的书可能要比世界上其他国家印制出来的书的总和还要多"[④]。这为当时的学者提供了丰富的典藏机会，而当时的学者也多好典藏书籍，流连于书坊、摊铺、藏书楼之间寻书购书，流传下不少佳话。如王士祯，位居高位，轻易不得见，但却会固定每月某日出现在京城慈仁寺书肆中。当有人请教徐乾学如何得见时，与王士祯同好典藏、多互观藏书并交流藏书心得的徐乾学遂告

---

① （清）《世祖章皇帝实录》，第 848 页。

② 同上书，第 833 页。

③ （清）赵擢彤、宋缙：《（嘉庆）孟津县志》卷 10《艺文》，清嘉庆二十一年增修本，第 12 页 b—13 页 b。

④ PING-TI HO. *The Ladder of Success in Imperial China*, New York, 1962, p. 214.

之曰："此易耳，但值每月三五，于慈仁寺书摊候之，必相见矣。"[①] 问询徐乾学的人如徐乾学所言，按时依地寻找王士祯，王士祯果然出现在其时其中。诸如此类的这一切使本是静止的书籍活动起来。它们走出了藏书室，脱离了地域的限制，许多难得一见的珍本得以见诸于世。有学者曾描绘乾隆时代京城书籍流通的盛大场面：九城之肆收九城之书，厂肆收九城之肆之书，更东达齐鲁，西至秦晋，南及江浙闽粤楚蜀，于是举国的书尽归京师，昔人所不及知不及见者，寻常都能知晓见到。

纷纷面对这有利于学术发展的大势，学者无不欢呼雀跃，他们称"国家统一车书，拓地万亿，山陬海澨，吉金贞石之出世，比之器车马图，表瑞清时，旷古所未闻，前哲所未纪矣"[②]。尤其是四库修书之际，书籍更是从各地源源不断涌入京师。乾隆时著名的书坊有如钱景开"萃古斋"，陶正祥父子"五柳居"等，还有慈仁寺、隆福寺、护国寺等庙会书摊。据乾隆时李文藻统计，单是琉璃厂一带书坊至少就有32家。他说"五柳居陶氏，在路北，近来始开，而旧书甚多，与文粹堂皆每年购书于苏州，载船而来"[③]。当时四库馆臣"各开应考证之书目，是午携至琉璃厂书肆访查之。是时江浙书贾亦皆踊跃，遍征善本、足资考订者，悉聚于五柳居、文粹堂诸坊舍，每日检有应用者，辄载满车以归"[④]。以上种种，正是酝酿大型书籍编纂的温床，也汇就了一幅幅诉说当时人事和风情的活的画卷。

发达的文化市场，蓬勃发展的学术态势，政治经济的保障，遂出现了一种对古代学术文化进行全面清理和总结的自觉意识和行动，编纂了众多的目录书及大型书籍，融私家贡献与官方奖纳于一体。

在这样大好形势下编撰的目录书，著名者有如徐乾学《传是楼书目》、朱彝尊《经义考》、季振宜《季沧苇书目》、钱曾《也是园藏书目》《述古堂书目》《读书敏求记》、毛扆《汲古阁珍藏秘本书目》、黄丕烈

① （清）叶昌炽：《藏书纪事诗》，（清）王渔洋《重辑渔洋书跋·附录》，陈乃乾校辑，上海古籍出版社2005年版，第103—104页。

② （清）孙星衍：《孙渊如外集》卷3《〈寰宇访碑录〉序》，光绪二十年湖南思贤书局刊本。

③ （清）李文藻：《琉璃厂书肆记》，海宁陈乃乾慎初堂校印1925年本。

④ （清）翁方纲：《翁氏家事略记·高宗纯皇帝乾隆三十八年癸巳》，（清）英和校订，清嘉庆间刻本。

《士礼居题跋》、顾广圻《思适斋书跋》，均是清人私家目录中学术价值很高之作。

同时，官方修撰也兴盛。官方编纂了《日讲易经解义》、《御纂周易折中》、《日讲书经解义》、《钦定书经传说汇纂》、《日讲诗经解义》、《钦定诗经传说汇纂》、《日讲礼记解义》、《日讲春秋解义》、《钦定春秋传说汇纂》、《日讲四书解颐》、《渊鉴类函》、《骈字类编》、《分类字锦》、《子史精华》、《佩文韵府》、《佩文韵府拾遗》、《康熙字典》、《古今图书集成》等，并开馆撰修《明史》。此外，还编纂有《全唐诗》、《全金诗》、《御纂七经》、《古香斋袖珍十种》、《律历渊源》等丛书。私家丛书则门类更齐全，且种数、卷数也大大超过官修丛书，其中不乏高质量富盛誉的丛书。如汪士汉《秘书二十一种》、张潮《昭代丛书》、吴震方《说铃》、卢见曾《雅雨堂藏书》，都有极高的价值。①

对宗教兼容并包的清统治者自然也重视佛道二教书籍的整理编纂，如洪亮吉言《清字藏经》的整理盛况道："西华门中辟经馆，大小乘经堆欲满，法门先写百二章，排比两晋兼三唐。国书结体尤严重，举笔如龙复如凤。经成一藏功万千，佛力祚皇万万年。"② 清统治者从巩固统治需要，为各教都准备好了必备书目。而他们的热望借鉴统治策略，以及颇具好胜心的心理，当然也令他们很重视历代帝王制作。为此，他们编有《御制集》等。乾隆"《御制诗》《御制文》，近自巳酉溯丙辰。文一千诗五万，五十五年成百卷，九经廿史义蕴宣。四岳五渎搜根源，远绍《二典》《三谟》传。巍巍卷轴如山立，岂特帝王难冀及，十倍汉唐文士集"③。

---

① 陈晓华：《"四库总目学"史研究》，商务印书馆2008年版，第23页。

② （清）洪亮吉：《卷施阁诗》卷9《清字藏经第二十三》，（清）洪亮吉《洪北江诗文集》二，第7页a—b。

③ （清）洪亮吉：《卷施阁诗》卷9《御制集第十三》，（清）洪亮吉《洪北江诗文集》二，第4页b—5页a。

表1—1 康熙、雍正、乾隆三朝部分大型书籍

时代	时间	书名	卷数
康熙	四十六年（1707）	《全唐诗》（彭定求敕修）	900
	四十七年（1708）	《广群芳谱》（汪灏等著）	100
	五十二年（1713）	《朱子全书》（李光地敕修）	66
雍正	三年（1725）	《子史精华》（康熙敕张廷玉、方苞编）	160
	四年（1726）	《古今图书集成》（陈梦雷、蒋廷锡编）	10000
乾隆	十二年（1747）	《皇朝文献通考》（乾隆敕撰）	266
	四十五年（1780）	《历代职官表》（纪昀等撰）	72
	四十八年（1783）	《续通典》（清嵇璜、刘墉等奉敕撰，纪昀等校订）	150
	五十年（1785）	《续通志》（清嵇璜、刘墉等奉敕撰，纪昀等校订）	640
	五十二年（1787）	《皇朝通典》（嵇璜、刘墉等奉敕撰）、《皇朝通志》（嵇璜、刘墉等奉敕撰）、《皇朝文献通考》（张廷玉等奉敕撰，后嵇璜、刘墉等奉敕撰，纪昀等校订）	100、126、300
	五十五年（1790）	《御制集》	100

（2）文献的全面整理研究

学术的自觉批判，加以政治张力，势必对文献本身及其整理研究提出新的要求，遂铸就了训诂、笺释、考证、辑佚、校勘、注释、辨伪的兴盛，最后在乾嘉时期形成了富有文献学特色的乾嘉学术。

这个时期，文献进入了重新认定时期，对它的研究也自成体系，风格独特。正如张舜徽所指出的："清代朴学大兴，以考证名家的学者，风起云涌，研究经、史、诸子，各号专门。有的人穷毕生精力以治一书，从校勘文字，以至疏释全书，投下了不少劳动，这对整理文献来说，是有很大贡献的。他们的治学范围，有的人虽不那样博大，但对某一种专门学问或一部古代书籍，确有精深的研究，并有所发明或发现，也是应该肯定的。"他还说："这样的专家，历代都有，而以近三百年间为最多。"①

① 张舜徽：《中国文献学》，华中师范大学出版社2004年版，第216页。

我国古代典籍可谓浩瀚无涯，但在流传过程中错失讹谬不少，加以时间地域的缘故，有的已经难以认读了，迫切需要修补整理。清代学者自觉完成了这项工作。从康熙到乾隆，他们训诂、笺释和汇刻了几乎所有的儒家经典。后来，《皇清经解》、《续皇清解》得以编成，就是乾嘉汉学治经的功劳。范文澜“新汉学系经学从考据方面的发展，古代制度文物，经考据学者的研究，艰涩难解的古书，大体可以阅读。因此，新汉学系统学堆积起巨大的考古材料，把封建统治工具的经学，改变成科学的古代社会史、古代哲学史原料看，它自有很高的价值存在”①。

他们还搜补了史书，如惠栋《后汉书补注》、赵一清《三国志注补》、梁玉绳《史记志疑》、钱玷《补史记注》等。清代丰富的公私藏书为史书补注提供了坚实的基础，这些史书的补注为清代学术互动共生大势中的又一亮点。

同时，由于古籍整理工作的需要，辑佚、校勘、注释与辨伪工作均成为当时学术界的重要工作，取得的成果也特别显著。

辑佚非注疏、校勘、辨伪、考证、目录相互求证不可得，清以注疏、校勘、辨伪、考证、目录等为特色的文献学的发达，为它准备好了条件，也相生相长。清前期到中期的辑佚，主要注意经说，始于惠栋治《易》，兴盛则起于《四库全书》开馆对《永乐大典》的辑佚。他们钩沉索隐，几乎对所有文献搜罗殆尽。当时，辑佚文献数量之多，辑佚门类之广，均是前此任何朝代所无法比拟的，并涌现出一大批著名的辑佚名家。

这一时期是注疏的高峰期，大批语言文字学家云集，大量高质量的注疏经、史、子、集的著作相继问世。这些注疏之作是以总结性面目出现的，几乎集中了历史上的所有疑难，既注释古词古音，又注释典章史实，是对历史上校勘问题的全面总结。清代的校勘，自顾炎武开其端，其后阎若璩、胡渭等人都以毕生之力一意治经，他们成绩已接近乾嘉学者。再后，惠栋、戴震等，提倡考证的精神。在他们引导下，研究古籍蔚为风气。他们也建立了科学的校勘方法，校勘进入了全盛期。清代的校勘成就达到前无古人的地步，其中成就最大的是对子书的校勘。从《老子》到

① 范文澜:《中国经学史的演变》，载《范文澜历史论文集》，中国社会科学出版社 1979 年版，第 299 页。

《水经注》，几乎校勘子书殆遍，加之所校史书、地理方面的书等达30多种。其中荟萃成编最有价值的，乾隆时校勘名家卢文弨《群书拾补》、王念孙《读书杂志》就为其中之一。同时，这个总结也上升到了理论高度，如卢文弨、王念孙对校勘法则的总结。卢文弨校勘注重分析规律揭示原因，注重旧刻众说但不盲从，多闻阙疑却不妄改，用小学定是非，用音韵勘正误，尽力恢复古书原貌，正是学术互动带来的学术融通的结果。王念孙在对《逸周书》、《战国策》、《淮南子》、《史记》等校勘基础上，博采前人今人的学说，却不拘泥；反复推敲，不轻下结论，也不盲从，疑以阙疑，小心谨慎推寻致误的原由，总结出"因字不习见而误者"、"因假借而误者"等60多种条例，并附实例。他们既总结了乾嘉校勘理论又开启了乾嘉末学，也影响到了梁启超。这个时期是整理文献，校正文字，古文通假，阐明古义的最富盛名的时代，除上述卢文弨《群书拾补》、王念孙《读书杂志》外，还有邵晋涵《尔雅正义》，钱坫《尔雅释义》，王引之《经义述闻》、《经传释词》等名著问世。

不唯如此，康、雍、乾时期的学者也对典籍做出了考证，对它们的真伪做出了思考，这些又是校注等的前提。这一时期对史书的考证，如杭世骏《诸史然疑》、全祖望《经史答问》、钱大昕《廿二史考异》、王鸣盛《十七史商榷》、赵翼《廿二史札记》、洪亮吉《四史发伏》等书，均不愧名著。至于史书真伪的考辨，通考群书真伪的著作则有万斯同《群书疑辨》、姚际恒《古今伪书考》、崔述《考信录》。专辨一书真伪的著作：辨《易》者，有胡渭《易图明辨》、毛奇龄《河图洛书原舛编》、黄宗羲《图书辨惑》；辨《书》者，有阎若璩《尚书古文疏证》、姚际恒《古文尚书通论》、宋鉴《尚书考辨》、惠栋《古文尚书考》；辨《诗》者，有姚际恒《诗经通论》；辨《周礼》者，有姚际恒《周礼通论》、万斯大《周官辨非》、方苞《周官辨》；辨《仪礼》者，有姚际恒《仪礼通论》；辨《礼记》者，有姚际恒《礼记通论》；辨《春秋》者，有姚际恒《春秋通论》。

总之，他们遍注群经，所注内容远迈前代；校勘古书，即使尤其难读、尤为稀见的古书，也一定搜寻善本，以便还古书本来面目；并敢于疑经惑古，辨证了前人所不敢辨伪的经书。而围绕古籍全面整理研究，文献学各学科相吸相纳，相生相长，于是形成了文献学集成态势。

3. 学者学派与学术理论及方法

（1）学者学派理论与方法

有了经过整理的古籍，为研究提供了翔实的资料，使清代各项研究均扎实可靠且游刃有余，并能上升到理论高度、总结出理论。

在富有清代特色的乾嘉学术蔚然成风前，黄宗羲的《宋元学案》、《明儒学案》、《清儒学案》已经开了一个好头。学案体依学派分类，阐释学派流变，是新的史书编纂体裁。学案体的问世预示着这个时代的学术充满创新与活力，预示了这个时代的学术在未来的必然开新。

清代史学家，已知道对历史进行比较研究，如顾炎武赞赏为“必传之作”的马骕《绎史》就是著名的一例。他用各种古籍材料，研究中国古代的历史，尤其是先秦的历史；吸收了编年和纪传二体的优点，运用了类似我们今天编写古代史的方法，使《绎史》成为当时的史学名著，被人称为“马三代”。不过，马氏的败笔在于他综合能力虽强，却缺乏分析，考证功夫也不深，且所引用的材料多不可靠。

对历史进行比较研究，除马骕之外，乾嘉前沈炳震《新旧唐书合钞》也是把两书并列对比，看二者的异同。乾嘉时赵绍祖《新旧唐书互证》则尤能集前人的成就展开比较研究，进一步发展了比较研究。而围绕这些新学术，自然形成了新的学术流派。这是学术内部互动的必然结果。

清初，有顾炎武、黄宗羲、王夫之等学术大家引领学界。其后，在他们开创的基础上，分流析派。大则有汉宋之别，小则汉学又有吴、皖等之分，宋学则有桐城一派。这是只有在学术集成下方有的形势。章太炎在《訄书·清儒》中说：“其成学著系统者，自乾隆朝始，一自吴，一自皖南。吴始惠栋，其学好博而尊闻。皖南始戴震，综形名，任裁断，此其所以异也。”章氏在文中还列举了江声、余萧客、王鸣盛、钱大昕、汪中、刘台拱、李惇、贾田祖、江藩等为吴派学者，说他们“皆陈义《尔雅》，渊于古训是则者也”；同时，又以金榜、程瑶田、凌廷堪、任大椿、卢文弨、孔广森、段玉裁、王念孙、王引之等为皖派，并指出：“凡戴学数家，分析条理，皆参密严瑮，上溯古义而断以己之律令，与苏州诸学殊矣。”①

研究方法的开新与新学术及其流派的形成，使清代学术取得了“超

① 章炳麟：《訄书·清儒第十二》，徐复注，上海古籍出版社2000年版，第144—145页。

汉越宋”，集历代大成的历史地位，一部《红楼梦》，就堪称时代的史诗。这自然能对理论总结与评判提出了要求，清人也自觉完成了这个任务。他们对史学理论进行探讨。追问“六经”与“史”的关系，就义理、考据、辞章以及史识、史才、史学、史德之间的关系亦作出了说明。在这些方面做出突出贡献者有章学诚。他尝言“六经皆史”①，指出：“学者果何物哉？学于道也。道混沌而难分，故须义理以析之；道恍惚而难凭，故须名数以质之；道隐晦而难宣，故须文辞以达之。”② 并对史识、史才、史学、史德做出了论断辨析：“史所贵者义也，而所具者事也，所凭者文也。……非识无以断其义，非才无以善其文，非学无以练其事。”③“能具史识者，必知史德。德者何谓？谓著书者之心术也。……盖欲为良史者，当慎辨于天人之际，尽其天而不益以人也。尽其天而不益以人，虽未能至，苟允知之，亦足以称著述者之心术矣。”④ 因此，他认为刘知几的史识是文士的见识，非史识，故在刘知几的史家三长外添“史德”一长。

他们还确立了方志学等。我国方志编修，萌芽于春秋，“如孟子所称‘晋《乘》、楚《梼杌》、鲁《春秋》’，墨子所称‘周之《春秋》，宋之《春秋》，燕之《春秋》’；庄子所称‘百二十国宝书’”⑤。到东汉时“后汉光武始诏南阳撰作《风俗》，……郡国之书由是而作”⑥，一时形成风气，至魏晋南北朝因门阀而更盛，宋代则荟萃各体成为方志，⑦ 此后继续发展。清朝的方志肇始于顾炎武《天下郡国利病书》和《肇域志》，顾炎武在《营平二州史事序》中说，“昔神庙之初，边陲无事，大师以治兵之暇，留意图籍，而福之士人郭先卿在戚大将军之幕府，网罗天下书志略备；又自行历蓟北诸边营垒；又遣卒至塞外，穷濡源，视旧大宁遗址不报，与书不合，则再复按，必得实乃止，作《燕史》百三十卷，文虽晦涩，而一方志故，颇称明悉”，对方志提出了自己的认识和总结。此后，

① （清）章学诚：《文史通义·易教上》，载（清）章学诚《章学诚遗书》，文物出版社 1985 年版，第 1 页。

② （清）章学诚：《与朱少白论文》，第 335 页。

③ （清）章学诚：《文史通义内篇五·史德》，第 40 页。

④ 同上。

⑤ 梁启超：《中国近三百年学术史》，第 285 页。

⑥ 刘琳：《华阳国志校注·前言》，巴蜀书社 1984 年版，第 2—3 页。

⑦ 梁启超：《中国近三百年学术史》，第 286 页。

官方重视修志，参与者不乏名儒。康熙间保和殿大学士卫周祚在《曲沃县志》序言中，又提出“正，虚，公”三长论。陆陇其用自己所修《灵寿县志》昌明理学。乾隆间章学诚参与方志实践，在修《和州》、《亳州》、《永清》三志及《湖北通志》等基础上，对方志理论做出了总结，如明确提出“二便”、“三长”、“五难”、“八忌”、“四体”、“四要”等主张。[①] 又改造方志概念，认为方志乃《周官》小史、外史之遗，其目的专以供国史取材，非深通史法不能为之，把方志从地理书的狭窄概念中解脱出来，并提出凡欲经纪一方文献必立三家之学：“仿纪传正史之体而作志，仿律令典例之体而作掌故，仿《文选》《文苑》之体而作文征。三书相辅而行，缺一不可。”[②] 自此，“方志学”于是确立。

章学诚把自己的这些史学理论写入了《文史通义》中。这本书，正如梁启超所说，“实为晚清学者开拓心胸，非直史家之杰而已”[③]，创见不可悉数。如何做历史研究，章学诚也有见解，他说：“采择之法，不过观行而信其言，即类以求其实。参之时代，以论其世；核之风土，而得其情；因其交际，而察其游；审其细行，而观其忽；闻见互参，而穷虚实之致；瑕瑜不掩，而尽扬抑之能。八术明，而《春秋》经世之意晓然矣。”[④]

至于章学诚的学术地位，学人多有评论，以冯尔康的评价颇具代表性。冯尔康讲道“对通史和断代史、专史和综合各方面的历史（即他所说的“横通”），对已出现的各种史学体裁，对史家应具备的条件，对与史学有关的诗话、小说笔记，对史学研究的目的、意义和方法，对历史著作的范畴，都针对古人、清人的实际做法和见解，提出他的看法”[⑤]。这集大成的时代，需要理论总结，也自然产生出如章学诚之类理论总结人物。

又由于西学的传入，影响了文字音韵训诂及其研究，清人对这也有理论的说明。他们认为“古音不甚拘”[⑥]、“古无轻唇音”[⑦] 等。又提出经学即理学，而由小学则可以通经学，“夫六经皆以明道，未有不通训诂而能

---

① （清）章学诚：《修志十议》，第 140 页。

② （清）章学诚：《方志立三书议》，第 123 页。

③ 梁启超：《清代学术概论》，东方出版社 1996 年版，第 63 页。

④ （清）章学诚：《章氏遗书》卷 21《金君行状书后》，第 213 页。

⑤ 冯尔康：《清史史料学》，沈阳出版社 2004 年版，第 217 页。

⑥ （清）钱大昕：《十驾斋养新录》卷 4，上海书店出版社 1983 年版，第 71 页。

⑦ （清）钱大昕：《十驾斋养新录》卷 5，第 101 页。

知道者”[①]。而训诂明的关键在知音，“读九经自考文始，考文自知音始”[②]。同时，清人又有对理论的再认识，以及对相关学术的反省。如对“考文”以及“知音”，李光地就曾有一番讲解，他说：

> 余始官庶吉士，曾相遇为半日话，时余于音学无晓也，宁人举大指示之曰：“古者同文，声与形应。凡字旁从某，音必从某。后世不悟音伪，反谓古书为叶，皆非也。《唐韵》承江左末流，部居悉舛，分合之间，纷不可治。今当以《诗》、《易》、周秦之文为正，质验字旁，分者并之，合者离之，使古书无二音，然后得复其旧。”予闻言犹未省了。家居数载，追寻言绪未达者，自以意为之说。又七年，复来京师，则宁人殁矣。闻其书已成，亟求观之，所意者幸不谬，然宁人之学于是始窥其备。盖平上去三声虽有差互，犹得类从，入声则杂乱尤甚，如人经荒凉者，不第乡贯不可复追，姓氏族系皆不自别矣。有顾氏之书，然后三代之文可读，《雅》、《颂》之音各得其所语声形者，自汉晋以来未之有也。[③]

读经由考文入手，考文则必须知音。把音韵置于训诂文字之上，段玉裁更是直白到极点。在段玉裁看来：“十七部为音均，音均明而六书明，六书明而古经传无不可通。”[④] 音韵是开启训诂文字的万能钥匙。凭借六书通训诂文字由段玉裁来总结，是必然的。段玉裁上承顾炎武、江永，近师戴震。戴震以训诂文字明义理，与段玉裁曾有一番探讨。戴震在《与段若膺论理书》认为宋儒“讥训诂之学，轻语言文字，是欲渡江而弃舟楫，欲登高而无阶梯”，“为之卅余年，灼然知古今治乱之源在是”[⑤]，明确指出“经之至道也，所以明道其词也，所以成词者字也。由字以统其词，

---

① （清）钱大昕：《潜研堂文集》卷33《与晦之论尔雅书》，张元济等辑《四部丛刊初编》本，民国八年上海商务印书馆影印本，第13页a。

② （清）顾炎武：《亭林文集》卷4《答李子德书》，中华书局1983年版，第73页。

③ （清）李光地：《顾宁人小传》，载（清）钱仪吉《碑传集》卷130，中华书局1993年版，第3872页。

④ （清）段玉裁：《六书音均表·序》，《经韵楼丛书》本，第4页。

⑤ （清）戴震：《孟子字义疏证》附录，中华书局1982年版，第184页。

由词以通其道，必有渐”[①]。道出由字词而训诂的通经途径，提示了治学方法。对古音有精深研究的段玉裁，在远绍近承的启迪下，在由音而训诂文字方面自然看得更明白，悟得更透彻，也提得更响亮。他因推崇音韵以至在为王念孙《广雅注》作序时，视尊古形今形、古音今音、古义今义六者互求，依据古音得经义的王念孙是天下唯一的人，并认为唯扬雄方可配为王念孙知音。他说：“怀祖氏能以三者互求，以六者互求，尤能以古音得经义，盖天下一人而已。假《广雅》以证其所得，其注之精辟，再有子云，必能知之。敢以是质于怀祖者，并质诸天下后世言小学者。”[②]因此，他们自然一齐声讨宋元以来学术不讲究声训、空疏虚妄的弊病：

> 治经先考字义，次通文理，志存闻道，必空所依傍。汉儒故训有师承，亦有时傅会，晋人傅会凿空益多，宋人则恃胸臆为断，故其袭取者多谬，而不谬者在其所弃。我辈读书原非与后儒竞立说，宜平心体会经文，有一字非其的解，则于所言之意必差，而道从此失。……宋已来儒者，以己之见，硬坐为古贤圣立言之意，而语言文字实未之知。其于天下之事也，以己所谓理强断行之，而事情原委隐曲实未能得，是以大道失而行事乖。孟子曰：‘生于其心，害于其政，发于其政，害于其事’，自以为于心无愧，而天下受其咎，其谁之咎？[③]

清代音韵学还有一大成就，那就是汉语拼音的产生，这是中西互动带来的。利玛窦为了传教需要，方便西方传教士认识汉字，用罗马字母为汉字注音，其后利玛窦的助手金尼阁（Nicolas Trigault，1577—1629），改进了由利玛窦创造的拼音方案，使这方案更适合中国人使用。这就是著名的中西互动成果利金方案，也就是汉语拼音的雏形。利金方案的产生，使中国的音韵学从此与西方接轨。

总之，由于西学的传入，研究文字的方法有所改进；音韵、语法研究

---

① （清）戴震：《戴东原集》卷9《与是仲明论学书》，清乾隆元年金坛段玉裁经韵楼刻本，第7页。

② （清）段玉裁：《经韵楼集》卷8《王怀祖广雅注序》，道光七年衎祥堂本，第3页b—4页a。

③ （清）戴震：《戴东原集》卷9《与某书》，清乾隆元年金坛段玉裁经韵楼刻本，第11—12页。

则促进了注释的提高，解决了不少前人无法解决的疑难问题。因此，清人由经籍训诂到求证金石文字，方法能超越前人，在这方面取得的成就也是比较大的。有学者称：

> 自宋元以经义取士，守一先生之说，敷衍附会，并为一谈，而空疏不学者，皆得自名经师，间有读汉唐注疏者，不以为俗，即以为异，其弊至明季而极矣。国朝通儒，若顾亭林、陈见桃、阎百诗、惠天牧诸先生，始笃志古学，研覃经训，由文字、声音、训诂而得义理之真。①

此外，他们对校勘理论也进行了探索。段玉裁言校书："毋凿、毋泥、毋任己、毋任人，而顺其理。"② 对校书甘苦，段玉裁也体会很深，他指出："校书之难，非照本改字不讹不漏之难也，定其是非之难。是非有二。曰：底本之是非，曰：立说之是非。必先定底本之是非，而后可断其立说之是非。"③ "何谓底本？著书者之稿本是也。何谓立说？著书者所言之义理是也。"④ "不先正注、疏、释文之底本，则多诬古人；不断其立说之是非，则多误今人。"⑤ 近人总结的校勘法则，都已蕴含其中。

不过，学者各有自己的派别，他们的门户也是森严的。这个门户森严当然并不能单纯以负面论定。欧阳修曾有君子之朋与小人之朋的见解。在欧阳修看来，君子之朋是值得提倡的，因为一群有着共同信念的君子们聚在一起，其利断金，可以促进共同目标早日实现，辉煌共同事业。而今天我们辩证地看，门户也应是良莠共存的。不过，当时能看到门户的弊端却是为数不多的，而章学诚是其中一个并不偏袒任何一方的。他说，"尚考证者薄词章，索义理者略徵实，随其性之所近，而各标独得……必欲各分门户，交相讥议，则义理入于虚无，考证徒为糟粕，文章只为玩物"⑥，

① （清）钱大昕：《潜研堂文集》卷24《臧玉琳〈经义杂识〉序》，张元济等辑《四部丛刊初编》本，民国八年上海商务印书馆影印本，第11页b。

② （清）段玉裁：《经韵楼集》卷8《经义杂记序》，道光七年衍祥堂本，第6页b。

③ （清）段玉裁：《经韵楼集》卷12《与诸同志书论校书之难》，第47页a。

④ 同上。

⑤ 同上书，第52页b。

⑥ （清）章学诚：《与族孙汝楠论学书》，载（清）章学诚《章学诚遗书》，第224页。

站出来呼吁持世救偏，倡导学术互动，走融通和谐的道路。

概言之，各种因素的互动，使他们无意或有意地对有清以前的文化学术做了一番综合整理裁汰的工作。

（2）学术规范与通则的寻求

《四库全书总目》评价汉宋学“汉儒说经以师传，师所不言，则一字不敢更。宋儒说经以理断，理有可据，则六经亦可改。然守师传者，其弊不过失之拘。凭理断者，其弊或至于横决而不可制”[①] 的话语，看似批评二家，其实倾向汉学，以官方之态向天下明示了清人汉学的主流学术地位。既然清人继承的是汉学学风，就必然要求清人的学术必须讲究规范。由专门学问中的某一类规范，如校勘的规范，注释的规范，考证的规范，到对整个学术以及西学的要求，均有着规范。同时，又要求清人追求通则，来界定、夯实、稳固规范。这里还要指出的是，“学术规范与通则”同“学术理论与方法”有重合的地方，这里单书一笔，意在突出清代学术的科学性，以及学术科学的普遍性。

因此，清人追求的并不是纯粹单一的规范，他们进而寻找整体的规范，这整体的规范即为通则。自戴震而下，如阮元、焦循、凌廷堪等一批士人已经试图用普通的“礼”来规范与约束社会生活世界。同样，也是自戴震而下，这些士人也在试图把天文历算中的“数”作为“通例”，用来诠释和理解所有的自然世界。这种对“通则”的追寻，实际是清初以来的知识阶层整体把握世界的一种途径，借助零星片段的考据成果日益丰富日益加强，到 18 世纪末 19 世纪初形成了思潮。[②] 亦即“对于知识理解的整体性根本依据也就是‘通则’的探求热情，却在清代考据学家这里一直存在，考据学家追求的，原本并不仅仅是支离琐碎的技术性知识”[③]。这种“通则”不仅是对智力的自我考验，而且包含有寻求“根柢”的意思。所以，从顾炎武、黄宗羲到江永，从戴震、钱大昕到阮元，都对这些知识相当关注，而一些在学术史上可能并没有特别赫赫名声的人，也对这

① （清）永瑢等撰：《四库全书总目 · 孝经问》，第 266 页。

② 葛兆光：《中国思想史》第 2 卷《七世纪至十九世纪中国的知识、思想与信仰》，复旦大学出版社 2001 年版，第 435 页。

③ 同上书，第 434—435 页。

种知识很有兴趣。[①] 以上所言的"通则"就是自清初以来对"礼"对"数"，对科学方法的规则与规范的探求。

今人这样的看法，与当初清人的探索是相吻合的。清代汉学开山阎若璩就说过"天下事由根柢而之枝节也易，由枝节而返根柢也难，窃以考据之学亦尔"[②]。他的考据学就意在寻找确立这种"根柢"的方法，找到一条古书"通则"，这在他们中间早已是共识，"像戴震之校《水经注》，段玉裁之论汉代注释，江藩之论'古书疑例'，似乎都是要在沿枝叶而寻其根柢，沿支脉而上溯源流，寻找通例，就是要在纷纭的古典文献中，'以各种假说或约定出来的原则，加以修改、诠释、批判、纠正，以重构历史'"[③]。

清代学术注重规范与通则的特征，国外学者也有同见。他们认为清代学术，把古音研究，经书注释和考据相连，"这一考据学的展开，不仅是整合经书解释的普遍妥当的方法，而且是对为保证经书解释的正确的方法论的强烈反省和批判意识的兴起"，"考据学的本质不止是方法理念的完成和它的精密成果，而是从构成经典的古代汉语本身的彻底沉淀中，发现经书解释中那些支持语言的古音分部之音韵结构的意义，以及它们所建构起来的儒学价值观"[④]。

国外学者互相讨论中，也涉及清代学术规范问题。如日本学者木下铁矢批评滨口《清代考据学的思想史的研究》由"文献学到哲学"的理路，指出他文章中有先验的预设，不同意清代考据学是"语言学转向"而引起的"语言学的形而上化"的思路，认为清代学术应当是"对经典语言的个性化体验"[⑤]，但无论怎样，二人实际上都承认了清代学术的自律与规范的特征。

对清人治学科学的学说持异议者，如侯外庐认为"蔽于古而不知世

---

① 葛兆光：《中国思想史》第 2 卷《七世纪至十九世纪中国的知识、思想与信仰》，第 436 页。

② （清）阎若璩：《尚书古文疏证》卷 8，同治六年钱塘汪氏振绮堂本，第 4 页 a。

③ 葛兆光：《中国思想史》第 2 卷《七世纪至十九世纪中国的知识、思想与信仰》，第 435 页。

④ 《序论》，载［日］滨口富士雄《清代考据学的思想史的研究》，国学刊行会 1994 年版，第 27、34 页。

⑤ ［日］木下铁矢：《清朝考证学とその时代——清代の思想》，创文社 1996 年版，第 7、21 页。

（古指古籍，世指社会）；蔽于词而不知人（词指‘由词通道’之词，人指个性）；有见于实、无见于行（实指其一部分认识方法，行指认识的证验准绳）；有见于阙，无见于信（阙指对于过去的疑问，信指对于将来的追求）。所以，乾嘉汉学，只有读古书的一定的逻辑要素，但不能说代表科学方法，这是首先应加了解的。”① 在怀疑乾嘉学科学方法的同时，也从另一角度承认了乾嘉学术对“通则”的追求。其实，这种“通则”，即侯外庐先生所言的“读古书的一定的逻辑要素”，就是科学的一种表现。

对学术规范和通则的追寻，其实就是清代学者实事求是精神的体现。清代学者精于考据，他们以实事求是的精神，纠正过去注释中的空疏、妄说，努力用新的方法考证、注释词义，力求经史的解释符合古代文献的原貌原意。追溯他们这种“信古而阙疑可也”② 的实事求是精神之源，可以发现，这既是对中国传统治学精神的继承，又是当时西方治学精神影响的结果。

清代有成就的历史文献研究者大都注重“实事求是”原则的实践。凌廷堪曾经分析治学有“实事求是”和“虚理在前”两种倾向，他指出前者能确定是非，后者不能确定是非。他说：“昔河间献王实事求是。夫实事在前，吾所谓是者，人不能强辞而非之，吾所谓非者，人不能强辞而是之也。如六书、九数及典章制度之学是也。虚理在前，吾所谓是者，人既可别持一说以为非，吾所谓非者，人亦可别持一说以为是也。如理义之学是也。”③

阮元在《〈经义述闻〉序》中自言凡古儒所误解者，无不旁证曲喻，而得它们的本义所在。并自称治学不敢立异，唯求实事求是。④ 汪中也自陈自己的治学宗旨：“为考古之学，惟实事求是，不尚墨守。”⑤ 钱大昕对自己的作品《廿二史考异》，有“桑榆景迫，学殖无成，惟有实事求是，

---

① 侯外庐：《中国思想通史》第5卷《中国早期启蒙思想史》，人民出版社1956年版，第418页。

② （清）汪中：《述学·内篇》卷2《周官征文》，载《粤雅堂丛书》续刻本，第19页。

③ （清）凌廷堪：《校礼堂文集》卷35《戴东原先生事略状》，清嘉庆十八年（1813）刻本，第8页a。

④ （清）阮元：《揅经室一集·〈揅经室集〉自序》，载《文选楼丛书》，仪征阮氏珠湖草堂，清道光年间（1821—1850）刻本，第1页b。

⑤ （清）汪中：《述学·别录》卷1《与巡抚毕侍郎书》，第23页。

护惜古人之苦心，可与海内共白”[①] 的感叹，所言尤其诚挚。梁启超《清代学术概论》中也曾借助这种精神归因清代的学术成就：“综观二百余年之学史，其影响及于全思想界者，一言蔽之，曰‘以复古为解放’。第一步，复宋之古，对于王学而得解放。第二步，复汉唐之古，对于程朱而得解放。第三步，复西汉之古，对于许郑而得解放。第四步，复先秦之古，对于一切传注而得解放。夫既已复先秦之古，则非至对于孔孟而得解放焉不止矣。然其所以能着着奏解放之效者，则科学的精神实启之。”[②] 直至今天，学者们依然认为乾嘉学术虽有派别之分，但如实事求是、无征不信等学术根本宗旨，以及采取归纳法论证，却是相同的，并已颇具有的现代科学精神，所不同的只是治学方法而已。[③]

不过，实事求是精神非唯继承传统而来，西方传教士著述所体现及宣传的科学精神，对清人影响也是不小的。因此，清人追寻的规范和通则也不无西人的影响。

乾嘉学术的这种精神，胡适曾以相当大的热情表扬它，称它是最严格有效的方法，连最严厉的批评者也不能遮掩它的光辉。启发胡适提出“大胆假设，小心求证”，也正是这种精神。不过，胡适最终把乾嘉精神归功于西方治学精神的影响。抛开他过头的一面，可见西学确实影响了乾嘉学术。

对天文历算的关心，使得乾嘉学者钱大昕、凌廷堪、阮元等均对中法西法优劣及其规范作出了说明。钱大昕在乾隆六十年（1795）为焦循所作的《释弧序》中指出，天体弧圆之势是相当重要的，这种算学是“儒家升堂入室之诣”，因为它是“测天之学”，而“天”恰恰是儒家学说的根本依据。但是我们的古法粗疏，直到近世欧罗巴精算之士来华才使我们对周天经纬了如指掌。而凌廷堪也在《复孙渊如观察书》中，对孙星衍辟西人推步不可信的说法委婉地反驳，希望孙氏放弃偏见，不要“主中黜西”，并用事实证明。如关于岁差的推算，西人是凭借恒星东移来阐明原因的，不是凭借汉儒所没有道及而排斥。选法与天文，西法不像中国古代有“占验”、“推步”的分别，是相为表里的，不能分开的。他反复指

① （清）钱大昕：《〈廿二史考异〉序》，清光绪二十四年集古书屋刻本，第1页b。

② 梁启超：《清代学术概论》，第7页。

③ 邵台新等：《中国文化史》，大中国图书公司2000年版，第142页。

出,“西人言天,皆得诸实测,犹之汉儒注经,必本诸目验”,所以“西学渊微,不入其中则不知,故贵古贱今,不妨自成其学”①,在嘉庆四年(1799),作为学界领袖的阮元在为焦循写的《里堂学算记序》中更强调说:“通天地人之道曰儒,孰谓儒者而可以不知数乎!”② 凌廷堪还讲以礼代理。③

因此,今人进一步总结道:“如果说,‘以礼代理’表达了考据学家关于重建社会秩序的新构想中的新思路,那么,通过理解整体以解释个别的‘寻求通例’这种想法,则表达了考据学家中重新理解宇宙结构的新思路。……那个时代的学者对西学的认识显然要高于原先的想象,他们已经知道并研究了‘刻白尼’、‘喀西尼’关于天像椭圆的说法,改变了过去依照‘自多禄亩以至第谷’的平圆旧说,普遍接受了类似‘本轮’(planetary epicycle)、‘均轮’(uniformity wheel)、‘次轮’(secondary epicycle)之类的新概念,正因为如此,在焦循的《释弧》、《释椭》等著作写出以后,立刻有不少学者对此相当称赞,而凌廷堪关于天文历算的文章,也得到了阮元、李锐和焦循的呼应,在他们之间,关于这种数学模型的讨论是很繁密的,而这种讨论一定会‘沿枝叶而至根柢’,也就是从个别的解释追溯到整体的理解。”④

清人从中西学术比较中追寻规范和通则,西学无疑也如中学一样影响到了他们所追寻的规范和通则,而西学所体现的规范与通则就是科学的精神,因此清人实事求是的精神确实除在继承传统而来之外,还有西学这个源头。然而,遗憾的是,在清官方禁传西人思想的导向下,西方的科学精神,清人不凭借它来改良思想,作为追求科技进步的根本,却把它用在学习技能来模制西人器物,以及治学上。治学倒是在已有传统基础上进一步培根固本,学人至今受惠。但就科技而言,却属用之不正,当然就失去了

① (清)凌廷堪:《校礼堂文集》卷24《复孙渊如观察书》,清嘉庆十八年刻本,第12页b。

② (清)阮元:《揅经室三集》卷5《里堂学算计序》,载《文选楼丛书》本,仪征阮氏珠湖草堂,清道光年间刻本,第4页b。

③ (清)凌廷堪:《校礼堂文集》卷24《复钱晓徵先生书癸亥冬》,清嘉庆十八年(1813)刻本,第16页b。

④ 葛兆光:《中国思想史》第2卷《七世纪至十九世纪中国的知识、思想与信仰》,第438—439页。

发展良机。

（二）政治与学术之间

在中国封建时代，任何少数民族入主中原，均与先进的汉族文化存在差异，这需要少数民族在与先进文化的代表汉族的互动中，很好地学习它的先进的文明。他们做中国大地的主人的时间长短，很大程度上取决于自我改造，自我进步的程度。“野蛮的征服者总是被那些他们所征服的民族的较高文明所征服，这是一条永恒的历史规律。”①

清朝入主中原，它对先进民族的思想、政策与文化的理解，以及接受，超过历代曾进入或入主中原的少数民族，可谓最有成效者，所以它的文化政策独到而有佳绩，这样做的结果是使多民族大家庭的国度得到了巩固，融洽和睦，互通有无。

然而，和谐中还穿插着不和谐的片段。顺治、康熙两代基本上确定了对整个中国的统治地位，但是明代遗民反清复明的思想并没有禁绝。有着根深蒂固儒家忠君思想，隐居出家，或参加抗清武装斗争失败后居家不仕的明遗民，依然抱有故国的思绪。同时，多民族国家存在着诸多文化差异，民族隔阂、民族矛盾，时或有之。如何使明遗民抛弃遗民心态，走向文化认同；如何调和民族矛盾，化解民族隔阂，是清朝统治者入关后最为棘手，也最为关心，最迄待解决的问题。

对这些问题，清廷采取了以汉人治汉人，极尽拉拢和强迫的能事，使这些遗民徘徊在学术与政治之间，除少数人之外，最终走向文化认同，与清廷统治合龙。

入关后，在浙江总督张存仁建议开科取士，使“读书者有出仕之望，而从逆之念自息”② 以消弭反清意识，以及范文程上疏“治天下在得民心。士为秀民，士心得，则民心得矣。请再行乡、会试，广其登进”③ 等呼吁下，从顺治三年（1646）开始，清朝恢复了科举制度，并且成为定制。一方面以儒家五经作为科举考试内容，鼓励谙熟儒学的明朝文人参加

① 《不列颠在印度统治的未来结果》，载《马克思恩格斯选集》第 2 卷，人民出版社 1972 年版，第 70 页。

② （清）《世祖章皇帝实录》卷 19，中华书局 1985 年版，第 168 页。

③ 赵尔巽等：《清史稿》，第 2412 页。

考试；另一方面任用南人作为乡试主考官。如1646年，18名考官中只有一人是南人，而到了1648年，20名考官中已有6人，到1651年，南人近一半，1654年，南人占到主考官的2/3，这样有利于鼓励南人参加考试，如1646年，一甲三人均来自北方，而1647年则均出自江南，同时1649年殿试状元是复社成员，另24名及第者也参加过复社。① 通过开科举，虽然许多文人自己出于节气考虑不出仕，但是其子孙其弟子却踊跃参加了。

自开科举，天下士子有所归依与指望，为进一步网罗天下士子，尤其是拒不仕清的遗民，清廷广开终南捷径之路，“康熙九年，孝康皇后升祔礼成，颁诏天下，命有司举才品优长、山林隐逸之士”②。有效地取得了汉族士大夫对其的一定文化认同。

不仅如此，清廷的笼络很注意方式，也很虔诚。他们表彰忠义、宽容贰臣与遗民。顺治朝就为前朝死节之士进行了褒奖表彰，至于如钱谦益、吴伟业等，他们在出仕清朝后为补救自己的失节，写了许多纪念殉国忠臣的诗篇来证明自己的无奈，他们甚至还与反清复明的活动有着非常密切的联系，但清政府并不予追究。而王夫之，宣扬“天下之大防，首先就是‘华夏’和‘夷狄’之防”，这样的言论是对清政府的公开宣战，清廷也没有深究。当然，王夫之隐居深山，秘不见人，书籍的影响度本就很有限。加以退而求诸著述，发泄亡国的悲痛，本是中国特有的汉族士人文化情结，与汉文化互动中深谙汉族文化的清廷很清楚自己没有必要大开杀戒，刻意究责。他们知道，在清初杀一遗民精英，并不能儆百，反而会引起更多人的景仰，继而追寻这些精英们的精神与足迹，掀起更大的反抗浪潮。这个时期，比任何时候都需要他们用宽广的心胸与气度示人。清初统治者在现实和实践基础上，在洪承畴、范文程等理学名臣引导下，确立了把朱子学作为统治根基的治国方略，更在理学名臣引导下，勤奋钻研汉族文化，在深刻理解汉族文化的基础上，用宽容的姿态对待遗民，构建了文化认同的氛围，终于建立起和谐。他们褒奖声望很高而坚决拒仕清朝的逸士，对不愿参加科举考试，怕有直接投诚效力当朝的嫌疑的，就用山林隐

---

① ［美］魏斐德：《洪业——清朝开国史》，陈苏镇、薄小莹等译，江苏人民出版社1998年版，第676页。

② 赵尔巽：《清史稿·选举志四》，第858页。

逸或博学鸿儒相召。相召不来，就任他们悠游天地之间。《清史稿》载："顺、康间，海内大师宿儒，以名节相高，或廷臣交章论荐，疆吏备礼敦促，坚卧不起，如孙奇逢、李颙、黄宗羲辈，天子知不可致，为叹息不置，仅命督、抚抄录著书送京师。"[①] 己亥词科，被举荐录用的近200人，[②] 有朱彝尊、徐嘉炎、陈维崧等。康熙十八年（1679）在三年一次的"科举常科"之外，又开特科"博学鸿儒科"，以"诏修《明史》"为旗号，以翰林之任为诱饵。从翰林来源来看，主要是"明朝故臣子孙"（今可考者15人）、"天下耆儒名家"（今可考者是11人）、"清朝新进员棣"（今可考者18人）、"清贫自守书生"（今可考者6人）。[③] 这与后来乾隆朝的"博学鸿词科"（丙辰词科）只是为了粉饰太平不同，达到了笼络遗民士人之效。

李颙与孙奇逢、黄宗羲并称为"清初三大儒"，在学术上有着很高的建树。李颙，清廷屡以"博学鸿儒"征召，他以绝食坚拒得免。康熙四十二年（1703），康熙南巡时甚至亲自召见并拜访李颙，李颙都避而不见。康熙不但没有怪罪李颙，反而先后赐了"关中大儒"、"操志高洁"两个匾额给他。对于一些逃禅躲避招降的文人们，清廷也给予尊重，使得他们安于林泉生活，不参与反清斗争。

然而，在"学成文武艺，货与帝王家"[④] 的儒家传统教育熏陶下成长起来的士人，不仕等于平生所学付诸东流，他们终归是不情愿，而且也多少有所遗憾的，何况他们面对的是一个欣欣向荣的国度，守的是本已没落、不堪救治的明朝的节。清廷非常了解汉族士大夫文化，也了解他们的心理，这些为了气节不愿出仕当朝的明遗民，为前朝修史，他们是乐意的，而且一生抱负也终有所托付了。明亡后，许多文人"不克见之行事"，就不得已"寄之于言"了。

果如清廷所预期的一样，清廷的开馆修史很见成效，征召山林隐逸与博学鸿儒的遗憾被《明史》馆弥补了。一些以前冒着生命危险私修《明史》的士人纷纷投入清朝统治集团，即使碍于气节而坚决不入《明

① 赵尔巽编：《清史稿·选举志四》，第858页。

② 邸永君：《清代翰林院制度》，社会科学文献出版社2007年版，第84页。注①引"关于己未词科具体人数，历来争议很多"。

③ 邸永君：《清代翰林院制度》，第84页。

④ （明）冯梦龙：《喻世明言》，陕西人民出版社1985年版，第276页。

史》馆的如黄宗羲和顾炎武等也通过"以子代父"[①] 等方法，将自己所学运用到清朝统治中。如黄宗羲将自己搜集的有关史料抄送京师，并且让儿子黄百家入馆，黄宗羲总结自己一生时也不隐晦这段关节，他称自己"初锢之为党人，继指之为游侠，终侧之于儒林"；顾炎武，也曾在《明史》的修撰过程中，通过徐乾学兄弟或书信，给撰修《明史》提供资料和参考意见。那么"己未词科为《明史》编纂准备了一个相当过硬的写作班子，并借此向遗民伸出了橄榄枝……意义不只限于贡献一部二十四史中质量较高的历史著作，改善同遗民的关系，他对清初政治格局的转变产生了深远的影响"[②]。可以说，清廷以儒家思想为统治根基，以科举、开馆修史等一系列文化政策，向天下宣布了对孔孟学说程朱礼义的承续，明示了自己的正统，在成全明遗民希冀的坚贞的同时，用自己朝代的欣欣向荣与宽容大度包容他们，使明遗民中产生出了"亡国"、"亡天下"的理论——易姓改代为"亡国"，整个民族文化亡了为"亡天下"；使明遗民从坚拒到称它为"国朝"、"王师"，称当朝天子为"圣天子"、"圣主"，除少数人外，最终都走向了对清的文化认同。清廷与汉人及其明遗民在互动中去除了狭隘的民族主义的局囿，走向了中华民族的大和谐，中华民族的大融合。

当然，这总体和谐的互动中，也存在不和谐的声音。作为当朝的清统治者与历代汉人建立的封建王朝一样，需要绝对权威，需要思想的一统，他们非常清楚，所有的思想均源于文字，在拉拢士人，创建和谐之际，也交替使用了文网繁密的高压政策，屡兴文字狱，发出不和谐的声音。这不和谐的声音主要是针对下层士人和百姓发出的，意在断绝那些上层反清志士的追随者，令他们的言论成为空谷绝响，稳固刚刚建立的政权。不过，在一系列的打击之后，清廷并不完全清楚到底还有多少不利于国家统治的因素，他们希冀了解现状。所以自康熙打击朋党、整顿学风开始，整治文化市场的趋势就已显现。甚而可以再往上追溯至清入关之初。其实，清人自入关以后，就开始朝这方面努力。表现之一，即有意于征书。[③] 到乾隆

---

① 邸永君:《清代翰林院制度》，第 86 页。

② 赵刚:《康熙博学鸿词科与清初政治变迁》，《故宫博物院院刊》1993 年第 1 期，第 96 页。

③ 陈登原:《古今典籍聚散考》政治卷第 7 章《四库全书馆与禁书运动》，上海书店出版社 1983 年版，第 88 页。

时代，修书的形势几于成熟。当时学者们在学术文化总结大势下强烈呼吁，大臣们也不约而同上奏要求开馆修书，加以乾隆好胜心的驱使，于是由征书开端，辑佚《永乐大典》相承，四库馆于是开馆。不过，即或有如此长期的准备，四库开馆还是有提前的嫌疑。这提前开馆在日后四库征书初期表现尤为明显。如宣传动员工作因开馆的匆匆而没有到位，致使官民在征书之初持观望态度，征书进度尤为缓慢，以至于停滞不前，非乾隆三令五申方陆续进呈。对于四库开馆，任松如从“关于本身”、“关于宫闱”、“关于宗室”、“关于种族”、“关于党派”、“关于思潮”、“对于明朝者”、“对于清朝者”、“出于好胜之心者”、“出于猜忌心者”① 十个方面对这做出了总结。

由上可见，时代发展到四库修书的时候，正是我国思想文化进入总结的时期，也是国家安定团结、统一繁荣的时期。洪亮吉曾热烈歌颂江山一统，万国来朝，万民得所，文化兼容并包的盛况，充满激情极力美誉道：“皇上敬天法祖，勤民察吏，诸大政足以度越百王而垂则万世者已不下数十事。”②“殊恩岂独神州内，普锡还教外藩逮，遐哉上古迄汉唐，三千年来无此祥。”③“有义不归，佛法不归，僧只愿归依大皇帝”④，“东西南北车书极，朝正国王三十一。三十一国分年来，春秋冬夏邸第开。普天同庆当斯日，五国遥遥适相值。神鸡五色鱼八捎，贡及犀兕兼猞猔。史臣若举《春秋》笔，五国来朝王正月”⑤。同时，这个时期也是中西文化互动出现困境，需要中西双方各自思考的时期。

二 18世纪的西方

在中国一方面文化内部积极互动，进行文化总结，一方面学术文化依

① 任松如：《四库全书答问》，巴蜀书社1988年版，第5—7页。

② （清）洪亮吉：《卷施阁诗》卷9《万寿乐歌三十六章并序》，（清）洪亮吉《洪北江诗文集》二，第1页b。

③ （清）洪亮吉：《卷施阁诗》卷9《元日诏第一》，（清）洪亮吉《洪北江诗文集》二，第2页a。

④ （清）洪亮吉：《卷施阁诗》卷9《坎扒窿经第四》，（清）洪亮吉《洪北江诗文集》二，第2页b。

⑤ （清）洪亮吉：《卷施阁诗》卷9《五国朝第十四》，（清）洪亮吉《洪北江诗文集》二，第5页a。

违政治之际，西方也在进行文化的总结，并且处在剧变前夕，西方的资产阶级在这个时候正在日益崛起。

正在日益崛起的西方资产阶级，他们需要属于自己的政权来维护自己的利益，为自己的发展开辟坦途。经济基础的变化自然要求上层建筑的合作或匹配，但是当时的上层建筑却阻碍新兴资产阶级的前进道路，因此双方交锋势在必行。不过，资产阶级要赢得这场交锋，必须思想领域的配合，方能彻底动摇上层建筑的统治根基。时代催生出的思想精英们，于是肩负起扫荡旧世界启迪新思想的重任，为资产阶级革命完成了思想准备。其间，为寻求良剂救治西方之弊的他们，把目光投向了东方的中国。感受到中国气息的他们，在试图了解大清帝国的同时，也接受了从中投射出来的中华传统精华，为剧变植入了中国的思想因子。

（一）思想启蒙

从16世纪开始，西欧新兴资产阶级从自己的发展出发，迫切要求扫平道路，封建制度于是成为他们前行的绊脚石。不过，封建制度这个绊脚石的清理并非易事，顽固的封建势力退出历史舞台，同样需要新兴资产阶级付出努力和代价，他们要做的很重要的一步就是为自己的事业发舆论先声。幸运的是，他们是这个时代的宠儿。时代发展到16世纪，世俗和宗教都已经为他们准备好了得天独厚的发出舆论的基础与条件。当时突飞猛进的科技与新的科学理论一道开拓了人们的思维和视野，科学实验以及对自然界客观事物的研究，使人们不再被经院哲学所束缚。人们越来越意识到自然是可以征服的，进步是人类与社会发展的规律，正视并超越现在，思考社会和现实，追问宇宙和人生，捕捉深层次的问题，进而及于广袤的未来。而王权的阻挠只能更激起资产阶级冲破它的牢笼的决心，彻底撼动其根基。

至于宗教方面，天主教在科学面前的保守、僵化和滞后，必然使与资产阶级利益发展相适应的宗教改革也日渐高涨。废除现世的宽免符、来世的赎罪券，否定炼狱的存在，人文思想得以发展的宗教改革运动风起云涌，路德、加尔文等新教应运而生，17世纪初天主教内部又出现反正统的冉森教，由此而来的宗教斗争必然相当酷烈。弗朗索瓦一世死前，普罗旺斯法院的法官受梅兰多尔和卡布里埃两地传教士怂恿，请国王派兵支持他们处决此地被他们判死刑的19个人。他们在那里还杀死了韦尔多教派

6000人，妇女、老人和儿童都不放过。30个村镇化为焦土。弗朗索瓦死后，上千异端分子被杀，法官迪堡公开抗议迫害新教徒，被处绞刑和火刑。1562年3月1日，天主教集团首领吉斯公爵命令其武装随从袭击正举行礼拜的胡格诺教派，造成死伤200多人的惨案。随之而来的有王权、贵族参与的胡格诺战争达32年之久。宗教战争期间，法国图卢兹站在天主教一边，信奉新教的卡拉斯一家因此遭到天主教的残酷迫害。1685年路易十四撤销南特赦令（Édit de Nantes），使法国新教徒被迫离开法国。生活于酷烈宗教迫害下的人们，除武装反抗外，更期待启蒙思想来领航，从根本上撼动宗教根基。

走在资本主义发展最前列的英国成了启蒙运动最早的西方国家，培根（Francis Bacon，1561—1626）、霍布斯（Thomas Hobbes，1588—1679）和洛克（John Locke，1632—1704）是其中著名的先行者。

培根生活的时代，资本主义尚在萌芽阶段，宗教抑制着整个欧洲。培根关注知识和实践结合，科学和工业结合，亦即思考如何从中世纪的脱离实际的抽象理论向注重应用技术的近代科学转变，他的这种注重实验和实用的精神，使他成为引领资产阶级思想潮流的先驱。在资产阶级发展的前夜，培根也敏锐地看到了殖民的必要和重要。他说1571年勒邦多海上之战导致了土耳其舰队的覆灭，并导致了这个骄横帝国的衰落。英格兰获得了海上的优势，不仅可以控制全欧，而且可以向东西印度洋进一步开拓。那么如何把握这有利形势，建立殖民地，他建议殖民地最好建立在未开发的处女土地上，土地没有主人，就不会发生竞争。如果是开垦过的土地，必然会因扰民而带来殖民冲突。要选有特长的主人，要充分调查天然资源，要重视宗教事业。殖民地议员要用贵族、名流，最好不用商人。同时，他也看到了和平的宗教对资本主义发展的重要性。为资产阶级的发展，他也为宗教献上了自己的佳言和忠告。他借用圣徒雅各“愤怒的情感不能体现上帝的正义”之语告诫整个西方，宗教应该和平相处，宗教也要有理智。他认为，对于神，与其陷入一种错误的信仰，倒不如不抱有任何信仰。因为后者只是对神的无知，而前者却是对神的亵渎。[①] 物腐生蛆，某种起初很神圣的宗教仪式，经久也会腐化成繁琐的形式，并且使信徒们付出巨大的代价。但是另一方面，当人们憎恨一种旧迷信时，往往会

① ［英］培根：《人性的探索·论迷信》，何新译，黑龙江人民出版社1989年版，第63页。

矫枉过正，其结果却是陷入一种相反的新迷信。所以在反对一种迷信时，应当慎重，不要搞得过头。① 当然，培根对宗教所做的一切，只是在纠正宗教的偏失，他并不反对宗教，反而认为“宗教信仰是人类社会重要的支柱之一。如果宗教信仰是平和的，那么这个社会将是幸福的”②，并且资本主义也会更顺利发展。

正如培根认可宗教信仰一样，培根无论如何也是拥护君权的。培根的贵族出身令他在殖民地议员选举上偏向贵族，也使他一定程度上赞成商业发展，这在《论贷款》里他鼓励政府支持贷款事业的论述中有充分体现。不过，也正因为他的贵族出身，令他在倡导商业发展的同时，却又瞧不起商人。在他看来，只有在万不得已的情况下，商人才有资格当选殖民地议员。这观点，无疑充满对商人的歧视。在资本主义大规模发展到来之际，对本身所属贵族阶层的留恋和维护与对资产阶级的接纳，本身就是一个矛盾。思想领袖思想的不彻底性注定英国资产阶级的妥协性。其后，在英国，无论是霍布斯还是洛克，他们的思想均无法摆脱君权的影响，也脱离不了宗教。霍布斯一方面提出保护人的人身自由的自然权利，认为人的这种权利是平等的，人们要通过契约来约束和保障这种权利。国家也是人们通过契约建立的，君权是人民赋予的。但另一方面，他并不反对君主专制。因此，君权在他那里是人们订立社会契约后的受益者。人们在订立契约以后就把自然权力转让给君主，所以他并不主张废除君主制，而是认为君主制是最好的国家组织形式，臣民要绝对服从君主。可见，霍布斯的思想并非彻底反封建，而是一种折中，既维持现有等级的一些权力，又迎合新兴资产阶级急于登上政治舞台的需求。故而，霍布斯在神学方面也是矛盾的。他认为世上本没有神，但又提出宗教可以帮助维持社会秩序的理论。在他的表述下，有神论者和无神论者都可以皈依宗教，世俗和神权可以达到某种相安无事。由霍布斯这些论调来看，霍布斯明显在做着调和的工作。当然，他的这种矛盾也恰是当时英国的写照，是资产阶级和封建阶级妥协所需要的思想源泉。更能代表英国资产阶级革命时期新兴资产阶级利益的，是继承霍布斯思想的洛克。洛克对霍布斯的思想进行了一些修正。他认为人生而自

---

① ［英］培根:《人性的探索·论迷信》，何新译，第64—65页。

② 同上书，第8页。

由平等，具有生存权、自由权和财产私有权，人与人之间的关系是一种“和平、善意和互相帮助”的关系。他不同意霍布斯所讲的人们在订立契约以后就把自然权利转让给君主的说法，他认为，君主只不过是订约的一方，必须受契约的约束且应履行契约，必须按照“大多数”的意志行事，承认生命、自由、平等和私有财产是人们不可转让的权利，任何人不得侵犯。君主如果破坏这种社会契约，人们就有权推翻他的统治。在国家政权形式上，他主张立法权、行政权和管理对外事务的权力应分别属于议会和君主，分权中的立法权应占优越地位。这是保障自由、平等和私有财产，防止专制压迫的最好办法，所以他赞成议会君主制。在宗教政策上，他主张信仰自由和宽容异教，反对教会专横和政教合一，提倡教会和国家分离。他的理论是对英国资产阶级革命期间1688年“光荣革命”的辩护，他是维护资产阶级利益的典型代表。

因此，虽然英国最早开始启蒙，但是启蒙运动却是在法国达到高潮。18世纪上半期，法国成为欧洲最富强国家时，封建专制制度也达到顶峰。

这个时期，贵族和僧侣两大特权阶级的压迫和剥削日益加深，当时资本主义在法国部分地区已相当发达，出现许多资本主义性质的手工工场，个别企业雇用数千名工人并拥有先进设备，金融资本雄厚，资产阶级已成为经济上最富有的阶级，但在政治上仍处于无权地位。法国社会被分成三个等级，天主教教士组成的第一等级和贵族组成的第二等级，以及资产阶级、农民和城市平民组成第三等级。第三等级处于被统治地位。广大劳动人民生活困苦不堪，社会矛盾激化。思想领域掀起了启蒙运动，有力地冲击了封建专制制度及其精神支柱天主教会，为资产阶级革命提供了理论准备，进而推动了欧美的思想解放运动，对全世界产生了重大影响，在世界近代史上产生了深远的影响。

使法国专制达到顶峰的是路易十四。路易十四一朝，法国国势可谓盛极而衰。在他统治后期，由他竭力推行的君主专制制度把法国国力推向全盛之后，逐渐滑向历史的对立面。[①] 法国从路易十一到弗朗西斯一世，历代法王无不致力于统一，王权呈现出逐步加强的趋势，卡佩王朝

---

① 王晓东：《向伟大的时代致敬——〈路易十四时代〉导读》，载［法］伏尔泰《路易十四时代》，王晓东编译，北京出版社2007年版，第5页。

时期“法兰西岛”的窘境一去不复返了。路易十四亲政后，专制加强，他长达半个世纪的穷兵黩武，对法国社会造成的影响是灾难性的。法国境内数次燃起战火，对农业造成了严重的破坏。巨额军费被转嫁到农民身上，“特别是1624—1670年王国的西南部地区的混乱的农民暴动，大部分都是因为国家的税收压力过大而爆发的”①。“长期以来默默无闻的农民骚动变得越来越激烈了”②。各地贵族、领主为了附庸宫廷奢靡之风，也越发奢靡。路易十四留给了自己曾孙路易十五一个经济崩溃，民穷财尽的摊子。

路易十五即位的时候才五岁，由叔父奥尔良公爵菲利浦二世摄政监国。菲利浦二世生性奢靡放荡，为整个法国上流社会注入的是醉生梦死之风。他为了维持路易十四时代的国家荣光，利用路易十四时代君主专制的余威继续向人民课以重税，巴黎混乱不堪。③ 1715年1月达米安虽然没有终结路易十五的性命，却斩断了国王不可侵犯的神话，“爱戴国王已经成了一种人们嘴上不断重复的套话，它更多地透露出一种冷漠而不是激情”④。随之而逝的还有庄严雄阔、赞美王权的巴洛克风格。自此以后，从凡尔赛宫廷到巴黎街头，服务于中产阶级生活的艳丽华美的罗柯柯（Rococo）风格散布开来。这一切都将18世纪的法国民众置于一种混沌状态之中，王权、宗教、荣誉似乎都不再是生活的核心，躁动的空气、信仰的真空弥漫于巴黎上空。

不过，压迫、衰颓与奢靡，却是孕育启蒙的温床。历史发展到路易十五时代，给予了他一个启蒙时代。

启蒙时代的思想家把矛头指向皇权和宗教，要求民主自由平等。如伏尔泰就疾呼宽容，认为思想自由、信仰自由是人类的特权。⑤ 只要不扰乱秩序、尊重自己国度的习俗惯例，不论信仰宗教与否，均应给予思想自由

---

① ［法］弗朗索瓦·布吕士：《太阳王和他的时代》，麻艳萍译，山东画报出版社2005年版，第272页。

② 转引自［法］弗朗索瓦·布吕士《太阳王和他的时代》，麻艳萍译，第7页。

③ 王晓东：《向伟大的时代致敬——〈路易十四时代〉导读》，载［法］伏尔泰《路易十四时代》，王晓东编译，第5页。

④ ［法］安东尼·德·巴克、弗朗索瓦丝·梅洛尼奥：《法国文化史》Ⅲ，朱静、许光华译，华东师范大学出版社2006年版，第111页。

⑤ ［法］伏尔泰：《哲学辞典》，商务印书馆1991年版，第714页。

与信仰自由的权力。倘若非要以是否信奉优势宗教来判断是非与善恶，那就等于否定了最初基督教徒的献身精神，否定了基督教的根基。在他看来，“能够允许每个国民只相信自己的理智，而且按照自己的清楚明白或者阴错阳差的理智驱使去思考吗？只要不扰乱秩序，这应该是允许的：因为问题不取决于一个人信教或者不信教，而在于他尊重自己祖国的习俗惯例。如果你觉得不信奉占优势的宗教就是罪过，那就等于谴责自己祖辈最初的基督教徒，而且你也为如今你谴责将他们处以极刑的那些人辩护”①。要求宗教无论在什么情况下也不要干涉世俗权力，不对个人的世俗权拥有任何权力。② 同时呼吁国人行动起来，去接受新事物，他说：“我们总是最末后才领会其他国家的正确主张吗？别的国家都有所改进，什么时候我们才能改进呢？我们需要用六十年时间才能接受牛顿证明的道理；敢于用接种办法挽救我国儿童的生命，我们只刚刚起步。不久前我们才在农业方面采纳最适合的原理，何时我们才开始在人道上实行最适合的原理呢？我们自己在同样的情况下犯有同样的暴行，我们还有什么脸面指责异教徒造成殉教者呢？”③ 批评国人对新事物接受的迟钝。在这些思想家面前，欧洲世俗皇权、宗教势力均惶恐不安，即使如伏尔泰等并不是彻底的破坏者，像伏尔泰呼吁宽容的前提即是不扰乱秩序，但宽容已足以触动并挑战君主和教会的绝对权威，足以震撼并启迪人们的心灵，也就足以令他们震怒与不安。为此，路易十五发出“难道不能让这个人闭嘴”之类恼羞成怒之语，路易十五口中的“这个人”指的就是伏尔泰。伏尔泰死后，巴黎大主教不准埋葬他的遗体。

当然，令路易十五他们头疼的还有卢梭（Rousseau，Jean Jacques）等。其中卢梭，他修正并发展了具有人性本恶、人类没有义务、人是宇宙唯一主人等观点④的霍布斯和洛克的思想。他说：“一切政府的基本契约的性质……我只是按照通常的见解，把政治体的建立看作是人民与他们所推选的首领之间的一项契约行为；缔约的双方都必须遵守契约中规定的法律，因为法律是把他们联系在一起的纽带。在社会关系方面，人民既然把

① ［法］伏尔泰：《论宽容》，蔡鸿滨译，花城出版社2007年版，第76页。

② 同上书，第81—82页。

③ 同上书，第72页。

④ ［法］让·雅克·卢梭：《论人与人之间不平等的起因和基础》，李平沤译，商务印书馆2007年版，第71页。

他们所有的意志都集中起来成为一个唯一的意志，则体现这个意志的各项条款就将成为国家的成员都无一例外地必须遵守的各种法律；其中有一项法律将规定负有监督其他法律行使之责的官员的遴选与权力的行使。这项权力可管辖一切维护根本大法有关的事务，但不涉及大法的变更。此外，还规定了一些使法律的执行者受到尊重的礼遇，并给他们本人一定的特权，以补偿他们把行政工作做好而付出的艰苦劳动。在官员方面，他们将承诺只把按照委托者的意愿交给他们的权力用来保证每个人都能平平安安地享受属于他们所有的东西，并在任何情况下都把公众的利益放在自己的利益之上。"① 认为契约本身可以撤销，同时，契约还需要更高力量来确保双方的忠诚，以及对诺言的履行。在这方面，宗教可以起到这样的制衡作用。故而，他认可宗教的存在及其价值，认为神意的介入能够赋予最高权力一种神圣而不可侵犯的性质，从而剥夺臣民对于最高权力的处分之权，用它来维持公共安宁。基于这，卢梭指出，尽管宗教也有弊端，但是只要它为人们做了这件有益的事，就足以使人们热爱和信奉它。因为它使人们避免的流血事件，远比因宗教狂热而引发的流血事件多得多。② 此外，卢梭还借用普林尼对图拉真所言"我们之所以拥戴一个君王，是因为他可以保护我们不受一个主人的奴役"③ 以及布拉达斯曾对一位将斯巴达的生活与波斯波里斯城的生活进行比较的波斯总督所说，"我已经领略过你们国家的种种逸乐，而我们国家的种种乐事，你还没有见过，所以你还领略不到其中的乐趣"④ 来表述人权民主等观念。

伏尔泰、卢梭等对西方的失望，转而心仪或关注他们渐渐了解的中国。伏尔泰认为一个好的政府应既专制集权又要依法行事，这样政府的典范不是欧洲国家而是东方的中国，对中国的政治制度极尽推崇，并把它置于道德伦理之下，认为正是道德伦理造就了中国完美的政治。伏尔泰还赞美中国制度的宽容与和谐，说它能在精微而平衡的制度中容纳各

① ［法］让·雅克·卢梭：《论人与人之间不平等的起因和基础》，李平沤译，商务印书馆2007年版，第109—110页。

② 同上书，第111页。

③ 同上书，第105页。

④ 同上书，第105—106页。

种分子，并使他们达到一种具有丰富文化的境地。[①] 卢梭虽然并不完全推崇中国的政治制度，而且还以中国为例来说明道德和艺术并不能给人类带来幸福，不赞成政治从属于道德，他注重的是具体的政治行为，但中国政治制度只要符合他的理想，他也不吝赞美。与同时代的魁奈一样，卢梭也有重农思想，他们的重农思想均来源于中国。当法国正视中国的时候，它的君主专制并不亚于中国。然而，君主专制集权下的法国却千疮百孔，相比这个时期的中国的形势大好，一派繁荣景象，法国无疑相形见绌。故而，法国知识界看到中国，无疑也看到了与自己国家相仿，可以改造自己国家的范例，也就纷纷研究中国，引进中国的政治制度，希冀改良颓败的法国。当然，随着法国知识界对中国认识的深入，以及他们反宗教的节节胜利，得以有时间与精力全力研究政治制度，他们也就能更理性看待中国及其政治制度，中国政治制度也就并不如他们最初认识的那样完美。

汹涌澎湃的思想浪潮，无论世俗皇权或宗教都无力遏制，同时也提出了对这个大势进行总结的要求。旧的知识体系势必满足不了新形势下的求知需求，需要新的知识体系来肩负时代的责任。大约从1480年起，印刷术带来的影响逐渐明朗。自书本产量逐渐攀升的16世纪，印刷书籍激增，出版数目增长，更多的人有书可读，阅读也渐趋普遍。此时，拥有书本不再是修道院的专利，私人藏书逐渐增多。1644年英国弥尔顿《论出版自由》，反对书籍检查制度，呼吁出版自由，更为出版业发展提供了舆论支持，越发促进了出版业兴盛。故而，和同期的中国一样，与之相适应，整个文化学术界也出现如中国18世纪一样的总结大势。有学者道："到18世纪，人们继续摘引古代言论、制度和经历，为当时的政治理论、政治运动提供支持，但大多是为他们已有的想法提供权威的论证。……无论古典世界如何作用于近代，社会对古典学的需要，推动了该时期古典研究的发展和进步。校勘古典文献是该时期古典研究最为重要的成就。在15—16世纪已有的基础上，欧洲学者们继续对古典文献进行深入研究、校勘和出版，几乎所有的古典作家，从最早的《荷马史诗》，到拜占庭时代的《苏

① ［德］利奇温：《十八世纪中国与欧洲文化的接触》，朱杰勤译，商务印书馆1962年版，第80页。

伊达斯词典》和《罗马民法大全》，都有新的校勘版本。"[①] 这个时期，校勘技术也得到了大发展。将历史、文学、地理、语言等知识融于一体，兼及文风和作者背景来校勘古代文献的方法，给古典文献学的发展以有力的推动，有助于人们更加准确认识古代世界，考古学和碑铭学的发展，为人们进一步认识古典作品和古代世界提供了重要的帮助。在校勘古代文献和搜罗考古文物的同时，18 世纪的学者们所进行的另一项重要工作是编纂大型工具书，出现了编撰出版大型书籍的浪潮。如法基奥拉提修订了当时流行的希腊语词典和拉丁语词典，佛切里尼完成了 12 卷《拉丁语大典》（*Totius Latinitatis Lexicon*）。[②] 它们的编纂，与资产阶级发展旅程同步，发端于英国，在法国达到高潮，狄德罗《百科全书》的编撰是它的标志性里程碑。它们在总结一切知识的同时，为新知识体系确立张了本，为资产阶级登上历史舞台发舆论先声。

这是西方内部文化发展的必然，是中西文化发展到这个时期的必然，而传教士、来华商团、船队、旅欧华人、使者则扮演了这场文化互动的媒介。

表 1—2　　启蒙运动简表

时期	国家	代表人物	主要观点
兴起时期	英国	霍布斯	人们按社会契约建立国家
		洛克	在国家政权形式上提出分权思想，赞成君主立宪制
高潮时期	法国	伏尔泰	希望通过"开明"君主的改革过渡到君主立宪制
		孟德斯鸠	发展了洛克分权学说，提出了三权分立原则
		卢梭	提倡"社会契约论"和"民主权说"
		狄德罗	用《百科全书》宣扬科学和理性

这个时期的中国，如出现资本主义萌芽一样，虽然也出现了民主思想的萌芽，出现了黄宗羲、顾炎武、王夫之等代表，但少数个体的力量及所播及的范围毕竟有限，加以专制依然稳固与强大，翻天覆地的变化尚需等

① 晏绍祥：《18 世纪欧洲关于古典世界历史的学术》，《史学理论研究》2011 年第 3 期，第 67 页。

② 同上书，第 69 页。

待时日。

（二）传教士东来

英国资产阶级启蒙思想家培根《论谶言》中对悲剧家塞涅卡的谶言"大海将敞开她的衣襟，呈现广大的胸膛。狄菲斯将发现新的天地，土勒不再是最远的海疆"[①] 是作为发现新大陆的一种谶言来谈的，对1588年前"有一天将看见，在包岛与迈岛之间，诺威的黑色舰队。等这个去了以后，英国啊，大兴土木吧，因为以后不会有战争了"[②] 的预言是作为英国打败西班牙无敌舰队的预言来谈的。虽然培根在文末劝一讽百，指出谶言不可信，但这些谶言无疑反映了16世纪以来欧洲各国积极开辟并争夺海外市场的实情。1571年勒邦多海上之战导致了土耳其舰队的覆灭，并导致了土耳其帝国的衰落。从此，英国获得了海上的优势，不仅可以控制全欧，而且可以向东西印度洋进一步开拓。1588年英国又打败西班牙无敌舰队，成为海上霸主，殖民更是畅通无阻。伏尔泰言英国等开拓海外市场的盛况道："人问由秘鲁及墨西哥不断流入西班牙的金银究竟到了什么地方。其实它们流到了在加的斯经营商业的英国人、法国人和荷兰人的囊中，而他们回头又把工业品输往美洲。这些金钱有一大部分到了东印度，购进丝绢、香料、硝石、蔗糖、茶、纺织品、钻石及各种古玩。"[③]

在这种大势下，宗教势力也积极寻找海外市场。虽然二者初衷并非完全一致，但宗教却实际上担当起了资产阶级殖民的先锋。

这个时期的欧洲，教皇集团唯利是图，广收税收，人心有失。宗教内部新派崛起，改革声浪日益高涨，宗教迫害也日益升级。在应对内部危机的同时，教皇集团也不得不与世俗展开权力之争。1605年11月5日信徒福克斯企图谋杀英王和议员，被詹姆士判绞刑。至亨利三世被天主教势力暗杀后，1610年5月14日亨利四世又被一名叫拉瓦亚克的人刺杀。[④] 亨利四世被刺杀后，巴黎高等法院颁布决定，把确立王权独立作为根本法。枢机主教迪佩隆在1614年的三级会议上抨击最高法院的这项决定，并且

① ［英］培根：《培根论人生·论谶言》，何新译，第144页。

② 同上书，第146页。

③ ［法］伏尔泰：《伏尔泰全集》第37卷，Gotha，1786年，第508页。

④ ［法］伏尔泰：《论宽容》，蔡鸿宾译，第21页。

促使将它撤销。当时所有的报纸都摘引迪佩隆在讲话中所用的措辞："如果一位国王成为阿里乌派信徒"，迪佩隆说，"那么我们只得将他废黜"[①]。教皇集团希冀继续保持凌驾皇权之上的优势，但皇权希冀摆脱教皇集团的束缚，二者斗争激烈，舆论站在了世俗一方。在改革大势下，教皇集团把眼光也投向了海外，希冀祸水东移，中国即是其中尤为重要的一个。

不过，在传教士扎根中国前，伴随着大航海时代的到来，传教士、使团成员和商人也是有机会频繁往来于东南亚各地，并搜集到大量关于中国的材料，在此基础上写成具有一定史料价值的报告，将中国文化初步介绍给西方。然而，这些从旅行者、商贩或使节传到西方零星而不系统的材料，与其说是事实，倒不如说更多的是猎奇。在猎奇的刺激下把中国作为理想的国度来描述来向往，渴望一朝登临中国的国土。即使16世纪末葡萄牙传教士克路士（Gaspar da Cruz）《中国志》（*Tractado das Cousas da China e de Ormuz*）、西班牙奥古斯丁会修道士马丁·德·拉达（Martin de Rada）《马丁·德·拉达札记》、西班牙奥斯定会修道士门多萨（Juan González de Mendoza）《中华大帝国史》（*Historia de las cosas más notables, ritoy costumbres del gran Regno de La China*）等专门讲述中国的著作在欧洲问世，但他们以有限的一两个月在中国停留的时间，借鉴其他西方人的中国著述来谈中国；或根本就没有到过中国，纯粹借鉴他人材料凭自己的理解来论中国，本身就存在不足，因此欧洲人读其著述而来的中国观虽然较以前具体、明确、有一定科学的量化，但整体上仍然不免不完善。这些著述的更大作用应该是越发激发了西方亲临中国的渴念。在《新大西岛》中，培根（Francis Bacon）表达了西方人的这个愿望。在《新大西岛》中，中国是西方寻求理想的最终目标，而美洲可以说是他们进军中国的基地，"我们在秘鲁待了整整一年。从那里，我们满载了十二个月的粮食，沿南海驶向中国和日本"[②]。不过，培根《新大西岛》所谈论的中国，也多停留在对它器物的感官认识上。《新大西岛》中的萨罗门院士为西方人讲述他们的机构时谈到了中国瓷器。新大西岛中西方人一见到类似做瓷器的碎石马上想到的是瓷器，只不过他们认为这些碎石比中国

① ［法］伏尔泰：《论宽容》，蔡鸿宾译，第77页。

② ［英］培根：《论古人的智慧·新大西岛》，李春长译，华夏出版社2006年版，第111页。

瓷器高级。[1] 看来，瓷器很深入西方人的心。除此之外，《新大西岛》鲜以谈到中国其余。可见，培根生活的时代对中国的认识，虽然有《中国志》（*Tractado das Cousas da China e de Ormuz*）等的出版，但对中国的种种想象并没有从此退出欧洲舞台，同时对中国了解仍然多停留在器物上。

这个时代，耶稣会士沙勿略曾屡屡试图进入中国内地却没有结果，其后利玛窦等刚进入中国内地。正是这个对中国最有发言权的利玛窦，他对中国的论述《利玛窦中国札记》1615年出版后，西方才有了一部自马可·波罗以来亲自进入中国扎根中国的西方人对中国较全面真切认识的著述，当然主观色彩仍是避免不了的。因此，17世纪前，西方人对中国认识总体而言多停留在器物层面，没有褪去器物化的一面，对整个中华文化并没有得以全面深入了解。17世纪以来，随着西方对中国认识的深入，这种状况得以改变。此外，可以肯定的是，无论是培根理想蓝图之地大西岛，还是现实中，充当了解中国的先行者，绝大多数都是传教士。在西方和中国接触的旅程中，传教士走在了最前列。

在这个互动过程中，中国历算、地理学、音韵学的进步与改革，传教士功不可没。他们改革了中国旧历建设了新历，绘制了中国最早的世界地图，使中国传统的音韵学发生了重大变革。

不过，他们带来西方先进技术和科学的同时，也带来了他们的偏执和内讧。正是他们的偏执，导致他们生出了不尊重中国国情全面推行教义的强硬态度和行动；正是他们的内讧，使他们无法平心静气、实事求是研究或合情合理对待中国的传教。既然双方互动中，无从根治偏见与误读，当矛盾明朗化，必然使当时中国的清朝为了维护本朝统治稳定与利益，驱逐传教士出中国内地。

西方传教士在中国的不团结影响公共秩序，在当时应该是普遍而声名远扬的。未曾到过中国远在欧洲的伏尔泰就曾有一篇文章绘声绘色地描述了耶稣会士、丹麦传教士、荷兰传教士之间就是否执行特兰托公会议，从中国广州一位政府官员官衙毗邻处争吵谩骂到被请到官衙大堂解决纷争时

① ［英］培根：《论古人的智慧·新大西岛》，李春长译，华夏出版社2006年版，第138页。

仍然不止，以及官衙“约见结束之后”[①]，耶稣会士与大街遇见的道明会传教士再次就官司输赢问题吵架斗殴的全过程。他们最初的争吵喧闹声大到连在官廨中的官员也听到了，以至于官员误以为发生了凶杀事件，急忙派人去探询，查出的结果却是传教士们在上演荒唐的闹剧。为解决传教士们的纷争，官员将三人请进衙门，命人献上香茶果饵，为他们调节。在调节中，官员面对传教士们辩论谩骂中传出来的事实，深为不解。既然在自己衙门的三位传教士都是在大清帝国传布基督教，那就应当有共同的教义，共同的担当，但他们却没有。更为奇怪的是其中的一位耶稣会士还说和他争吵的其余两位传教士，二人本是自己不共戴天的仇敌，并肯定自己有理，其余二人不对。官员经过与他们的交谈，知晓了这些情况后，虽然仍不解其中困惑，但已经有了三人都不正确的看法。为了公平解决三人争端，官员继而给了三人平等讲述各自想法的机会。不过，当耶稣会会士讲话时，“丹麦人和荷兰人不断地耸肩膀”[②]，轮到丹麦人讲话时，“他的两个对手轻蔑地望着他”[③]，“荷兰人的情况也与其他二人如出一辙”[④]。最后，“三人竟然一起开口，并且口出脏字，互相谩骂起来”[⑤]。三人的表现，令官员更觉莫名其妙，如坠云里雾中。费了好大力气，才制止住这场争吵。官员劝解他们说：“如果现在你们要别人容忍你们的看法，首先你们自己就不要是不能容忍异己的人，也不能是让人无法容忍的人。”[⑥] 并本着宽大为怀，把三人友好送离官衙。然而，当耶稣会士被放出衙门，却再次与多明我会（Ordo Dominicanorum）传教士大吵，并且越来越凶，互相揪住头发厮打起来。那位官员得知传教士之间再次发生吵架斗殴的事，只好把三人都送进了班房。[⑦] 胥吏问关押他们多久，官员以惯常方式处理为“直到他们取得意见一致为止”。这个时候，在民间生活熟悉传教士的胥吏，不得不站出来提醒官员，官员的解决之道行不通。因为，胥吏知道传教士几乎不可能有意见一致之期，倘若真要他们意见一致，传教士恐怕

① ［法］伏尔泰：《论宽容》，蔡鸿宾译，第141页。
② 同上书，第140—141页。
③ 同上。
④ 同上。
⑤ 同上。
⑥ 同上书，第141页。
⑦ 同上。

得在狱里待一辈子。官员于是只好退而求其次，决定关他们到彼此谅解的时候为止，但是官员不知道传教士们永远也不会互相谅解，深谙传教士们的胥吏再次不得不犯颜进谏，实情相告。最后官员只好装聋作哑，以关押他们到“假装互相原谅时为止”①，了结本案，不了了之。

在这里，伏尔泰撕开了在华一部分传教士仁慈宽容的上帝使者的面纱，用中国官员的修养和不解辛辣地嘲讽了这些传教士，并借中国官员的口表达了与中国官员的一致看法，即理解和信任是建立在宽容的基础上的，不同国界的宗教问题也应该如此解决。因此，在伏尔泰看来，既然传教士严重影响了正常的公共秩序，理应接受中国法律惩处。但即或如此，中国官员自始至终以礼相待，最后不得已方惩处之。对于已经危害公共秩序的传教士，中国官员惩处的目的也仅仅是希望他们和平友好相处。在叙述中，伏尔泰对中国官员的宽容与人格风貌，表达出相当的赞赏。至于官员调节劝说无效，传教士继续危害公共秩序，当然应该绳传教士以法。伏尔泰对这样的解决方法，也为它称快。然而，既然都是传教，为什么有如此大的歧义纷争，为什么不能互谅互让。这本在欧洲就有的痼疾与弊端，传教士们竟然也带到了中国，还强硬付诸实践，这是在异国传教的主旨吗？借中国官员的疑惑与口，伏尔泰对西方教皇集团进行了揭露和声讨。当然，宗教内部的斗争，传教的真正目的，也本是当时中国官员很难理解的。

抛开含有偏见与固执的一面先不论，在异国土地上，遵守异国法律秩序及习俗其实是国际之间的公共准则。康熙年间，俄国派大使出使中国，起初也接受不了清朝的跪拜之礼。经过一番礼仪之争之后，俄国大使遵从了中国的礼仪。俄国大使因之受到礼遇，顺利完成出使任务。俄国大使临走前，康熙也一反开始时对俄国大使的不满与冷淡，很客气地颁谕礼送大使。康熙六十年（1721）二月初十，康熙颁下给俄国使臣的敕书，“敕谕俄罗斯使臣伊兹麦伊洛夫：尔国君主恭请朕安，愿益敦两国之睦谊，祝中国愈加繁荣昌盛，诸事成功等情之奏书，朕已收阅，贡物皆已收下，凡事皆已当面降旨。著尔恭记朕旨，转告尔君主，事竣妥为返回。特此敕

① ［法］伏尔泰：《论宽容》，蔡鸿宾译，第141页。

谕"[①]。可见，中西双方在互动过程中，在理解的基础上是能达到和谐的。这是当时国际间交往，互相尊重达致和谐的成功范例。

中西互动中，互相尊重并理解就能共生和谐。对西方宗教失望，对西方传教士在中国的举措言行，以及中国对宗教管理进行过研究的伏尔泰，对这是有同感的。所以伏尔泰并不因为传教士是西方人就为他们最后被驱逐出中国内地而指责中国政府，还从中国政府管理佛教中得到了管理宗教的启发。伏尔泰特别赞赏中国政府管理佛教的成功经验，他说："四千多年来，中国政府从来只礼拜挪亚的子孙，崇拜单一的神，但是它却容许信佛，而且有许多和尚；如果法庭不是冷静沉着地始终采取遏制手段，存在大量和尚是很危险的。"[②] 认为政府的介入是很好引导宗教良性发展的方法，由此认为中国政府有能力管理好外来宗教，并且认为他国习俗和法律是神圣不可侵犯的，因此他认为雍正可能是中国最贤明睿智、最宽容大度的皇帝。虽然伏尔泰单凭从维护国家权益出发干预宗教而言就匆匆下结论把在中国本国历史上有争议的雍正抬到崇高的地位，就全面辩证认识雍正未免武断，但在互相尊重他国主权和利益方面却是超越时代和国家的。正是基于此，伏尔泰虽然与耶稣会士等教士同为西方人，却能站在第三者的立场上公正地给我们揭示出耶稣会士等传教士被中国政府驱逐出境的自身的原因。因此，对于雍正驱逐传教士，伏尔泰能设身处地为雍正考虑。伏尔泰在对雍正驱逐耶稣会士等传教士的事实直言不讳的同时也能指出，雍正驱逐传教士并不代表雍正不宽容，传教士被驱逐是由于传教士气量褊狭引起的。为此，伏尔泰引用传教士自己的论述来证明传教士的咎由自取，他说："他们自己在《珍奇书简》里转述了这位宽厚的君主对他们说的话：'我知道你们的宗教不能容忍异己，我知道你们在马尼拉和日本的所作所为；你们欺骗了我的父亲，不要指望欺骗我。'假如我们读一读他屈尊面谕，对他们的全部讲话，我们就会发现他是最明智、最宽厚的人。有些欧洲物理学家借口向朝臣们展示温度计和气转球，曾煽动王族一名成员造反，难道他能留住这样的物理学家吗？这位皇帝如果读过我们的历史，

① 中国第一历史档案馆编《清代中俄关系档案史料选编》第 1 编下册，中华书局 1981 年版，第 407 页。

② ［法］伏尔泰：《论宽容》，蔡鸿宾译，第 27 页。

如果他了解我们的天主教同盟时期的情况和炸药阴谋，他会怎么说呢？”[1]那么，这些从天涯海角派到中华大地来的耶稣会士、道明会修士、嘉布遣会修士、教区神甫，他们彼此争吵不休，雍正皇帝当然早有所闻。因此，在伏尔泰看来，雍正皇帝驱逐传教士只不过是打发走了一批外国骚乱分子，而且是非常仁至义尽地把他们送走的。为了传教士们起程的安全，防止路上有人辱骂他们，雍正几乎是派人护送的。在伏尔泰眼中，这相对欧洲宗教界对异己的不宽容，又是“多么关怀备至”[2]。至于驱逐传教士事件本身，伏尔泰认为传教士本应得到更大的惩罚，仅仅驱逐，这本身就代表了宽容与仁慈。是雍正出于中国礼遇外国人的传统，以宽容之姿做出的从轻发落。在伏尔泰时期的欧洲，因宗教而引发的流血纷争尤为突出，伏尔泰曾多方营救遭受宗教迫害者并为之平反。如花 3 年时间为自己在费尔内庄园收留的信奉新教的卡拉斯一家平反，花 7 年时间为被缺席判处死刑的西尔旺一家伸冤，所以伏尔泰相信传教士们会把他们对宗教的偏执带到中国。他在了解欧洲宗教的基础上理解了中国政府的举措，站在中国政府的立场上，公正评判中国政府的宗教态度。这个时期，西方对宗教，自然也无论是世俗还是教廷，都没有能力解决它的纷争。所有问题，均将由欧洲革命来扫荡催新。

虽然早期来华传教士有比较明智的处理中国教区的策略，但开适应性传教政策先河的耶稣会在 18 世纪却与整个欧洲时代潮流背道而驰，不得不改革的基督教在宗教改革浪潮和世俗面前只好选择抛弃它，解散了耶稣会。然而，解散耶稣会并不等于可以彻底否定耶稣会应该得到肯定的成绩。罗马教皇集团理解中国不够，在抛弃耶稣会的同时也抛弃了耶稣会的历史，抛弃了耶稣会在东方值得肯定的适应性传教策略，以及成绩。当然，18 世纪的耶稣会自己也几乎抛弃了利玛窦等开创的适应性传教政策。中国的清朝希望西方宗教界尊重中国国情的声音他们没有很好反馈，建立在非和谐基础上的互动，它的结果只能导致中国全面驱逐传教士出内地。

此外，虽然伏尔泰对当时中国的清政府在对待宗教问题上寄予了很高的期望，给予了热烈的赞扬和高度的肯定，几近崇拜。但就今天来看，实事求是地讲，当时清政府的认知能力还达不到对西学全面公正客观认知。

---

① ［法］伏尔泰：《论宽容》，蔡鸿宾译，第 27—28 页。

② 同上书，第 28 页。

倘若不能很好地全面辩证认知宗教，以政府之力来管理宗教，在管理中必然会有疏漏或偏颇。伏尔泰看到了佛教成功地被中国政府管理并被中国人接受，但他忽略了佛教和基督教传入的互异的国际国内形势。清政府不是西汉政府，印度不是17、18世纪蒸蒸日上野心勃勃欲望无穷的西方。17、18世纪的中西互动，一方面当时的西方科技文化，尤其是当时欧洲人带来的先进科技，是伴随着目的传入的，如当时耶稣会士来华，其带来的科学不过是“达到目的的一种手段而已”。于是，一方面长期以来中国天朝自大的观念犹在，一方面中国学人眼光锐利，“一开始便把这一切完全看穿了”①，因此二者之间互动必然有诸多摩擦，一旦激化，结果必然不善。

确然，西方的传教，既传教又充当殖民的先锋的双重特征，无疑使它和西方殖民一样，是伴着血腥进行的。正如培根所构设的人物玛尔提乌斯所言：教会把它的事业延伸到了世界的角角落落，这很好，然而这却是武力征伐的结果。那些想通过武力传播信仰的人才是基督教的君主。并且，我们的主在人间时曾对使徒们说“去传播福音”，在天上时曾对君士坦丁（Constantine）说“根据这种神迹你会取得胜利”。基督教的士兵打到哪里，哪里不产生宗教上的竞赛呢？耶稣会、圣方济会、奥古斯丁会纷纷建立，去致力于拓展基督世界的边疆，雅各会（Jago）、米迦勒会、乔治会也建立起来了，他们穿上法衣、庆祝宗教节日、举行仪式和执行教规。精明的商人们肯定会挺身而起反对欧洲的君主和贵族，因为他们已经开辟了通往世界各个角落的伟大航线，从西班牙、英国和荷兰出发的商船已足以使中国感到战栗。所有这些都是为了宝石或香料，至今还没有一艘船起航寻求天国或圣地耶路撒冷的宝石或天国乐园。不仅如此，他们在远方竟然相互残杀，基督徒的鲜血竟然没有一滴是为了基督事业。在我的记忆里，我必须承认，过去50年间共有三场崇高伟大的战争，它们是由基督徒发动的针对异教徒的侵略战争。就守卫一方而言，我认为，侵略战争的目的是掠夺而不是信仰。② 中国的士大夫虽然没有获知这些信息，但他们的聪慧与敏锐，却使他们先觉到了。毕竟，西方的商船曾使中国感到过震撼。基于这，他们对待基督教多倡导节取自己所需技能，排斥它的思想，不可

① ［英］李约瑟：《中国科学技术史》第4卷第2分册，科学技术出版社1975年版，第673页。

② ［英］培根：《论古人的智慧》，李春长译，刘小枫编，第89页。

能全面客观认知基督教。不能全面客观认知基督教，管理上自然也就会有所偏颇。

此外，在“大一统而斥偏安，内中国而外夷狄”、以中国为天下之大、中原为天下之中的思想下对待西学，也无疑影响到中国人对西方人论著的正确认识和鉴戒，自然造成了国内以节取它的技能、禁止传播它的学术的心理来应对西方文化，所以来华欧洲人的著述在清乾隆修《四库全书》时得以著录的程度被大大打了折扣。据杨家骆统计，明末清初来华传教的欧洲人，他们所译所著书流传于当时社会者，至少20倍于《四库全书总目》所采辑者。[①]

总之，16—18世纪的中国与西方均处于多变之秋，双方的互动对双方来说都是催化剂，是互动中共生和谐，互动中碰撞分裂的时期，对各自未来影响均深远。而四库修书、狄德罗《百科全书》的编纂正是这个中西文化、政治、经济内外互动的结晶。

三 18世纪及其前后中西互动

18世纪中西互动局面的形成并非一蹴而就，从连续性看，经历了两个多世纪。它最近的源头可以上溯到元朝。

（一）有元中西互动

元朝的中西互动是开放而失开明，被动而不主动，多元文明互动共生表征显著但未入它的内里。

元代，“其地北逾阴山，西极流沙，东尽辽左，南越海表”[②]。幅员辽阔，加以少数民族的天性，并不禁止商队、使节往来，也不禁止各文明互通有无，其开放的胸襟并不缺乏。马可·波罗称：忽必烈每逢回教徒、犹太人和偶像崇拜者的主要节日时，均执礼同。忽必烈自述的理由是：因为四位先知是世界都崇拜者，所以他对这四位先知都敬奉。又据《元史》记载：

① 杨家骆编《四库全书百科大辞典》，警官教育出版社1994年版，第32页。

② （明）宋濂等：《元史·地理志》，中华书局1976年版，第1345页。

元初，太宗始得中原，辄用耶律楚材言，以科举选士。世祖既定天下，王鹗献计，许衡立法，事未果行。至仁宗延祐间，始斟酌旧制而行之，取士以德行为本，试艺以经术为先，士褒然举首应上所求者，皆彬彬辈出矣。然当时仕进有多岐，铨衡无定制，其出身于学校者，有国子监学，有蒙古字学、回回国学，有医学，有阴阳学。其策名于荐举者，有遗逸，有茂异，有求言，有进书，有童子。其出于宿卫、勋臣之家者，待以不次。其用于宣徽、中政之属者，重为内官。又荫叙有循常之格，而超擢有选用之科。由直省、侍仪等入官者，亦名清望。以仓庾、赋税任事者，例视冗职。捕盗者以功叙，入粟者以赀进，至工匠皆入班资，而舆隶亦跻流品。诸王、公主，宠以投下，俾之保任。远夷、外徼，授以长官，俾之世袭。①

元开国之初，对各民族，甚至国外的人，采取相适应的政策对待它们，授予他们官位，恩遇不薄。对这，明人修的《元史》站在正统立场上提出的“吏道杂而多端”的批评，以及归因元人亡国于此的论调，无疑从另一角度透露出元人的开放气息与胸襟。“杂而多端”并非元朝败亡的根本原因，相反“杂而多端”，如果能用之得当，可以兼容并包，平衡各方关系，共同和谐发展。元人败亡根本在于元人学习汉人先进文化不够，执行“杂而多端”的各项政策的能力不足，导致实践不力。本想协调各方关系，反而形成冗官冗吏，蠹虫掏空国库，害虫蛀毁国本。

不过，元朝虽然允许各文明互动共生，但这种允许却往往不能达致开明，因为他们更崇尚本民族旧章。“元之五礼，皆以国俗行之，惟祭祀稍稽诸古。”② 虽然为他们效命的文人为他们的政权的合法寻找经典证据，依凭元的开放胸襟遮掩元人有失开明的弊病，并力图纠正它们，但无法撼动元人的固有习性。他们声称行中国之道，就为中国之主。元世祖定国号“元”，对于“元”，许衡有一番寓意，他讲道：“仁为四德之长，元者善之长。前人训元为广大，真是有理。心胸不广大，安能爱敬？安能教思无穷，容保民无疆？仁与元俱包四德，而俱列并称，所谓合之不浑，离之不散……元者四德之长，故兼亨、利、贞；仁者五常之长，故兼义、礼、

① （明）宋濂等：《元史·选举制》，第2015—2016页。

② （明）宋濂等：《元史·祭祀》，第1779页。

智、信。”[①] 所以对于许衡，苏天爵曾高度评价，苏天爵道：“昔我世祖皇帝既定天下，惇崇文化……而文正之有功于圣世，盖有所不可及焉。”[②] 可惜的是，这些效命文人虽能为元政权立国找到合乎正统的理论依据，能言说元政权的开放，但终究救不了元人的开明的缺失。

就科举而言，我们知道，科举选士和元代的国运一样，并未一贯稳定实施，时断时续。像太宗能以科举选士，但积极学习崇尚汉文化的世祖却未能实施科举，到仁宗延祐年间时崇儒兴文的仁宗方恢复科举。虽然总算坚持了下去，但仍时有停废。根据元总共开 16 科，取士仅 1139 人，与《元典章》所载官员数为 26690 人相去甚远来看，元开科取士并没有占据选拔主流。有学者称，元中期政治进一步汉化趋势非常明显，本可以制度一新，造就中兴盛世，但由于各种政治力量间的反复争夺，皇位更迭频繁，因而文治最终只停留在粉饰表面的行为，没能深入下去。[③] 这就是元人。草原民族的强悍与逐水草而居，使他们很难稳定下来，很难对温文尔雅表示出一贯的兴趣，也就难以对代表汉民族先进文化的理学有发自内心的热忱。故而，很难坚持执行与他们民族特征不符的科举政策。守旧的蒙古贵族总是念念不忘旧章，反对儒术，把尊崇儒术的主张贬为“诡滥”[④]，并“屡毁汉法”[⑤]，他们曾斥责忽必烈：“本朝旧俗与汉法异，今留汉地，建都邑城郭，仪文制度，遵用汉法，其故何如?”[⑥] 可见，元人的开明是不够的。开明不够的元人，也就自然做不到令元大地上各民族同心同德。因此，有元一代，虽然让西人、西学、西教进入自己的国土，但二者互动所播及人群有限。除睿智融通之士外，多凭一己好恶对待西方文明。如也里可温教的接受者就多为蒙古人、色目人。然而，蒙古人、色目人并没有真正深谙西方文明内涵，也就不可能领会也里可温教之神，更不可能与也里可温教教士一道共同铸就也里可温教的真正繁荣。只是因为遍布元大

---

① （元）许衡：《鲁斋遗书》卷 1《语录上》，载北京图书馆古籍出版组编《北京图书馆古籍珍本丛刊》第 91 册，第 3 页。

② （元）苏天爵：《滋溪文稿》卷 5《伊洛渊源录序》，载《丛书集成续编》第 109 册集部，上海书店出版社 1994 年版，第 15 页。

③ 周少川：《元代史学思想研究》，社会科学文献出版社 2001 年版，第 11 页。

④ （明）宋濂等：《元史・高智耀传》，第 3073 页。

⑤ （明）宋濂等：《元史・许衡传》，第 3728 页。

⑥ （明）宋濂等：《元史・高智耀传》，第 3073 页。

地，自然带来的是也里可温教遍布元大地而形成的也里可温教的表面繁荣，也里可温教自身实际上并没有达到真正全面的繁荣。同时，与西方文明的互动并不全面。多种族融合，多经济贸易交往。技艺的学习鲜有，精神层面的相互汲养更微乎其微。

此外，元的中西互动，抛开军事征服下的元人的主动性，元的中西互动主要还是西人促成的。西人因元人的征服威势，迫切希冀接触元人，故而地跨欧亚非的元人的中西互动不无征服带来西方文明输入的被动特征。元人的征服战争不仅把西方人召唤到中国，而且把中国人也从中国送往遥远的地方。中国工程师受雇于底格里斯河畔，中国的占星术士、医师和技师在桃里寺（今伊朗阿塞拜疆大不里士）接受人们咨询，忽必烈使团到达了马达加斯加。[①] 马可·波罗回家乡 30 年后，留下遗嘱，准许他的蒙古仆人自由。而元人铁蹄过后的空间，则毫无保留地留给了旅行者、商队、使者、传教士。清初史家万斯同说："元有天下，薄海内外，人迹所及，皆置驿传，使驿往来，如行国中。"[②]

有元一代的中西互动也就主要是由这些旅行者、商队、使者、传教士来完成的。当然，这互动任务的完成多是一篇篇地理论文、个人经历片段的非常有限的完成。

有开放域外意识的元朝接纳了中西互动史上几个重要的西方媒介，即马可·波罗（Marco Polo，1254—1324）、约翰·柏郎嘉宾（John of Plano Carpini，1182—1252）、鲁布鲁克（William de Rubruk，约 1215—1270）、鄂多立克（Odoricus，1286—1331）等。他们对中国的描绘，虽然虚幻与真实并存，但以他们来过中国大地的见识描绘中国，自然比以往任何时代有更多真实成分。同时，他们对中国的描绘，描绘中的崇拜，无疑使西方在半信半疑中国及其辉煌为实的同时，激起了西方探寻中国的更大欲望，成为 16 世纪末以来西方大规模正面接触中国的先导。

值得注意的是，在上面的游记中，均提到了基督教。元的开放意识使元人接纳了基督教，即元人所称的也里可温教，也里可温教在元朝的开放

---

① ［英］裕尔：《东域纪程录丛——古代中国闻见录》，［法］考迪埃修订，张绪山译，中华书局 2008 年版，第 130 页。

② （清）万斯同：《昆仑河源考·元史河源考》，（清）张海鹏辑《借月山房汇钞》本，第 21 页 a。

意识下曾一度兴盛。元代对基督教各派不加详辨，统称为“十字教”，或“也里可温教”。其一为仍流行于蒙古、中亚诸地的景教，但与唐代的景教没有直接继承关系。其二为罗马天主教遣使来华，布教在元各地的天主教。

进入中原的也里可温教的景教在中国文化熏陶下，接受了儒家文化，最后几乎均被华化了，成为文明互动最后融合的见证。如元人马祖常就有典型的多元文明互动共生的家族史。“马祖常所作其曾祖月合乃神道碑，叙述家世人名，汉式名二十五，蒙古名一，基督教徒名十有四。月合乃祖名把造马野礼属，此名基督教聂思脱里派中尤多见之。”[①] 他家家谱《马氏世谱》第一句即表明自己的祖先出自西域聂思脱里贵族，最先来中国的先祖名和禄罘思，到马祖常时他的家族就已有一个汉式名了。[②] 在元代，如马祖常家族一样多元文明互动共生，最后与中华文明并轨的，屡见不鲜。

元代也里可温教的罗马天主教来华者，元人也接纳宽待他们。方济各教士约翰·孟高维诺（John Giovanni da Montecorvino）曾率先进入中国南部开拓传教事业，数年后教皇任命他为北京地区主教，在他们努力下，教堂和方济各修道院在北京、泉州、扬州等地建立起来。约翰·马黎诺里（John Giovanni da Marignolli，约1290—?）作为教皇使者在元朝宫廷度过了4年时间。14世纪初到1328年间，有泉州主教波鲁吉亚地方的安德鲁（Andrew）、苏丹国大主教约翰·戴科拉（John de Cora）、波德诺内地方的鄂多立克等到过元朝。鄂多立克说在泉州看到了自己教会中人的两所房屋，他还把在印度殉难的教士骸骨寄放在那里。

从鄂多立克所言可见，天主教已经传到中国南方。不过，这并不表示天主教已经扎根并普及于中国大地。从根本而言，他们的基督并没有开明到理解并接纳中国文化，努力适应它，也就没有取得进入强大的中国文化轨道的资格。这是中国固有的文化决定的。就像佛教得以在中国扎根，就是它的改造适应了中国文化，与中国文化并轨的结果。而像最初为欧洲做说客来元的天主教教会使者试图劝服元朝皇帝贵由汗信教，贵由汗没有同意信教也没有为难传教士这样的开端，则显然不利于天主

① 陈垣：《元西域人华化考》，载《励耘书屋丛刻》（上），民国二十三年刻本，第18页。
② 同上书，第19页。

教与中国文化的融通，当然也就不利于天主教在中国的进一步发展。封建时代的中国，上有所好，下必甚焉，统治阶层的宗教好恶，基本上就是民众的宗教好恶。既然贵由汗以君王之尊定下了自己国度对待天主教的基调，而这个基调中并没有热忱成分，那么民众对天主教的热忱也就可想而知，天主教的受众与播及面必然会不广。此外，这个开端表明，对与东方文化差距甚大的天主教，开放的元人虽不排斥但不理解与心存戒心却是并存的。毕竟天主教和元人之间缺少像诸如玄奘那样的中国人为佛教虔诚奉献下的融通，并且天主教背后也不像佛教背后那样单纯，佛教背后是没有觊觎中国的心的。同时，天主教也没有开明到主动去适应中国文化。元人和天主教之间从接触之初就没有打好基础，达成共识，必然影响到他们未来的互动，令互动停留在表面，且明显片面。即使日后元皇室也有信教者，但因为元代实行民族歧视政策，元皇室信教多代表或引领的是本民族的好尚，加以他们自己对天主教也仅是一知半解，所以也并不有改天主教在包括汉族在内的其他元人心中的既定形象，自然也并不影响有元中西互动表面而片面的结论。因此，天主教在华传教事业虽然在有元一代没有大的阻力，一时还颇流行于有元大地，但它传教的兴盛只能是一定群体内的表面繁荣而已。此外，就这次中西互动整体而言，仅仅少许旅行者、几个使团、为数不多的传教士及其可数的教区发展的教众下的中西互动，时间不长，规模不够，受众面不广，影响力有限，表面而片面也是必然的。

论及此，我们要把注意力转向中西互动中的西方一方。上面我们主要在谈中西互动中方一面。这个时期的中西互动中的西方与中方一样，其实均可谓开放而失开明。有着目的的西方积极打通输西方文明入元人国度的路径，从他们开始就顾忌元人派使者出使西方会泄露自己虚实而拒绝贵由汗遣使使西的要求，就透露出他们有失开明的一面。虽然，后来西方也接待了元顺帝的使团，并派出使团带着礼品来到元都示好，但这次互动是元顺帝主动示好的结果。同时，此时的元帝国已风雨飘摇，中西互动要取得大的实质性进展，空间显然已经很窄了。而元人国门本就从未关闭，本就从未排斥西方文明，只是总体而言不主动引进西方文明。就此看来，当时西方的开放其实是不如元人的。当然，我们也不得不承认元人的开放是草原民族与生俱有的天性之一，同时也是征服世界的必然。不过，这不但无碍元人开放的结论，还更可见到有元一代中西互动共生的显著表征。遗憾的是，开放之姿均不缺乏的中西方最高层均居高临下，臣视对方，偏执己见，使中西互动不可能深入广泛展开，也就使双方均有失开放中的开明，虽然不至于影响互动共生的显著表征，却影响互动的规模与气候。

正是双方的开放而有失开明，虽然互动共生表征显著，但却令双方互动正面相遇不多，即使有接触，限于时间和接触面，也只是浅尝辄止而已，对中国社会、文化未有实质性的对话、碰撞，对中国文化、社会也就鲜有正面或负面的深刻刺激。从另一角度而言，中西互动共生也就往往成为元统治者炫耀宽容的点缀而已。而从中国回到欧洲的传教士的不少游记类书籍，因正面接触颇少，对中国了解不深刻，认识不确切，所述就更像在谈神话而非讲实情，神奇色彩非常浓厚，故而激起的是欧洲人对中国的想象、好奇与探险心理，以及传教士欲赴远东传教的热情，对欧洲文明影响并不大。对欧洲文明影响最大的是由阿拉伯传入欧洲的火药。加以这些著述，只有少数人能有机会得以阅读，传播面也就自然不广。

当然，元代天主教，即也里可温教也曾兴盛一时，教众广布，但我们知道接受它们的多为蒙古人和色目人，未深入占有元人相当比例的汉人群体中，中西互动实际上并没有在大范围展开，在元的东方领土中国大地上虽热闹一时，但得到的其实并不是中国的主体人群，影响当时的整个中国及全体民族的声势并没有，只是随蒙古人、色目人遍布元大地而来的表面繁荣而已。又因也里可温教徒在元代享受特权，随着元的败亡，元朝的汉人重新掌握政权，也里可温教也与元的蒙古人一道，均匆匆离去，只是留下了一些互动的证据，留待中西真正全方位接触后去做进一步发现与探索。

至于元人与西人互动被动不主动，其实也是中西互动一开始中方就有的一贯态度。元人被动不主动的特征在未来的第一次大规模正面相识的中西互动中将再次表现出来，而且这未来的中西互动将比这次曲折得多、复杂得多，因为这未来的互动势头大，时间长，规模大，受众面广。当然，元人也缺乏担当中西互动主动者的条件。一是元核心阶层及其作为统治者的民族思想文化的落后，一是西方对元人的戒备，使中西互动的主动方主要在西方，令元人对西方的认识除了自己征服所见所闻外，多通过他者来了解。不过，这也使得对中国的认识，西人也多通过自己或耳闻来介绍，认知也显然不足。

不过，无论有元中西互动如何，具有开放域外意识的元无疑为明朝 16 世纪末开始的中西正面大规模全方位接触做了很好的铺垫。没有它的铺垫就没有日后西人前赴后继探寻中国之路，叩中国国门的憧憬。

（二）明初至明中叶中西互动

第二阶段是 14 世纪末到 16 世纪中叶，这个时期是有元以来中西正面大规模接触前的承上启下时期。

这个时期，伴随着大航海时代的到来，传教士、使团成员和商人得以畅通往来于东南亚各地，因有元时期中西互动带给西方的探寻情结，令他们关注中国并搜集到不少有关中国的材料，在这基础上写成了具有一定史料价值的报告，将中国文化再次介绍给西方。不过，明代自郑和下西洋之后，就实行海禁，外来者往往被禁足在沿海一隅，几乎没有在中国大地游历的机会，他们所搜集的材料也就几乎都是二手材料。只是因媒介增多，眼界开阔的缘故，令上一个中西互动时期，无以在西方广泛流传的中国记载得以在西方有了更多的受众，并使西方人更倾向于相信中国记载的真实性。

确然，相较有元的中西互动，这个时期充当中西互动的媒介无疑增多了，材料也丰富了许多。当然，面对不开放的大明帝国，这个时期，大都不能深入中国的内陆，充当中西互动媒介者认识中国并没有比元有多大的超越，传回欧洲的中国信息，自然没有在有元的基础上有多大拓展，也就依然如有元一样，多站在自己的角度凭耳闻结合传世文献去认识中国，一知半解，多神奇的故事，很少谈及中国本身，往往误读中国，自然也令欧洲人大为惊异。不过，这次与前一次中西互动几乎雷同的神奇带来的西人惊异，结果却有所不同。前一次中西互动中如西人惊异于马可·波罗所道之余多怀疑其真实性的状况，在这次眼界打开的西人那儿不会再重演了，西人再次惊异之余则多的是相信成分与更大的探索欲望。翻开葡萄牙首任赴华使节托梅·皮雷斯（Thomé Pires）的《东方诸国记》（*A Suma Oriental*）可以见到，像托梅·皮雷斯（Thomé Pires）认为中国人长得与欧洲人一样白皙，中国有发达的政治制度和文明等的言论，受众均是颇广的。同时，上一个中西互动时期本就存在的文化误读随着这个时期受众增多，更在西方弥散开来。对那个时代的人来说，中国虽然如此古怪奇特，但即使到17世纪，有的最不能置信的传述还是被人们信以为真。

当然，这个时期也继承了元朝时西人对中国的崇拜。约萨法特·巴巴洛可谓这个时期对中国物产、政治等的认识，有一较全面表述的欧洲人代表。他于1436年获得消息，到1480年才成文。他说："我本人没有沿此方向前往，但我听许多人谈过。我想告知的是，秦和马秦是两个大省，其居民崇拜偶像。其国制造瓷器碟具，物产丰裕，尤以珠宝、丝绸和其他织物最为丰饶。由秦和马秦省可进入契丹。我在塔那（Tana）时遇到从那里返回的蒙古使者，从他那里获悉关于契丹的消息。有一天，我们在谈话中谈到了契丹。他说，过秦与马秦，一俟他进入契丹国，所需费用由各驿站供给，直到汗八里城均如此。他在汗八里城受到体面的接待，供给寓所。又说，沿此路前往的商人亦获得此种供给。……使者不需要回见契丹君主，只需与前往使者寓所传达文书的君主代表协商即可；如有需要，可与馆中专使交涉。公务办理迅速，令人愉快。使者的仆人和儿子，均随往契丹。他们告诉我，契丹国中行事公道，诸事令人称奇。……游者所访城市内外，如果石头底下或其他地方发现游者失落的东西，无人取而据为己有。如果路上行人被问及去往哪里，而行人对发问者心生疑窦或认为发问者用心叵测，可前往法庭诉告，发问者则须做出充分合理解释，否则将受到惩罚。所以，此城之自由与行事之公道，显而易见。"① 约萨法特·巴巴洛还说，"契丹人信奉异教，但察合台人和其他国家的人称契丹人为基督教徒。我问何以如此认为，其人回答说契丹人寺庙中亦如我们一样有偶像。威尼斯老人尼古拉·迪艾多（Nicolas Diedo）有时穿开袖的绸布外衣（如过去威尼斯风格），下面穿皮短衣，头巾垂于背后，头戴约值四索（Sou）的草帽。我在塔那（Tana）时，偶有一次与前面提到的大使并肩而立，尼古拉从我们面前走过，这位大使一见到他，就惊讶地说：'契丹人衣着就是如此，他们一定与你拥有同样的宗教，因为衣服与你们完全一样。'"②，他们口中的契丹人即中国人。他们以威尼斯老人的服饰类似中国人，契丹寺庙如他们一样有偶像，就认为中国人为基督徒，实是偏谬的。中国人也有信奉基督者，不假，但中国人寺庙的偶像并非全是上帝，

① ［英］裕尔：《东域纪程录丛·附录·约萨法特·巴巴洛〈契丹闻纪摘录〉（1436年左右获得消息；1480年成文）》，［法］考迪埃修订，张绪山译，第233—234页。

② 同上书，第234页。

有部分肯定是汉族或其他少数民族的偶像。而经过有元一代中西互动，中西服饰互相影响也是或多或少存在的，因此中国人穿着与威尼斯人类似并不奇怪。不过，仅从衣着与偶像判定宗教信仰，这立论并不能完全成立。可成立的立论是：多元文明互动共生，使同一文明的某些特征可以出现在不同国度，或有某些类似的表征。传教士对中国宗教问题认识不清，如何能深入中国人内心广播教义。可见，约萨法特·巴巴洛所谈，在注意到中西互动的成就的同时，也误读了中西互动。不过，却道出了欧洲对中国的景仰，可谓开下一个时期崇拜中国文化、政治等的先河。

可见，这个时期，西方人依然以强烈的自我意识，站在自己的角度去认识中国，除来往人员增多，贸易交往扩大外，依然如前一次的模式。而中国在主动与开明依然不足的同时，还缺少了上一次的开放之姿。曾德昭（Alvare de Semedo，1585—1658）在《大中国志》（*Imperio de la China*；*Histoire universelle de la Chine*）“前言”中对17世纪前的西方中国观有一总结，他说：“那些记述中国的作品，我曾熟读其中几部，它们几乎缺乏所有真实的东西，任意在全然神话的故事中遨游；原来这个国家是那样遥远，一直非常慎重地避免与外邦人的一切交往，格外地留心，只让他们自己知道本身的事。所以其结果是，除了传入广东（中国的一部分，葡人曾获允去那里）边境消息之外，其他则一无所知，以致有关这个国家最内部、最秘密的情况，要么限于本国人所知（他们很懂得如何隐藏它），要么限于那些有良好意愿发现它的人——他们差不多已忘记其本性、其语言、其风俗及生活方式，并且使自己同化于中国的物质文明。”① 在曾德昭看来，17世纪前西方眼中的中国确实是虚幻多于真实，一则中国闭关自守，不愿意异邦了解自己，令西人几乎不可能进入中国内地，真正接触中国；一则西人亦固执己见，难以融入中国文化中。不过，在这里，曾德昭也为西人指明了进入中国的坦途。曾德昭指出，倘若想真正了解中国，必须完全融入中国，成为中国中的一员。曾德昭所言，一语为西方道破如何揭开中国真实面纱的真谛——开放而开明。这个开放与开明是中西方均要遵循的，可惜双方在元明清中西互动中均鲜有二者同时做到的时期。

① ［葡］曾德昭：《大中国志·前言》，何高济译，李申校，上海古籍出版社1998年版，第1页。

（三）明末至乾嘉中西互动

这个时期是误读与理解、碰撞与和谐、友好与分裂、开放与禁锢、开明与迂腐交织的时期，时间是16世纪末到19世纪初。

16世纪末，西方大规模进入中国之始，他们认识中国的不足依然存在。如1589年在狄灵真（Dillingen）刊行的信札，信中很少谈到各国情况，作者只见到与本国相似之处，才偶然提及。如谈庆居庸城（Cinquion）时称它甚似威尼斯（Venice），确如罗哲里神父（Père Rogerius）所说。[①] 此外，多神奇之谈。如谈到某镇宝山堂（Pozzotan）瓷器，他们介绍其制作技艺时称，制造此瓷器后须埋藏地下一百年才会具备适当的硬度。因此，制造瓷器的艺人无有能看到宝山堂瓷器全貌的。至于制成后的宝山堂瓷器的去向如何，他们说"销行于印度全境"[②]。读到这里，我们很容易发现其中的矛盾。既然如此长的时间才能有成品，满足国内尚且不够，哪有富余外销印度全境？退一步讲，即使产出只为外销，制作周期也难保证有充足的产品供给印度销行，而且还是全境，显然于理不通，于情不符，神奇而荒诞。因此，我们自然可知，这是当时西人的一种误读。有关宝山堂瓷器方面的误读到法国传教士殷弘绪（François-Xavierd，Entrecolles，1662—1741）《瓷器制作新释》寄回法国后，才彻底消除。不过，随着16世纪末以来，传教士终于得以扎根中国，正式大范围多方位与中国互动，中西之间深层次的互动在这一时期全面展开，真实的中国也就日渐浮现于西人面前，有关中国的种种神奇也日渐退出主流。但是，仍有不少有关中国的神奇，西人依然信以为真。当然，这是中西互动避免不了的。就像中国，直到鸦片战争，中国官僚还呓语洋人"髲足崛强，未能灵便，骑马亦未能利捷"[③]。此外，以上时期中西互动各种特征也均在这个时期以这个时期的特色表现出来，加以这个时期固有的特色，令这次中西互动复杂而曲折。

这一时期，西方通过传教士、使团成员和旅欧华人传回西方的信函、

---

① *Sendschreiben aus den weitberumten Landschaften U. S. W.*，Dillingen，1589，p. 23.

② Ibid.，p. 19.

③ 王云五编《续修四库全书提要》（6）史部第2册，商务印书馆1972年版，第213—214页。

游记，以及他们介绍翻译的中国著作，令西方对中国有了较以前的深入了解。中国一则通过传教士等西人带来的西方科技，以及来华传教士与中国人合作或独自撰写或翻译的有关西方的各类书籍；一则通过中国知识阶层对西方传来文化的再解释来认识西方，“欧亚大陆两极基本上独立发展起来的两种社会在历史上首次开始了真正的交流”①。

不过，几乎未曾谋面的中西双方一遭正面相遇，带有牢不可撼的封建正统夷夏观念与天朝自大的中国，以及作为中西互动媒介的传教士等，并非全部均能正确理解并认识对方，做到客观公正。且当时西方传教士等传回欧洲的中国信息，尚需要西方接纳和消化。而对西方而言，和中国直接正面接触也才不久，对中国的了解常常是过去的记忆，以及对传到欧洲的中国器物的认识，又信息传播媒介本身未必能全面客观看待中国，而读者几乎未曾亲自到过中国。故而，即使有了扎根中国者传回欧洲较确切的中国信息，也难免有理解的误差。既然双方之间多通过媒介了解，难免误读。那么，如何消解误读，化解各自的偏执，就需要中西双方共同面对并解决。当双方都由开明人士主持大局，在互相理解尊重前提下，偏见和误解就会被调控到最低点，双方互动在和谐中。然而，一旦开明人士不在大局，理解与尊重被抛弃，双方互动势必失去和谐，因碰撞而导致分裂。

这次互动，耶稣会士通过开启中国上层及士大夫的大门打开了中国接受西方的大门，令中国向他们开放了自己的国土。不过，这个开放与禁锢，时常交织。来自中国正统的力量，令中国君主或当权者时或选择以禁锢对待西方传教士。而带着目的来华传教的在华传教士与中国上层统治者的接近，必然会因天威不测给自己带来祸端。加以他们陶醉于传教的发展，忽略中国国情，过高估计形势，背离适应性传教策略，强硬推行西方教规，且各修会内外之间纷争不断，必然震怒中国统治者，招致禁锢。明末以来的两次历狱，以及礼仪之争，均是中西互动矛盾激化的结果。而中国上层及士大夫的大部分在来华传教士带来的先进技艺在中国经过实践检验，确实有优胜中国的地方面前，不得不承认它可贵的同时，依然固执正统，拒绝接受它的思想，并推溯西学源于中学。而作为君王者，从顺治到

① ［法］谢和耐：《中国和基督教——中国和欧洲文化之比较》，耿昇译，上海古籍出版社1991年版，中译本序第9页。

乾隆，都自觉扮演了这个思想的引导者角色。在清君主及其士大夫共同倡导及合力下，最后“节取其技能，而禁传其学术”①，成为清人对待西学的正统政策，开明而迂腐。

这次互动，使欧洲对中国了解从17世纪上半叶开始迅速增加。“Europe's store of information about China increased very rapidly during the first half of the seventeenth century. The Jesuit missionaries, by the turn of the century securely ensconced in Peking, continued to provide the most perceptive as well as the most numerous reports. Their letters were regularly published, and reports from China occupied a large and growing place in them. Some were widely distributed. Niccolò Longobardo's *Breve relatione del regno della Cina*, first published in 1601, for example, was translated into French. Latin, and German, was regularly cited in other descriptions of China, and included in collections of Jesuit letters.” *② 此外，Diego de Pantoja's letter of 1602, first published as the Relaciòn de la entrade de alguns padres de la Compania de Iesus en la China in 1605. China also figures prominently in the five volumes of Fernão Guerreiro's Relacam annual (1603 – II) which was based on a very large collection of Jesuit missionary letters. **③ 诸如此类，提供给欧洲来华耶稣会在中国活动的第一手详细资料。同时，来华耶稣会士也写了大量有关中国的著述，在形成欧洲人中国观方面的作用大于他们传回欧洲的信件。

---

① （清）永瑢等：《四库全书总目》卷125《寰有铨》，第1081页。

* 译注：在整个17世纪上半叶，在欧洲，有关中国的信息存储量急剧增加。在世纪之交，安全躲藏在北京的耶稣会传教士，继续为政府提供最有洞察力以及最大量的报道。他们的信件被定期公布，其中关于中国的报告在他们的信件中占据了大部分并且呈迅速增长趋势。此外，在一些地方广为散发。尼可罗马基·龙华民《中国王朝报告》一书，在1601年首先被出版。例如，被翻译成法语、拉丁语、德语，在这本书中，经常引用在中国其他方面的说明资料，并且包括耶稣会的信件集合内容。

② Base on A. Chan, S. J., *The Glory and Fall of the Ming Dynasty*, Norman: University of Oklahoma Press, 1982, pp. 371—372.

** 译注：此外，庞迪我1602年的信，由于记载使团中的一些神父进入中国的关系相关资料，1605年被首先出版了。中国方面也非常明显地指出葡萄牙的耶稣会神父费尔南·格罗的5卷年度报告是建立在对耶稣会传教士信件大量集合的基础上的。

③ Donald F. Lach and Edwinj. Van Kley. *China*: *The Late Ming Dynasty. Asia in Making of Europe.* Volume III. *A Century of Advance.* 1993 by The University of Chicago Press, Chicago, p. 1565.

有: Nicolas Trigault's *De Christiana expeditioneapud Sinas* (1615)*, Alvarez Semeo's *Imperio de la China* (1642)**, and Martino Martini's *Novus atlas sinensis* (1655)***, 等等, 提供给欧洲读者比以前更多的了解和更好认识中国的材料。

在16世纪末到18世纪的中西互动中, 17世纪中西互动的重要性不亚于16世纪末与18世纪。16世纪末, 还是开拓阶段, 17世纪来华传教士激增且大多不乏博识多才者, 他们认识中国已经比较全面了, 加以中西互动有时空而来的滞后性, 故而18世纪西方中国观可以说很大一部分是17世纪带去的。不妨以曾德昭《大中国志》为例来看17世纪在华传教士的中国观。

曾德昭是继利玛窦之后通晓中国语言文字的欧洲人, 他的《大中国志》是继利玛窦《中国札记》后全面客观叙述中国的一本书。《大中国志》分两部分, 一部分谈中国风俗物产、政治军事经济、宗教信仰、语言文字、商业活动、中外商品交流等, 一部分记录耶稣会在华传教事迹。上部所及各省, 分南北而叙, 并一一就它们的特色做了详细的介绍。尤为可贵的是,《大中国志》介绍了台湾, 以及台湾处于殖民统治的事实。也指出正是殖民的缘故, 澳门与广州处于不断的战争中。曾德昭说, 葡萄牙的奴仆和中国人之间每天都发生矛盾冲突, 此外做买卖也经常产生仇怨。澳门人能忍受, 因为澳门人每天要去赶场, 总希望广州人付利钱, 因此他们之间不能有友好公平的交易, 几乎互相把对方当敌人。曾德昭仅仅归因二地的战争于葡萄牙奴仆身上, 以及中葡双方的买卖争执上, 不免有失偏颇。葡萄牙奴仆及其主人都是葡萄牙殖民者, 当时中葡之间买卖的争执其实就是葡萄牙殖民者与中国之间利益的抗争。由此, 中葡战争的原因就不难而知了, 中葡战争的实质也不难而知, 中葡战争其实就是殖民战争。当然, 我们也要理解曾德昭。葡萄牙是曾德昭的祖国, 中国是曾德昭生活40多年的第二故乡, 对中国和欧洲均有着复杂感情的他, 难免会转移矛盾。加以时代之故, 曾德昭也不可能揭示出矛盾背后的真实原因。但难能可贵的是, 曾德昭在叙述中葡之间互

* 译注: 法国传教士金尼阁1615年著《基督教远征中国史》。

** 译注: 葡萄牙籍耶稣会神父曾德昭1642年著《大中国志》。

*** 译注: 意大利传教士卫匡国1655年著《中国新地图志》。

相视为敌人之后马上指出澳门、广州之外的中国人均温文尔雅，待异国的人为上宾。他说："他们恭敬、有礼地跟我们交谈，所以集会上都把我们当作上宾，不为别的，只因我们是异邦人，因此他们称我们是来自远方国土的客人，有所需要时（我们曾多次证实），他们从不拒绝借给我们所需求的东西，即使价值超过我们给他们的抵押，也不要利息。"①这忠实的一笔，实际上也就揭示出中葡之间孰是孰非，肯定了我们今天对中葡战争判断的正确。

除偶尔偏颇外，能做到客观记录是曾德昭《大中国志》贯穿始终的特色。这也是曾德昭对中国了解深刻的结果。在谈赋税方面，曾德昭也突出表现出求实的特征。他说："全国的赋税（据在中国居住多年的利玛窦神父于 1621 年出版的书里所记载）达到 15000 万克朗。骆入禄神父也在中国工作多时，好奇地想知道有关这个国家的事情，在他写的谈中国四件大事的一篇文章中，说赋税是 5500 万。我的意见是，要调和二者的分歧，全国的赋税如利玛窦神父所说是 15000 万，而如骆入禄神父所说运送到朝廷仅有 5500 万，其余的如上述是留在省内了。因我没有对这事进行探究，所以我对两位要人的证明不再补充甚么。"② 因为没有研究中国赋税，所以曾德昭就仅介绍其他神父的研究而不做评判，可见他客观求实的精神。

正因为客观记录、深谙中国，所以《大中国志》能化解历史上西方对中国的某些误读。故而，我们能在《大中国志》中看到曾德昭为中西互动历史上的"契丹究竟何指"等疑案释疑。曾德昭指出中国即契丹，汗八里城即北京，还指出中国和摩尔人友好互动的历史悠久。中国有大量的摩尔人，居住在大城镇，已经忘却本族语言，只认识本族几个字，说居住地话，但知道《圣经》的许多内容。他们面貌完全和中国人一样，职业各异，吃牛肉，皇帝允许他们信奉自己的教，但他们自己在教律方面不严格要求自己。他们自己之间相互通婚，并可娶中国女子，但不把女儿嫁给中国男子。中国人称他们为回子。生活中，如果中国人轻视他们，他们就轻视中国人。在中国的摩尔人是 700 年前来帮助中国唐朝平定内乱后留下来的。300 年前他们又帮助过朱元璋，朱元璋因而很尊崇他们。每 3 年

① ［葡］曾德昭：《大中国志》，何高济译，李申校，第 30 页。

② 同上书，第 157 页。

和4年，摩尔使节会来朝拜皇帝。使节虽统称摩尔人，但来自不同国家和地区，很少有留在中国不回国的。开封有犹太人，这些人大多变成了摩尔人，艾儒略（Jules Aleni）曾和他们相处过。他们带艾儒略参观过他们的教堂，但不愿意拉开帘子让他看他们的《圣经》。利玛窦神父也曾说犹太人亲自告诉他，他们的《圣经》和基督教的《圣经》一样。犹太人在宫廷奉职的人和神父有过交谈，犹太人不懂希伯来语，不熟悉自己的教律。犹太人在中国自身失落的结果是要么变成摩尔人，要么成异教徒。曾德昭所见掌管犹太人教堂的是一位老者，他的儿子和大多数犹太年轻人一样不懂自己的教规。在中国的犹太人很少有热心维护自己教义的。经过在中国多年来的同化，显然他们已经不是地道的犹太人了。不过，虽然如此，但他们最根本的习俗还是顽强流传下来了。故而，不去积极主动维护教义的他们，却很厌烦异教徒对他们教义的指责。他们不吃异教徒杀的动物，并坚持一贯执行他们的中国亲友认为残忍的割礼。在《大中国志》中，曾德昭看到开封有一所传教士的房屋和教堂，教徒渐增，曾德昭一相情愿希望能影响犹太人。那些正准备改变自己宗教的犹太人，在曾德昭看来，是很容易接受对他们最合宜也相似的正教的。熟谙中国后的曾德昭，还发现基督教传入中国的历史是悠久的。近可上溯到元朝，以马可·波罗所言有很多基督徒在中国为证；远可上溯到唐朝，以大秦景教碑为证，解决了中西互动中基督入华历史的悬念。

《大中国志》对中国的深入认知，我们还可从它所谈侦查制度、道德、贞操、教育、教派、狱吏、少数民族等方面看到。曾德昭指出，中国侦查制度很完善，罪犯无以藏身。中国人重视道德，尤为重视女性的贞操，为守节女子立贞节牌坊。中国人崇拜炼丹，看重写字甚于绘画，最崇拜欧洲的钟。并比较欧洲和中国的教育，认为中国只接受力所能教的学生，不能照看的就不接纳，比欧洲为收入招收很多学生科学。[1] 中国唯读书为上品，一旦获得学位，就变得伟大尊贵，极受崇敬。因此，中国轻视科技，推崇孔子与四书五经，书籍与学术多谈及政治政体。此外，《大中国志》对中国教派的认识无疑也相当深刻。《大中国志》指出中国教派有三，一是孔教，一是道教，一是佛教，并介绍了来龙去脉，并举实例来说明。三大教派还衍生出许多派别。比如道教中的白莲

---

① ［葡］曾德昭：《大中国志》，何高济译，李申校，第45页。

教（Pe Chi Kue），中国人曾利用它来造政府的反。中国人生活在现世，既不期望也不祈求来世。中国有过基督教。中国人迷信，迷信面相、骨相，还通过鸟兽声音判断吉凶。对离曾德昭生活的清朝很近的明末清初的历史，曾德昭更是熟知，他详悉至万历帝时期的国本之争，天启朝与满清的战争，以及面对入侵曾在明朝廷上闪过的迁都之念。为战事，天启朝廷和葡萄牙人曾达成军事援助协议，但葡萄牙军事援助的真正动机是打开经济贸易大门，当时中国人认为葡萄牙如进入中国贸易会损害中国人的利益，因此上奏天启终止了葡萄牙的军事援助。有关明末传教士在与满清战争中的作用，《明史》等多有记载。《明史·意大里亚传》："天启、崇祯间，东北用兵，数召澳中人入都，令将士学习，其人亦为尽力。"由此，也介绍了中国的官僚机构及其职能，指出其中的道吏和科吏具有直言上谏的权力，皇帝也难以干涉，并特别以赋闲南京迫害基督教最后被弹劾下台的沈漼为例来说明道吏和科吏的职能。沈漼的被弹劾下台，在曾德昭看来罪有应得，满足了曾德昭对沈漼迫害基督教的不满情绪。此外，曾德昭还指出，明朝的二京，南京、北京，治理方式相同。同时，也揭露中国吏狱的黑暗。比如就"打肥"，曾德昭解释道："每个月都有一个专管监狱的曼达林去探视囚犯……这些可怜虫披头散发去见他，一副病态，头垂在一边，而且几乎倒下，但当他们返回牢房，曼达林看不见时，他们就活跃起来，如鱼般健壮。做出这种伪装的原因是，如果曼达林发现他们肥胖而且面色良好，便下令处以刑杖，他们叫做'打肥的'（Ta'Foiti），意思是打肥胖的人，并说，把他们关在那里是服刑，不是过好生活。"[1] 曾德昭还指出，犯人在牢狱中，不光受制于曼达林，还受到从校尉、囚犯中的总秘书、小书记、清洁工、管手铐的囚犯到狱吏的层层盘剥。拿狱吏来讲，他们开口要一笔钱，宽限犯人较长的时间，让他在关押两天后独自待着，看看他自愿拿出什么东西。如果"在这期限内他不给他们一些东西，那么以后每晚他们就狠狠折磨、骚扰他，直到他们得到满足"。这种支付是无尽的，全得看狱吏的意思，他们尽量榨取每个人，这就是"富的多要，穷的少要，一无所有的不要"[2]。描述细腻入微，入木三分。对于

① ［葡］曾德昭：《大中国志》，何高济译，李申校，第165页。

② 同上书，第166页。

少数民族,《大中国志》也注意到了。曾德昭说,海南南面有少数民族,语言风俗与汉人不同。他也提到云南、贵州土司势力强大,他的眼力如一位有远见的中国政治家。举凡中国风土、文化、教育、政治,均娓娓道来,深入其里,对中国的了解无疑是比较透彻的。

然而,曾德昭认为中国人和欧洲人一样是白的[①],中国整个民族的民族性,无论买者还是卖者,都偏向于欺骗,并经常使用惊人的手段以行骗,[②] 却是不正确的。中国人和欧洲人一样白,这或者说是曾德昭感官的错误,或者说是他对某部分地区中国人的认识,或者说是中国人尚白对他的影响的结果。至于曾德昭对中国民族性的判断,则与他认识中葡之争、西方传教的态度是一致的,是文化本位主义在作祟。曾德昭时时不忘来华使命,对那些即使已经华化的犹太人还抱有以基督感化的念头和信心,有来自文化本位主义的偏颇也就不足为怪。不过,与曾德昭民族立场有所偏颇一样,这些都无损于他对中国认识整体而言的客观与深刻。

经过17世纪的诸多阐释,18世纪的欧洲掀起了"中国热"。物质领域,欧洲人反映出一种中国文化情结。[③] 欧洲制造品大量采用中国的纹饰,又进而仿效中国的款式。[④] 1685年,荷兰医生戴克尔(C. Decker)出版《奇妙的草药——茶叶》极力推荐茶叶的神奇作用,但茶叶高达一磅50—70荷兰盾,宫廷甚至达100荷兰盾的价格,令普通人望而却步。[⑤] 喝茶成为时尚与典雅、修养与博学的象征,为大都贵族所喜好。1703年,法国商船"昂菲特里特号"从中国运回整整一船漆,法国为之轰动,也使法国成为欧洲产漆大国。法国匠人马丁兄弟的中国式家具誉满欧洲。[⑥] 1762年,伦敦西郊丘园(Kew Garden)建成。丘园"垒石为假山,小涧曲折绕其下,茂林浓荫;湖畔矗立十六丈高之塔,凡九层,塔檐有龙为饰。塔侧有类似小亭子之孔子庙,杂以其他国家及其他宗教之装饰,惟雕

① [葡]曾德昭:《大中国志》,何高济译,李申校,第45页。

② 同上书,第29页。

③ 何川芳:《中外文化交流史》,国际文化出版公司2008年版,第761页。

④ [荷兰]包乐士:《中荷关系史》,庄国土译,荷兰路口店出版社1989年版,第90页。

⑤ 同上书,第98页。

⑥ [法]艾田蒲:《中国之欧洲》下卷,河南人民出版社1994年版,第53—57页。

栏与窗棂为中国式"[①]。丘园建成后轰动英国，引来络绎不绝的参观者，对欧洲建筑影响深远。[②] 精神领域，各界纷纷著书立说，对遥远的东方进行解读。伏尔泰、狄德罗等都对中国进行过解读。当时有人说1700年之后，"群疑冰释，各人对此既悠久而又明智、在宗教和智慧方面同样出色的民族，不得不赞羡不止"[③]。耶稣会会士尤其不倦地替"一个曾经创立这样良好的法律的政府"[④] 祝福，18世纪上半期孔子成为欧洲的兴趣中心。1735年，杜赫德（Père Jean Baptiste Du Halde）宣布他著名作品大部分告成。[⑤] 18世纪末，随着经济利益的需要，"中国热"开始消褪，对中国批判开始跃居上风，"全不信教会的报告书的，不止萨麦勒先生（Monsieur Sommerat）一人，他们由于长期住在这些地域，也许可以认为对当地人民的风俗习惯与法制有较为熟悉的了解。在过去有一段时间，偏信他们的论证成为一时流行的风尚，在他们之中，甚至有些旅行家从来没有游历过全境，或者仅仅见到边境地带，并且只有借译人及手势之助才能和当地人互相通话的"[⑥]。发出重新认识中国的声音。

而在中国，明末以来的总体和谐的中西互动，到康熙末年开始被打破。多罗（Charles Thomas Maillard de Tournon，1668—1710）等来华要求中国接受教皇命令，包括耶稣会在内的传教士抛弃适应性传教策略，干扰中国政府宗教政策，强行全面按照自己的教规宣教，不顾中国的国情，最后导致中国清朝全面驱逐传教士，中西互动由和谐走向分裂，中西互动告一段落。

---

① 方豪：《中西交通史》下，岳麓书社1987年版，第739页。

② ［法］安田朴、谢和耐：《明清间入华耶稣会士和中西文化交流》，巴蜀书社1993年版，第291—309页。

③ ［法］Clerc Nicolas-Gabriel. *Yu le grand et Confucius*，*histoire chinoise*，Soissons：P. Courtois，1769，p. 13.

④ P. Entrecolles，*Lettres édifiantes*，1838年版，第3卷，第298页。1720年10月19日函。

⑤ ［法］杜赫德：《中华帝国全志》，1738年版，第1卷，序文。

⑥ 此书原名《萨麦勒先生攻讦在华教会的答复》（*Réponse à des attaquesfaites par M. de Sommerat Contre les misaionaires de la Chine*），由《亚、非、美三洲传教见闻书札》（*Lettres édifiantes et curieuses Concernant l'Asie*，*l'Afrique et l'Amérique*）复录，1843年泛神学术会（Société du Panthéon Littéraire）在巴黎出版。

第二章

互动下的中西学术文化

一 中学西传

18世纪初，西方对远东的观感，是与传教士的报告完全符合的。18世纪第一个新年法国宫廷采用中国人节日庆祝形式一事，具有某种象征的意义。罗柯柯时代快来临了。[①] 不过，在亚欧大陆东端的中国，传教士的命运却每况愈下。导致传教士命运每况愈下的直接导火索是礼仪之争。礼仪之争开始于利玛窦去世的第二年，即1611年。源于利玛窦的继任龙华民发起反对利玛窦"天"和"上帝"称呼的运动。起初，这个运动尚在耶稣会内部开展。但后来，来华传教的方济各会和道明会对耶稣会会士允许中国教徒信奉自己的礼仪的做法不满，重提"礼仪之争"。于是，这个运动就从耶稣会内部发展到耶稣会外，成了来华传教士各修会之间的争论，再后来发展为罗马教廷与中国传教区之争。有关中国的争论集中在尊孔和祭祖等问题上展开并热闹起来，因为耶稣会士们允许他们新归化的教徒们信仰，然而外方传教士却禁止自己的信徒实施，这场争论影响深远。

这次论争，各修会分为两个阵营，一护教者，即拥护利玛窦适应性传教策略者，以耶稣会士居多。一反教者，即反对适应性传教策略者，以方济各会等为代表。此外，耶稣会士内部也分为一护一反两派。围绕礼仪之争，先后颁布有如下命令：耶稣会视察员 Audreas Palmeiro1629 年的禁止耶稣会士用"天"和"上帝"、教皇英诺森十世（Innocent IX）1645 年 9 月 12 日的禁止中国教徒参加祭孔祭祖、教皇亚历山大七世（Alexander

① ［德］利奇温：《十八世纪中国与欧洲文化的接触》，朱杰勤译，第19页。

VII）1656 年 3 月 23 日批准中国教徒可以参加祭祖祭孔礼仪、罗马教廷的圣职部 1669 年 11 月 20 日颁布的前两项命令同时有效、1704 年 11 月 20 日教皇克来孟十一世（Clemens XI）禁止中国教徒参加祭祖祭孔仪式的命令，以及 1715 年教皇克来孟十一世公布的《自登基之日》（*Ex illa die*）教谕严禁中国教徒祭祖祭孔、1742 年 7 月 1 日教皇本笃十四（Benedict XIV）《自上主圣意》（*Ex quo singulari*）通谕禁止祭孔祭祖、通谕传教士宣誓遵守教宗谕令和训令的命令。在这场持久的礼仪拉锯战中，罗马教廷除亚历山大七世（Alexander VII）外，都维护教规，态度强硬，禁止偶像崇拜不准祭孔祭祖。而传教士为礼仪之争而留下的著述分为如下几类。

（1）有关中国宗教的。主要围绕祭祖祭孔展开议论，或赞成，或反对。如，金尼阁因礼仪之争代表耶稣会回罗马教廷述职，将带回欧洲的利玛窦的《中国传教史》，从意大利文译为拉丁文，1615 年在欧洲以 *De Christian expeditione apud Sina*（Augusbug，1615）为书名公开出版。《中国传教史》表明祭祖祭孔和宗教没有关系，同时也阐述中国及其宗教政策对宗教的包容，是欧洲人叙述中国比较完备没有讹误的第一部书。又如 1693 年被康熙派回欧洲，先后两度招收新人来华，在欧洲期间参加“礼仪之争”的白晋（Joachim Bouvet，1656—1730）为欧洲带来的是《中国语言中之天与上帝》。①

（2）有关思想方面的。虽各有论述，正误不一，但精彩纷呈，是思想的交锋，不啻为一场盛宴。如，柏应理（Philippe Corplet，1624—1692 年）1680 年返欧，与欧洲研究中国者缔交，“刊布其著述，留居欧洲甚久，影响人心实深”②。他的《西方四书直解》（*Confueius Sinarum Philophus*），实际是与殷铎泽（Prosper Intorcetta）、恩理格（Christian Herdericht）、鲁日满（Françols de Rougemnont）在教难期间在广州共同完成的，被誉为“来华耶稣会士适应中国文化的最高成就”，对欧洲人了解孔子和儒家思想产生了重要影响。③ 在诸如此类书籍的介绍下，孔子和儒家学说的自然神论，充满理性而没有宗教的形式和仪式，更没有宗教的偏执，引起了欧洲的关注，加以欧洲知识精英如伏尔泰与魁奈等对孔子的歌

① ［法］费赖之：《在华耶稣会士列传及书目》上，中华书局 1995 年版，第 438 页。
② 同上书，第 313 页。
③ 张西平：《中国与欧洲早期宗教和哲学交流史》，东方出版社 2001 年版，第 285 页。

颂的推波助澜，一时“孔子学说成为时髦的东西，引起了欧洲一般知识界人士对于孔子著书的兴趣，大大耸动了人心”[①]。它们的被译介入欧洲，使欧洲从思想上产生了对中国文化的认同。

（3）有关中国历史地理的。有关中国历史地理的著述，展现出中国悠久的文明。如，1637 年奉命回欧洲陈述教会事务的曾德昭 1638 年在果阿完成的《大中国志》是来华耶稣会士第一部历史著作，准确记述了中国各省份，各民族，道德、文化、风俗、学术、法律、军事、政治、宗教、交通和商品。1643 年来华 1650 年奉同样使命返欧的意大利人卫匡国（Martinus Martini）认为罗马不理解耶稣会传教策略，根本原因是对中国文明缺乏了解。为此，他致力于中国文明的介绍，希冀化解罗马的蛮横干预。卫匡国著有《中国新地图志》（*Novas Atlas Sinensis*）、《中国上古史》（*Sinicae historiae decas*）[②]、《鞑靼战记》（*De Bello Tartarico Historia*）。而李明（Louis le）的《中国新形势新志》（*Noaveaux Mémoires Sur L'état present de la Chine*）则站在护教的立场，致力于“对中国的宗教的介绍”[③]。不过，李明为让中国编年史不违背有关世界寿命的教义而提出将中国历史增减几百年无损于中国的观点，虽是他为调和中西互动中的矛盾而做出的折中，出发点无疑是好的，但却有违实情。因此，巴多明（Dominicus Parrenin，1665—1741）指出中国历史和《圣经》无关，应尊重中国人自己的记载，根据中国历史把世界寿命延长一些无损于信仰，不应屈从于犹太教长们的信仰来决定世界存在的时间，无疑坚持了真理。此外，安文思（Gabriel de Magalhães，1609—1677）《中国新志》（*Novelle relation de la Chine*，*Contenant la des particularitez les plus considérables de ce grand empire*）报道了中国各方面的情况，尤其介绍了北京和清宫。

（4）有关风俗物产、自然景物等。如，道明会会士闵明我（Fernandez Navarrete，1610—1689）1667 年在华传教士讨论“礼仪之争”时站在耶稣会会士对立面，拒绝在全体教士讨论的决议上签字。1669 年 12 月 12 日，他潜离澳门，乘船到欧洲，1673 年到达罗马，反对广州 23 人决议

① 朱谦之：《中国哲学对于欧洲的影响》，福建人民出版社 1983 年版，第 189 页。

② 原书标题：*Sinicae historiae decas prima res à Gentis Origine ad Christum Natum in extrema Asia Sive Magno Sinarum Imperio gestas Complexa*。

③ Lewis A. Maverick，*China A Model For Europe*，paul Anderson Company，1946，p. 17.

书。1676 年，他在马德里出版《中国历史及宗教风俗概观》(*Tractados históricos*, *politicos*, *eticosy religiosos de la monatquia de China*) 一书，把原本只在教会内部负责解决问题的权力人物范围内的教会内部事务公诸天下，欧洲为之哗然。此外，宋君荣（Antoine Gaubil，1689—1759）有《中国天文学简史》(*Histoire abréqée de l'astronomie chinoise*)、《成吉思汗与蒙古史》(*Histoire de Gentchiscan et toute la dynastie des Mongous*, *ses Successeus*, *Conquerans de la Chine*)、《大唐史纲》(*Abrege de l'Histoire de la Grande Dynastie T'ang*)，翻译有《诗经》、《书经》、《礼记》。《书经》译本在宋君荣去世后 12 年，即 1770 年刊于巴黎，由法国汉学家吉尼主其事。钱德明（Jean-Joseph-Marie Amiot，1718—1793）有《乾隆御制盛京赋》(*Eloqe de la villede Moukden et ses envivon*, *poème composé par K'ien-long en mandchou et en chinois*)、《满法字典》(*Dictionnaire mandchou-Français*)、《中国古史实证》(*L'antiquite des Chinois-provée par Les Monuments*)、《中国兵法考》(*Art Militaire des Chinois*)、《中国古今乐记》(*Mémoire sur La musi que des Chinois tant anciens que modernes*)，马若瑟（J. H. M. Prèmare，1667—1735）有《中国文法要略》(*Le principal ouvrage*)、有译著《赵氏孤儿》，等等。

随着传教士著述传回欧洲日益增多，由此也产生了收集他们著述和书信的三种期刊，即：

（1）《耶稣会士通信集》(*Lettres Édifiantes et curieuses*, *Écrites des Missions Étrangères Mémoires de la Chine*) 巴黎耶稣会总书记雷里主编，从 1702—1776 年，共 34 册，含南北美洲和印度的报道。

（2）1735 年杜赫德主编《中华帝国全志》，准确讲应是《中华帝国及其所属鞑靼地区的地理、历史、编年纪、政治和博物》(*Description geographique*, *historique*, *chronologàque*, *Politique*, *et physique de l'Empire de La Chine et de Tartarie chinoise*)。

（3）1776—1841 年《中国杂纂》，准确讲应是（*Mernoires Concernant l'Histoire. les Missionnaires*, *Les Arts*, *les Mocus*, *Les usages*, *des chinois*; *Par Les Missionnaires de Pekin*)，书被简称为 *Mernoires Concernant des Chinois*，故译为《中国杂纂》。《中国杂纂》创刊意在接续《耶稣会士通信集》，1773 年教皇克来孟十四宣布解散耶稣会，《耶稣会士通信集》无法出版，

在法国的耶稣会士就另搞起这套书。[①]

对于这些书简，法国当代学者伊莎贝尔·席微叶（Isabelle et Jean-Louis Vissiere）称："这些书简是如同一种真正的、客观的和几乎是天真的编年史而出现的，它使大众们产生了一种阅读他们所喜欢的文献之一的感觉。这批书简分散于四分之三的世纪中，它们使我们目击了传教区胜利的开端，其充满喜剧性或悲剧性事件的历程及其末日。它们清楚地说明了传教区的宗教、外交和科学等三种志向。"[②][*]

正是这些书简传给欧洲书简作者所知的中国的一切，加以他们中因"礼仪之争"返回欧洲者也广交当时欧洲名流，互论心得。如柏应理与克莱耶（Anare Cleyer）、蒙采尔（Mentsell）、穆勒（Mulltr）、泰沃奈（Thevenet）、皮克物（Louis Picquet）等来往甚密；白晋与莱布尼茨（Gottfrido Guilelmo Leibniz）保持通信，莱布尼茨《中国近事》一书还把白晋《康熙皇帝》收入其中；来华的傅圣泽曾多次对伏尔泰说中国很少有无神论的哲学家。[③] 因"礼仪之争"回欧洲的传教士与欧洲时贤交往更加快了欧洲对中国的介绍步伐，令当时有着莫大精神焦虑的欧洲人大多得出如下结论：中国没有世袭和教会的特权就是平等，中国集权下的平等可以为欧洲改良之摹本，中国的法律公正而富有人情。他们说"在远东有一个与罗马同样古老的帝国，现在依然存在，人口和整个欧洲一样多，没有世袭贵族及教会的特权，由天赐的皇权通过学者——官吏的官僚机构来统治"[④]，"如果中国的法律变为各国的法律，中国就可以为世界提供一个作为归向的美妙境界。到北京去！瞻仰生人中最伟大的人，他们是上天的真正而完全的楷模"[⑤]。中国的政治法律成为大多欧洲人顶礼膜拜的对象。

"百科全书派"诸人与同时代的欧洲人一样，也无不沐浴在这个中国文化西传的阳光下。伏尔泰从小在教会学校读书，还追随虽没有到过中国

---

① ［法］埃德蒙·帕里斯：《耶稣会士秘史》，张加萍译，中国社会科学出版社 1990 年版，第 83 页。

② ［法］安田朴、谢和耐：《明清间入华耶稣会士与中西文化交流》，巴蜀书社 1993 年版，第 15 页。

* 以上内容参考张西平《中国与欧洲早期宗教和哲学交流史》，第 284—288 页。

③ ［法］伏尔泰：《风俗论·序言》，商务印书馆 1994 年版，第 258 页。

④ ［英］赫德逊：《欧洲与中国》，王遵仲等译，中华书局 1995 年版，第 292 页。

⑤ Pierre Poivre *Voyages d'n Philosophe*, Paris, 1769, p. 148.

但却收集在华传教士各种书信的杜赫德神父。此外，他与狄德罗均是崇尚中国的蓬巴杜尔夫人（Ms. Pompadour）的保护对象，狄德罗的《百科全书》更是在蓬巴杜尔夫人保护下才得以出版的。中国文化熏陶了他们也给予了他们恩惠。孟德斯鸠为了听旅欧华人天主教徒黄嘉略讲述有关中国的一切，在70多天中8次造访他。[①] 魁奈、杜尔哥（Anne-Robert-Jacques Turgot）更是急于了解有关中国——这个东方国度的一切，杜尔哥为此还开列了一份关于中国财富分配、土地所有制，以及历史的诸多领域的"52个问题的清单"，嘱托中国赴欧人员调查研究。[②]

在"中国热"遍及欧洲大陆之际，狄德罗《百科全书》自然也无以离开这个大环境而折射出中西互动对他的影响，其"Chine"[③]、"Chionis, Philosophies Des"[④] 等条目就是中西学术文化互动的结果。

在狄德罗《百科全书》"中国"条中，狄德罗就时人对中国的看法做出了总结，他指出，中国是世界上人口最多、耕地最好的国家。它有许多纵横交错的河流，有利于贸易活动的开展。最为引人瞩目的是皇家运河，横跨了整个中国，中国人热爱艺术、科学和商业活动，中国人崇拜偶像，正是中国发明了印刷术、火药、指南针，世界才有了今天。他说："难道这些发现不曾在文学界、军事艺术以及航海业中引起过许多非凡的变革吗？指南针曾引导着我们的船只驶向最不为人所知的地域；活字印刷在所有地方的和今后所有时代的学者和科学家之间，建立了一种启蒙作用的信息交流；而火药则使保卫着敌我双方边界的所有那些建筑杰作得以诞生。总之，这三种艺术几乎使地球的面貌为之改观。"[⑤] 并以此为由呼吁重视手工艺及手工艺人。在狄德罗《百科全书》"历史"条中，伏尔泰说："当马可·波罗描述中国的巨大及其人口时，他是当时第一位，也是唯一的一位这样写的作家，人们不相信他，他也无法坚信他的叙述的可信性。几个世纪以后，当那些葡萄牙人在这个广阔的帝国里旅行之后，才开始表

① 许明龙：《黄嘉略与早期汉学》，中华书局2004年版，第274—275页。

② 王宪明：《两个法国人三个中国人与十八世纪法国两种中国观的形成》，载黄爱平、黄兴涛编《西学与清代文化》，中华书局2008年版，第19—20页。

③ 中国。

④ 中国哲学。

⑤ ［法］狄德罗主编《狄德罗的〈百科全书〉》，［美］坚吉尔英译，梁从诚汉译，花城出版社2007年版，第145页。

示他的描述是可能的。现在这些都是确定无疑的了。我们承认的确实性所依据的，是来自不同国家的上千个目击者的证词，而没有一个人能提出反证的。"[①] 伏尔泰道出了马可·波罗对中国的描述经历了几个世纪，在西方国家均见证中国真实存在之后才被西方人接受的事实。确然，16 世纪末以前几乎与中国素未谋面的西方，要他们认可在他们看来颇具传说色彩的中国，确实也必须他们亲自感受一番中国的真实存在，才会被确认下来。伏尔泰自己本人也是这样看待域外事物的。他说："确实，阅读来自这些远方国家的几乎每一篇游记，都应带着怀疑的眼光。人们忙于从科罗曼德尔和马拉巴的海岸给我们送来的货物而不是真实情况。一件特殊的事情往往被视为普遍习俗。有人对我们说，在印度的柯钦，王位继承人不是王子而是国王姐妹之子。这样的规定太违情悖理，没有人自愿剥夺亲生儿子的王位继承权。……而游历者却错把这种偶然事件说成是基本法则，成百的作家抄袭了这位游历者，结果是以讹传讹。"[②] 可见，历史确实是需要探寻的，尤其是历史的真相更需要鉴别。当然，伏尔泰对马可·波罗及其游记在西方的遭际如此言说，在表明拨开历史迷雾认识不易，中西互动历史悠久而曲折的同时，其实也肯定了中国文化的悠久。此外，在"偶像、偶像崇拜者、偶像崇拜"条，伏尔泰还指出中国人中无知者才会指责狂热基督教徒对圣徒的崇拜仪式，因为中国历史上的许多王国都保留有古代宗教。魁奈则在狄德罗《百科全书》中书写自己受中国以农为本思想影响的重农思想，提出免除农民的人头税，保障他们的所有，让他们回到田间。唯有如此，国家的力量才会随着人口和税收增长而壮大。

由此可见，"礼仪之争"无疑是一把双刃剑。它在最终导致中国全面驱逐传教士，中西互动中断的同时，却因卷入"礼仪之争"的来华各修会的传教士从各自利益出发纷纷著书立说，将各自的中国观传回了欧洲，一时中国成为欧洲几乎所有科学部门论战的基础，"中国热"遍布欧洲。也就是说，虽然来华传教士传教事业受挫，但欧洲却成了最大的赢家。在"礼仪之争"论争的刺激下，在几百年来中西交流积累基础上，欧洲启蒙

---

① ［法］狄德罗主编《狄德罗的〈百科全书〉》，［美］坚吉尔英译，梁从诫汉译，第 254 页。

② ［法］伏尔泰:《风俗论》下册，梁守锵译，商务印书馆 1997 年版，第 21 页。

运动获得了诸多思想精髓。① 不过，作为中国文化西传运动的传播者们来华传教士却有难以言说的尴尬。来华传教士推崇中国是为了维持现有政治格局，捍卫守旧教皇集团。如卫方济《六经》译本的序文所道“亲爱的读者，今我以《六经》的拉丁文本贡于左右，非独使你们熟悉中国人的著作，而且你们可以把他们正确的思想付诸实行”一样，他们传播中国文化，意在教导欧洲人要身体力行学习中国，如中国一样听命于政府服从现行各项制度，改良西方政府，却鲜有能及时发现中国文化中正好有推翻自己教义激发革命思想的因素者。潜心传教士著述并与他们密切来往的伏尔泰就是用从来华传教士那里习得的中国理念攻击他们所维护的教皇集团，攻击法国的伦理道德与政治的。当然，来华传教士当中也有如耶稣会傅圣泽（Jean François Foucquet，1665—1741）濡染中国文化后清醒地认识到自己教义的不足，在华22年的他回国后，成了耶稣会的敌人。

（一）欧洲中国观

1. “百科全书派”中国观

18世纪欧洲掀起的“中国热”，传教士是始作俑者。正是他们带回了比以往任何时期丰富准确的中国信息，欧洲才猛然一醒，原来旅行者、商人带回来的中国的描述不全是夸张，确有一个超过欧洲、真实的文明发达的国度存在。随之，他们更着迷于这个有着古老文明的国度，并为它沸腾起来，尤其是法国。随着法国出口贸易的增长，需要更大的市场，这就刺激法国向海外拓展市场。为与这相适应，法国国内期待改革。这个时期被介绍到法国的中国，于是被法国政治与思想文化精英选中作为改革榜样。在这些精英及其响应者们的推动下，法国朝野上下顿时弥漫着中国情结。贵族阶层，如路易十五的情人蓬巴杜尔夫人成为引领“中国热”的先锋。蓬巴杜尔夫人的爱好、言行服饰举止，她穿用中国花鸟绸裙等表现出来的对中国热衷，与法国人的浓厚社交风尚应和，开启了法国的罗柯柯风格，引领了时代风尚。更值得注意的是，在她周围的达官贵胄，以及文人学者，受她所好影响，也对中国充满了兴趣。“百科全书派”狄德罗、伏尔泰、孟德斯鸠既是她的座上客，又是她的崇拜者，与她过从尤密，自然也是这“中国热”中的一分子。

---

① 张西平：《中国与欧洲早期宗教和哲学交流史》，第284页。

当然，这个“中国热”并非完全醉心于中国，也并非仅仅局限于器物，它有器物与思想两个相辅相成的层面。器物层面是贸易和外交带来的，它从物质与感官上满足了欧洲对中国的时尚需求。思想层面是书籍、信函、公文、游记、口述带来的，它引导了欧洲对中国深层次认识与了解。在这场中西互动中，欧洲思想界出于不同立场和观点提出自己对中国的看法，他们思想领航者的身份，无疑使他们所谈论的中国观，对“中国热”更有普及的功效。

他们对中国的看法，以“百科全书派”为例，有如伏尔泰热衷中国者，有如狄德罗由中立到批判中国者，有如格里姆（Grim）质疑中国者等。

（1）伏尔泰中国观

在18世纪欧洲“中国热”中，推崇中国的伏尔泰无疑扮演了积极推荐中国政治制度、思想文化的重要角色，为“中国热”的领军人物。对于中国，伏尔泰希冀欧洲即使不致五体投地佩服它的优点，但最少可以承认他们帝国的组织为世界上前所未见的最好的，而且是唯一建立在父权宗法之上的。显然，中国专制下的井然有序是令伏尔泰羡慕的，他希冀包括法国在内的欧洲能效法中国专制下的井然有序。不过，要指出的是，伏尔泰并非全盘中化者，他研究中国是有目的的，他想汲取中国的养分为自己衰颓的祖国法国，乃至欧洲注入活力。

在伏尔泰看来，开化最早的民族是迦勒底人、印度人和中国人。而在所有文明人的民族中，在已知的古代国家中，唯有中国不曾受神职人员的统治，[①] 唯有中国才把哲学家的真正宗教——有神论提高到一种国教的地位，并且没有在宗教方面干出荒唐绝顶的暴行。与之相反，欧洲一方面愤怒地反对贝尔（Bayle）的说法，即一个无神论者的社会也可能自己维持下去；另一方面又以同样愤慨的心情，断言大地上最贤明的国家是建立在无神论基础之上的。伏尔泰指出，这样的矛盾，真正是只有欧洲才会有。[②] 所以，对于无宗教纷扰、有神但不迷乱的中国，伏尔泰在其上寄托了对欧洲宗教的希望。因此，100年前的波绪亚（Bossuet，1627—1705）的《世界史论》（*Discours Sur l'Histoire Universelle*）一书，虽对远东只字不

---

① ［法］伏尔泰：《风俗论》序言，梁守锵译，商务印书馆1994年版，第47页。

② ［法］伏尔泰：《风俗论》上册，第257页。

提但不至于受同时代人的抨击，此时他的这种疏忽必然遭到伏尔泰的责难。伏尔泰认为："当您以哲学家身份去了解这个世界时，您首先把目光朝向东方，东方是一切艺术的摇篮，东方给了西方以一切。"[①] 伏尔泰口中的东方，主要指的是中国，当时中国是东方文化的唯一代表。1760 年《风俗论》（*Essai Sur les MŒurs*）的发表，是伏尔泰推崇中国的充分表现。

伏尔泰的《风俗论》一书，它的《导论·中国》[②]、《古代的中国；中国的军事力量；中国的法律、风俗和科学》[③]、《中国的宗教；中国政府并非不信神者；7 世纪时基督教并未在中国传播；传入中国的某些教派》[④]、《葡萄牙人发现新大陆时期的亚洲状况》[⑤]、《17 世纪和 18 世纪初的中国》[⑥] 等部分专门论及了中国。在《导论·中国》中，伏尔泰从总体上表明了自己对中国的看法。他肯定中国历史古老，中国人既非偶像崇拜者也非无神论者，中国是世界历史的开始；中国有严格的史官制度，几千年一直忠实记述自己的历史，没有虚妄，并有当朝历史的实录，而且均不像西方历史记述一样自相矛盾；中国有完备的道德，重孝重礼，尊古敬宗，把道德放在第一位，伦理高过其他民族，但科学进步不大；中国有自己的戏剧艺术，中国人正直明智，但没有精神的力量。至于孔子的学说，伏尔泰的认识是：孔子不创新说，不立新礼，不做受神启者，也不做先知；孔子是传授古代法律的贤明官员，他并没有宗教，但却是所有皇帝和大臣的宗教，即先贤的宗教。伏尔泰在《葡萄牙人发现新大陆时期的亚洲状况》中谈到了元、明时期的中国。分析了元败亡的原因，元、明二朝的文化及政策，以及元、明二朝内部矛盾、宗教、医学等，赞美当时的中国人节制、好学，培养一切对生活有益的技艺，使技艺更易于掌握大量发明，这些特征共同组成了当时中国人的智慧，并赞美当时中国人思维和艺术的空前发达。《17 世纪和 18 世纪初的中国》则介绍 17—18 世纪初中国明清易代变迁、明清政治经济文化、明清宗教宽容，传教士在中国不尊重中国主权的表现及中国皇帝的应对。有学者称，《风俗论》是当时对远

① ［法］伏尔泰：《风俗论》上册，第 231 页。
② 同上书，第 84 页。
③ 同上书，第 239 页。
④ 同上书，第 252 页。
⑤ ［法］伏尔泰：《风俗论》下册，梁守锵译，商务印书馆 1997 年版，第 100 页。
⑥ 同上书，第 509 页。

东的全部观感的最完备的总集。[①] 当然，伏尔泰当时言高却并不寡合，有不少同道。因为如他一样，魁奈等也在对中国大加赞颂。

当然，对于中国传递出来的新精神和中国丰富的文化，伏尔泰并不仅止于著书立说以为文化界的宣扬，他还热望欧洲君主和自己一道关注并热爱。然而，他向同时代的欧洲君主推荐中国并没有取得如文化界那样的效应和成就。

伏尔泰曾写信向叶卡特琳娜大加赞赏乾隆的开明，推荐中国的开明君主专制，但正在向亚洲扩张和清朝较劲的叶卡特琳娜却直截了当回信说乾隆只是鞑靼人，不是中国人，告诫伏尔泰不要因喜欢中国而犯常识性错误。从此，伏尔泰不再表扬乾隆。

伏尔泰也曾向腓特烈二世推荐中国，希冀腓特烈二世仿效中国实行开明政治。不过，和向叶卡特琳娜推荐中国一样，最终也以没有结果告终。1770 年，伏尔泰把自己对乾隆御制《盛京赞》（*Éloge de Moukden*）所作的一篇诗意小品文送呈腓特烈（Frederick the Great），文首恭维腓特烈多才多艺，世界周知。腓特烈答谢说：他也知道乾隆的那首诗；诗虽在欧洲人看来很新奇，但在北京一定会得到赞美的人。[②] 在 1776 年 1 月 10 日的信中，腓特烈认真地讨论了伏尔泰对中国的见解，说自己曾与自己的讲师包氏（Pauw）谈到伏尔泰的来函，但包氏好像更倾向于相信曾经久居中国的耶稣会会士巴多明关于中国的议论，而不相信足迹从未到过中国的伏尔泰。腓特烈赞成把关于中国之争听任两派各持主张的人去争辩，并认为中国皇帝并不怀疑欧洲总有一天会对其国家有明确的看法，以及从来没有到过北京的人最终会停止赞美中国。但腓特烈很快又承认，由于他每天处理欧洲事务，注意力限于欧洲事务，对于东方各国的礼俗非常无知；他所知道的不过是中国皇帝的几首劣诗，除非中国皇帝在北京有比中国皇帝本人更高明的诗人，否则谁也不会因为要读这种诗而去辛苦学它的文字，除非上天使中国产生一个像伏尔泰的天才，而他本人是不愿意对这些事操心的。[③] 1776 年 3 月 19 日，腓特烈又致函：“我将中国人连同印度人和鞑靼人一并交与先生和包君。欧洲各国已够使我忙了，这样可以不至于全然遗

① ［德］利奇温：《十八世纪中国与欧洲文化的接触》，朱杰勤译，第 69 页。

② Macaulay Babington, *Œuvres de Frédéric le Grand*, vol. 23, Berlin, 1983, p. 176.

③ Ibid., p. 365.

弃地球上这块最出色动人的部分。”① 在1776年4月8日的信中，腓特烈又提到他过去和包氏关于中国的谈话，他说他已看到伏尔泰赞美中国的用意所在：“你没有看见斐尼主教是在仿效塔西陀的先例吗？这位罗马的历史家，为了要鼓励国人的品德，乃举出我们的日耳曼祖先的忠诚和克己，作为一种模范；其实他们显然不值得我们所效法的。伏尔泰先生以同样的方式，向他境外的朋友不厌其烦地说：只有学习中国人的善行和像他们那样提倡农业，你将能看到你们波尔多的荒地与你们的香槟（Champagne），将由你双手的劳动而成为沃土和得到丰饶的收益。鉴于在中国的广大境内通行一种法律，你，我的国人，你不想在你的小国里仿效他们吗？”② 当然，我们知道伏尔泰这个时期向腓特烈推荐中国，失败是必然的。因为视伏尔泰为御用工具，早已与伏尔泰关系破裂势若水火的腓特烈，加以他有18世纪60年代初向乾隆提出通商被拒的挫折，自然不但不会听伏尔泰的任何建议，反而会借机更加揶揄伏尔泰。但这个时期对中国颇有的迷恋，希冀借鉴中国以改革欧洲的强烈愿望，却使伏尔泰一相情愿地对腓特烈生出了改革的幻想和希望，有了以上不明智之举。回应也自然是无济于事的。

由上可见，伏尔泰意在欧洲君主面前兜售以中国教化欧洲，救治欧洲的弊病，无疑并不成功。其实双方思考问题的出发点与角度，以及身份的不一样，就已注定了以上的结局。欧洲君主们和中国来往多是为了经济利益，殖民需要，他们需要的是中国的财富，对中国本身并没有如尊古并崇敬中国的伏尔泰一样的热衷之心，当然也就无法全面了解中国，更别谈学习借鉴。从政治利益出发以政治眼光看中国的欧洲君主们，与立足改革以学者、思想家眼光看中国的伏尔泰自然有很大区别。这正如伏尔泰所言：“在欧洲的君主们以及那些使君主们富裕起来的巨商们看来，所有这些地理发现只有一个目的：找寻新的宝藏。哲学家们则在这些发现中，看到了一个精神和物质的新天地。”③ 当然，这些话语也可视作伏尔泰及哲学家们与欧洲君主接触后的相似感受。既然欧洲君主们目的只在追寻财富与殖民，那么伏尔泰就自己所见向欧洲君主的力荐中国，在欧洲君主看来就多

① Macaulay Babington, *Œuvres de Frédéric le Grand*, vol. 23, p. 372.

② Ibid., p. 377.

③ ［法］伏尔泰：《风俗论》下册，第17页。

少有点不加辨别地推崇中国的嫌疑，也势必令欧洲君主们怀疑他的动机。不过，不管欧洲君主与伏尔泰之间关系如何，欧洲君主与伏尔泰从各自角度解读中国，提出的有关欧洲古今、东西问题，都是他们给今日人们考察东西方交流的重要史料。

故而，身份见解有别的欧洲君主与伏尔泰之间，就认识中国而言也就自然会有很大差距。同时，我们从中也可看出，除此之外，双方见解有别与伏尔泰没有到过中国也不无关系。

没有到过中国的伏尔泰，他对中国的感受均来自所闻所读。这些所闻所读不但有限，而且本身也许就存在误读，自然能令伏尔泰对中国的认识或片面或一知半解，或有所误读。这也成为时人指责伏尔泰中国观的口实之一。但有一点是可以肯定的，伏尔泰其实并非欧洲君主所认为的那样主张全盘中化，也并非完全为了使自己成为精神教主而进行游说，他更多的是想引进他认为中国有价值的内容来革除欧洲的弊病。他并没有漠视欧洲的进步，并为欧洲现有的成就骄傲，他自豪地夸赞自己生活的欧洲把过去失去的时间夺回了，自豪于布拉芒特和米开朗琪罗建造了罗马圣彼得大教堂，自豪于拉斐尔画了许多画，牛顿计算了无限大，高乃依、拉辛写了《西拿》、《阿达莉》，并欣喜于这些人的国家已成为地球上最先进的国家。①

不过，意图把中国作为良剂的伏尔泰，在认识中国的某些方面确实有过头的地方。比如多妻制，本是封建时代对妇女的一种身心摧残和奴役，伏尔泰却认为可以疗救欧洲婚外情之弊，有利于家庭稳定，其男权思想表现得相当明显，对女性也殊为不公。

又如伏尔泰笔下的雍正："这个皇帝名叫雍正，他对传教士们说了下面这样一番话，他们曾真实地把这些话记录在名为《耶稣会传教士关于中国的有益和奇异的信札》一书中：'如果我派遣一批和尚和喇嘛到你们国家去，你们会说什么呢？你们将怎么接待他们呢？如果你们已经欺骗了我的父亲，那么别想再欺骗我了。你们想让中国人采用你们的法律。我知道，你们的信仰容不得其他的信仰；这样一来，我们成了什么呢？成了你们君王的臣属。你们培养的门生只认识你们。一旦发生动乱，他们必将对你们唯命是从。我知道眼下是没有什么可担心的，但是当大批军舰驶来

① ［法］伏尔泰：《风俗论》下册，第16页。

时，就会出乱子。'转述这些话的耶稣会士和其他的教士们都承认这位皇帝是历代帝王中最贤明、最宽厚的一个。他一贯关心减轻穷人的疾苦，让他们劳动，他严格地遵守法律，抑制僧侣们的野心和诡计，保持国家的和平和富裕，奖励一切有益的技艺，特别是土地的耕作。在他的治下，所有的公共建筑、交通要道和联结这个大帝国各河流的运河都得到了维修，工程宏伟而又省钱。在这方面，只有古罗马人才比得上。"① 被伏尔泰描绘成圣君的雍正与雍正本人事实上是有距离的，并且伏尔泰说这句话是耶稣会士和其他传教士转述的。但我们知道，严禁天主教的雍正在来华传教士笔下是褒贬共存的，与伏尔泰所道出自传教士之口的中国历史上的最贤明最宽厚并非完全一致。那么，二者孰是孰非？我们只能从事实中找寻正确答案。从历史所载来看，无论是伏尔泰或来华传教士的过度褒赞，或来华传教士的深恶贬低，其实均非真实的雍正本人。之所以这样，是二者均带着目的与需要看待雍正的结果，是 18 世纪放眼看世界的欧洲全球化浪潮中异曲同工的两个分支而已，均服务于欧洲的全球化。因此，不光对雍正的态度，对整个中国的态度，伏尔泰与来华传教士也是区别颇大的。

当然，我们知道，基于与传教士不同的立场与态度，包括对雍正在内的中国态度，伏尔泰又未免夸赞过度了。不过，相对于当时大多数还看不到中国及其光辉的欧洲本土人来看，伏尔泰无疑又是对中国有深入了解的一位。如就中国宗教，伏尔泰所赞赏的中国人既谴责异教徒的迷信也谴责基督教的习惯做法的两点长处，② 恰好是来华传教士所猛烈抨击欲摧毁为快的；中国儒教从来没有受无稽神话的糟蹋，也没有为政教之争和内战所玷污，③ 也正是有着上述弊病的基督教应为之鉴借的，但来华传教士鲜有认识到这方面的，担当对他们纠弊救偏的任务也就落在了伏尔泰等启蒙思想家身上了。又如对认知中国应采取怎样的态度，伏尔泰无疑也是比较清醒的，非深谙者不能做到。他告诫大家既要避免如沃西乌斯全盘接受中国，也要避免如勒诺多无端看不起中国，横加诬蔑中国。④ 就这而言，无疑非常中肯。伏尔泰的这些矛盾正揭示出欧洲当时认识中国的普遍现

① ［法］伏尔泰：《风俗论》下册，第 516 页。
② ［法］伏尔泰：《风俗论》上册，第 255 页。
③ 同上。
④ 同上书，第 252 页。

象——理解与误读共生。

综观伏尔泰对中国的误读，可归纳为如下几类。首先是比附误读，以欧洲历史来反观中国历史。如将元朝灭亡归因于统治者荒淫无度，宠信喇嘛教。[①] 把元末农民起义归因于宗教纷争，说是皇帝宠信喇嘛教过度，引发和喇嘛教敌对的佛教和尚们受难，并很自然地将它和罗马、希腊作比，说罗马、希腊均不乏这等实例。他讲道："在罗马帝国，尤其是在希腊帝国，这样的例子不下20个。世界就是一个大舞台，同样的悲剧以不同的名称在舞台上演出。"[②] 在这里，伏尔泰把世界看成一个大舞台，无疑应和了他生活时代的欧洲放眼世界的浪潮。从这个角度而言，伏尔泰的中国观体现出全球视野。但伏尔泰这处的这个比附却是不恰当的。荒淫只是元亡的一个方面，元亡的根本原因在于政治制度、民族政策。伏尔泰没有到过中国，他的"文化断桥"使他很容易借用本文化中的相似体，在本民族的历史记忆中搜寻参照物进行比附释读。元末统治者的穷奢极欲使伏尔泰很容易联想到罗马帝国的因荒淫亡国。欧洲的宗教之争，则使伏尔泰因最终推翻元政权的朱元璋做过和尚的事实，很自然地把元末起义归结为和尚与喇嘛之间的战争。这正如维柯在论述人类心灵时所说："人对辽远的未知的事物，都往往根据已熟悉的近在手边的事物去进行判断。"[③] 这类误读在中外历史上均不乏这些事例，明永乐朝"麒麟入贡"便是一例。其时，非洲麻林国的长颈鹿被误读为中国文化中的祥瑞圣兽麒麟，随郑和"宝船"入华，帝御奉天门受之。[④]

其次是主观误读，即因认识主体而来的误读。这里又包含四个方面。其一是主体知识空白的误读，即主体没有某方面知识储备而引起的误读。如伏尔泰认为中国只有有史以来的历史，认为中国没有有关地球变迁、大洪水时代、大火灾的传说，并认为中国历史上确实有不存在这些传说的可能，因为中国的气候可使中国免受这些灾难。这误读是因为伏尔泰写作《风俗论》时，几乎没有传回欧洲的有关中国的上古史，欧洲对中国上古史几乎是一片空白，伏尔泰自然也不能例外。又如，伏尔泰认为中国只是

---

① ［法］伏尔泰:《风俗论》下册，第101页。

② 同上。

③ ［意］维柯:《新科学》，朱光潜译，商务印书馆1989年版，第99页。

④ 张廷玉等:《明史》卷326《麻林传》，第8453—8454页。

在最近才酿造葡萄酒，因为中国满足于用大米酿制的相当强烈的烧酒。[①]这显然也是一个误读，是伏尔泰不了解中国酿酒历史的表现。中国至少汉唐时就已经掌握酿葡萄酒的技术了。汉代有“汉使采蒲陶、苜蓿种归……益种蒲陶、苜蓿离官馆旁，极望焉”[②]、“宛以葡萄酿酒，富人藏酒万余石，久者十数年不败”[③] 等记载，到唐代“葡萄美酒夜光杯，欲饮琵琶马上催”[④] 的诗则说明葡萄酒已进入寻常百姓生活中。至于他笔下的“明英宗老老实实等着弟弟去世才恢复王位”、“明亡于奢侈”、“明最后一个皇帝是只有一个女儿的徽宗”、“清人是成吉思汗的后代”，等等，也说明了伏尔泰对中国历史的不了解。

其二是媒介误读，即媒介本身对信息的错误记载与误读带来的主体误读。中西交流的信息多是通过媒介传播的，媒介本身对信息的错误记载与误读，自然会造成阅读者的误读。这正如罗宾所言：“我认为，法国哲学家对中国知之甚少，他们在旅行家、商人，尤其是法国传教士提供的极少情报的基础上，建造了一个‘中国神话’。”[⑤] 伏尔泰有言道：“在内地生活过之后，我们对于中国人、日本人、暹罗人的风俗习惯和宗教就有了进一步的了解，相比之下，我们过去对于我们自己的边陲地区在野蛮时代的风俗习惯和宗教的了解还没有这么清楚。”[⑥] 伏尔泰所言很精辟，既道出了真切了解中国的途径，也肯定了传教士等传播文化的功绩。他本人没有到过中国，这是他的遗憾与软肋，也是他误读中国的源头之一。

其三是好恶误读，即因个人喜恶而来的误读。伏尔泰基于崇拜中国的主观误读也是不少的。他这样描绘中国的政治制度：“人类肯定想象不出一个比这更好的政府：一切都由一级从属一级的衙门来裁决，官员必须经过好几次严格的考试才被录用。在中国，这些衙门就是治理一切的机构。六部居于帝国各官府之首……在这种行政制度下，皇帝要实行专断是不可

---

① ［法］伏尔泰：《风俗论》上册，第 246 页。

② （汉）班固：《汉书》卷 96《西域传》，中华书局 1975 年版，第 3895 页。

③ （汉）司马迁：《史记》卷 123《大宛列传》，中华书局 1972 年版，第 3173 页。

④ （唐）王翰：《凉州词二首》，（清）彭定求编《全唐诗》第 3 册卷 156《王翰》，中华书局 1960 年版，第 1605 页。

⑤ 罗宾：《梦幻与现实之间：近代某些法国思想家头脑中的中国》，转引自程力田《法国启蒙思想家对中国的看法及中国对其影响》，《南平师专学报》1999 年第 1 期，第 30 页。

⑥ ［法］伏尔泰：《风俗论》下册，第 20 页。

能的。"[①] "所以如果说曾经有过一个国家，在那里人们的生命、名誉和财产受到法律保护，那就是中华帝国。执行这些法律的机构越多，行政系统就越不能专断。尽管有时君主可以滥用职权加害于他所熟悉的少数人，但他无法滥用职权加害于他所不认识的、在法律保护下的大多数百姓。"[②]在伏尔泰笔下，中国完全是一种理想的开明政治制度。中国当时的制度被描绘得如此美好，是传教士等人没有传入欧洲相应的信息所致？其实不然。伏尔泰曾承认，旅行者们尤其是传教士们，传播回欧洲的中国政治制度信息是中国处处是专制制度。但是伏尔泰驳回了这些人的观点，他认为这些人是从表面现象判断中国的一切：看到一些人跪拜，便认为他们是奴隶，而接受人们跪拜的那个人必定是1.5亿人生命财产的绝对主宰，这里我们只需指出：在帝国最早时代，便允许人们在皇宫中的一张长桌上写下他们认为朝政中应受谴责的事……官府的意见从来具有法律的力量。[③] 在伏尔泰看来，民主才是专治表象下的中国的真实面目，并且民主在中国最早时代就开始了。传教士等传回欧洲的某些信息就这样被伏尔泰否定了。

其四是目的误读。如利玛窦口中的基督、上帝、天帝同一之类的误读就是有目的的误读，是为了让中国人接纳他们，遂改造自己的文化以适应中国文化，改造中国文化以就欧洲之需者，亦然。如哈察忒（Willia, Hatchett）与伏尔泰对马若瑟根据《赵氏孤儿》中国原本所译的《赵氏孤儿》[④] 随自己政治需要所做的文化移植，即为目的误读。伏尔泰《赵氏孤儿》救孤一节未变，但故事发生的时间由春秋的晋国变为元代，主人公则由屠岸贾、程婴、公孙杵臼、赵盾遗孤变为成吉思汗、宋大臣张惕、张惕妻伊达美、宋皇帝遗孤，故事的结局最后变为皆大欢喜——文明战胜了野蛮，宽容战胜了仇恨，冤仇化解，敌对双方握手言欢，成了朋友，共同建设新的家园。伏尔泰如此精心改编，旨在倡导儒家思想，希冀法国建立开明君主制，且旨在批驳卢梭的文明有碍进步论。为此，伏尔泰还大力宣扬《赵氏孤儿》是一篇宝贵的大作，它使人们了解中国精神，有甚于人

---

① ［法］伏尔泰：《风俗论》下册，第509页。

② 同上书，第510页。

③ ［法］伏尔泰：《风俗论》上册，第249—250页。

④ 1735年发表在杜赫德《中华帝国全志》上，1736年英国有英译本（*A Description the Empire of China and Chinese Tratary*，*Cave*），1736年年底有另一节译本瓦茨（Wattes）译本，1748年有德文本，1774年有俄文本。

们对这个大帝国所曾作和将作的一切陈述。[①] 伏尔泰的这种看法未免夸张，但体现了他为自己政治主张的良苦用心。梁启超也曾夸赞他“以诚恳之气，清高之思，美妙之文”[②]，能运他国文明新思想，移植于本国，来造福同胞的精神。

再次是因文化本位主义的误读，即为维护同一文化圈文化而来的对他种文化圈文化认知的偏颇。狄德罗曾言：“凡是未经毫无成见地考察过的，就是从来未经很好地考察过的。”[③] 了解异域文化，更是需要毫无成见，无条件放弃自己最珍视的偏见与私欲。[④] 但是无论是要求毫无成见考察事物的狄德罗，还是当时对异域文化兴趣浓厚的伏尔泰，均难以做到完全去除文化本位主义。这种文化本位主义其实从欧洲与中国互动之初就开始了。那些率先进入中国内地、讲中学西源的传教士们的误读，无疑就是典型的文化本位主义误读。他们在证明中西文化如出一辙的同时，更意在表明西方文化优胜于中国文化，中国文化应向西方文化靠拢。

伏尔泰也逃离不出文化本位主义。例如，他说：“悲剧《赵氏孤儿》是14世纪的作品，现在他们还作为最佳作品给我们。说实在的，那时欧洲的戏剧作品还更粗糙些，我们甚至刚刚认识戏剧艺术。我们的特点是不断完善，而中国人的特点是迄今为止停留在原来的水准。”[⑤] 在这里，伏尔泰显然认为中国至18世纪戏剧发展仍停留在元代水平。核之中国从元代以来戏剧发展的实际，伏尔泰此言是有谬误的。《赵氏孤儿》是元代戏剧，明代戏剧已经比元代发达多了。在明人眼中，汤显祖的《临川四梦》方为其时佳品，“惟《四梦记》，真堪压倒王、董，轹关、马”[⑥]。清代的戏剧艺术比明代更有发展，清代初期至18世纪，优秀戏剧是《桃花扇》等作品。伏尔泰将中国戏剧文化定位在元代，并以之而观清代的戏剧，显然有违常识。此外，将《赵氏孤儿》作为最佳作品介绍给欧洲的是来华

---

① 孟华：《伏尔泰与孔子》，新华出版社1993年版，第115、119页。

② 梁启超：《论学术之势力左右世界》，《饮冰室文集》第6卷，中华书局1989年影印本，第115页。

③ ［法］狄德罗：《哲学思想录》，［法］狄德罗《狄德罗哲学选集》，江天骥、陈修斋、王太庆译，商务印书馆1983年版，第17页。

④ ［法］摩莱里：《自然法典》，黄建华、姜亚洲译，商务印书馆2000年版，第11页。

⑤ ［法］伏尔泰：《风俗论》下册，第104页。

⑥ （明）汤显祖：《玉茗堂全集》序，明天启元年刻本。

传教士马若瑟而非中国人自己，而把《赵氏孤儿》改造推广的正是伏尔泰本人。他沉迷于马若瑟翻译的《赵氏孤儿》，于是改编《赵氏孤儿》并搬上了舞台。伏尔泰本人大力表彰发展戏剧，也是戏剧家，还曾为戏剧和卢梭大打笔仗。他一方面认为《赵氏孤儿》蕴涵的精神力量可以改造欧洲人及其思想政治，以之为佳作，迷恋之；一方面却拿它来抨击中国戏剧的落后。高智商的伏尔泰犯这有违逻辑的低级错误，显然别有深意。如果欧洲戏剧落后于中国，自己作为戏剧界领军人物，难辞其咎，所以伏尔泰势必为维护欧洲戏剧形象而出手，突出中国戏剧发展滞后，夸赞欧洲戏剧的后来居上。这正是文化本位主义作祟的表现。

最后是复合型误读，以上各类误读时或融之。伏尔泰对中日关系的误读即为这类。伏尔泰说日本人似乎是土生土长的，他们的法律、宗教信仰、风俗习惯、语言与中国相比，毫无相同的地方；至于中国，伏尔泰认为中国好像本来就独自生存，只是到了很晚的时候才从其他民族汲取了某些东西。[①] 但事实是，日本举凡服饰、文化、政治长期受中国影响，这是中日之间无人不晓的，但伏尔泰却认为日本和中国一无相似之处，可见他根本不了解中日之间一衣带水的关系。

至于伏尔泰谈中日关系中所言及的“其他民族”，可以从两个层面来解读，一是中国内部汉民族以外的各少数民族，在伏尔泰时期欧洲人的认知体系中，中国为汉民族的代言词；二是中国界域之外的世界各民族。

就中国内部而言，各民族之间的互动从上古就开始了。伏尔泰确定下中国好像本来就独自生存，只是到了很晚的时候才从其他民族汲取了某些东西的论断时，尚未有人系统将二十二史翻译到西方，直到18世纪下半叶，《通鉴纲目》的出版才“向西方首次系统的介绍了中国通史的知识”[②]。因此，可以推断的是，伏尔泰这类言论是他从传回欧洲的介绍中国的书籍中，或者从与他交往的传教士那里，仅仅了解到中国较晚时期内部民族间互动的结果。因此，在不知道中国上古史的伏尔泰看来，中国内部早期各民族间自然缺乏互动，只能独自生存。这是知识空白的误读。

就中国与世界各民族互动而言，伏尔泰认为很晚才开始。伏尔泰的这

---

① ［法］伏尔泰:《风俗论》下册，第16页。

② 张芝联:《中法文化交流》，载周一良主编《中外文化交流史》，河南人民出版社1987年版，第53页。

个“很晚”，时限应是16—18世纪这个时期，即中国与西方各民族正面大规模互动的时期。这认识的得出，应与伏尔泰认识中国内部各民族互动一样，是伏尔泰从传回欧洲的介绍中国的书籍以及与传教士交往中得来的。由伏尔泰认知中国的两个途径可知，中国与西方互动，从西方认知层面上来看，确实很晚。不过，西方自己虽然认知中国很晚，但并不代表中国也与西方同步，很晚才认知他们。事实上，中国与世界各国的交往早就开始了。早在《山海经》时代，就有中国对域外世界的探索。汉时张骞凿通西域，有了葡萄、苜蓿、石榴和胡桃等移植中国。唐时有新罗、日本、阿拉伯帝国、大秦等国纷纷遣使来华，来华国外人士有的甚至留居中国，终老不归。在唐代，中国基本确立和完善了一种“在古代世界东方独自生成、自成体系的古典外交制度”①。地跨欧亚非的元朝，国门大开，各文明各民族互动也颇频繁。明朝的郑和七下西洋，历经印度洋、波斯湾、红海和阿拉伯海沿岸，最远到达非洲东海岸，遍访亚、非30多个国家和地区。马欢《纪行诗》描其盛况道：“皇华使者承天敕，宣布纶音往夷域。鲸州吼浪泛沧溟，远涉洪涛渺无极。”以上中外各文明各民族互动的事实，各史书域外志、法显《佛国记》、玄奘《大唐西域记》、汪大渊《岛夷志略》，以及费信《星槎胜览》等均记录书写下来，成为中国与世界各国民族互动很早就已存在的明证。

既然伏尔泰眼里的中国和其他民族接触很晚，那么在他看来在这之前的中国当然就只能是独自生存。再按伏尔泰这逻辑，那么中日之间也只有在中国与其他民族接触后才会有互动，因此中日接触也当在他所言的“很晚”的16—18世纪的时期，但事实仍然是中日渊源由来已久。翻开伏尔泰《风俗论》也可以发现伏尔泰的这种自相矛盾。在《风俗论》中，伏尔泰在论说中日毫无共同地方之前，其实就说过中日有联系，如他认为马可·波罗在中国元代居住期间就得到过日本的信息。②就这而言，至少中国在元初就与日本互动了，不然作为外国人的马可·波罗何以能知道日本的存在。所以在中日互动上，以及中国与其他民族互动上，伏尔泰陷入了自相矛盾。究其原因，信息不畅、知识空白等因素是客观存在的，但他的文化本位主义也应负有不可推卸的责任。在中外互动史的介绍上，传教

① 黎虎：《汉唐外交制度史》前言，兰州大学出版社1998年版，第11页。

② ［法］伏尔泰：《风俗论》下册，第11页。

士等强调中国故步自封，着眼中国因“夷夏之防”、“天下自大”之类的正统观念拒斥外来文化的一面，正好切合为欧洲落后居上而自豪的伏尔泰的口味，从其根本而言还是维护欧洲文化的伏尔泰自然也就找到了所谓中国落后的根源。

（2）狄德罗中国观

对于世界知识，尤其是欧洲之外传来的文化，狄德罗确如他在自己所编《百科全书》中所宣言的一样，避免了如同时代的大多数人的盲从与狂热，显示出了哲学家的冷静与辩证。因此，当欧洲无论是贵胄还是平民均在崇拜中国文物制度之际，狄德罗无疑是其中比较清醒的一个。

以耶稣会士1760年被驱逐出法国为界，法国知识精英们在这之前无法摆脱关注宗教，对中国宗教与基督教的关系，中国编年史与《圣经》编年史的关系，常常是讨论的焦点。这个时期，耶稣会士对中国的友善见解是处于优势地位的。沉迷于开明君主专政的法国，与它专制相似却政权稳定、国家富庶的中国自然成为了它借鉴的对象，也普遍接受了对中国的友善。

1750年前后，狄德罗虽然由自然神论转为无神论，但他关注焦点和众人一样还是在宗教上，也并未来得及对中国的政治制度和道德伦理深入研究。不过，虽然他也在众人一片叫好声中首肯中国的政治制度和伦理道德，但他一贯的怀疑主义姿态却令他大多时候采取了比较中立的态度。他的“中国”条在其《百科全书》1753年11月第3版中，其中不难看出狄德罗很大部分是在解析时下法国对中国的流行看法。在“中国”条中，狄德罗明确指出，悠久历史、高尚精神、精湛艺术、出众才智、清明政治，以及哲学素养造就了中华民族优于其他民族，且这些优点甚至可以和欧洲文明最发达的国家相媲美。但狄德罗又立马申明这不代表自己的观点，是自己在表述某些人的看法。可见，对于中国，此时的狄德罗还没有形成自己的中国观，尚停留在表述时下流行中国观且有所保留的地步，并未如伏尔泰那样推崇中国。不过，此时的狄德罗对中国的政治制度和道德伦理还是赞美的，所以他致力于阐述道德哲学优于基督教，赞扬中国哲学，以及孔子的实践伦理。此外，这条也意在为他的《百科全书》破除迷信、宣扬科技艺术服务，因此狄德罗并不隐瞒中国的偶像崇拜，也得出中国的艺术和科学落后的结论。在这里所有的中国艺术和科学落后的观点，狄德罗终身未改变。此后30年时间里狄德罗没有关于中国的重要作品问世，主要在搜集资料使自己对中国的认识逐渐具体化。[①]

有学者研究，这个时期的狄德罗也如多数法人一样，把中国当成一种假设人们已很熟稔的标志或象征来提及。1746—1747 年间写就的《怀疑论者的漫步》的《荆棘林荫道》一篇的第三十五节：《旧约》是“由一个老牧羊人精心执笔，约写于中国纪年 45、317 年”[②]。当时，中国编年史问题成为攻击《圣经》的重磅炸弹，但狄德罗并未如伏尔泰认真利用中国纪年打击《圣经》的意图，也无正式谈中国纪年的打算，只是把当时的这个热门话题信手拈来，以增强一点时事性和时尚性。《鲜花林荫道》第十一节，讽刺法国有闲阶层的无聊生活。他们把“中国的奇丑男人”和帽子、长袍、克林塞斯特德的裸体、撒克逊的大碗、屠夫的出尔反尔的女人、某人的小饰物或盒子等用来打发时光。有学者指出，中国男人的长相，从葡萄牙的旅行者到耶稣会会士都不曾给予好评，后成为欧洲人的普遍观念。[③] 因此，中国的一些问题在狄德罗的意识中，或者在狄德罗所认为的法国人的日常生活中始终占有一席之位。

不过，对中国的中立态度，对中国的政治制度和道德伦理的赞美，到耶稣会士被驱逐出法国后，狄德罗开始转变了。

耶稣会士被驱逐出法国后，法国知识精英们开始从烦琐的宗教思考与论争中脱身，把更多的精力投向国家大政等问题，集中思考政治制度。在这形势下，法国知识界对自己向来以之为改造法国蓝本的中国也就有了较全面深入的客观的观察和思考。加以 18 世纪末叶，经济政策上的考虑也影响到对华的一切关系，并在很大程度上促发了本就日益增长的憎恶中国的情绪。[④] 故而，随着耶稣会被禁止，教会有关中国报告的真实性更是被质疑。

这个时期，中国问题也成为霍尔巴赫的格朗瓦尔乡村别墅沙龙的主题之一，狄德罗是这个时期常来霍尔巴赫格朗瓦尔乡村别墅消夏的客人之一。狄德罗在这里对中国问题耳濡目染，加以朋友霍尔巴赫、格里姆对中

---

① 张国刚、吴莉苇：《启蒙时代欧洲的中国观 一个历史的巡礼与反思》，上海古籍出版社 2006 年版，第 296—297 页。

② ［法］狄德罗：《怀疑论者的漫步》，载狄德罗《狄德罗文选》，陈修斋、张冠尧译，三联书店出版社 1989 年版，第 86 页。

③ 同上书，第 350—351 页。

④ ［德］利奇温：《十八世纪中国与欧洲文化的接触》，朱杰勤译，第 18 页。

国批评，以及自己从宗教问题和论争中抽身，自己的中国观也就不再是中立地总结时下的风格，而是渐渐清晰起来，使自己结合对重农主义和开明专制的反对情绪，形成了自己的中国观。

狄德罗认为中国被时人神话了，国家的发展是有规律性的，中国无一例外。中国的专制带来的是对文化、科学与艺术的摧残，专制体制下的中国人缺乏个性。他给苏菲·瓦朗（Sophie Volland）的信中就明确表达出对国家发展的例外性表示怀疑，指责中国皇帝损害文化、迫害学者，并在诋毁中国艺术之外，又增加了对中国人的一项新批评：谴责中国人太过温和冷静。因为狄德罗本人崇尚个性。[①]

在为雷纳尔（Guillaume-Thomas Raynal）的《两个印度的历史》（1772 年第 1 版，1774 年与 1781 年两次再版）写的片段中，狄德罗认为人口过多是中国一切的根源。正是为了解决人口过多的问题，中国以农为本，中国人不得不勤劳；也正是人口过多，中国饥荒频仍，因饥荒而溺婴、科学艺术不能进步、普遍腐败、揭竿而起，均是中国封建朝廷的恶性循环，是中国封建朝廷无从根治的弊病。中国的土地不属于农民，土地属于农民的主人，中国农民只有耕种权。在家长制掩盖下，中国人无条件服从君主专政，但家长制不过是暴政的幌子，在家长制下的中国是不会有圣洁皇帝的。宇宙法则适用于地球每个角落，不存在例外的国家或个人。狄德罗为雷纳尔写的片段意在摧毁中国特殊性的理论，把中国变为希望的最后避风港的哲学乐观主义，反对贬低自己国家和习俗而赞扬中国者。[②] 诚然，要求自己的国家人民清楚认识自己，不妄自菲薄，出发点本无可厚非，但认为中国人只是为生存而劳动，因此中国人的勤劳，根本不值得赞扬，狄德罗就与自己国家的人民一样犯了同等的错误，在不妄自菲薄的同时却菲薄了他国，这是狄德罗中国观念中的一个偏颇。同样，1774 年《驳爱尔维修》（*Réfutation d'Helvétius*）斥责对征服一个像中国那样人口过密的国家，这个国家将成功地驯服它的征服者观点，也是偏激的。从中国古代各朝历史看，少数民族入主中原，与汉民族互动，接受汉民族先进文化，互通有无，优劣互补，民族融合是必然的。当然，能认识到中国土地私有，农民不是土地的主人，却是很有见地的。

① 转引自张国刚、吴莉苇《启蒙时代欧洲的中国观：一个历史的巡礼与反思》，第 297 页。

② 张国刚、吴莉苇：《启蒙时代欧洲的中国观：一个历史的巡礼与反思》，第 299 页。

如果要追寻狄德罗所有哲思的源泉，我们有必要知道 1784 年 7 月 30 日他的临终遗言。这天，他在家中的桌边突然逝世，他女儿听到他讲的最后一句话是，“怀疑是向哲学迈出的第一步”，正是这个怀疑使他勇于思考一切，对中国做出自己的思考。

（3）卢梭中国观

对于中国，卢梭不如伏尔泰那样崇拜。但在对中国认识上，可以说卢梭其他行事言说怪癖而偏执，于此却显得相当理性，辩证而有逻辑。

对于中国，他要求对中国不夸大宣传，要实事求是，不要有好恶有目的地去认识。因此，他不赞成“百科全书派”大多数成员对中国等欧洲之外的世界抱着目的去认识。他说：“假定有那么一个孟德斯鸠、一个布丰、一个狄德罗、一个杜克洛、一个达朗贝尔、一个孔狄亚克或另外一些有同样素养的人，为了教育他们的同胞而去周游世界，按他们各自的方式观察和描写土耳其、埃及、巴巴利地区、摩洛哥帝国……中国、鞑靼尤其是日本，然后是另一个半球的墨西哥、秘鲁、智利、麦哲伦海峡沿岸……假定新的海格立斯从他们难以忘怀的长途旅行归来之后，能气定心闲地从容执笔，把他们旅途的所见所闻撰写成一部道德的和政治的博物志，我们就可以看到一个崭新的世界从他们的笔下涌现出来，并使我们学习如何认识我们自己的世界；我认为，当这样的观察家断定某种动物是人，某种动物是兽的时候，我们是可以相信他们的断定的。但是，对于那些粗枝大叶、走马观花的观察家的论断，如果我们也照样相信的话，那就未免太天真了。对于这样的观察家，我们不妨有时候将他们一军，拿他们就某些动物提出的问题去反问他们。”① 也就是说他要求认识包括中国在内的欧洲之外的世界的时候，不要设定框架，服务于自己的需要。因此，他也能认识到世界各国要互相尊重，尊重他国的习俗，这样世界才会安宁与和谐。正如欧洲人想把教义传到野蛮人地区，而野蛮人虽然皈依了教会，但习俗却依然没有改变。在《论人与人之间不平等的起因和基础》中，他就这做了精辟的分析，他说：“这是一件非常值得注意的事情：多年来，欧洲人花了许多力气想使世界上其他地区的野蛮人采取欧洲人的生活方式，可是，尽管他们借助了教会的力量，却一个成功的例子也没有：因为，我们的传教士虽然有时候使

① ［法］让·雅克·卢梭：《论人与人之间不平等的起因和基础》，李平沤译，第 147 页。

一些野蛮人皈依了基督教，但从来没有成功地使他们成为文明人。没有任何办法克服他们对我们的习俗和生活方式的极端厌恶。我们在许许多多书中看到法国人和其他欧洲人自愿隐遁到那些野蛮民族当中的故事：自愿在他们当中度过一生，而不愿意抛弃那种非常奇怪的生活方式；我们甚至看到一些聪慧的传教士非常留恋他们在那些备受轻视的人当中度过的无忧无虑的安谧的日子：请问，如果那些野蛮人真的像我们认为的那样不幸，他们怎么会如此之不知好歹，始终拒绝学我们的文明样子或者逐渐学习在我们当中幸福地生活呢？如果有人回答说这是因为他们还没有足够的智慧来判断他们的生活状况与我们的生活状况之间的差别，我将回答他们说：对幸福的判断，是一件从理性的角度少于从感情的角度考虑的事情。……野蛮人理解我们生活方式的乐趣固然很难，但是，要我们理解他们生活方式的乐趣，那就更难了。"① 西方人的文明，野蛮人未必欣赏；野蛮人的质朴，文明人未必能接受，双方很难一致。倘若要和谐相处，那也就只有互相尊重，求同存异了。这也是卢梭想要表达的。

故而，只要符合卢梭的理想，卢梭也不吝夸赞中国。不过，他夸赞的是他认可的具体的制度，而非不加辨析全盘接受，盲目崇拜。在《论政治经济学》中，他认为普遍意愿最公平合理。如果普遍意愿太明显被轻视，会自动爆发出各种问题，最后政府也不得不出面解决。中国就提供了这方面的例子。在中国，皇帝的座右铭是每场官民争议中务须支持人民。他们知道，如果官民之争中偏袒了官方，人民忍无可忍时，会自动起来反抗，改善自己的生存条件。因此，在税收方面，中国税虽然比较重，但缴税情况比世界其他地区好。中国一贯实行消费税。中国商人不用缴税，购买者缴税，购买者不会不满，大米和谷物这些作为生活必需品的商品是绝对免税的。税负只落在消费奢侈品的富裕者身上，普通群众没有受压迫。政府注意确保个人免受非法利润的引诱，也就不需要规定那么多防止走私的措施，减轻了管理负担。中国政府之所以注意保障中国普通民众的普遍要求，因为这些要求最公平合理，这样双方就会达到和谐共处，统治稳定。

此外，格里姆等也对中国做出了认识。格里姆质疑中国，他认为在自

① ［法］让·雅克·卢梭：《论人与人之间不平等的起因和基础》，李平沤译，第156页。

己的时代里，中国已经成为特殊注意和研究的对象。传教士的报告，推崇备至地描写远方的中国，先入为主地让公众为之神往。因为远隔重洋，人们也无从反证这些报告的虚谬。接着，哲学家从中利用所有对他们有用的材料，用来攻击和改造他们看到的本国的各种弊害。因此，在短期内，这个国家就成为智慧、道德及纯正宗教的产生地，它的政体是最悠久而最可能完善的；它的道德是世界上最高尚而完美的；它的法律、政治，它的艺术实业，都同样可以作为世界各国的模范。英国安孙提督（Captatin Anson）认为格里姆是第一个纠正欧洲对中国官僚政府恭维过当的观念的人。

由伏尔泰、狄德罗、卢梭、格里姆中国观可见，18 世纪“中国热”，在推崇为主的观念下，还存在其他不同声音，亦即“中国热”其实是多种多样的。这些中国观，有的对中国不足的认识也不乏深刻睿智，有利于欧洲正确认知中国。然而，有的因文化本位主义等也难免错误认知中国。故而，就这段历史，我们要辩证客观对待它。

2. 欧洲人认知中国的另类——以《福尔摩沙变形记》为例

从前面章节所述，我们知道，中西之间第一次大规模正式深入接触之前，即 16 世纪末之前，中西之间偶或有人进入了他者领地，因为不能深入其里，加以那个时期的人们还不能达到完全客观认知世界，故而他们带给各自的他者认知的游记、札记、报告等，神异成分颇多，而借助这些游记、札记、报告等，第二次认知他者的，则既是一次大杂烩，又是一次以讹传讹，还是一次张冠李戴，但正误兼杂。这等现象到正式深入其里接触一段时间后，想象虚构臆测成分减少客观成分方占据上风，然而误读也并没有完全消除殆尽。毕竟即使这次深入接触，也只是以传教士为主体的人群的带有主观目的的深入。而 16 世纪末以来到 18 世纪初期这段时间，经过西方传教士深入中国腹地的认知并阐释，虽然以往的中西认知并没有完全褪去，但深入中国后的认知传回欧洲已经一段时间，欧洲开始形成“中国热”。当然，传教士的论说也难免全部正确，但没有到过中国的欧洲人认知中国却必然借助这些著述，加以主观臆测想象虚构，必然也就难免神异，或东拼西凑。不过无论怎样，新时期特征已经显现出来。

具体而言，18 世纪初期的欧洲，除传教士著书立说介绍中国外，还有不少其他人士的著述如前面的“百科全书派”们也在讲述自己眼中的中国，他们中的大多数根本没有到过中国。因此，他们眼中的中国距离真实的中国同样是有一定差距的。当然，这批人当中也有像上述伏尔泰等，虽然没有到过中国，仅凭他者著述或耳闻所得论述中国，不免误读，但凭借他们的博识睿智与鉴别能力，也不乏认识深刻之处。并且他们对中国的精心阐释，确实为当时的欧洲带来了新风。当然，并非所有介绍中国者均像伏尔泰等没有到中国却能大体论说中国，并不至于差谬到以致有河汉之隔。他们中还有实为东拼西凑却以第一人称手法叙述中国的经历，而被欧洲广为接受，大加赞赏者。更甚的是，还有号称自己的著作是自己在讲述自己的故土者。《福尔摩沙变形记》即为这等典型例子。这个作者自称的故土福岛就是当今中国的台湾，也就是说《福尔摩沙变形记》的作者撒玛纳札（George Psalmanaazaar，1679—1763）自称自己是台湾原住民。

当然，这个撒玛纳札台湾原住民又怎么会到欧洲著述了这本大作，《福尔摩沙变形记》并没有忘记交代这个重要关节。在这本书的第二卷中，专门有一节讲自己旅欧情况。原来他是被自己家的耶稣会士家庭教师所骗，抱着认知世界的理想离开本土后逃离耶稣会会士的魔掌，辗转于欧洲大陆，后来遇到英国圣公会教士，真正领悟到基督要义并随之到了英国，著下了这本书。1704 年第一次出版，1705 年又再版，在欧洲上流社会轰动一时。①抛开撒玛纳札本人是否确有其事，在这里，撒玛纳札确实揭示出了当时传教士深入到包括中国在内东亚传教发展信徒，并已走入一些上层家庭的事实。而且他对台湾的介绍，也一定程度上满足了当时欧洲人向外拓展的心理，并满足符合了当时欧洲人的台湾观，故虽有质疑却颇风光一时。

本书共分两卷，第一卷介绍台湾地理、历史、律法、宗教信仰、宗教节庆、斋戒日、节日仪典、祭司选任、日月星辰崇拜、礼拜姿势、生育礼仪、婚姻礼俗、殡葬礼俗、灵魂传世说、魔鬼崇拜、祭司的装束、社会礼仪习俗、福岛人的容貌体形、各阶层男女服饰、城乡建筑、矿产与工艺、度量与数字、一般迷信、疾病与医疗、邦主、总督与官吏的收入、农产作物、一般食品、饮食起居方式、常见牲畜、语言文字、水陆运输、通货币值、各式兵器、乐器与歌唱、儿童教育、学术工艺、钦命总督谒见日皇、基督教徒迫害之始末、荷兰人阴谋不轨、教士赴日计划；第二卷专门谈论宗教，由作者旅欧纪实，并述与耶稣会等教派人士会谈，暨皈依圣教的缘

① 翁佳音：《关于撒玛纳扎的台湾史伪书》，［法］撒玛纳札：《福尔摩沙变形记》，薛绚译，大塊文化出版股份有限公司 1996 年版，第 6 页。

由、论上帝的存在、上帝属性的概论、上帝属性的详论、上帝创造万物的目的、论上帝启示的必要、泛论宗教信仰、论基督教信仰与神迹证据、论基督教的宗旨、论应许与报偿、祸事与惩罚、基督教的其他证据、作者对基督教提出的质疑以及解答等部分组成。

不过，从《福尔摩沙变形记》第一卷介绍台湾风土人情物产、政治经济文化各方面内容看，虽也有真实成分，但实在不是一部确切的台湾纪实。就此，当时的欧洲人就已经在诸如台湾是中国的领土还是日本属国、祭祀所用孩童数量不符合常理等方面质疑这部书的真实性，并与作者有过一番笔墨之争。确如欧洲人所疑惑的一样，只要稍微有点台湾的常识，就能知道这本书所述的台湾在1450年明景泰年间就有自己的编年史，据这编年史记载，台湾自古以来为君主制。台湾1504年被鞑靼皇帝征服，后来鞑靼统治暴虐，强迫台湾人改信其他宗教，台湾人反抗赶走了鞑靼。这之后，荷兰人、英国人与中国人先后到台湾贸易。中国人侵占台湾失败、荷兰人只能在本岛之外的小岛筑城贸易，到1652年左右终于被日本皇帝莫里安大奴（Meryaandanoo）用诈计征服，成为日本属国，根本就是有其影无其实的台湾历史。

我们知道，中国的蒙古人、满族人均被欧洲人称为鞑靼人。但是蒙古人1504年已经退回草原很久了，怎么有能力横穿明朝所辖的大陆去侵略并占领台湾70多年。事实是，台湾属于蒙古人建立的元朝应该在13世纪，当时台湾隶属于澎湖巡检司。而清朝人收复台湾是1683年。并且这两个少数民族建立的两个中国历史上的统一国家总体而言都不限制宗教信仰。清朝从康熙末期开始部分禁天主教，那是欧洲不尊重中国传统与习俗，以及中欧之间沟通不够的结果。自康熙收复台湾之后，台湾一直属于中国的领土，到甲午战争方被日本割走。至于台湾与荷兰人等欧洲国家的关系，据史载则是，1632年荷兰人筑城澎湖。1661年郑成功进驻台湾，驱逐荷兰人，同年他的父亲郑芝龙及留在大陆的亲人全被杀。这些史实，但凡稍微了解台湾的就知道，一个自称原住民所道出的史实竟然张冠李戴，难怪大家会质疑他的书及其原住民身份。

那么撒玛纳札为什么会犯这些常识性错误，揭开现象看本质，其实是当时欧洲本土认知中国的普遍问题。于此，我们不妨一究。首先我们来看看与他所述台湾属于日本的错误内容相关的真实史实：郑成功的母亲是日本人，郑芝龙曾经称雄海上，在日本起事失败，后接受明朝委任出任地方要员，降清后因招降儿子郑成功不成全家被杀。郑芝龙曾置办苏、杭细软贩卖到各国，打败了欲断绝他与葡萄牙人、西班牙人贸易并垄断海上贸易的荷兰人，控制着东亚海上交通及贸易霸权，史称："我朝严禁通洋，片板不得入海，而商贾垄断，厚赂守口官兵，潜通郑氏，以达厦门，然后通贩各国。凡中国各货，海外皆仰资郑氏。于是通洋之利，惟郑氏独操之，财用益饶。"[①] 后来虽然郑芝龙被清所杀，但他海上的事业被他的儿子郑成功继承了下来，郑氏家族牢牢控制着东亚海上的制海权，垄断了海上贸易，继续称雄海上，一直到清收复台湾。因此之故，当时的郑氏家族广为欧洲来往商船所知，由此也知名欧洲本土。不过，因郑芝龙曾在日本待过及欲起事、郑成功为郑芝龙所娶日本妻子所生，且郑成功"集资百余万。别以四十万寄日本国，以备不虞"[②] 等和日本有关联的事实，传回欧洲的郑氏家族被一传再传就很可能被误传为日本家族。故而郑成功夺取台湾，就很容易被误认为是日本人入侵占领了台湾。至于《福尔摩沙变形记》指出台湾曾为鞑靼人拥有，这不假，但时间却是不对的。一是鞑靼人建立的元朝拥有台湾的时间是 13 世纪。另一是鞑靼人建立的清朝也拥有台湾，时间却是 17 世纪。所以 1504 年面对史实，就成了尴尬的数字，到底《福尔摩沙变形记》中所说鞑靼人拥有台湾，是指元朝拥有台湾或清朝拥有台湾？无以确定。只能说是都有他们的影子。还好，后来撒玛纳札又谈到台湾反对宗教压迫，于是方可稍确定是清朝，因为禁教的是清朝而非元朝。看来当时欧洲来华者是以切肤之痛感受过清廷严厉禁教的。这一切经这些传教士或旅行者等传入欧洲再传入作者耳中也是完全可能的。但正因为是一再转述，在台湾属于中国的时间上就不准确了。的确，一旦是传言，就难免张冠李戴。表现在著述上就是所记谬于史实，但却有相关人物及其事件的影子。这其实是欧洲人认知中国的一种并不罕见的现象，即比附误读。也就是说，当时欧洲人，大多并没有到过中国，仅仅凭借耳闻或阅读认知中国，加以有关介绍中国的知识并不全面，或本身就有错误，故而多一知半解，比附而成。令所述中国史实及其人物，大体有其影却无其实。

这种比附误读在《福尔摩沙变形记》中屡屡可见。比如描述台湾人

① （清）郁永河：《伪郑逸事》，清道光年间刻本，第 2 页 a。

② （清）夏琳：《闽海纪要》卷之下，清末抄本，第 11 页 a。

穿着打扮，像是在讲阿拉伯人，也像是在谈古罗马人的穿着服饰。我们不妨看几段描述，如“邦主穿短丝袍，束着考究的腰带。外面罩着敞襟的长袍，是名贵丝缎的，织有金银饰。一条巾饰从右肩披至腰侧，是绣金银的，象征他的尊贵地位。帽子上有一圈冠状装饰，后端垂巾长及地面，冠饰是镶宝石的。他不穿长裤，短袍还不到膝部……头发一如日本各邦式样，是短的，但胡须有拇指那么长”①。“邦主之妻的袍子缀有宝石，非常美丽。她不戴英国妇女的头巾，而是一种织金银丝的缎头饰，缀钻石，看来像王冠。头饰华丽，长袍有考究的锦绣，长及脚跟，袖口极宽，可垂到地面。袍上有披风，拖垂于背后。鞋袜和邦主穿得相仿，但鞋底有高跟。她蓄长发，垂在肩背上。袍子不宽，但有很多褶子，以华丽考究的腰带系着。”②“钦命总督（即原先的福岛国王）衣着亦华美。头戴一顶华丽的大帽子，上缀宝石，做工精细。蓄短发短须。领饰为黑丝的，绣有银饰。白色的丝质短袍系着考究的腰带，外罩宽大的敞襟长袍。右肩佩一条巾饰，斜垂至左腰侧。”③ 姑且不论其余，光是蓄短发短须，穿短袍外罩长袍右肩斜跨巾饰至腰侧，俨然就有古阿拉伯人或古罗马人服饰的影子。而福岛殡葬习俗按照《福尔摩沙变形记》所讲是去世的人身上要涂上油，灵车由大象拉，最后火化，倒更像是在讲印度人或埃及人殡葬习俗。

不过，虽然因比附误读令《福尔摩沙变形记》谬误甚多，但《福尔摩沙变形记》还是有值得称道的地方。在地理物产工艺方面，它的介绍不乏准确。如指出福岛盛产金银、香料，棉、麻、养蚕，采矿、丝织、刺绣、制瓷业发达。福岛人非常敬重有学问的人，却很轻视手艺工匠以及凭劳动力谋生的人，也一语见的。中国古老相传的儒家文化，令中国人崇尚知识，身为中国人的台湾人无疑也难例外。并且隋炀帝曾派兵入台也与史书所载相符。

又全书自始至终注意了比较各国情况。尤其以英国、日本和福岛相比，有全球的视野。如指出中国人有比较好的活字印刷术，但仍不如欧洲人的印刷术。日本和中国则是同样的印刷术。④ 同样的玻璃器在英国只卖

① ［法］撒玛纳札：《福尔摩沙变形记》，第 111—114 页。

② 同上书，第 114 页。

③ 同上。

④ 同上书，第 174 页。

两便士，在福岛可以卖到半个小判，甚至卖到一个小判金币。[①] 福岛人深信基督徒在日本阴谋杀异教徒事件不亚于英国人深信“火药阴谋”[②]。这个时期的欧洲，随着殖民事业的发展与深入，即使不能准确认知世界，但他们已经放眼看世界，产生出了全球观念，所以《福尔摩沙变形记》能够全书关注与福岛相关的他国及其与福岛相关的情况。

此外，谈及基督教在日本的成功和失败，《福尔摩沙变形记》也是很有见识的。他指出传教成功原因很多，但确实听说，最主要的原因，在于最初来日本的耶稣会会士讲教理能合乎常情，而且顾及日本人一般的观念和习俗。而耶稣会失败有三：一是他们在自以为立稳脚跟后开始宣布本来的教义，二是祭司们的妒恨，三是教士们出卖日本皇帝的阴谋被揭发。并得出结论，正是耶稣会陷基督教于不义。他们强迫信徒接纳教皇的错误观点，又阴谋杀尽不是基督教徒者，使基督教徒遭唾骂而蒙羞。[③] 当然，我们知道这其实是基督教的一场集体失败，并不能全部归罪于耶稣会。是整个教皇集团要求去除沙勿略的适应性传教策略，导致在其他国家传教的传教士干涉他国内政不尊重他国习俗而产生的必然被打击被驱逐的结果。不尊重他国习俗干涉他国内政，这在任何国家都行不通，也是任何国家都不能容忍的。并且，这里还要强调的是，撒玛纳札谈到在日传教士的失败之一为祭司们的妒恨。推而广之，这个原因，其实也是在他国的传教士不能和他国宗教和谐相处导致失败的共同表征。至于各国宗教如何和谐相处，其实也不仅仅是一个时代的命题，而是自有宗教开始，各个时代均面临的问题。如何解决这个问题，其实撒玛纳札已经指出，那就是互相尊重理解，求同存异。在这方面，撒玛纳札无疑非常清醒也非常高明。

那么，撒玛纳札怎么会有上述如此清醒高明的超出众人的见解？从《福尔摩沙变形记》第二卷谈教义教理，对什么是真正的基督教的深入思考，其中所体现出的作者站在圣公会立场对天主教、路德会、喀尔文的批判，对耶稣会的大加口诛笔伐，以及自称圣公会解救了自己并加入圣公会的事实，我们可以明确知道作者撒玛纳札就是对基督教有着较高造诣的虔诚的圣公会教徒，且是其中为数不多的明智者之一。而就《福尔摩沙变

① ［法］撒玛纳札：《福尔摩沙变形记》，第 175 页。

② 同上书，第 183 页。

③ 同上书，第 191 页。

形记》对具体教难事件的叙述，如同样见于耶稣会士传回欧洲的书简中的凡进入日本版图的基督教徒一律处死，并且规定外地人入日本境内时必须用践踏十字架、用手枪射十字架等方式，表现对十字架的不屑，借此来测验他们是否为基督教徒的言论，① 也可以得出作者是关注天主教及其发展动态的。关注天主教的他加以有较深的宗教造诣且明智，故而他能看到天主教的弊病得出疗救方法。因此，《福尔摩沙变形记》对于基督教及其教义的研究，也是挺有价值的。

然而，遗憾的是，作者并不承认台湾是中国的领土，而肯定地说台湾是日本的属国。不过，我们可以发现，他的这个立论，其实就在他立论的这本书中被攻破了。比如万般皆下品，唯有读书高的现象是中国原创而非日本习俗。又父母之命媒妁之言的婚姻，占卜解梦，灵魂转世，嫡长子继承制，无一不是中国的特色。

至于福尔摩沙何许人？从学者的研究成果中，我们已找到答案。撒玛纳札来自法国，一生从没有离开过欧洲，这个时代的欧洲主要注意力在中国本土，台湾地理位置虽然对欧洲价值不菲，但台湾本身很大程度上依然是众人聚焦的空白。因此这虚构之旅，从这个角度而言，是时代和他个人知识与认知的缺陷，我们不可苛责。至于他为何要勉为其难充满热情不惜冒认故土虚构这样一部伪史，我们也可以从他的时代出发去一窥究竟。18世纪初期是“中国热”的前夕，欧洲人跃跃欲试想在中国方面有自己的声音，何况撒玛纳札还是一虔诚的教徒，在欧洲全球殖民的浪潮中，自然更不甘落后。台湾重要特殊的位置，欧洲到东南亚或东亚的商船旅队，以及借道或到过台湾的传教士们是知道并有所传述的，但当时整个欧洲及其传教士的注意力在中国大陆，所以虽知台湾地理位置重要，但对台湾本身介绍却微乎其微，而作为虔诚的有见识的基督信徒的撒玛纳札，敏锐感知到了台湾殖民与传教的双重重要性，这在他的《福尔摩沙变形记》中有明显的体现。据他的《福尔摩沙变形记》所言，不论就地势的便利、空气的舒爽、土地的肥沃、溪流河川的奇美有益、金银矿产的丰富而论，都是亚洲最怡人优秀的岛屿之一。其他岛屿欠缺的优点本岛都具备，他岛的特长本岛也不缺，位于中国、日本、吕宋之间，② 地理位置尤其重要。故

① ［法］撒玛纳札：《福尔摩沙变形记》，第196页。

② 同上书，第48页。

而在他者纷纷论说中国本土的时候，他编述出了谬误百出但也能道出台湾独特地位与价值的《福尔摩沙变形记》。当然，也不能排除他另辟蹊径以求一举成名的企盼的嫌疑。确然，靠他者材料编述对中国的认知，也是当时欧洲的一种风尚。欧洲名流伏尔泰、杜赫德等都曾做过。只不过，他们与撒玛纳札之间有认知准确度的分别罢了。然而，撒玛纳札要承担的过责是，明明伪作，却强辩为真，撒玛纳札为自己的书辩白道："初听向所未闻之事物而指之为无稽之谈，此乃人之常情。"① 在这点上，任何人都无法为他开脱。

果然，这本书一出，深受欧洲上层社交界欢迎。首次出版两年后的1705年再版。曾在台湾待过离开台湾不到50年的荷兰也分别有法、荷译本问世。1705年阿姆斯特丹法译本出版，同年鹿特丹荷兰译本出版。1708年、1712年法文版再版，印行了五版，到19世纪仍然引起法国人注意。英国则印行了六版。1926年英国又重新排印，出版750部限定本。②在后人完全了解台湾后，这本书依然有它的市场，虽然各自重视目的不一，但至少肯定了它存在的价值。有学者认为"吾人把本书看成近代初期，欧洲人的台湾观也未尝不可。据此，台湾在当时的国际舞台上不只是美丽之岛，而且其政治还满多采多姿的"③。

（二）"百科全书派"的全球观

要更全面认识中西互动下"百科全书派"中国观，我们有必要认识"百科全书派"的全球观，因为"中国观"仅是他们全球观之一。

16世纪以来，欧洲开始睁眼看全球。在这里之所以说欧洲是睁眼看世界，是因为在16世纪以前欧洲的发展历程中，除了在与埃及、波斯、马其顿、元朝等亚非国家发生战争中，与亚非世界有所接触外，其余时间欧洲也是如中国一样自我发展，对外界知之甚少。当资产阶级发展需要促使他们开辟殖民地之际，他们才冲出了欧洲大陆，踏上他们眼中异教徒的土地。不过，这一迈步，展现在他们面前的却是一片广阔的，落后与先

---

① ［法］撒玛纳札：《福尔摩沙变形记》，薛绚译，第26页。

② 翁佳音：《关于撒玛纳札的台湾史伪书》，［法］撒玛纳札：《福尔摩沙变形记》，第6—7页。

③ 同上书，第11页。

进、机遇与风险并存的空间，增强了他们改造与征服的信心与决心，也带给了他们改造自己的借鉴与范本。欧洲本土的知识精英也积极应和这个浪潮，各抒心得，放眼看全球，成为这个浪潮中的诠释与评判成员。到18世纪，如欧洲知识精英的代表“百科全书派”学者“也感到了一种作为一个整体的西方文明的责任。因此，他们经常与国外的志同道合者培养友谊，保持联系，并经常亲自去拜访，具有国际视野一样，欧洲知识阶层纷纷身体力行，把自己对全球的所思所感著于文，发于声，要求重新以当时的全球视野阐释世界。这个浪潮达到了高峰，欧洲知识阶层的全球视野至此也完全形成了。

18世纪欧洲知识精英看全球的浪潮与19世纪中国知识精英放眼看全球很相似，他们超越了对某个社会的研究，而及于全球各地区、各民族及其互动带来的影响和结果，以及不同社会中对人们之间交流有促进作用的网络和结构。也就是说，19世纪欧洲知识社会亦即精英阶层是有全球观念的，只是他们肩负改革的时代重任，没有来得及上升到理论高度。这个时期的西方，各类主义纷至沓来。就中西互动而言，或以中学为本，或以西学为本，中国中心、西方中心者各自为阵，热闹一时，只有为数不多的人在辩证看待中西互动。而19世纪的中国看全球也是有如国粹国康、全盘西化等各类主义流行，辩证看待全球者也为数不多。不过，18世纪欧洲知识精英看全球，虽有各类主义，如魁奈的“重农主义”、伏尔泰的“中国主义”①，与19世纪中国看全球的各类主义颇相似，但二者之间还是必然有别的。一则观察全球的主体迥别，一则18世纪与19世纪，中西之间反差很大。18世纪的中国尚处于世界领先地位，欧洲相对落后。欧洲正视自己的不足，敞开胸怀学习中国，当是欧洲强国之路之一。并且欧洲因为自己的相对落后，所以虽然也存有一定的欧洲中心主义，但并没有因此而贬低中国，反而表彰中国之声颇大。后来，随着欧洲逐渐强大，其“中心”意识才开始逐渐抬头，批评中国之声日盛。表现在教会领域，即是中国传教区被要求严格执行教会的各项规定，抛弃适应性传教策略，禁止中国教区允许中国教民偶像崇拜。当然，总体而言，整个西方知识精英

① 之所以称“中国主义”，是因为伏尔泰热衷并崇拜中国礼仪制度，并用它来救治法国的弊病。在当时欧洲“中国热”中，与伏尔泰响应者为数不少，形成了以伏尔泰为首、主张向中国学习借鉴、为这主张共同奋斗的群体，所以称他的思想为“中国主义”。

阶层还是在全方位看全球的，即使在“中国热”浪潮中，也不乏辩证看待问题者。19世纪，中国与西方的地位转换了。中国的落后挨打，令西方站在不平等的视角认识中国。整个西方以明显的优越感，看到了中国的种种陋习和弊端，西方中心主义甚嚣尘上。而19世纪的中国看全球与18世纪西方看全球相比，颇显急于求成，并局限于西方和日本，视野显得狭窄了些。当然，18、19世纪中西方放眼看全球的最一致之处就是当时对方均强于自己，向对方取长补短疗救自己之弊，均是中西方当时相同的目的。

不过，无论是18世纪还是19世纪，无论中西如何互动，整个中国“夷夏之防”、“天朝自大”的观念并没有因为中西角色与地位的转换而在中国消逝。即使在挨打之际，也依然如此。如咸丰时，英国还被称为夷匪。当英军借端生事，两广总督叶名琛，一味矜骄，毫无部署。当英军兵临城下时，叶名琛还“迷信乩语，谓不出一月总可了事”[①]，自大心态表露无遗。

当然，18世纪欧洲全球视野的形成也是具备条件的。自16世纪以来，随着殖民扩张，欧洲获得了较以往各时期均丰富的全球资料，开阔了视野和眼界。而欧洲与全球各地贸易的交往，带回的器物更激发了欧洲对全球的感性认识。如由意大利卫匡国《中国地图志》所言中国和欧洲的贸易“葡人每年由中国贩运至欧洲者，为绢1300箱，金块2200枚（每枚重10两），麝香800个以及珍珠、宝石、瓷器、砂糖等品”可以知道，随着每年中国众多物品的进入欧洲，欧洲当对中国更有切实之感，当更向往之。此外，欧洲能睁眼看全球，多半还得感谢传教士、旅行者、商人、使节们。正是这些传教士、旅行者、商人和使节，给欧洲人传回了欧洲之外世界的相关资料，使他们能有既惊讶于欧洲大陆之外的野蛮又艳羡于欧洲大陆之外的辉煌文明的机会。这一切，经过17世纪一个世纪的消化，终于在18世纪形成高潮。

1. 狄德罗的全球观

与自己的时代一致，同其他“百科全书派”成员一样，狄德罗也放眼看全球。

---

① 王云五编《续修四库全书提要》（6）史部第2册，商务印书馆1972年版，第213页。

（1）全球观下的宗教认知

16世纪以来开始放眼看世界的欧洲到18世纪以“一种崭新的好奇，单独地一个又一个观察事物而产生的崭新的快意，观察这些遥远的、古怪的、不同的事物和组成它们的方式”①，重新认知旧有的知识，梳理并改造它，以建立新的知识体系。在他们的时代，能带给他们全球观念的除了知识精英们的先知先觉外，就是传教士传回欧洲的他者认识。不过，无论是知识界的觉醒还是传教士的他者观念的传播，他们共同关注的焦点就是上帝。对俗世中人来说，冲破上帝的牢笼就可以达到世界的彼岸，揭开真实的世界面纱；对于传教士而言，他们努力要维护的上帝实际上却遮蔽了他们视野，阻碍了他们事业的发展。他们需要重新阐释世界才能重塑教会的形象，方可重振上帝的权威。所以18世纪认识全球的所有欧洲人，无论俗世或宗教，可以说都需要完成从宗教出发去认识全球。只有解决了宗教观念下的世界观人生观问题，才会打开真实世界的大门，继而超越民族和种族，关注全球各地区各民族的历史及其互动。而对宗教的思考，当时不仅俗世，而且教会也无疑必须站在全球的角度去思考。一则教会本就希冀自己的上帝是全球全人类的上帝；一则在欧洲开辟殖民地的浪潮中，宗教同样也需要冲出欧洲，而且它扮演的是举足轻重的先锋角色。

作为18世纪欧洲世俗中的一员，与同时代人一样，狄德罗思考世界，也无法绕过宗教。在哲学思辨中，狄德罗神思广阔，全球任他探索。他的宗教并不针对某一类宗教，也并不针对某个人或某一国家，而是从全球的角度认识，从全人类的得失思考，涵括出自己对全球各类宗教的思考，并及于各类宗教之间的联系，以及各自互动带来的影响和结果，也一定程度上为当时困扰世界各国的宗教纷争及纷繁复杂的宗教问题提出了解决之道与疗治之法。当然，这个宗教思考的过程也体现出那个时代的共同特征，即不满宗教，呼吁宗教理性与和谐，但却很难和它彻底决裂。

在世界观方面，狄德罗认为基督教所言上帝创造世界的说法，其实是一种妄想。他认为即使上帝不存在，也不会引起任何人的恐怖感

① ［法］格勒蒂塞（Bernard. Groethuysen）：《法国革命的哲学》，伽利玛出版社1996年版，第107页。

觉。至于为宗教而戒除情感，如野兽般生活，甚至以居于圆柱上来成就自己虔诚的基督徒的信念。在这个需要情感的世界，无疑有违自然，有违人性，是一种摧残，偏执而狭隘。由此可见，虽然狄德罗要求自己不以自己好恶来判断是非，但对于宗教，狄德罗还是随自己好恶来品评宗教。不过，他的品评无疑是正确的，他发出的声音代表了全球、全人类对宗教的要求，要求宗教去除偏执与狭隘，因此他的好恶也是公正客观的。

当然，狄德罗并不仅仅站在全球立场认识基督教，他同样用这放眼世界其余宗教，并加以了比较认知。像基督教的缺陷，他指出在其他宗教中也可见。他说，假如一个人在麦加，跑去侮辱了穆罕默德的遗骸，推翻了穆罕默德的祭台，扰乱了清真寺，那么这个人一定会被处以长棍贯体的刑罚，也许不会被封为圣者。① 伊斯兰教与基督教同样偏执狭隘。同时，他也认知到二者之所以均有一致的偏执与狭隘，那是因为它们都有类似的成长经历。那么如何去除二者的偏执与狭隘？从全球宗教和谐出发，狄德罗开的药方是在尊重理解基础上的理智与实事求是。在狄德罗看来，对待宗教，互相尊重理解，理智认知，就不会狂热，就不会偏执狭隘。如果能把《圣经》中的文章看作是先知、使徒和传福音者按照他们所了解那样写的；如果能容许把希伯来民族的历史看作是一种简单的人类心智的产物，那么对待摩西和他的那些后继者就不会和仅凭灵感写作的底德李维、萨鲁斯德、恺撒和约瑟一样。同理，也不会区别对待耶稣会士贝吕叶、摩西和置者会的。② 此外，狄德罗还指出，在宗教问题上应尊重事实，故而怀疑远不是不敬神的行为，而应当被看作好事情，因为怀疑是由于一个人谦卑地认识到自己的无知，并且是由于害怕误用理性以得罪上帝而产生的。③ 在这里，思考全球宗教的狄德罗其实为各宗教和谐相处提供了有效疗剂。然而，狄德罗救治全球宗教之弊的良剂彻底无效。因为理性在所有民族狂热于宗教时，几乎都等于零；互相尊重理解的实现也几乎等于零；怀疑更是被视为异端务必铲除殆尽。此时全球宗教的实情是为各自宗教粉饰而忘

① ［法］狄德罗：《狄德罗哲学选集·哲学思想录》，江天骥、陈修斋、王太庆译，第19页。

② 同上书，第23页。

③ ［法］狄德罗：《狄德罗哲学选集·哲学思想录增补》，江天骥、陈修斋、王太庆译，第36页。

却了真实，选择了奇异怪诞，选择了虚伪，根本无从谈尊重理解上的理智与求真求实。如基督徒在亚洲声称自己不信神，而伊斯兰教徒在欧洲，罗马天主教徒在伦敦，加尔文教徒在巴黎，冉森教徒在圣雅各路以上，莫利那教派在圣美达郊区以下都是不信神的，[①] 但他们却都有自己的上帝。因此，狄德罗说，那些包含着给他信仰根基的书本，同时也给了他不信的理由。而且这些书均是公共的军械库。在那里，他看到了全球宗教的纷争，如自然神论者武装起来反对无神论者，自然神论者又和犹太人作斗争，无神论者、自然神者和犹太人又联合起来反对基督徒，基督徒、犹太人、自然神论者和无神论者又跟伊斯兰教徒打架，无神论者、自然神论者、犹太人、伊斯兰教徒和基督教中的许多教派又对基督教群起而攻之，而怀疑论者又单独反对所有这一切。[②] 那么，面对世界各类宗教的自我言辞，以及互相之间的斗争，狄德罗应该相信什么？狄德罗自己确实难以回答。这也是当时全球面对宗教的尴尬。狄德罗放眼全球，以他的敏锐与睿智捕捉到了。

不过，宗教还是有令狄德罗欣喜的地方。从基督教的历史看，基督教的建立、巩固与发展也是基督教会的虔诚信徒们，一次次背弃为他们规定的节制和忍耐的结果。[③] 到狄德罗生活的时代，天启、奇迹、非常使命之类的时代也已经过去。倘若时下有人向人民宣告一种与占统治地位的宗教相冲突的教条，或某种违反公共治安的事实，就算他用一些奇迹证明了他是负有上帝使命的，政府也还是有权惩治他，而人民也有权喊着把他钉在十字架上。[④] 狄德罗欣喜于基督教在欧洲开始敞开心扉认知全球，欣喜于基督教在全球浪潮下的这个变化。既然基督教不是一成不变，也是屡经改革才走到今天，那么基督教就应该抛弃偏执，继续革新，以适应放眼看全球的欧洲的新变化。但基督教并没有完全与时俱进，虽然它最愚昧野蛮的一面已经发生了变化，但它的偏执与狭隘仍然是著称于世的。正因为他们的偏执与狭隘，他们很容易惊慌。如果他们一旦断定这一作品包含着某种和他们的观念相反的东西，那么作者必然等着受那些为他们散布过的，牵

① ［法］狄德罗：《狄德罗哲学选集·哲学思想录》，江天骥、陈修斋、王太庆译，第18页。

② 同上书，第34页。

③ 同上书，第21页。

④ 同上书，第20页。

涉到千百个比作者好的人的一切诽谤。[①] 基督教这样固执己见，是和时代背道而驰的。处于科学上一个大革命阶段的放眼全球的欧洲，必然要求基督教顺应它的发展，向它所要求的自由、民主与平等靠拢。

既然基督教有上述种种偏执，那么狄德罗自己是否因失望而彻底放弃基督教？答案应该是否定的。这就像狄德罗反对贵族统治但却始终优游其中一样，狄德罗对基督教也是如此。狄德罗曾自称“真心诚意地在证明上帝”[②]，并且他依然着眼全球来论证自己真心诚意证明上帝，他把自己和笛卡儿、蒙田、洛克、贝尔等作对比，指出自己不自诩比笛卡儿、蒙田、洛克和贝尔中大部分的人更诚实，也不自诩是更好的基督徒。但自己生在罗马的、使徒的天主教会之中，自己以自己全部的力量服从着它的决定，自己愿意死在自己祖先的宗教之中；自己相信它对任何一个从来没有和上帝有过任何直接交往，从来没有见过任何奇迹的人是不能再好的。狄德罗说，这就是自己的信仰的告白。但他立刻又指出，几乎可以确定教会对自己的这个告白是不会满意的。在教会看来，这只是狄德罗迷惑教会的一个幌子。[③] 但我们知道，这并非狄德罗的幌子，这告白确实来自狄德罗的内心，尽管教会不以为然。因为，狄德罗和同时代许多人一样，他们要反对的仅仅是全球宗教的迷信偏执与愚昧狭隘。对于宗教，他们还是认可它的存在的。狄德罗为此还申明自己充分认识自己的宗教的那些证明，并且承认它们是伟大的，但自己不希望宗教强迫自己信仰这些伟大。[④] 宗教信仰的不自由不宽容，这是当时全球宗教的普遍问题，也是全球如狄德罗一样的知识阶层的共同困惑与矛盾。

确实，纵观全球宗教的狄德罗是不反对宗教信仰的，虽然他本人最后从自然神论者发展到了无神论者。他要求的是宗教信仰自由，宗教宽容，这也是他对一切宗教的要求，他也希望一切宗教和谐相处。他有一段对全球各宗教优劣进行思辨的话语：“西塞罗在要证明罗马人是世界上最好战的民族时，就巧妙地从罗马人的敌人口中取得了这种供认。高卢人，如果你们在勇敢方面还要让人一筹，你们让谁呢？让罗马人。巴尔特人，次于

① ［法］狄德罗：《狄德罗哲学选集·哲学思想录》，江天骥、陈修斋、王太庆译，第32页。

② 同上书，第35页。

③ 同上书，第32—33页。

④ 同上书，第33页。

你们，什么人是最勇敢的呢？罗马人。阿非利加人，如果你们要怕什么人的话，你们怕谁呢？罗马人。自然神论者对你说，让我们照他这样来问问其余的宗教信徒吧。中国人，如果不是你们的宗教最好，那么是什么宗教最好呢？自然宗教。伊斯兰教徒，如果你们要背弃穆罕默德的话，你们将采取一种什么样的宗教崇拜呢？自然教。基督教徒们，如果真正的宗教不是基督教，是什么宗教？犹太人的宗教。可是你们，犹太人，如果犹太教是假的，那么什么教是真的？自然教。可是，西塞罗又接下去说，那些被人一致公认为居第二位，而自己又不把第一位让与任何人的人们，无可争辩地是应当居第一位的。"[①] 在这里，狄德罗思辨的结果是：宗教，判断不出第一与第二，也判断不出真和假。既然各有千秋，不能定优劣，又何必非要争斗不休，非要得出一个高低与真伪。也就是说，在狄德罗眼中，全球各宗教自由和宽容，和谐与友爱才是第一位的。当然，对全球各宗教思考没有答案的结束，也多少表明狄德罗对全球宗教的某种茫然与无奈。

（2）《百科全书，或科学、艺术和工艺详解辞典》中的狄德罗全球观

从宗教出发重新阐释全球，只是欧洲重新认识全球无法绕过的精神领域的首当其冲的主题。认识全球，精神领域还有其他表现，诸如文学、美学、哲学著作也在反映着这一切。18 世纪，科学和思想之间，思想和社会之间，哲学家和人民之间的隔离状态消失了，全球在呼唤新的认知。[②]

对于全球，对于新知，狄德罗除从宗教突破外，他还为全体人类写作，对道德、社会和人说出自己认为应该说的见解，揭示人类的共性，造福人类。狄德罗无意中走在了时代前列。当初狄德罗拿起笔写作，并没有多少豪言壮语，谋生的因素反倒更多一些。在无意中，他走入了文人圈，跻身并了解了上流社会。由此，他更深刻地把握到了他出身阶层的脉搏，也捕捉到了本不属于他的世界的气息。就在这无意中，他在其《百科全书》第八卷前言指出：他的《百科全书》不但要搜集过去时代的一切发现，还要为它们献上新知识，预防或制止可能的愚昧与黑暗。此外，他的

① ［法］狄德罗：《狄德罗哲学选集·哲学思想录》，江天骥、陈修斋、王太庆译，第 35 页。

② ［法］亨利·勒费弗尔：《狄德罗的思想和著作》，张本译，商务印书馆 1985 年版，第 29 页。

《百科全书》也要引导宽容，揭示世界的普遍道德要比一切特殊道德更崇高的真理。他在“阴名”条中阐述其《百科全书》世界性宗旨：“这个词的含义是：全部知识之间的相互关系。它是由希腊文前缀 en 即‘在里面’，和名词 kyklos 即‘圈子’，以及 paideia 即‘教导’、‘科学’、‘知识’，这样几个部分所构成的。事实上，《百科全书》就是要把分散于世界各处的知识收集起来，将其概貌和结构展示给当代人，并传诸后世，从而使前人的作品也能为后代所用。这样，我们的子孙将不仅会比我们受到更多的教育，而且也将比我们更为高尚和幸福，在人类面前，我们也将因此而死无遗憾了。”① 因此，他的《百科全书》尽可能展示人类知识范畴及其进程，包括了作为每门科学、每门艺术、无论是自由艺术或机械艺术基础的普遍原理。

故而，他的《百科全书》必然跨越国界，超越民族界限与时代，迈过阶级和地位，关注全球全人类，提高全人类的尊严和价值。从他对“天才”、“思想包容的幅度、想象的能力和灵魂的反应力”② 的定义可见，他是要包容各家各派，囊括古今，自由驰骋，从当今的伏尔泰到古罗马的维吉尔，从欧洲到亚洲，体验世间万象，公正裁断是是非非，也就必然和者了了。同时也会遵循有史以来造福人类者的共性，遭受种种迫害，领教历史给予的嫉妒、愚昧、盲从等卑劣行径。不过，他坚信当属于他的《百科全书》的时代到来时，他的《百科全书》会是那个时代最耀眼的明珠，且弥久愈浓，光照千秋。

2. 达朗贝尔的全球观

在“百科全书派”中，达朗贝尔与狄德罗一样，也是具有全球观的。从达朗贝尔的头衔——“法兰西学院院士、巴黎皇家科学院院士、普鲁士皇家科学院院士、伦敦皇家学院院士、瑞典皇家文学院院士、波伦亚学院院士”即可看出，他不仅属于法兰西，更属于全欧洲，而他的著作更使他走出了欧洲，及于亚非美广阔的天地，这无疑令他具有了他那个时代的全球视野。以他与狄德罗共同主编的《百科全书》中他所撰写的条目

① ［法］狄德罗编《狄德罗的〈百科全书〉·百科全书（Encyclopedia）》，［美］坚吉尔英译，梁从诫汉译，第 186 页。

② ［法］狄德罗编《狄德罗的〈百科全书〉》，［美］坚吉尔英译，梁从诫汉译，第 232—233 页。

为例以见一斑。

达朗贝尔全球观最突出的表现是，他认识到人类知识之间的互动性。在确定狄德罗《百科全书》的宗旨时，他就明确指出，这书就是要阐释人类知识体系及其相互关系，包括理论和实践，同时又要做到系统阐释。为了论证自己的观点，达朗贝尔从新发现彼此之间的联系、可以看到科学和技术之间的相得益彰讲起，指出二者之间有一根链条牢牢连接着它们，大家应该考察它们的知识谱系，考察知识是如何形成的。

知识是如何形成的？达朗贝尔认为，人类全部知识都来源于通过感官获得的东西，人类的理念来源于人类的感觉。感觉告诉人类的第一件事就是自身的存在，而感觉与人类自身又密不可分。为了保护我们的存在，我们又要去关心身体之外的事物。在关心身体之外的事物中，我们又会发现我们与外界互惠互利是最好的生存法则。他说："当我们刚刚着手考察这些客体时，就发现有着许许多多的生命体，看起来竟同我们自己毫无二致；它们的外形同我们完全一样，而且一眼可以看出，也有着同我们一样的理解力。一切都使我们相信，它们也体验着同我们一样的需要，并为了满足这些需要而有着同我们一样的欲望。我们随即发现，同它们联合在一起，将大有益于辨别自然界哪些东西有助于维持我们的生存，而哪些会伤害我们。思想交流是这种联合的最基本的依据和支柱，而这就必然要求发明各种信号来。这就是社会的起源，也是语言的起源。"① 在达朗贝尔看来，正是这种由于强有力的动机迫使人们之间的互相交往，破坏了自然赋予人类的和谐，促使人类社会产生了是非善恶，而随是非善恶而来的是关于行为的道德性质的观念，从而导致指导人类行动的原则。由此，人类可以发现人类自身被不可知的因素控制着，相互制约，无以逃离其中。也正是基于人类同外界的互动，人类意识到保住身体的重要，于是有了农业、医学等为人类生存及健康服务，使人类身体免于无辜被伤害；人类又互相制衡，于是有了法律等；为了使身体愉悦，于是有了艺术等；人类为了交流便利，传递思想，并不满足于信号，于是有了词，继而有了词汇；为了更好掌握词汇及其互动互进，于是有了语法；人类传递思想的同时，也是要传递感情的，这就对逻辑、语法和雄辩术提出了要求，而雄辩术又促成了修辞学的发达。当人类获得了这许多有利的生存条件后，其欲望反而更

① ［法］狄德罗编：《狄德罗的〈百科全书〉》，［美］坚吉尔英译，梁从诚汉译，第58页。

强烈。既想支配当今又在好奇心和贪心驱使下想把握过去、现在和未来，于是产生了历史学。历史学的二分支学科编年史和地理学，和天与地密不可分，是时间和空间的关系。知识就像一棵树，有主干有分枝，互相联系，互相制衡，互相影响。

为了进一步解析知识总汇之树，达朗贝尔以各门科学和技术的本质和来源为例论证后，又以文艺复兴以来人类思想进程为例加以了阐发。而对文艺复兴以来人类思想进程的阐释，达朗贝尔的目的也在于指出，任何思想的进程都是各种因素互动的结果，是历史的必然，是知识总汇之树上互相关联的分枝。正如“只有有了行动和思想的自由，才有可能产生出伟大的作品，而自由又正需要启蒙来防止它失去节制”①，理性和高尚情趣复归困难重重。因此，“为了使人类挣脱这种野蛮状态，就需要进行一次能够使地球面貌一新的革命。希腊帝国被推翻了，它的毁灭把地球上仅存的一点点知识扩展到了欧洲。印刷术的发明以及美第奇家族和法兰西斯一世对文化的保护唤醒了人类的心灵，在各个领域里又重新燃起了理性之光”②。于是，这个时代催生出一批饱学之士。在他们推动下，知识体系发生了连锁变化。到狄德罗《百科全书》编撰时，就有卢梭、伏尔泰等才华横溢之士，为自己的时代奉献上自己的知识。而这一切都是有因有果，互动共生的。

达朗贝尔就是如上所述站在全球的视野下，思考全球知识的互动，看人类知识的进化体系及其相互关系；看人类的每个进步，人类每一个进步的关联与传承。

此外，达朗贝尔的全球观，还表现在公正对待欧洲的历史及其历史上的人与事。如达朗贝尔奉培根为天才，极尽能事赞扬培根在学科分类、科学实验上的杰出贡献，认为培根是从大尺度思考问题。培根的作品有利于培养心智，是必读之作，比人们所知更值得尊敬。不过，达朗贝尔即使如此崇奉培根，也依然指出了培根的不足。达朗贝尔认为，虽然培根意识到经院哲学阉割了科学，但对于当时居主导地位的格局，虽然挣脱了许多羁绊，但仍然受到那些所不能或不敢打破的枷锁的束缚，似乎仍显得过于谨慎和顺从。同时，达朗贝尔也看到了培根过于拘谨的原因，因为培根生活

---

① ［法］狄德罗编：《狄德罗的〈百科全书〉》，［美］坚吉尔英译，梁从诫汉译，第72页。

② 同上。

在中世纪最深沉的黑夜中。[①] 当然，达朗贝尔和培根同样的出身，也令他忽略了培根过于拘谨的另一原因，即贵族出身也令培根有意无意或多或少袒护本阶层，不愿也无法与它彻底决裂。

又，对于继承发展了培根的笛卡儿，达朗贝尔的认识无疑也是客观公正的。他叹息笛卡儿不为自己国家、不为自己时代所容的命运。叹息面对国家与时代的非难，选择了退却的笛卡儿，仍然未得到原谅的命运：以睿智证明上帝，上帝的使者却怀疑他信仰上帝的真诚度。自己的祖国逼得他不得不远走他国，他国却同样不容他，最后凄凉地客死他国。本国人的恶待与异国人的折磨和非难伴其一生的笛卡儿，永远没有想到自己身后有如此的令名与影响力。笛卡儿生前生后反差如此巨大，缘于他对当时偏见的战斗，以及自己的独立性。培根屈从现实，笛卡儿却教人造经院哲学的反，所以笛卡儿比培根走得更远，但命运更不济。

达朗贝尔公正品评人物，还体现在客观评价与自己有过节的人。比如评价伏尔泰与卢梭，达朗贝尔是竭尽溢美之辞的。伏尔泰曾在达朗贝尔和卢梭的争论中煽风点火，但达朗贝尔依然实事求是认为伏尔泰是少有资格能和希腊诗人相媲美者之一，而与当代诗人相比，伏尔泰则是无与伦比的。伏尔泰的才华比他的同胞、外国人和他的敌人来说，都高出许多倍。达朗贝尔预言后世还会给伏尔泰比当世更高更多的荣誉。[②] 至于卢梭，某一天会直接与自己争锋的卢梭，达朗贝尔也一向是客观友好的。在对待卢梭问题上，达朗贝尔客观认识到伏尔泰对待卢梭的偏颇，并没有采取伏尔泰视卢梭为敌人的看法，也未采纳伏尔泰置卢梭于死地的建议。当然，二人的分歧在卢梭论艺术与科学时，也曾表现出来。不过，卢梭提出科学与艺术有伤风化时，达朗贝尔表明自己对卢梭的批评的前提是不会对卢梭把精神文明与其可能产生的弊端混为一谈而责备他，而是就事论事。为此，达朗贝尔理性地提出了几个问题供大家及卢梭思考卢梭所论艺术与科学所产生的罪恶及其根源问题时参考。对这问题，达朗贝尔也并不下断言，只是引导大家思考。让大家明白罪恶的根源很复杂，非艺术与科学所能完全负责的，正如某些人钻法律的空子逃脱了法律的惩罚就一定要废除法律一

① ［法］狄德罗编：《狄德罗的〈百科全书〉》，［美］坚吉尔英译，梁从诫汉译，第79—81页。

② 同上书，第97页。

样。一见艺术与科学带来了弊端，就完全归罪于艺术与科学，甚至抛弃之，都是极端偏激的，劝导卢梭辩证地看待问题。娓娓叙述中，更像是在与卢梭探讨和商量，而非批评与指责。即使后来卢梭大张旗鼓攻击他的“日内瓦”条，他也依然保持了这个时候的风度和态度。

可见，放眼全球的达朗贝尔超越了个人、法国，走向了欧洲，乃至欧洲之外更广阔的世界，探寻了人类知识体系及其相互关系。

3. 伏尔泰的全球观

在18世纪欧洲放眼看全球的浪潮中，伏尔泰无疑也是领军人物，在其《风俗论》、《路易十四时代》等著述中，伏尔泰系统表述了自己对全球的认知。

（1）互动共生的种族与文明进化

西方世界历史，伏尔泰之前，仅是帝王和将相的历史。这种状况，伏尔泰彻底打破之。

伏尔泰《风俗论》的写作，有别于大多学术作品是作者长期准备，有意而为。他更像是文学作品的创作，是激情和灵感的产物，他的《风俗论》的写作只是源于爱情。他说：“我研究历史，是为我自己，而不是为公众；我的研究并非为了出版。”① 确然，他的《风俗论》是为他自己，为自己与夏特莱侯爵夫人的那段感情，为激发夏特莱侯爵夫人学习历史的兴趣，为教夏特莱侯爵夫人如何学习历史而作；是在夏特莱侯爵夫人爱情催化剂下，在她的爱情感召下喷涌而出的激情所激发的灵感，对世界历史的重新思考，是愉悦中完成的浪漫的见证。

历史难道仅仅就是战争、尔虞我诈的谈判、种种个人遭遇的集合吗？在夏特莱侯爵夫人的质疑下，伏尔泰清晰地认识到，透过帝王将相的历史，保留其中风俗习惯的材料，将会发现其中广阔的文化内涵；透过帝王将相的历史，将会有诸多精神魅力在等待攫取，诸如此类方是真正的历史。为此，他在《科尔玛公证文书》中说自己的主要想法是要尽可能地了解各民族的风俗和研究人类的精神。因此，他笔下的世界并非只是为几个君主和效力于君主欲念的那些人而存在，世界是全球全人类的世界。

由此，伏尔泰的全球观诞生了。他的全球观是全球的历史，是互动共生的历史。在《风俗论·序言》中，伏尔泰明确表达了自己这个观点。

① ［法］伏尔泰：《风俗论·序言》，梁守锵译，第1页。

他说：普芬道夫在瑞典首都从事历史著述，有可以阅读国家档案之便，但要从他的著述中找到瑞典的兵力情况、它有多少人口、哥德兰省的居民如何与蹂躏他们的罗马帝国的民族融合、在以后的年代中艺术如何传入瑞典、它的主要法律、它的财富或者不如说它所匮乏的是什么，书中一个字也没有提到。而当想了解神圣罗马帝国皇帝如何觊觎罗马、罗马的教皇如何对皇帝抱有野心，得到的却是扑朔迷离、暧昧不清。[①] 这样的历史，对伏尔泰而言是片面的不真实的历史。他要求的历史应是各种因素组合其中，互动共生，公正客观长时段的全球历史，而非局域一时一地的历史。为此，他以欧洲科技发展的历史来晓谕世人："继罗马帝国衰落、分裂之后，在我们所处的野蛮无知时代里，我们的一切——天文学、化学、医学，特别是比从希腊人和罗马人那里得知的更为温和、更为有益身体的药物，几乎都是来自阿拉伯人。代数是阿拉伯人的发明，甚至我们的算术，也是由他们传来的。阿尔丰沙天文图是两个阿拉伯人哈兰和本·赛义德绘制的。被称为努比亚地理学家的地方官本·穆哈迈德被逐出本国后，把一个重 800 马克的银质地球仪带到西西里，献给国王罗杰二世，地球仪上刻有已知世界的地图，并纠正了托勒密的说法。"[②] 没有一个欧洲民族在半个世纪中，在所有的艺术方面所取得的进步，不比自蛮族入侵至 14 世纪这段时间更大。[③] 故而，伏尔泰指出要公正对待各个文明，不要因为阿拉伯人是伊斯兰教信徒就否定他们取得的文明，以及他们传播文明的成就，并要西方人看到自己的不足，承认自己虽然对某些重要事物的真理有所领悟，但在艺术、科学和国家管理方面确实也存在许多不足，需要虚心学习借鉴其他国家、其他民族的技艺和管理方法。因此，他决心要以崭新的历史观写作，不作一部编年史和世系录，而是要从大处着眼作对各个时代的忠实描述。[④] 对大处着眼，伏尔泰以人脑譬喻，说空间有限的人脑如壅塞着细枝末节，肯定会使智力衰退。历史著述也应如此。如果细枝末节充塞空间，就会冲淡主题，会缩小大范围长时段的叙述空间，细枝末节应交给写编年史的人汇集在辞典中，以备需要时查考。[⑤] 非如此，上下古今不能

① ［法］伏尔泰：《风俗论·序言》，梁守锵译，第 2 页。

② 同上书，第 3 页。

③ ［法］伏尔泰：《风俗论》上册，梁守锵译，第 87 页。

④ ［法］伏尔泰：《风俗论·序言》，梁守锵译，第 7 页。

⑤ 同上书，第 9 页。

尽收眼底，事实不能澄清，疑惑不能排除；非如此，不能更易于描述各个时代，使各个时代尽括笔下。①

在伏尔泰眼中，全球、全人类就是一个整体，时代也不是孤立的，这正如地球的变迁一样，是各种因素互动的结果。伏尔泰告诉世人，人们本身居住的地球的沧海桑田之变在全球各地随处可见。西西里曾经和大陆相连；曾是海港的法国埃格模特、弗雷瑞斯，意大利的腊万纳，如今均演变为内陆；山岳附近的贝壳是山岳曾是海洋统治领域的见证；东西两半球的一侧失去的两千多古法里的土地，在另一侧却得到了补偿。物种和人种，乃至全球万象均是互动共生的结果。

全球是普遍联系有规律可循的。无论是阿拉伯人、印度人、中国人、埃及人或希腊人，他们的进化，以及崇拜都是有因有果的，人类的进化也是如此。自然界造物是公平的，世界各大洲都应有人类的足迹，各人种的寿命也应不相上下。在民族进化之初，最热的地方因有取食之便，椰子、椰枣、菠萝、野生稻子随处可见，往往是人口最多的地方，故而“最易于耕耘的地方，必然是人类最早繁衍、最早昌盛的地方”②，因此叙利亚的历史比埃及人的历史悠久。正因为如此，很可能在其他地方还几乎荒无人烟的时候，印度、中国、幼发拉底河流域和底格里斯河流域便已经住了许多人。而这个时期，在欧洲北部的狼比人还多。人类进化的进程是和自然的进程互动共生的，全球各民族无一例外。而人类的起源，在各民族神话中惊人地相似。古代婆罗门的《吠陀》教导说，世上第一个男人名叫阿迪摩，第一个女人名叫普罗克里蒂。阿迪摩意为“主人”，普罗克里蒂意为“生命”，这跟“夏娃”在腓尼基人，乃至仿效腓尼基人的希伯来人的语言中意为“生命”或“蛇”一样。这种巧合值得高度重视。③ 无论东西方，野蛮民族与先进民族均有着共同的互动共生史。比如罗马被野蛮人征服，野蛮人接受罗马的文化等。而中国的统治者满洲鞑靼人尽管拥有武力，仍只得屈服于被他们夺取了皇位的国家的法律。

至于各大洲、各民族进化还有自己的特色，则是全人类互动共生历史中每个大洲、每个民族互动共生的气候、环境各异，所以互动共生出特色

① ［法］伏尔泰：《风俗论·序言》，梁守锵译，第9页。

② ［法］伏尔泰：《风俗论·导论》，梁守锵译，第62页。

③ 同上书，第84页。

有别、形式不一的物产风俗。这正如："美洲的狮子瘦弱胆怯，而羊却高大强壮，可以负重。……同是这个上帝，在旧大陆创造了象、犀牛和黑人，而在另一个大陆则创造了驼鹿、神鹰以及某些长期被认为脐眼长在背上的动物和具有与我们不同特性的人。"[①]

当然，各民族不仅在种族进化历程中大体一致，在精神进化的历程中也表现出惊人的相似。比如颂古非今是人类的一种自然倾向，它使各地人都想象从前有各个黄金时代，继之而来的是黑铁时代。[②] 人类对魂灵的认识，世界各地也大致相同。魂灵的产生与人的思考密切相关。整日为衣食而奔忙的人是鲜有魂灵观念的，因为他们全副精力都扑在生存上，要思考也是饱暖之余后的事。因此，至少初民没有深入思考过魂灵问题。世界各地温饱之余的人，思念去世父母至极，可以产生魂灵。祈盼安宁至切，自然也会有虚幻浮现。几乎所有民族都相信灵魂的精神属性。希腊人从埃及人那里借来地域和死者神化的概念，他们跟其他民族一样，相信第二个生命，不怀疑灵魂的精神属性。在宗教问题上，当各民族保持理智的年代，各民族对不同民族的宗教都是礼遇的，还经常崇拜其他民族的宗教，也模仿其他民族的仪式。然而，当各民族不理智时，宗教仇恨与杀戮就来了。这个过程，是每个民族必然的经历，每个民族精神进化的必然过程。在这个过程中，每个民族的君主都自居为上帝的儿子。亚历山大在埃及被称为神的儿子，秘鲁的曼科·卡帕克是太阳的儿子，成吉思汗被称为"天帝之子"。当教皇英诺森四世派遣教士阿瑟兰到成吉思汗的孙子拔都那里去，教士对接见他的大臣说他是上帝代理人教皇派来的，以提高自己的身份，但大臣说："这位代理人难道不知道他应当向他的主人、天帝之子、伟大的拔都汗称臣和进贡吗？"[③] 而且无论东方西方，所有民族在宗教仪式中均面向东方。

因此，人类一直都有同样的本能，诸如爱自己，自己的妻儿，自己的成果，自己的土地。大部分古代民族似乎都曾受到某种神权政治的统治。[④] 几乎所有的民族都曾以童男童女作牺牲祭神，他们相信，他们所接

① ［法］伏尔泰：《风俗论·导论》，梁守锵译，第45页。

② 同上书，第84页。

③ 同上书，第31页。

④ 同上书，第45页。

受的这个悖逆天性的命令均出于他们所崇奉的神明的口。[①] 由上可见，人类精神历程与人类进化历程一样，也是各种因素互动共生的结果，并且惊人相似。

既然各民族道德观念的基础都是一致的，那么人性就它的根本来说也是四海都同，因此有些世俗生活中的习惯在世界各地也就大致相同。譬如在日本，新年元旦人们互相拜访，赠送礼品；亲朋好友在节日聚晤，都同欧洲一样。更为奇特的是，日本的政府2400年来完全同穆斯林哈里发和现代罗马的政府相似。宗教首领同时也是帝国的首领。[②] 日本人与欧洲过去一样均迷信巫术。日本人的朝圣，以及火刑考验的习俗，这正是欧洲过去的神意裁判的组成部分。另外，与希腊、罗马人相仿，日本人也把伟人推崇至九天。日本人的教主和近代的罗马教皇一样，独掌着封神和祭祀、立庙的权力。神职人员与在俗教徒在一切方面都大有区别。这两者之间，跟世界各地一样，相互鄙视，相互仇视。长期以来日本人就有一些出家修行的人，一些隐修士，以及某些修会，与欧洲好斗的修会相差无几。生活在类似环境中的民族，具有某些共同特征。如日本人与英国人，作为岛国居民拥有相同的自豪感，自杀则同样见惯不惊。

各民族之间的文明也是互动共生的。在文明互动史上，中国在上古时代便把一个月分成几个星期，每个星期七天。印度人如此，迦勒底人亦然，这方法后来又传到小国犹太国，但希腊没有采用。[③] 中国最早养蚕。后来蚕与织造丝绸的技术一起传至波斯，后来传到欧洲。这种丝绸到查士丁尼时代依然异常稀有，使从前欧洲丝绸的价格贵比黄金。腓尼基人把他们的语言和文字传给了迦太基人，迦太基人把这些字母加以改变，后来又变成希腊的字母。由此可见，各民族之间的文明其实是互动共生的。

（2）客观公正对待各民族的历史记载及其历史

伏尔泰还辩证客观看待各民族对历史的记载。因此他并不迷信古人古书。他指出希罗多德在《历史》第1卷中所谈的巴比伦所有女人按法律

① ［法］伏尔泰：《风俗论·导论》，梁守锵译，第47页。

② ［法］伏尔泰：《风俗论》下册，梁守锵译，第12页。

③ ［法］伏尔泰：《风俗论》上册，梁守锵译，第247页。

必须在米利塔庙和维纳斯庙与路过的外地人苟合一次，其实是无稽之谈。至于后来的史家却重复这事，更是踵讹袭谬了。伏尔泰的理由是，作为开化民族以及亲情，均不会允许不合天性的事发生的，不合天性就不会是真实的。因此，无论读何种史书，都要提防所有无稽言论。迷信导致可笑习俗产生，而浪漫的精神则促使编造出荒谬的理由。伏尔泰所论鞭辟入里，客观公正。

要公正看待各民族的历史记载，当然也要公正对待各民族历史，也就要表彰公正对待腓尼基历史的桑科尼雅松的腓尼基人。对待各民族本应该公正客观。在评判民族上，就需要注意四种不良倾向：一是不要像贺拉斯那样为吹捧异族人而贬低自己的国家，二是不要因为非本民族就存谬见，三是不要局处西方一隅去评论他国，四是不要把个人的末节掺杂到世界总的画幅中。

当然，整个全球尽在自己视野下互相联系，互动共生着的伏尔泰，要求辩证对待史书，公正客观对待每个民族、每个民族的历史，见到它的不足也要看到它的光辉，实属必然。

4. 卢梭的全球观

无论在卢梭奠定其地位的几部著述《论科学与艺术》(*Le rétablissement des Sciences et des Arts s-t-il contribué à épurer les mœurs*?)、《论人与人之间不平等的起因和基础》(*Discourse on the Inequality among Men*)、《社会契约论》(*Social Contract*)中，或是论戏剧之作中，卢梭均是具有全球视野的。他论述所及不仅跨越欧洲各国，更走向欧洲大陆之外，着眼于互动，从长时段、大范围的角度叙述，追求民主、自由和平等。

在《论科学与艺术》中，卢梭的观点是：科学和艺术是罪恶与荒淫的源泉，破坏了人和人之间的友爱与平等，应该抛弃科学与艺术还人类以自然美好。为了论证自己的观点，卢梭先肯定后否定。他肯定他生活时代的欧洲的科学与艺术带来的文明：建筑工艺富丽堂皇，器物巧夺天工，人们彼此相悦，德行才识兼备，谦恭温良，更富于社会性。他追溯这些科学和艺术的繁华到奥斯曼土耳其身上。指出正是野蛮的奥斯曼土耳其摧毁东罗马帝国，东罗马帝国精通古典文艺之士纷纷逃入意大利，给意大利带来了文艺复兴，而法国的入侵意大利，又刺激了法国的“意大利发现”，于是欧洲生活在科学和艺术中。与法国的“意大利发现”一样，卢梭也无啻在发现。因为他发现自己生活时代的科学和艺术竟然是野蛮人带来的，即远远落后于东罗马帝国的奥斯曼土耳其摧毁东罗马帝国带来的连锁反应的结果。就此而言，卢梭不仅见到了不同区域间的互动，而且把这个互动放在长时段大范围内来讨论，着眼全球，视野无疑很开阔。并且卢梭在此埋下一个伏笔：自然，或者其原生态野蛮，将更有利于保持人类的友爱平等与和谐互助。

接下来的论述，卢梭仍然放在全球范围跨越时空来论证自己的观点。欧洲繁盛的科学和艺术，在卢梭眼里，只是表面的繁华。它们繁华背后的真实是：才华装点着我们，艺术粉饰着我们，矫揉造作代替了淳朴率真，邪恶虚伪凌驾于善良与天性之上，礼义文雅之下尽是怀疑、猜忌、恐惧、冷酷、戒备、仇恨与背叛，德行装饰了罪恶，清心寡欲却是精致化的纵欲，科学和艺术彻底操纵了我们的风尚与节操。那么这是否仅是欧洲或者法国的情形？卢梭给我们的答案是否定的。他继而告诉我们，随着科学和艺术光芒的升起，德行的消失在各个时代各个地方都可以观察到，从古到今，从埃及到希腊到东罗马帝国最后到中国，从希腊的雅典到斯巴达，从苏格拉底到老卡图，到路易十二、亨利第四，均可以见到。他说，埃及征服世界时只有“青铜色天空下”[①] 的富饶土地而已，然而当埃及成为“哲学与艺术之母”[②] 之后，厄运接踵而来，波斯冈比斯、希腊、罗马、阿拉伯、土耳其相继登堂入室。曾两度征服过亚洲的希腊，当艺术一进步，风尚解体与马其顿的羁轭随之而来。由牧童建立、由劳动者使之辉煌的罗马，自诗人安尼乌斯和戏剧诗人戴伦斯时代开始蜕化，自有奥维德、卡图里斯和玛提阿里等大群诗人后，德行的罗马就变成了罪恶的渊薮，最后被异族轻蔑，被野蛮人玩弄。更富戏剧性的是，罗马灭亡前夕，罗马正把“高尚趣味的裁判者”这一头衔给予讽刺作家彼得罗尼乌斯（Petronius）。东罗马帝国成为欧洲其他地方所禁止的科学与艺术藏身之所时，骄奢淫逸、谋杀陷害、一切邪恶与堕落均在此上演，最后蛮族入侵，科学与艺术转到意大利，意大利继而影响了法国，按照卢梭科学与艺术同国家兴衰的规律，等待意大利和法国的未来将是什么，不言而喻。何况在与卢梭生活同一时代的亚洲还有一个现成的例子——中国，也就是那个在亚洲的广阔无垠的国家，在那里写得一手漂亮文章得来的荣誉就足以导向国家的最高

① ［法］卢梭：《论科学与艺术》，何兆武译，上海人民出版社 2007 年版，第 26 页。

② 同上书，第 26 页。

禄位的最后被蛮族侵占的国家。在卢梭看来，倘若“各种科学可以敦风化俗，如果他们能教导人们为祖国而流血，如果他们能鼓舞人们的勇气”，那么中国人就应该是“聪明的、自由的而又不可征服的”。然而，事实是：所有邪恶都曾统治过他们，所有罪行他们都熟悉，并且无论是大臣们的见识，还是法律所号称的睿智，或者他们国度的众多居民，都不能保障他们免于被愚昧而又粗野的鞑靼人的羁轭。在鞑靼人的入侵面前，那些文人学士以及他们满载着的那些荣誉并不能阻止，最后这个国度充斥着奴隶和为非作歹的人们。当然，论及此，卢梭并没有结束，他又以与这些科学和艺术发达相反的风尚淳朴的国度与之对比。他谈到了早期的波斯人、塞族人、日耳曼人、贫穷蒙昧的罗马，以及斯巴达和雅典。他认为，斯巴达传下的英雄事迹必然比雅典遗留给世人的奇巧大理石更可贵。在华丽和风雅的雅典，有如苏格拉底似的贤人哲士起而反抗世俗的这种传统。苏格拉底指出自认为自己最聪明智慧、自夸集真善美于一身的诗人或艺术家，其实是最没有智慧和真善美的，而且是虚伪的。老卡图在罗马致力于驱赶希腊带来的败坏罗马人德行、腐蚀罗马人勇毅的影响，法布里修斯倘若回归，痛心的将是罗马实践的德行和奢华，他见到的将是自己所倡导的节制与简朴荡然无存，露天剧场、大理石雕像耸立于他曾挽救过的祖国的大地上。至此，卢梭嘎然而止，他将人们的视线从古代以及他国拉回到现实与自己生活的大地上，他说“让我们跨过地点与时间的间隔，来看看眼前我们自己的国土上所发生的事情”①。于此，他得出的结论是，苏格拉底也许不会饮鸩而逝，但却要从一个更苦得多的酒杯里尝到侮辱性的嘲弄和比死亡还坏百倍的鄙夷。为了更进一步论证，他带着我们走入科学和艺术本身里面去。

在接下来就科学与艺术本身来论证科学和艺术不利于敦风化俗，卢梭依然从全球视野展开。立足互动，使他的论证环环相扣，充实有力；跨越欧亚非，涵古纳今，使他的论证有血有肉，气势磅礴。

就科学与艺术本身来论证科学和艺术不利于敦风化俗，卢梭首先从一则埃及有关科学与艺术起源的神话谈起，从神话中科学有扰人类安谧下笔，再转入现实，指出科学虽从埃及诞生，但埃及人自己对科学的见解却是认为科学是从罪恶中诞生的。科学与艺术诸多缺点，其实从其起

① ［法］卢梭：《论科学与艺术》，何兆武译，第36—37页。

源就能探索出来。艺术需要奢侈来培养，法理学缘于人间的不公道，历史学是暴君阴谋家战争的学问，哲学是人类失去责任和自然的结果。科学研究的错误的危险比真理的用处要大上千百倍，而谁在执著追求真理，真理标准如何确定，谁又能好好运用真理？科学是虚幻的，产生于闲逸中又滋长闲逸，我们是无可弥补因研究它而来的时间的损失的。诡辩在摇撼国家根基基础上毁灭德行。文艺所产生的奢侈，会导致国家灭亡。如居鲁士被比最微不足道的波斯镇守使还穷得多的亚历山大用三万人征服了。一切民族中最贫穷的民族塞族人却抵御了世上最强有力的波斯王大流士的进攻。罗马成为世界最富的国度时，却成为什么是财富都还不知道的那些人的战利品。[①] 奢侈必然的结果还是风尚的解体，风尚解体的结果是趣味的腐化，引发我们追怀淳朴。生活日趋舒适、工艺日臻完美、奢侈开始流行之际，勇敢就会削弱，尚武的德行就会消失。哥特人劫掠希腊而不焚毁图书馆是为了留下令希腊人沉溺于怠惰安逸的行业。意大利人沉溺于机巧和博学，以至于查理第八兵不血刃就成了托斯堪尼和那不勒斯王国的主人。罗马承认自己武德消失是从赏识图画、雕刻和金银器皿以及培养美术开始的。希腊各共和国大部分不准它们的公民从事一切文弱的职业，在他们看来这些文弱的职业既损伤身体又败坏灵魂。科学艺术对战斗及道德品质都是有害的，由此也就引发出人和人之间的不平等。当然，和万事万物一样，既有不足，就有补救之法，科学和艺术的不足也是可补救的，但对这些补救科学与艺术不足的贤明制度的效仿只能更证明科学和艺术存在缺陷是无可置疑的。此外，自然注定了要使之成为自然学徒的人们是不需要老师的，如培根、笛卡儿、牛顿等，平庸的教师只能限制他们的智力，把他们束缚在教师自己的狭隘能力范围之内，没有能力引导并激发出他们的伟大天才。而最初的障碍，促使培根他们学会努力，并且力图超出他们已经走过了的那些广大的领域。倘若一定要有人从事科学和艺术研究，那就只有他们才可担当。作为普通人则应该保持自然之性，保持真善美。

由卢梭以上所论可见，在论述科学与艺术起源后，卢梭从科学与艺术的弱点入手，并从科学与艺术各弱点的相互关系中层层剖析，把波斯人的失败与马其顿的胜利相比，从塞族人抵御波斯人的成功引出对自然的歌

---

① ［法］卢梭：《论科学与艺术》，何兆武译，第44页。

颂；把罗马因奢侈而来的解体与贫穷勇武的法兰克福人、撒克逊人的征服对比，从全部奢望不过几张羊皮的山居汉居然战胜奥国、战胜使得全欧洲都战栗的勃艮地王朝勇者查理的军队，以见自然力量的无穷；借哥特人对希腊图书馆的良苦用心道出希腊人崇尚科学和艺术的败笔，从法国人的胜利见出意大利的沉迷科学和艺术的危害，借罗马人自己的自白来表明科学和艺术必然腐蚀尚武精神。同时又指出并不是所有希腊城邦都崇尚科学和艺术，希腊大部分共和国是要求公民远离文弱的。由此得出科学和艺术对军事和道德的双重危害，以及由此而引发的人类不平等的种种危机，因此科学和艺术需要改造，亟待改造，但一旦改造，也就证明了自己的缺陷。所有自然才是最好的，人类的导师培根等就是师法自然的，也唯有他们这些天才才能真正从事科学和艺术。普通人需要认清自己，回归自然，返于真善美。卢梭这样议论科学和艺术，不就等于承认野蛮是最好的生存状态，大有老子回归三代，老死不相往来之势，但偏偏卢梭又不是老子，可以安于归隐，他不时要出来说上几句，以示对打扰他隐居之人的不满。他所发泄不满，也大体不离自然、自由与平等，难怪伏尔泰要骂他疯子，并劝他最好四足行走去体验一番自然人的生活。

卢梭全球观还体现在其他著述上，比如论戏剧，他也是着眼欧亚非、古与今，注重互动，时段长，范围广。又如谈服饰，他谈欧洲妇女的同时，也想到了中国妇女，他说："但是应不应该这样想，我们的妇女在衣装上要花样比完全的裸体较少危险呢？由于习惯的势力使这种全裸的表演受到冷遇，甚至令人感到厌恶。雕塑和绘画污人眼目只是当看重穿衣而使得裸体成为猥亵的时候，这难道还不明白吗？感性的力量本身是薄弱的和局限的：只有加进想象才能使它们成为破坏的力量；正是这个想象煞费苦心地把欲望挑起来，使欲望的对象有比自然所赋予它的更大诱惑力，正是这个想象打开人的眼睛，使它看到更加迷人的东西。他已经不是从简单的裸体上，而是从有覆盖的东西底下看到它。没有什么朴素的服装能不被欲火中烧的眼光所穿透。年轻的中国妇女在裙下半露出穿绣鞋的小脚脚尖在北京招来的灾难比世界上最美的少女在台盖特山麓跳裸体舞所引起的后果还要大。但是当穿戴弄得这么五光十色和这么不顾体面的时候，像我们现在的妇女那样，当露出一点让人看，为的是使他想得更多的时候，当遮掩眼睛的目的是为了更强烈地刺激想象的时候，当藏起一部分是为了渲染那展示给人看的其他部分的时候，这正是：Heu male tum mites defendit pampinus uvas…”*① 以全球的视野，从不同国度妇女穿着打扮来论证奢靡败坏风俗。

概而论之，以上“百科全书派”代表人物契合时代需要，与当时欧洲各界的全球化浪潮一道，以全球视野及于宗教、历史、文化、知识、技艺，并展望他们所属时代的今昔与未来，彰隐揭微，革旧除弊出新，为欧洲注入了新的生机与活力，为欧洲走在世界近代化前列贡献了一份力量。

（三）16—18 世纪传教士眼中的中国

——以《耶稣会士中国书简集：中国回忆录》为本的考察

确如卢梭所言，中国好像是受到过耶稣会传教士的仔细研究的，② 一部部传回西方的典籍就是中西互动的明证。下面以《耶稣会士中国书简集：中国回忆录》为例考察 16—18 世纪中西之间的互动。

上文已经谈到，因为耶稣会的政治宗旨与传教策略，所以从明末到中国的耶稣会传教士开始，走上层路线就是他们传教的一个重要策略。这个上层路线是使他们在中国立稳脚跟的重要手段，也是日后让他们失去中国教区的最大因素。

中国的历史发展到清代，统治者内部蕴藏着重重矛盾，危机一再显露，而不幸的是耶稣会士却卷入了其中。这是耶稣会士实行上层路线的必然结果。在上层路线下，中西之间既有和谐与交融，也有碰撞与冲突，在和谐交融与碰撞冲突中互动着。

清廷入主中原后，最终选择朱子学作为统治工具，是满汉尖锐矛盾很长一段时间不得解决，以及对中原文化深刻认识的结果。

清廷能入主中原，靠的是理学名臣的引路。二者之间的关系，皇太极曾形象地比喻为“瞽目”与“引路者”。为此，皇太极还为诸将士耐心解释他重用洪承畴等降臣的用意，以取得将士们的理解与支持。

入关后，当时纷乱的局势也要求清统治者思考统治的思想根基问题。顺治五年（1648），清朝虽然已经控制了全国大局，但各地反抗清廷的起

* 王子野译注：唉！细枝条保护不了繁茂的葡萄串。

① ［法］让·雅克·卢梭：《卢梭论戏剧（外一种）》，王子野译，生活·读书·新知三联书店 2007 年版，第 135 页。

② ［法］让·雅克·卢梭：《论人与人之间不平等的起因和基础》，李平沤译，第 146 页。

义此起彼伏。当时的社会状况是四方鼎沸，万姓困危，齐晋秦豫、江淮、楚蜀、浙闽、两粤滇黔各地抗清势力此起彼伏，加以顺治五年（1648）"年来水旱相仍，干戈未息，满洲兵丁困苦至极，饥寒百姓转徙死亡"①。仅顺治五年（1648）一年就发生多次震动全国的起义。这年初宁波"六狂生"中华夏、王家勤和当地士子杨文琦、屠献宸、董德钦起义。同年三月，甘肃发生了由原明朝驻防甘州等地的军官米喇印、丁国栋降清后因对剃发令不满而领导的回民反清起义。同年春，鲁王监国职方主事王翊等谋袭宁波，事泄，遂以所募之兵来到浙江东南四明山中的大岚册，得到了会聚当地的由黄宗羲领导的义军的支持和帮助。他们依砦结寨，攻破上虞，斩杀清地方官吏，震动了浙东地区。不得汉族民心的统治使清统治者尝到了苦果，他们不得不进行思考：

> 虽朕之凉德，实因臣下政事不修，兵民失业，弭救无策，至此多艰。在京七品以上，文武满汉官员，俱宜殚竭忠诚，共图补救。凡职掌之内，向来积弊所在，见之整顿之方，详切敷陈，以资采用，知其病即备其药；言其害，即举其利。务要各抒所见，毋得浮泛空言，雷同塞责，负朕求言至意。②

就是在这年（1648），以理学著称的魏裔介疏请举行经筵及时讲学，以隆治本。又言："燕、赵之民，椎牛裹粮，首先归命。此汉高之关中，光武之河内也。今天下初定，屡奉诏蠲赋，而畿辅未沾实惠，宜切责奉行之吏，彰信于民。"③ 要求顺治君臣尊儒重道，爱惜民力，休养生息，以缓解当时满汉之间激烈的矛盾。顺治九年（1652），魏裔介应诏上疏，分析了满汉之间的矛盾以及充斥清廷朝堂的弊端："上下之情未通，满、汉之气中阏。大臣阘茸以保富贵，小臣钳结以习功名。纪纲日弛，法度日坏。请时御正殿，召对群臣，虚心谘访。令部院科道等官面奏政事，仍令史官记注，以求救时之实。"④ 提出解决满汉矛盾的措施两条，一是，督

① （清）《世祖章皇帝实录》卷88，中华书局影印本1985年版，第692页。
② （清）《世祖章皇帝实录》，顺治十二年正月条，第692页。
③ 赵尔巽等：《清史稿·魏裔介 熊赐履 李光地》，第2547页。
④ 同上。

抚重臣宜慎选择，不宜专用辽左旧人。二是，去苛政严法，他指出："摄政王时，隐匿逃人，立法太严，天下嚣然，丧其乐生之心。后以言官陈说，始宽其禁，责成州县，法至善也。若舍此之外别有峻法，窃恐下拂人心，上干天和，非寻常政治小小得失而已。"① 意在希望清朝统治者去除民族歧视及严刑重法，加强民族团结，缓和民族矛盾。魏裔介言论所及，切中清廷时弊，无疑为清朝入关后政局稳定、长治久安开了一剂良方，对汉文化颇感兴趣的顺治对魏裔介等所言均采纳。同时，朱子学诸臣引导清廷开科取士，优容笼络上层知识分子，抓住了士心，从而稳定了民心。所谓士心得，则民心得，朱子学由此更赢得了统治者的好感与信任。在对汉族文化和心理的深入了解基础上，在清初需要政治一统，人心归一的趋势下，顺治君臣共同经营朱子学，为朱子学在清朝前期的发展兴盛开了先声。然而，成为庙堂之学的朱子学给清朝堂也带来了与生俱来的痼疾，即结党营私。虽然宋代欧阳修曾申明君子之朋与小人之朋有别，然而无论是君子之朋还是小人之朋，一旦危及朝政，其命运自然岌岌可危。崇祯十二年（1639）进士，清顺治九年（1652）拜相，新朝制度因革，多出其手的陈之遴（1605—1666）因所谓"结党营私"，顺治十三年（1656）、十五年（1658）两次被流放沈阳，成了清初南北党争的牺牲品。

继顺治位的康熙："五龄即知读书，八岁践祚，辄以《学》、《庸》训诂询之左右，求得大意而后愉快。……及四子诸书既已通贯，乃读《尚书》，于典谟训诰之中，体会古帝王孜孜求治之意，期见之施行。"② 自幼就对儒家学说充满浓厚兴趣，认为"殊觉义理无穷，乐此不倦"③，程朱理学正是康熙帝接触儒学的启蒙。

其后，在理学名臣熊赐履等的以程朱理学为清廷"敷政出治之本"④的建议下，清廷致力于"道统"与"治统"合一的建设。康熙十六年（1677）十二月，康熙在御制《日讲四书解义序》中，明确宣布清廷要将治统与道统合一，以儒家学说为治国之本。史言："圣祖崇儒重道，经筵讲论，孜孜圣贤之学，朝臣承其化，一时成为风气。"⑤ 康熙在熊赐履启

① 赵尔巽等：《清史稿·魏裔介 熊赐履 李光地》，第2547页。
② （清）《康熙起居注》第2册，中华书局1984年版，第1249页。
③ （清）《康熙起居注》第1册，第80页。
④ （清）《圣祖仁皇帝实录》卷22，康熙六年六月甲戌，第310页。
⑤ 赵尔巽等：《清史稿·魏裔介 熊赐履 李光地》，第2550页。

发下对朱子学的尊崇，后世评价甚高，称之为“本朱子正心诚意之说，竭诚启沃”，而“自孝感发之”①。朱子学地位如日中天，康熙一朝以理学显身的有熊赐履、汤斌、李光地、高士奇、王鸿绪等均荣宠一时。但是，成为庙堂之学后的朱子学，却既缺乏有力的领军人物，又忽视学理的开新。同时，位居高位者又把朱子学的结朋纳党带入了政治生活，最后的结果是使学术界与统治阶层均抛弃了它。

在康熙还在恩宠朱子学的时候，就已经意识到朱子学给统治带来的危机了。有朱子学就有讲学，有讲学就有门户，有门户就有朋党。在野为学术门派，在朝就是朋党。朱子学的痼疾在清朝得宠的形势下日渐显露，渐至无遗。

康熙朝以理学显身的有孙承泽、徐乾学、李光地、汤文斌、高士奇、王鸿绪等，但他们知行不一，而且各树门派，结朋纳党，假公济私。明朝朋党之戒，历历在目。对于朋党行径，康熙一意识到就开始加以警戒惩处。备受荣宠如李光地，也曾因“务虚名而事干渎”② 而被逐出过翰林院。康熙二十八年（1689）秋七月，少詹事高士奇、左都御史王鸿绪、编修陈元龙即因左都御史郭琇劾其植党营私而被勒令告老还乡。③ 就是康熙赞扬过的汤文斌，其去世后，康熙帝也曾很严厉地指责过他，康熙训斥道：“使果系道学之人，惟当以忠诚为本，岂有在人主之前作一等语，退后又别作一等语者乎？”④

理学家们脱离实际、空谈心性的做法实为这位帝王所不喜。康熙五十年（1711），康熙深有体会地说：“理学之书为立身根本，不可不学，不可不行。朕尝潜心玩味，若以理学自任，必致执滞己见，所累者多。宋明季世，人好讲理学，有统入于刑名者，有流入佛老者。……今又有所谓得道统之传者，彼此纷争，与市井之人何异？人读书，宜身体力行，空言无益也。”⑤

康熙当政时的最后一次较大的文字狱戴名世《南山集》案，就是康熙向结朋纳党的朱子学者的发难。戴名世为桐城派古文家、程朱之学信

---

① （清）徐世昌：《清儒学案》第1册，中国书店1990年版，第639页。

② （清）《清实录》第5册《圣祖仁皇帝实录》（二），第785页。

③ 黄鸿寿：《清史纪事本末》，上海书店出版社1986年版，第99页。

④ （清）《圣祖仁皇帝实录》卷163，第785页。

⑤ （清）《清实录》第6册《圣祖仁皇帝实录》（三），第613页。

徒，康熙非常明白戴名世根本没有谋逆的理由，好不容易得来的白发功名，怎可轻易放弃，但他还是定了戴名世的谋逆罪，这个时间正好是再废太子之年。康熙政尚仁慈，他在位期间共两次大的文字狱，第一次文字狱庄氏案应归于鳌拜头上，因为当时康熙尚幼。一向宽厚待臣的康熙，竟然为莫须有的事件对大臣痛下杀手，可见康熙对朋党惩戒的决心和力度。其实在第一次废太子前，康熙就发出过严惩朋党的信息。康熙四十二年（1703）康熙惩办了太子党之首太子的叔祖索额图，这个时候的索额图虽然已于康熙四十年（1701）九月，以老乞休，但来不及了，康熙惩办索额图，势在必发。康熙四十二年（1703）五月，康熙帝命侍卫海青传谕索额图，主要内容是：你家人告你，朕留内三年，未予宣布，本有宽待之意。但是，你没有愧悔之心，背后怨气冲天，议论国事，结党妄行。全国都受朕深恩，如果受恩者半，不受恩者也半，那就会要跟随你了。去年皇太子在德州时，你乘马至皇太子中门方下，仅此一条就该把你处死。你把自己看成是什么人？你任大学士时，应因贪恶被革退，后再次起用，并不思念朕之恩惠。养的狗还知道主人的恩情，像你这样的人即使格外加恩，也属无益。朕本想派人去你家搜看，恐怕连累的人太多，所以中止。如果把你办的事情公布出一部分，你就会被正法。考虑到你原是大臣，朕心不忍；但令你闲住，又恐怕结党生事，背后怨尤议论，还是交宗人府拘禁。索额图最后被以“议论国事，结党妄行”罪，被康熙帝拘禁宗人府，不久死于幽所。五年后，即康熙四十七年（1708），康熙第一次废太子时，康熙帝对大臣们列举的皇太子“种种恶端”时，索额图当然就成了允礽罪恶之一源，他说，从前“索额图助允礽潜谋大事，朕知其情，将索额图处死。今允礽欲为索额图复仇，令朕戒慎不宁”①。允礽被废后，康熙帝又提到了索额图，他说，过去允礽立为皇太子时，索额图怀私倡议，凡服御诸物俱用黄色，所定一切仿制，和朕所用几乎相似。允礽日益骄纵，实源于此。索额图是本朝第一罪人。究竟索额图是否康熙朝第一罪人，索额图于康熙二十八年七月十四（1689 年 9 月 7 日）与沙俄全权使臣戈洛文签订的《尼布楚议界条约》就已经告诉了我们真相。此外，据清宗室礼亲王昭梿说：索额图在狱中时，曾有“客潜入狱馈饮食，及公伏法，

① 赵尔巽等：《清史稿·索额图 明珠 余国柱 佛伦》，第 2573 页。

客料理丧殓事毕，痛哭而去，不知所终”①。索额图虽自有其仁义在，但从他结朋纳党之日起，就宣示了自己命运的不菲结局。

不过，康熙惩办索额图，自己也不自觉地被扯进朋党相争的怪圈。康熙朝的两重臣纳兰明珠与索额图“权势相侔，互相仇轧”。索额图生而贵盛，性倨肆，有不附己者显斥之，于朝士独亲李光地。明珠则务谦和，轻财好施，以招来新进，异己者以阴谋陷之，与徐乾学等相结。索额图善事皇太子，而明珠反之。朝士有侍皇太子者，都阴斥去。汤斌傅皇太子，“即以倾斌”。康熙能找到足够的理由治索额图的罪，原本索额图门下士当时已党附明珠的高士奇在其中起了重要的作用。高士奇未发迹前，家道贫困，但长于诗文书法，经人举荐投入索额图门下，然而索额图常以“椒房之亲，且又世贵，侍士大夫向不以礼，况高是其家奴狎友，其召之幕下也，颐指气使，以奴视之”。即使高士奇后来被康熙帝破格提拔，高官显贵，见索额图时，高士奇犹长跪启事，索额图也不令其坐。索额图家人尚称高士奇为高相公，索额图却直斥其名，有不如意处，则令高士奇跪于庭，而“丑诋之”，有时还切齿大骂，辱及高士奇父母妻子。为此，高士奇怀恨在心，等到羽翼丰满，“遂顿忘旧恩，而思剚刃于其腹中”。康熙四十二年（1703），高士奇随驾北上，这时他已背叛索额图，投靠明珠。高士奇一方面因与索额图的个人恩怨，一方面作为纳兰明珠的棋子，向索额图发出了利箭。据载，康熙三十九年（1700）即有人告发索额图，康熙帝没有处置。高士奇倾陷索额图，则引起了康熙高度关注，并以此为契机处置了索额图。而康熙重惩索额图，从另一角度看，其实是助长了纳兰明珠的势力，所以康熙无法根治朋党问题。哪怕后来纳兰明珠也因结党而获罪，再后来虽然官复原级却再也没受到重用，最后郁郁而死，也并不能表明康熙惩处若干党魁就根除了朋党之患。康熙惩治数个党魁，并没有达到治本的目的。康熙一朝朋党，康熙并没有制造出若干个像索额图、戴名世二人一样的祭牲，使天下朋党闻之敛迹。索额图、戴名世所获得的不得善终的结局归根结底还是源于康熙决意废太子。至于对待明珠等人，康熙最终还是护惜的，并未痛下杀手，取他们性命，他主要还是旨在惩戒而已。康熙二十七年（1688）御史郭琇上疏弹劾纳兰明珠，历数纳兰明珠结朋纳党的事实，认为纳兰明珠智术足以弥缝其罪恶，又有余国柱奸谋附

① （清）昭梿：《啸亭杂录》卷10《索家奴》，清光绪六年九思堂藏本，第116页。

和，负恩乱政，理应严谴。对郭琇的上疏，康熙并未完全接受，就此而谕吏部的旨意虽然明确地表示要惩办朋党，但另一方面也表现出自己的仁爱，他说："国家建官分职，必矢志精白，大法小廉。今在廷诸臣，自大学士以下，惟知互相结引，徇私倾陷。凡遇会议，一二倡率于前，众附和于后，一意诡随。廷议如此，国是何凭？至于紧要员缺，特令会同推举，原期得人，亦欲令被举者警心滌虑，恐致累及举者，而贪黩匪类，往往败露。此皆植党纳贿所致。朕不忍加罪大臣，且用兵时有曾著劳绩者，免其发觉。罢明珠大学士，交领侍卫内大臣酌用。"① 史称："乾学、士奇先后入直，鸿绪亦以文学进，乃凭借权势，互结党援，纳贿营私，致屡遭弹劾，圣祖曲予保全。乾学、鸿绪犹得以书局自随，竟编纂之业，士奇亦以恩礼终。"② 仁爱亦是不足以根治朋党的。难怪康熙一朝，康熙始终纠缠在朋党的怪圈里，不得出来。

康熙朝的这些结朋纳党的大臣们，无论是索额图或者纳兰明珠，结党的最终目的还是为各自的主子，即各皇子服务。围绕各皇子的起落，在康熙朝激烈的皇位之争的漩涡中升沉起伏。康熙的皇子可以说几乎都卷入了皇位之争。大臣结党只是表象，惩治他们只是让他们撤出各皇子党，安于本分。大臣可以惩治，但儿子们，康熙却难以惩治。儿子们结党，才是康熙晚年最头疼的，也是康熙朝结朋纳党的真正根源。惩治朝臣的结朋纳党，康熙尚且棘手，面对儿子们之间的争斗，康熙自然也只能以遗憾告终。

雍正登基后，首先解决康熙遗留下来的朋党问题，他的结朋纳党的兄弟们以及介入其中的文武大臣被他惩治得家破人亡。他的同母弟弟允禵从前线被调回，永远禁锢。皇八子允禩、皇九子允禟被迫害致死，皇十子允䄉和皇三子允祉、允祉的儿子弘晟均被永远囚禁，皇十二子允祹被降爵贬秩，雍正的亲生儿子弘时站在八叔允禩一边，被雍正处罚致死。据载雍正上台，被杀的宗室、官员达几百人。康熙身边一位照料康熙起居的内务府官员赵昌，在康熙死后即被杀。

不过，雍正处理朋党问题过于残酷，雍正后来自己似乎也有所愧疚。乾隆四十三年（1778）正月，乾隆谕曰："圣祖第八子允禩、第九子允禟

---

① 赵尔巽等：《清史稿·索额图 明珠 余国柱 佛伦》，第 2573 页。

② 赵尔巽等：《清史稿·徐乾学 翁叔元 王鸿绪 高士奇》，第 2579 页。

结党妄行，罪皆自取。皇考仅令削籍更名，以示愧辱。就两人心术而论，觊觎窥窃，诚所不免，及皇考绍登大宝，怨尤诽谤，亦情事所有，特未有显然悖逆之迹。皇考晚年屡向朕谕及，愀然不乐，意颇悔之，若将有待。朕今临御四十三年矣，此事重大，朕若不言，后世子孙无敢言者。允禩、允禟仍复原名，收入玉牒，子孙一并叙入。此实仰体皇考仁心，申未竟之绪，想在天之灵亦当愉慰也。"①

其次，严防朋党于未然。汪景祺因“谄附”年羹尧而立斩枭首，查嗣庭因趋奉隆科多而被戮尸示众。蔡珽因发现有谗毁岳锺琪，交结查嗣庭的迹象而受到严惩，妻子入辛者库，财产没入官，本人从宽改斩决为斩监候。谢济世上以弹疏劾河南巡抚田文镜营私负国，贪虐不法，列举十罪。当时雍正正倚重田文镜，就以谢济世所言风闻无据，显系听人指使，意欲要结朋党为借口，拟斩谢济世。把尽职完成谏官之责的谢济世的一次弹劾其亲信要员事件追因于朋党，可见当时以朋党罪人的普遍容易，也可见朋党的风声鹤唳。陆生楠因议论时政且雍正怀疑其与谢济世结党而被军前正法。此案的当事人之一谢济世被押赴法场被迫目睹陆生楠走向死亡的全过程。钱名世投侍年羹尧事发，家门口高悬雍正亲书的“名教罪人”而耻辱终生。惩治钱名世等从某种角度言就是惩治好议论喜党争的朱子学者，而对谢济世等的处理则表明清朝虽然不容许朱子学者妄议朝政，结党营私，但朱子学作为清廷的思想统治工具是不可动摇的，非议程朱必然致祸，鲁迅说得好：

> 清朝虽然崇朱子。但止于“尊崇”，却不许学样，因为一学样，就要讲学，于是而有学说，于是而有门徒，于是而有门户，于是而有门户之争，这就是为“太平盛世”之累。②

又门生座师的情谊也是朋党的一个源头，所以雍正对科场考试尤其重视。为杜绝因科场而来的朋党，雍正严厉整饬了以李绂、杨名时为代表的科甲朋比现象。

---

① 赵尔巽等：《清史稿·诸王六·圣祖诸子》，第 2342 页。

② 《鲁迅全集》卷 6《且介亭杂文·买〈小学大全〉记》，人民文学出版社 1973 年版，第 59 页。

此外，雍正还从思想文化方面严禁朋党，往往系以文字狱。他颁下谕旨禁止结党：“朋党最为恶习，明季各立门户，互相陷害，此风至今未息……此朋党之习，尔诸大臣有则痛改前非，无则永以为戒。”[①] 针对欧阳修“朋党论”作《朋党论》，向大臣颁示之，以反驳欧阳修“君子有朋”说，斥责臣下不以朝廷的赏罚黜陟为重轻，而以党人的咨嗟叹息、指摘抵訾为宠辱，扰乱天下的公是公非，作好恶来阻挠皇上裁夺的权柄，危害甚大，要求为臣子者，尽去朋党积习，竭忠朝廷，君臣一心，共享升平，子孙世蒙福佑。抓住曾静投书谋反案，出奇料理，自撰《大义觉迷录》，刊发全国，令曾静全国巡回宣讲，并兴起了一场清算吕留良“华夷之辨”的文字大狱。

他的儿子乾隆承祖、父之势，再接再厉，清前期的朋党问题在他手中得以彻底解决。乾隆十四年（1749）十二月乾隆颁布谕旨：大臣等分别门户，衣钵相传，此岂盛世所有之事？我大清朝乾纲坐揽，朕临御至今十有四年，事无大小，何一不出自朕衷独断，后又屡因“深恶”而多次“痛斥”[②]，加紧清洗结朋聚党者。乾隆惩治党争的主要对象是鄂尔泰、张廷玉。

鄂尔泰、张廷玉为顾命大臣，乾隆即位初期颇倚重他们。久而久之，围绕二人就形成满汉之间的朋党，满人倾附鄂尔泰，汉人倾附张廷玉。廷臣势力抗衡，便于统治者节制其间，执行自己的独裁统治。但如形成党羽，尾大不掉，则会使帝王大权旁落，影响帝王“乾纲独断”的威严。乾隆对鄂、张两派植党营私早有戒心。时至乾隆二十年（1755），二人中一人已死，一人致仕将死，但两派的党羽却不易清除。胡中藻是鄂尔泰门下攻讦张派最有力者，乾隆看准时机，从胡中藻《坚磨生诗钞》入手向胡中藻开刀。《坚磨生诗钞》被乾隆帝秘密派人查办，一些疑似的字句，被字字挑剔，胡中藻本人被处斩刑，作品被禁毁，鄂尔泰的侄儿甘肃巡抚鄂昌也因“身为满洲世仆竟与逆犯胡中藻甘心倡和诽谤”[③] 被赐死，已故大学士鄂尔泰被撤出贤良祠，不准入祀。借此案极大地打击了鄂派势力，对于张派也有威慑作用。而张廷玉在朝为官虽尚谨慎，但张党声势浩大，

① （清）《世宗宪皇帝实录》卷 6，雍正元年四月丁卯，第 133—134 页。

② （清）《高宗纯皇帝实录》卷 354，乾隆十四年十二月戊子，第 896 页。

③ （清）《高宗纯皇帝实录》卷 576，中华书局 1986 年版，第 335 页。

实为乾隆难容。乾隆十四年（1749），张廷玉致仕，肯乞乾隆践履雍正遗命，让自己死后配享太庙，终于惹翻了乾隆，削去了张廷玉的伯爵封号。胡中藻一案，使鄂、张二派势力都受到打击，乾隆达到了他兴起这诗狱的主要目的。

乾隆惩治党争，是比较彻底的。乾隆二十三年（1758）十二月癸丑朔，乾隆在颁下的圣谕中总结道：

> 我朝圣圣相承，乾纲独揽，政柄从无旁落。如康熙年间之明珠、索额图、徐乾学、高士奇；雍正年间之李卫、田文镜等，其人皆非敢骫法干纪，如往代之比。不过私心未化，彼此各持门户之见。即朕初年，鄂尔泰、张廷玉二人，亦未免故智未忘，今则并此而无之矣。①

如此严酷的党争，来华耶稣会士不知避免，却心甘情愿卷入其中。

耶稣会按照军事原则组建，会徽以狗为标志，维护罗马天主教会的统治地位的旨意寓示无遗，他们还公开宣称教会必须无条件服从教皇的指示。罗耀拉制定的誓言是："我不属于我自己，我乃属于那创造我的天主和代表他的教宗。我要像死尸一样，没有自己的意志和知觉；像一个小的十字架，可以随人左右旋转；像老人的拐杖，可以随人摆布，为他服务。"② 其传教方式灵活，成员可以不穿僧衣，不隐居苦修，而是深入社会，结交权贵，注重学术教育，提倡全力调查研析世界各民族的风俗文化，以适应广泛布道的传教需要。甚至还兴办学校、医院等。不过，他们也有偏激的一面，为维护天主教会和教皇的利益，耶稣会曾经主张使用暗杀、投毒、背信弃义等手段。这注定了耶稣会士传教的政治色彩。

耶稣会除了在欧洲活动外，还把活动范围扩张到亚洲、非洲和美洲，1540 年第一批耶稣会会士受教皇派遣赴亚洲传教，1579 年和 1582 年意大利籍耶稣会士罗明坚、利玛窦先后来到中国澳门。此后，来华的耶稣会士越来越多，汤若望、南怀仁等是其中著名者。

从第一个试图进入中国的耶稣会士沙勿略始，就已经发出了对根深叶

① （清）《高宗纯皇帝实录》卷 576，第 332 页。

② ［德］彼得·克劳斯·哈特曼：《耶稣会简史》，谷裕译，宗教文化出版社 2003 年版，第 13—14 页。

茂、难以撼动的中华文明的无奈的感慨。然而，即使没有良好的开端，这片土地，耶稣会士依然热望能踏上。如何踏上这片土地，继沙勿略后的耶稣会士在沙勿略的传教经验基础上不断探索，利玛窦可谓其中得沙勿略精髓、引领耶稣会士进入中国内地的最重要的传教士。正是他实践了沙勿略开创的“适应性传教策略”，使耶稣会士融入中国文化中，获得了中国士大夫阶层的认可，得以在中国内地立足并进入统治中心，为中西交流争取到很长一段时间的和谐期，使中西之间和谐交融，互动共生。

综观利玛窦的传教，他的“适应性传教策略”，就是适当改造基督教教义融入中国文化中，以求得到中国人的认可，在中国立稳足。不过，在中国几千年的封建文化下，即使是单纯的文化融合，也必须得到统治阶层的认可，这个融合才会有可能性，才能持久，而试图融合者方能与中国和谐共处，互动共生。因此，耶稣会传教士在中国归根结底得走上层路线。而中国统治阶层是士大夫为主流的统治阶层，故而耶稣会传教士必须通过结交中国士大夫阶层进入中国社会的主流，继而上达朝廷。对利玛窦等而言，这是一个对中华文化艰难的认识与认同过程。其间虽然也有碰撞冲突，有文化差异而带来的误解，但最终在利玛窦等传教士的努力下争取到了和谐，中西之间进入总体上的交往友好期，互动共生。在这个过程中，利玛窦的衣着从初期的僧人装束走向了士大夫的穿戴。在对中国传统了解的基础上，利玛窦小心谨慎地维持着与上层士大夫的交往，极力避免与儒学冲突，努力使民众相信基督教和儒学并无二致，扮演基督教和儒家之间调和的角色。1609 年，利玛窦在给耶稣会副省长巴范济（Francesco Pasio，1554—1612）的信中就阐述了自己“易佛（道）补儒”以皈化中国人的观点。和利玛窦结交的中国官僚士大夫纷纷认同利玛窦扮演的这个角色。李贽谈及对利玛窦的印象道：“及抵广州南海，然后知我大明国土先有尧、舜，后有周、孔。住南海肇庆几十载，凡我国书籍无不读，请先辈与订音释，请明于四书性理者解其大义，又请明于六经疏义者通其解说，今尽能言我此间之言，作此间之文字，行此间之仪礼。是一极标致人也。”① 确然，如利玛窦一样，那些开创新教区的早期耶稣会士，几乎都很明智，他们基本都认同“使传道适应这些新民族是一个有利的前提……也是不可或缺的前提，不仅有利于了解过去，而且有利于明智地预

① （明）李贽:《续焚书》卷 1《与友人书》，南京图书馆藏明刻本，第 50 页 a。

见未来"[①]。然而，也正是如此，他们虽然知道接近传教区上层的风险，告诫自己少牵扯政事，但在中国，利玛窦习儒要得到传统认可，不可避免地必然与当时的清流，亦即明末的东林党结交，获得舆论支持，也就不可避免地牵扯到明王朝激烈的党争中，不可避免地受政治影响。当然，这个影响程度因传教士本人以及当政者不同而各异。不过，就政治方面而言，在利玛窦主持中国教区事务时，如艾儒略《大西利先生行迹》所叙"传道中华，百般艰阻，利子一以宽和谦忍，不以事顺而傲，不以事逆而悲，故所遇人士咸相敬爱，时愿亲炙"[②]，把握到位，所以传教事业一直处于大体和谐中。就和利玛窦交好的东林党人士而言，利玛窦和东林党人士之间主要是双方互相倾慕学识而来的友谊，基本不涉足党争，只是在利玛窦去世，龙华民改变利玛窦传教策略，既不重视"适应性传教"，不切中国实际片面推行耶稣会原教宗旨，又乐观地扩大传教范围，传教事业方受到了重创。自元末以来几乎不与外界交通的中国，到利玛窦等来华后，中西碰撞的现状是，连最能接受异端的李贽，也不清楚利玛窦来华为何？就利玛窦来华目的问题，李贽是这样讲的，他说："中极玲珑，外极朴实，数十人群聚喧杂、雠对各得，傍不得以其间斗之使乱。我所见人未有其比，非过亢则过谄，非露聪明则太闷闷瞶瞶者，皆让之矣。但不知到此何为，我已经三度相会，毕竟不知到此何干也。意其欲以所学易吾周孔之学，则又太愚，恐非是尔。"[③] 看来，最能接受新事物的李贽也和时人一样疑惑利玛窦是否欲以夷学乱中华周孔之学，摧毁中国千年来的思想根基。只不过他通过与利玛窦的接触，觉得单纯以这论定利玛窦来华太愚蠢，不一定正确，也就止于恐怕而已，并没有彻底否定自己的想法，亦即疑惑始终未消。故而，在并非所有中国人都对西学感兴趣，对西学本就了解不够，甚而有恐慌夷人会借助传教，将来某一天里应外合，窃取天朝宝座的保守势力存在的状况下，任何不谨慎的行为必然令传教士陷入一种窘境，给明廷保守派士大夫打击传教士的借口。果然，在利玛窦去世 6 年，万历四十四年（1616），就有了保守势力对传教士攻击的机会。这年，中西之间有了一次大冲突，即著名的南京教案。这次教案使耶稣会士有了自利玛窦策略

① ［法］裴化行：《利玛窦评传》，管震湖译，商务印书馆 1993 年版，第 61 页。

② ［意］艾儒略：《大西利先生行迹》，民国刊本，第 6 页 b。

③ （明）李贽：《续焚书》卷 1《与友人书》，南京图书馆藏明刻本，第 50 页 a。

带来很长一段时间和谐互动共生之后的一次重创，当时发难者沈漼所持的理由就是："惟皇上为复载炤临之主，是以国号曰大明，何彼夷亦曰大西？且既称归化，岂可为两大之辞以相抗乎？三代之隆也，临诸本朝稽古定制，每诏诰之下，皆曰奉天；而彼夷诡称天主，若将驾轶其上者，然使愚民眩惑，何以适从！"① 以夷将变夏来说服万历皇帝。

这个重创还因为中西历之争，中西双方需要更多的认识理解与交融互动才能走出这个怪圈。明季的这个打击虽然给传教士以重创，不过最后西历还是获得了认可。然而斗争远未结束，在未来的清朝还会重演，而且更厉害。

当然，从中西交往循环发展的规律来看，我们已经清楚，这是中西交往理解不够的必然结果。当进一步深入了解，互相理解尊重后，和谐又自然会产生。这在明亡之际得到了很好的验证。崇祯二年（1629）明王朝实现了开明士人与传教士开局修历的梦想，修成了新历，即《崇祯历法》。后来，面对少数民族的满族的军事进攻，明王朝及开明士大夫也把求助的眼光投向了天主教，从技术与精神层面上寻求支持，所谓"欲求超胜，必求会通"。多年的与皇室、东林党的友好关系，以及出于对教众、传教事业的考虑，耶稣会士最终选择了进入明王朝政治内部，与明王朝合作，站在明王朝一边，反击清的入关，天主教因之又再次兴盛。这无疑再次证明当中西之间已经了解到一定程度，即使中间难免有误解，但冰雪消融后，必然再次走向和谐共生，进入友好期，甚至可以患难与共。我们知道，互动其实也并非一味的顺境，有所误解也是中西两种不同文明碰撞交融中必有的经历，无论是万历、崇祯还是永历时期，概莫能外。耶稣会士在明朝危亡之际给予明政府的援助与支持，传达出的就是中西这种在多年了解基础上最终达到的患难与共的友情，一种深厚的和谐与共生，尤可褒赞。当时的传教士如意大利籍天主教耶稣会传教士毕方济（François Sambiasi），曾向明廷上《救国御金》之策。汤若望1638年向崇祯帝进献《耶稣行迹》一册并监督大炮的制造，每逢开炉前必着司铎服装祈祷，所铸500门"无敌大将军"炮因做工精良，受到崇祯帝嘉奖。其后在纷乱的局势中，传教士也多站在了南明一边。南明给予传教士的回报则是传教

① （明）沈漼：《参远夷疏》，载（明）徐昌治订《圣朝破邪集》卷1，日本安政二年本，第6—7页。

士事业在南明空前发展。传教事业在南明朝廷上尤其是永历朝堂得行其道，更在永历内宫里大受欢迎。南明永历政权从皇太后、皇帝、皇后、后妃、皇子到太监等纷纷加入了天主教，非常虔诚，天主教在南明政权尤其是永历时期非常繁盛。毕方济充当过南明福王的使臣，前往澳门向葡萄牙人搬救兵，后毕方济一直活跃在南明各政权当中。卜弥格（Michel Boym，1612—1659）1650年充任南明特使赴教廷为永历朝向西方求救。这一时期全中国的天主教徒已达50万人，可以说南明确乎在很长一段时间内是一个天主教之国。

当然，在这种中西互相理解后的总体和谐下，中华文明对西方文明了解还是不够，还没有完全做好准备接受，但在西方文明有备而来的情势下，双方从冲突到接纳再到和谐的时间还是颇长，也颇多反复，利玛窦的传教历程就是最好的例子。

在中华文明面前，利玛窦等依靠满腹经纶与少数士大夫建立起牢不可破的友谊，最后依靠他们的竭力帮助，在少数几个城市立足，并最终进入北京，觐见了万历帝，使传教事业获得了和谐发展的机会。有学者分析道：

> 一是不仅徐图缓进，而且必要时迂回绕行，极其明显的是这个传教士某些时候——尤其在初期，甚至不传教，只是广交友、多叩头；同时还竭力避免与儒学相悖逆，而是利用孔子学说去集中攻击基督教所说的偶像崇拜，即拜三一偶像之外的其他崇拜；二是少牵扯中国的政事（只能说是“少”牵扯，因为他既认准了中国士大夫阶层，尽最大可能与其中杰出人物交友，就不能不交结清流东林党人），也力求不给中国人以他同澳门葡人有什么瓜葛的印象。他采取这种态度以实现传教目的，自身又具有“先天”的优势：性情温和、和悦近人，而且在来华以前已有人文科学、自然科学直至机械工艺和手工艺方面的良好准备。在这个基础上，他又在中国从古老文明中汲取了许多“强化剂”，例如他学得了中国原有的一些数算之术，结合老师克拉韦乌斯传授的西洋数学，给李之藻、瞿太素传授的就是采纳二者之长的数学。他的文化素养使他成为当时来华开拓传教事业的最合适人选；也是由于这种深厚的文化素养，他才不至于愚蠢如后世的某些洋教士，不懂得遭遇的是一种根深叶茂、万难摇撼的文明。正由于他有

> 这样的明智，加上他学习语言的天赋和刻苦钻研的精神，这位洋“进士”在中国上流社会（仕和士）中如鱼得水一般，通过文化交流，大致顺利地推行“传播基督福音”的事业。[①]

不过，虽然利玛窦大体上达到与中国文化和谐，并在士大夫们的支持下，大致顺利传教，同时也对中国的政治保持中立的态度，然而他终究还是与其他传教士一样，是被作为夷来对待的，只是“令礼部宾礼受大官廪饩，不令杂入夷馆，听其便”[②]，最后盖棺定论是“向化远来，久沾豢养之恩”[③]，因“渐染中华之教，勤学明理，著述有称，一旦溘然物故，万里孤魂，不堪归榇，情殊可悯……久依辇毂，即属吾人，生既使之糊口于大官，死岂宜合其暴骨于浅土？”[④] 被视之为华化的夷人，朝廷以抚远怀柔的厚恩，特区别对待，并恩准他的下属所请赐予葬地。利玛窦尚且避免不了中国对他的误解，由此而来的冲突与碰撞，其后继者也自是无法避免的。尤其在利玛窦传教前期，一则孤立无援，加以自身对中华文化理解不深，屡触禁区，遂屡遭驱逐，即使后来争取到觐见万历帝这样的传教士们梦寐以求的机会，有万历帝的一定程度上的认可，但在众人眼里，利玛窦还是多被说成是在卖弄自己的货色，甚至有点像巫师，企图以自鸣钟和望远镜为手段阴谋篡夺万历帝的宝座。利玛窦日后总结包括自己在内的教士肇庆被逐，就揭示了这种无奈。他指出中国许多人把包括他在内的传教士肇庆被逐归因于他们不愿意向肇庆制台交出变朱砂为白银的炼金术秘密的结果，并把这纯属子虚乌有的事情当作千真万确的事实加以兜售，在中国流传开来。这流传开来的奇谈，在利玛窦看来，以后大概还要永世流传不衰。

这个颇漫长的碰撞冲突和谐交织的互动共生过程中，传教士成为中西文明之间的媒介，他们或著述或译介，以为双方互相认知之用，对双方的影响均深远。西方在18世纪掀起了中国热，为西方的启蒙运动注入了思想因子。西方的技术则带动了中国科学的进步。如徐光启在研究中国古代

① ［法］裴化行：《利玛窦评传》，管震湖译，第13页。
② 《熙朝崇正集 熙朝定案（外三种）》，韩琦、吴旻校注，中华书局2006年版，第23页。
③ 同上书，第22页。
④ 同上。

历法的基础上，吸收了当时欧洲在天文方面的最新科学知识，对天文历法进行了研究，中西历法互动共生，但也为来华传教士种下了祸根。

而在华传教士继利玛窦之后，各修会来华人员日增但人员良莠不齐，整体素质有滑坡趋势，而耶稣会内部矛盾后来也演化为在华各修会之间的矛盾，教皇不切实际废止利玛窦等开创的适应性传教策略，最终导致中西礼仪之争，令清廷全面禁止传教，使利玛窦等艰难开创的良好先局以遗憾告终。这是中西文化的差异带来的观念的分歧的必然结局。不过，虽然结局遗憾，但中西这次互动给双方带来的影响却是深远的。

传教士入清后的传教与明代时期的传教看似一致，但实际已有区别。他们与上层的过从甚密的连锁反应就是淡化了科技学识传教，最后就是背离“适应性传教策略”。既被统治者抛弃，又失去了士大夫阶层的支持。这是在康熙朝宽容的传教环境下，困境反而越来越深的根本所在。传教士最初得以在中国立足就是以科技学识获得了士大夫与权贵的支持。中国士大夫阶层在中国几千年封建文明中，具有举足轻重的地位，他们的好恶喜怒往往和一个王朝的兴衰联系在一起，他们既是中国的脊梁又是中国前行的动力。一个外来文化，在中国倘若没有士大夫阶层的支持，已然就等于宣告了末路。当初利玛窦能够在中国立足，并进入北京，就是以丰富的东西学识获得士大夫及权贵支持的结果。他丰富的学识，当时有士大夫盛赞为“手不释卷，经目能逆顺诵，精及性命，博及象纬舆地，旁及勾股算术，有中国儒先累世发明未晰者”①。

综观利玛窦传教经历，在韶州时有瞿太素，瞿太素为他争取到居留南京的权利。在南昌有建安王保护，在南京结识有礼部尚书王忠铭、礼部侍郎叶向高、思想家李贽、徐光启等。不过，利玛窦既不是官儿，也不是中国士大夫，只是泰西一儒士，瞿太素多年来为他争取的正是以这种资格定居南京。② 泰西一儒士，既是利玛窦立足中国之本，也是他打通上层路线的法宝，是其获得最大利益的不二法门，也是导致日后传教士遭到重创的根源之一。一旦日后传教士做了官，就背离了利玛窦开创的儒士形象，亦即对走中国上层路线不切实际地光大发扬却是致命的。面对中国的上层，

① （明）李之藻：《刻畸人十篇李之藻序》，载［意大利］利玛窦述《重刻〈畸人十篇〉》，汪汝淳校梓，明万历元年天学初函本，第16页。

② ［法］裴化行：《利玛窦评传》，管震湖译，第210页。

进入中国的天主教前驱利玛窦（Matteo Ricci）等虽然不得不接触，但他们对自己的身份定位得很好，避免了直接卷入中国内部激烈的斗争中，所以他得到的是就整体而言的和谐，并在和谐中互动共生。对后继者而言，继续这条路线是必然的。但如何把握，需要眼光、技巧和艺术，一旦掌握不好度，就必然招致祸患。

西历是传教士开通中国大门的法宝之一。对于西历，中国人总体上是认可的。但从利玛窦一入北京就自诩深通天文，要求参与历法工作以邀宠万历开始，其目的就已然不纯，亦宣告了与政治的密不可分。不过，西历的过人之处，却是无论拥护西法或反对西法的中国人都不得不承认的，而当时中历也的确停步不前，僵化保守，“明三百年历法与天文漏刻，判为三科，则台官之占候推步业已分途，而回回一科以凌犯为秘术，复与诸科不相通晓；故虽并隶钦天监，而各矜其世业专家，莫肯出以互证”①。按明制，明代历官“皆世业”②。成祖到弘治年间尚能建修改之议，万历以后则皆专己守缺，对历学有所研究者却往往非历官。面对历法此等之弊，礼部尚书范谦曾进言：“历为国家大事，士夫所当讲求，非历士之所得私。律例所禁，乃妄言妖祥者耳。监官拘守成法，不能修改合天。幸有其人，所当和衷共事，不宜妒忌。乞以云路提叔钦天监事，督率官属，精心测候，以成巨典。”③ 提出改革历法的要求，但奏疏上呈后，没有结果。利玛窦等带来的西历正好解决中历之困，遂在当时中国引起轰动。李之藻所认为的西历“邃羲和候星寅日之旨，得未曾有”④ 与谢宫花所认为的“今西夷所以耸动中国，骄语公卿者，惟是历法”⑤，正代表了时人截然相反的两种看法。即或如此，面对中历亟待改良的现状，还是李之藻等希冀中西会通者占了上风。时为礼部侍郎的东林党人翁正春奏请推荐徐光启、李之藻与传教士庞迪我（Didace de Pantoja）、熊三拔以西法修历。后来，李之藻又上《请译西洋历法等书疏》，言西方传教士庞迪我、龙华民、熊三拔、阳玛诺（Emmanuel Diaz Junior）等“俱以颖异之资，洞知历算之

① （清）梅文鼎：《绩学堂文钞》卷5《书后篇》，清乾隆间梅氏家刻本（本家藏本），第5页a。

② （清）张廷玉等：《明史》卷31，中华书局1974年版，第544页。

③ 同上书，第528页。

④ （明）李之藻：《浑盖通宪图说序》，（明）郑怀魁订，明万历间刻本，第56页。

⑤ （明）谢宫花：《历法论》，载（明）徐昌治订《圣朝破邪集》卷6，第20页。

学，携有彼国书籍极多，久渐声教，晓习华言，在京仕绅，乐与讲论，其言天文历数，有我中国昔贤谈所未及者”，请求万历“亟开馆局”，“译出成书”。不过，因为明末天主教三大柱石的徐光启、李之藻和杨廷筠均与东林党有联系。三人之中，徐光启往往在政见上与东林党不谋而合，杨廷筠曾出资筹建东林书院，李之藻更曾名列《盗柄东林伙》黑名单。而当年利玛窦入京，是在反对税监的吏部尚书李戴的大力帮助下，使礼部上疏提请其延留在京择地居住。并且他请求居留的奏稿，亦是东林党人吏科给事中曹于汴斟酌修改后呈给万历皇帝的。此外，清流士大夫们还在为传教士们译书所作的序言中发出对西学的由衷褒赞，如曹如汴《泰西水法序》，李之藻《浑盖通宪图说序》，叶向高、杨廷筠、瞿式耜等为《职方外纪》所作序文。因此，即使利玛窦尽量保持中立，但与东林党实际存在的友情势必令浙党等待机打击传教士以达到打击东林党等清流士大夫的目的。同时，南京教案发生前，一部分传教士已经被传教事业的顺利发展冲昏了头脑，几乎忘却了高低深浅，未意识到面临的严峻形势。当然，这和主持教务者入中国时间不长，不熟悉中国国情亦不无关系。缺乏如利玛窦等一样与中国长时间的互动，是难以取得和谐共进的，自然不足以守成，遂酿成了南京教案。引发南京教案的中西人物分别是沈㴶、王丰肃（Alphonsus Vagnoni，1566—1640，后改名高一志、王一元）。

主持南京教务的意大利籍耶稣会士王丰肃于万历三十二年（1604）前来中国澳门，次年被派往南京，万历三十五年（1607）主持南京教务。初到之时王丰肃尚能专心研习中国语言文字，但在万历三十九年（1611），他在南京建起中国又一座大型天主教堂并于其壁刻“一六一一年五月三日，耶稣会诸神甫在中华古国之南京建筑之第一教堂”，在教徒骤增至200余人的情况下却开始膨胀起传教野心。他打算上书明廷，公开要求传教自由，王丰肃的行为与利玛窦等的谨慎相比，大为逊色，幸好杨廷筠等劝止住了王丰肃，不然南京教案中传教士的命运会更惨。有这样盲目乐观，忽略中国国情的传教士，浙党等要找到打击传教士的口实并不难。万历四十二年（1614）不甘心赋闲命运的南京礼部侍郎浙党沈㴶，意图东山再起。其敏锐的政治嗅觉使他很快把利箭射向传教士，希冀“一石三鸟”。既打击传教士达到维护正统迎合守旧势力并邀宠万历帝的目的，又打击了政敌东林党等清流士大夫讨好了同党，同时自己或可从中获利，青云直上。万历四十四年（1616）五月，在实察到王丰肃种种

"不轨"行为后，遂上《参远夷疏》，称西人"阑入部门，暗伤王化"，自己上奏意在恳乞申严律令，"以正人心，以维风俗事"，维护封建道统。他讲道："职闻帝王之御世也，本儒术以定纪纲，持纪纲以明赏罚，使民日改恶劝善，而不为异物所迁焉。此所谓一道同风，正人心而维国脉之本计也。"传教士称"大西"意在与"大明"相抗，"诡称天主"是将驾轶于天子之上。"惟皇上为复载炤临之主，是以国号曰大明，何彼夷亦曰大西？且既称归化，岂可为两大之辞以相抗乎？三代之隆也，临诸本朝稽古定制，每诏诰之下，皆曰奉天；而彼夷诡称天主，若将驾轶其上者，然使愚民眩惑，何以适从！"① 并提出开局翻译西书的事，恰好暴露了传教士等"妖妄怪诞"，他们"不思古帝王大经大法所在"，所当深恶痛绝者，亦正在此。认为传教士"是举尧、舜以来中国相传纲维统纪之最大者，而欲变乱之"，又言传教士用天主教诳惑小民，不祭祀祖先，"是教之不孝也"。是率天下而无君臣，是率天下而无父子，把所有问题都归结到了政治上。八月沈漼又上一疏，更令传教士的处境雪上加霜，"若南京则根本重地高皇帝陵寝在焉，……所以讥防出入，而杜绝异言异服者，尤不可不兢兢也。而丰肃神奸，公然潜住正阳门里，洪武冈以西，起盖无梁殿，悬设胡像，诳诱愚民。……尤可恨者，城内住房据洪武冈王地，而城外又有花园一所，正在孝陵卫前。夫孝陵卫以卫陵寝，则高庙所从游衣冠也，龙蟠虎踞之乡，岂狐鼠纵横之地，而狡夷伏藏于此，意欲何为乎？"沈漼所言代表了中国士大夫保守势力的心声，中国素来有"天垂象，见吉凶"的忌讳，又有宗教势力借助宗教颠覆朝廷的前车之鉴，所以明末虽有开明人士接纳西学，保护传教士，但中国内部对西学不满或观望者也大有人在，他们担心国本忧心王道，沈漼发难只不过是使这种矛盾明朗化的导火线，同时这也是党争中打倒政敌的有力砝码，因此也成为明末激烈党争以及沈漼个人政治野心的利器，而传教士的盲动不谨慎令沈漼正好找到了发难的借口。当然，传教士不时出现的盲动与不谨慎其实也暴露出他们传教的真正目的和野心，中国保守势力所言的"窃正朔以尊西洋"、"以夷变夏"也并非完全危言耸听，只是中国保守势力全盘丢弃中西和谐互动共进的态度却是不应该的。当时掌握决定权的万历帝对西学注重的是实用的如自鸣钟、火炮等器物而非西学的思想与方法，起初对天主教不置可否，

① （明）沈漼：《参远夷疏》，载（明）徐昌治订《圣朝破邪集》卷1，第6—7页。

但当他猛然获知天主教泛滥于士大夫之间，遂与沈漼等一道指责教士“立教惑众，蓄谋叵测”[①]，颁布禁教令。

打击传教士实际也给东林党等清流沉重一击。在他们心目中传教士带来的西学可“补益王化，左右儒术，救正佛法”[②]，更重要的是几年之后，人心世道，必定会渐渐改观，可以挽救民风世风，拯救明王朝岌岌可危的命运。传教士的被打击，首当其冲的就是他们的希望和信念的被打击。故而，无论西历高明于中历多少，在明末激烈的党争中，李之藻等开局修历的愿望只有到崇祯年间方能实现。力图中兴的崇祯，其统治前期锐意改革，善于接受新事物，以西历修历的时机方成熟。崇祯二年（1629），钦天监按《大统》和《回回历》测量日食又颇疏，于是授命徐光启成立历局以西法修历。中西历在交锋中互动，取长补短。

中西历法在明末的较量在清初又上演了一次。这既是中西文化之间的再次认知与较量，也是中国士大夫集团内部的再次斗争。明末中西交流的背景是，支持西学的开明士大夫是作为清流的东林党，他们希望借西学以解决明人浮泛的学风士风，以实学促明人的进步，挽救明岌岌可危的命运。他们对中西历法的认知也不乏高明之士，当时的徐光启与管理另局历务代州知州郭正中等均提出对中西历法兼容并包，择优互补。徐光启说：“近世言历诸家，大都郭守敬法，至若岁差环转，岁时参差，天有纬度，地有经度，列宿有本行，月五星有本轮，日月有真会、视会，皆古所未闻，惟西历有之。而舍此数法，则交食凌犯，终无密合之理。宜取其法参互考订，使与《大统》法会同归一。”[③] 他认为：“中历必不可尽废，西历必不可专行。四历各有短长，当参合诸家，兼收西法。”[④] 这些见解概括起来就是“会通”的思想。中历并非完全僵化，只是需要改进，传教士传入的西历也并非完全先进。“会通”就既脱离了保守，又避免了不加择别全盘吸收西学，切合辩证的逻辑。故而，有东林党的同情，在明季有

① （明）吴尔成：《会审王丰肃等犯案（并移咨）》，载（明）徐昌治订《破邪集》卷1，第26页。

② （明）徐光启撰：《辨学章疏》，（清）徐允希辑，载《增订徐文定公集》卷5，江南主教姚准，清宣统元年，上海慈母堂铅印本，第74页。

③ （清）张廷玉等：《明史》卷31，第530页。

④ 同上书，第543页。

识士大夫“欲求超胜，必须会通”[①] 的主流形势下，中西之间就由不解、误解到理解，各取所需，互动共进。据方中履《古今释疑》所载李之藻《请译西洋历法》等疏中说：“其言天文历数有我中国昔贤所未谈及者凡十四事：一曰，天包地外，地在天中，其体皆圆，皆以三百六十度算之，地径各有测法，自地窥天，其自地心测算与自地面测算者，皆有不同。……又据薛仪甫《天步真原》曰：今泰西之法更精矣。盖有数种中土莫及焉：一曰，经星度差，由于黄赤道二极不同心。……一曰，宫分今古不同，由于黄赤交道西行。……一曰，推步不同，中历止于勾股割圆，而西分正弦余弦切线割线等八法。……一曰，测量不同，中历测于二至，西法独重二分。”[②] 从方中履所言可见，西法的内容完全没有超出旧的经院体系之外，即没有超出托勒密的体系之外，他们根据的仍然是地球中心说。不过，西历虽然并非完全先进，但中西历之争中，中历往往败北，却不能不令我们思考。细究其因，一则历法人员为世袭并不精通历理，即或研究历法者如魏文魁与杨光先等本身对历学认知亦肤浅，一则历法涉及皇权根本，沿袭不敢更革。此中究竟，时人也是有能直透根本的，方中履就是其中之一。方中履说：“今大统本于授时，授时本于大明，千二百余年于此矣，焉得无差？而西历于万历癸丑方经改定，崇祯戊辰尚多测政，其疏密可知也。……故曰，今之法密于古也。”[③] 所以，在明季虽有魏文魁等对西历的上疏排斥、多方阻挠，抛开传教士是否传入当时西方的先进科学，相较于中历不得革新、滞后的局面而言，明政府对历象累年检测的实情自然是西历较密，最后中西历较量中自然西历势必取胜。不过，因时局之故，西历一直未得颁行。到清代初期中西历法之争之时，其中中西之争以及士大夫集团内部之争的局面均没有改变，改变的是传教士的传教策略，士大夫坚实保护者的消失。

就当时士大夫阶层而言，以杨光先为首的保守势力是传教士最大的劲敌。此外，整个社会普遍对西学已经较明季有更进一步认识，即使认可西学者，也已经开始冷静看待西学，如明季同情或认可西学者的顶礼膜拜情

---

① （明）徐光启：《崇祯历书·附历书总目 崇祯四年正月二十八日》，潘鼐汇编，上海古籍出版社 2009 年版。

② （清）方中履：《古今释疑》卷 13《历法》，清康熙元年刻本，第 3 页 a—第 4 页 a。

③ 同上书，第 4 页。

绪少了一些。如王锡阐认为中西历法为同一科学下的不同历法："夫历理一也，而历数则有中与西之异。"[①] 对于中西历之优劣，方中履指出："以天道不齐之动，加以岁久必差之法，欲守一定之算，夫安可得？由此观之，历乌得不改哉？履按，天行必不可齐，则历法必不可定，惟有随时测验求合于天。……前人未知此理欲求无弊，其可得乎？举归之法之疏密，则非矣。"[②] 认为中西历可以互补。阮元更认为徐光启上了西人之当。他说："中土推步之学，……大抵由浅入深，由疏渐密者也，……而谓多禄某其时其法之详备已如是，毋亦汤若望辈夸大其词，以眩吾中国，而徐李诸公受其欺，而不知悟也？"[③]

中西互动一段时间后，继明人之后的清人对西学的认识无疑更冷静，更密切配合统治的需要。明季虽然有徐光启等讲求"会通"的开明士大夫，但"会通"并非统治者的急务，也就无以上升为统治者的政治策略，而是自下而上的改良要求；从徐光启等言谈中虽可见他们对西学意在取长补短，但从徐光启等的实际行动看，他们对西人西学的态度更有一种希望和崇拜。徐光启等希望借助西学中的科学精神改变因阳明学风充斥社会带来世风浮躁，给明王朝注入新的血液，但他们本身也是很难决然脱离心性顿悟之学影响的。一则心性顿悟之学虽然有利于接纳西学但却不利于深入认知西学，一则他们急欲改造社会，遂导致他们虽也能看到中西学各自优劣，但并不深入，对寄托了厚望的西学，更多的是崇拜。而清人的求实学风使清人既热衷科学，又不失去粗取精，去伪存真，所以清人更能清楚认识西学，自然也带来了如明季徐光启等一样的不离不弃的坚实保护者的消失。不过，清人虽能更清楚认知西学，但他们一则本就有和明人不相上下的正统观念，一则统治者的导向，使他们对西学采取了"一分为二"的态度，承认西学之优但归于中源，接受西学中的器物部分但排斥它的思想。

而就最高统治者而言，从明季以来就有的防范西人及其西学心理，清朝也依然存在。不过，明清二朝最高统治者，均认为非当时急务。明季崇

---

① （清）阮元：《畴人传》卷34《王锡阐上》，《文选楼丛书》本，扬州阮氏琅嬛仙馆刊版，第13页。

② （清）方中履：《古今释疑》卷13《历不容不改》，第9页b—10页a。

③ （清）阮元：《畴人传》卷43《多禄某》，第6页b。

祯三年（1630）礼部给事中卢兆龙就曾四次上疏，反对任用西洋人制炮和征募葡兵，说："天主教，其说幽渺，最抑惑世诬民，仅在长安大肆讲演，京师之人，信奉歇脚，十家而九，浸淫滋蔓，则白莲教之乱可鉴也。"崇祯的回答是："朝廷励忠柔远，不厌防微，此奏亦为有见，所司其酌议以闻。"[①] 防范之意也溢于言表，只是因为军情之故还是不得不用西人，不得不搁置卢兆龙的建议。崇祯十一年（1638）福州一些士大夫发表《攘夷报国公揭》，认为天主教："布满天下，煽惑交结，甚于万历之时，似不普中国而变夷狄不已也。且吞我属国吕宋及咬口留巴三宝颜窟头朗等处，复据我香山澳、台湾、鸡笼、淡水、以破闽、粤之门户，一旦外犯内应，将何以御?"[②] 这个忧虑并非杞人忧天，传教士的"精神征服"使天主教成为南美洲最大的势力。崇祯年间在浙江永康就爆发过一次打着天主教旗号的农民起事，这有目共睹的事实令一些坚守正统的士大夫担心山河易色。这个忧虑到中国历史进入近代后见到了分晓。然而倘若我们在这次中西互动中对西学了解更透彻，多一点开放与开明精神，对西学的技能与思想并重，结果或许就不是这样了。不过，明亡之际，士大夫们的夷夏之忧正如崇祯所言并非国家要立刻解决的问题，中国明朝和来华传教士之间需要的是携手起来，共御中国少数民族满清的入关。南明时向在华传教士寻求解脱和救助之意则更重更浓，但达到的默契与友好度也更高了。

入主中原之初的清王朝自多尔衮接纳汤若望等，胸襟并不下于明季，类似崇祯间的夷夏之忧对最高统治者而言，也并不重要。一则他们本就是夷，一则当时稳定和谐大于一切。对传教士过度忧虑以及压制政策，清皇室均担心物极必反，加以顺治对传教士颇多好感，而康熙则在西学方面的造诣远远超过了自己的父亲，所以清初顺康两朝对传教士是相当敬重礼遇的。不过，清初顺康两朝臣子或士大夫们却并不尽随最高统治者的步调与思路，清初顺康两朝的中央集权还没有完全建设好，绝对皇威还没有完全树立起来。汤若望等受宠引起的朝野情绪，鳌拜的嫉恨与野心，耶稣会本身与清朝上层的亲密接触，本身的传教野心的日渐显露，以及当时传教势力的蓬勃发展，势必引发一场深刻的夷夏之辩。

① （明）《明实录·附录崇祯长编》卷34，中研院历史语言研究所1962年版，第2057页。

② （明）李维恒：《攘夷报国公揭》，载（明）徐昌治订《圣朝破邪集》卷6，第10—11页。

如果说利玛窦在中国上层的活动范围还大多在士大夫圈内，那么汤若望就走得更远更高，他已经来到圣听身边。万历帝不理朝政，如利玛窦一异域之人得以被接见并允许居留京城，已属特别开恩了，而崇祯帝励精图治，汤若望亦能有利玛窦之风，当然汤若望的机会就会更多。崇祯三年（1630），汤若望由礼部尚书徐光启疏荐，供职于钦天监，译著历书，推步天文，制作仪器。同时，利用向太监讲解天文的机会，在宫中传播天主教，受洗入教的有御马监太监庞天寿等。崇祯九年（1636），汤若望奉旨设厂铸炮，两年中铸造大炮 20 门。为谋取天主教在各省的合法地位，崇祯十一年（1638），汤若望奏请崇祯赐“钦褒天学”四字，制匾分送各地天主堂悬挂。如果这个恩宠能长期持续，那么传教的发展当是另一番景象。然而，一夜之间天崩地裂，新主来了，新朝开始了，虽然清朝在清初纷乱的形势下，收容并保护了请求政治庇护的汤若望等，但自明以来就有的对传教士的戒备心理，在清这个新朝，虽然统治者并不以为急务，但依然存在。如当初利玛窦进北京，几乎所有的人都未察觉他的传教动机，但一旦察觉，抵触便接踵而至，这是一个内部有着几千年传统国度的必然应对。汤若望等忽略了当年士大夫主动支持与嘉赞，其实是有前提的。从李天经所言“如远臣罗雅谷、汤若望等，谟译书表，制造仪器，算测交食躔度，讲教监局官生，数年呕心沥血，几于颖秃唇焦，功应首叙。但远臣辈守素学道，不愿官职，劳无可酬，惟有量给无碍田房，以为安身养赡之地，不惟后学攸资，而异域归忠，亦可假此为劝”①，不难发现。传教士获得士大夫支持与嘉赞，一是传教士在士大夫们眼中是安分守己的归附陪臣，不会给朝廷带来任何安全隐忧；二是传教士有全心以科技学术为朝廷效命的赤诚。传教士们自己打造的无所求的奉献形象，在中国传统的尊德性，敬学尚礼的士大夫那里，是必有所获的。不过，这唯有深刻了解中国文化者才会悟到。悟到后理智运用者，才会践行有加。

因此，明季就有的夷人窃正朔的忧虑，在曾于明季以新安所千户身份跪谏过明朝皇帝的清朝大学士杨光先看来却是非立刻扭转不可的乾坤。

顺治年间，耶稣会士很受顺治宠幸，尤其是汤若望在清廷得到的恩宠逾越了前此所有的传教士。“顺治八年（1651）正月，上亲政，颁诏加恩

① （明）李天经：《治历已有成模恳祈恩叙疏崇祯六年十月初六日》，载（明）徐光启《崇祯历书》（下），潘鼐汇编，上海古籍出版社 2009 年版，第 1600 页。

中外。八月，诰封若望为通奉大夫，又貤封若望父祖为通奉大夫，母与祖母为二品夫人。敕缮诰命绢轴，邮寄西国，给汤若望家属祗领。”① 顺治十四年（1657）十月，顺治授汤若望通政使司通政使，加二级又加一级。② 而且汤若望能进言政治，顺治每有咨询，随时宣召，迥逾常格，召对不名，而尊称为“玛法”③，出入宫禁自如，一定程度上影响着皇帝的决策，时人赞其政治才能：“而国家大事，有关系安危者，必直言以争之，虽其疏章谨密不传，然而调燮斡旋，不止一端，维衮有阙，仲山甫补之。……所谓以犯言敢谏为忠，救时行道为急者，先生之谓也。”④

汤若望所受顺治的恩宠，朝野的人均倾羡不已。但这倾羡的背后不免嫉恨担忧。一异域之人何德何能如此邀宠，是否偷觑天朝之物华。此外，即使顺治宠遇汤若望有加，汤若望也的确在顺治政治生涯中产生了影响，如劝止住了顺治亲征郑成功，建议立康熙，但其多次劝顺治入教，虽能为传教士从顺治那谋取到传教的方便等，却不能说服顺治本人入教。一方面清初的严峻形势要求顺治专一于朱子学以习统治术，另一方面顺治对天主教义并未谙习。顺治十四年（1657），顺治在《天主堂碑记》中说：“夫朕所服膺者，尧、舜、周、孔之道，所讲求者，精一执中之礼，至于玄笈、贝文所称《道德》、《楞严》诸书，虽尝涉猎而旨趣茫然，况西洋之书、天主之教，朕素未览阅，焉能知其说哉?”顺治希望耶稣会士“事神尽虔，事君尽职”，御用的意思表露无遗，顺治并无意于加入天主教。对汤若望的恩宠多是在树清廷“兼容并包”的榜样，笼络传教士以为己用。这与清初的国策是一致的，清初纷乱的局势，稳定为重中之重，对来华传教士也不例外，何况传教士们曾受过明廷的恩惠，还掌握有如火炮制造等清廷需要的先进技术。既然清廷对耶稣会士的恩宠包含御用的成分，加以朝野的嫉恨与忧虑，其地位起伏就可想而知了。到康熙朝，首辅鳌拜主张“首崇满洲”“率循祖制，咸复旧章”⑤，不喜西士，并且和皇室暗中较劲，汤若望等命运自然岌岌可危。

不过，无论形势怎样，杨光先先后在顺治、康熙二朝上疏控告汤若

① 《熙朝崇正集 熙朝定案（外三种）》，韩琦、吴旻校注，第281页。

② 同上书，第287—288页。

③ 同上书，第288页。

④ 同上书，第293页。

⑤ （清）《圣祖仁皇帝实录》卷3，中华书局1985年版，第73页上。

望。1660年杨光先不切时宜地在恩宠汤若望的顺治朝向礼部呈递《正国体呈》，力斥天主教的无稽，并以“时宪历”封面印有“依西洋新法”字样，直接控告顺治的大红人汤若望“窃正朔之权于西洋”等等，顺治朝的告状自然不能成功，但杨光先康熙三年（1664）再次向礼部上《请诛邪教状》，并进所著《摘谬论》、《选择议》等，罗列了汤若望等人的三大罪状：

（1）潜谋造反。指控汤若望借修历之名，藏身京城，散布党羽于大清十三省要害之地，呼朋引类，内外勾结，阴谋颠覆清王朝。

（2）邪说惑众。指控耶稣会会士利类思及中国教徒李祖白等所著宣教书是妖书，“实欲挟大清之人，尽叛大清而从邪教，是率天下无君无父也”。

（3）历法谬误。指摘汤若望的历法有十大谬论。如“天佑皇上，历祚无疆，而汤若望止进二百年历”，是包藏祸心。控告汤若望为荣亲王选择葬期时使用洪范五行，犯了大忌，致使殃祸接踵而至。① 从历法入手，指斥汤氏只进200年历，目的是要使“历祚无疆”的大清帝国短命，等等。

杨光先的这次上奏正好迎合了鳌拜等人落后保守的政治倾向，又满足了他们阴暗心理。出于维护“夷夏正统”，也出于报复汤若望打击皇权，鳌拜遂首肯杨光先的上奏，锻造了历狱。使原本为学术的天文历算之争演变成了一场重大的政治案件，给了传教士们狠狠一击。

开在华传教士做中国官的这个头卷入清初历狱的汤若望在明朝的时候，著述颇多，参与编写翻译的有《坤舆格致》、《浑天仪说》五卷、《西洋测日历》一卷、《民历补注释惑》一卷、《大测》二卷、《星图》八幅、《恒星表》五卷、《交食历指》七卷、《测食说》二卷、《测天约说》二卷、《新法历引》一卷、《历法西传》、《主制群徵》二卷、《古今交食考》一卷、《学历小辩》一卷、《恒星出没》、《交食表》等等，其中涉及天文历法方面的，基本上都是包含在《崇祯历书》内，或者和《崇祯历书》有关。然而到了清朝统治下，汤若望著述情况变了。

历狱发生在1664年，而从1644年到1661年，汤若望和顺治相处非常好，从事著述翻译或创作的客观条件是优良的，但这将近20年的

① 吴伯娅：《康雍乾三帝与西学东渐》，宗教文化出版社2002年版，第117页。

时间，汤若望连一本像样的科技著述都没有，原因在于汤若望在华的根本目的是传教，科技传播只是传教的跳板。在明季，他们进入中国时间不长，在中国的势力很小，信仰基督教的人也不多，要想得到中国人认同，必须在文化上获得认同。若仅依靠口头向民众传教宣传自己的教旨与儒家并无二致，并不能如广流传的著述那样能达及中国广阔的国土，形成文化认同之势。同时，明季知识分子改良明朝的愿望，以及求知欲望也对西方著述的译介提出了要求，因此传教士积极投入大量的西方科技著作的译介当中，并且这个译介是经适当改造以迎和中国文化的译介。倘不如此，他们就根本无法引起中国士大夫的兴趣，甚至无法在中国立足。而到了清朝，各方面的情况完全改变了。据《明末清初中外科技交流研究》所载“到 1701 年，全国 13 个行省中，有传教士 117 人，教堂 250 所，教徒 30 万人”，当传教顺利发展到教众增加到一定数量，当传教士可以直接笼络清朝贵胄，为他们传播宗教打开方便之门的时候，他们已然少了继续从事传播翻译科技著作的动机与欲望。当然，频繁周旋于政治，即使有优良环境，他们也缺少了安心译介的时间。同时，他们来华日久，未能跟上欧洲科技发展的步伐，也是一个客观因素。日后，当他们意识到这个问题对传教的危害并开始纠正，重新关注书籍译介时，已经有重重阻力了。这阻力来自两方面，一方面是内部的不理解，一方面是缺少这方面的人才。

以科技、学识适应中国文化以立足中国，是耶稣会士制定的对华传教方针政策。然而随着耶稣会士地位在西方的下降，来华的传教士中其他教派的人数与日俱增，教义的区别和自身对传教方式方法、观点不一，以及西方教皇集团对耶稣会士的不满与迫害，都加大了对早期来华耶稣会士主张译介书籍的不理解。对于内部的不理解，在华耶稣会士做出了解释，他们讲道：“先生，您对我们花钱供养讲授教理者感到惊讶，对此，我们要补充说明的是，这些讲授教理者对于传播如此多的论述基督教的中文书籍是必不可少的。您可能忽略了这类不同的书籍已经并且还将在所有的日子里带来难以置信的好处。正是这类书中所偶然被发现的一本书，把基督教引入了一个鞑靼王公的家庭。基督教在这一家庭中取得的进展是如此之大，以至于尽管这一家庭在三十多年的时间里饱受苦难，但他们仍持续不断地坚持对基督教的信仰。人们可在本书简集的前几卷中看到这一故事。事实上，对于大多数在上了年纪后才受洗的基督教徒均应当把他们的归信归因于这种拯救的方式。”[①] 并列举三个中国士人通过阅读有关基督教书籍而成长为基督教徒的实例，以尽可能证明“传播论述基督教的中文书籍而花销的费用是否用得极妥当，以及我们是否有理由去节省这些费用”[②]，来证明译介基督教书籍的重要。如果能依照有识耶稣会士的建议及时纠正对书籍译介的背离，谨慎地面对清朝的国情，也许传教的繁盛局面不会夭折这么迅速。可惜的是，越到后来，来华传教士的总体素养和能力，既不能和前期来华的耶稣会士相媲美，且在较顺利的传教局面下，无有透彻理解“适应性传教策略”的环境，加以传教士自身忙于交接权贵，沉浸于一时的传教繁荣，盲目膨胀了自大心理，自然忽略了对书籍译介的重视，遂使以科技学识适应中国文化在中国立足的局面日渐远去。日后竟然在中国国力强大的康乾盛世，提出要中国遵从西方传教戒律的礼仪要求，无异于自取其辱。

汤若望与政治的过从亲密，无疑背离了利玛窦谨慎地以科技学识走上层路线的决策，卷入了清廷的政治漩涡，清初历狱只是清廷对其示警的开端。日后随着传教士组成成分更趋复杂，会卷入清廷政治更深，清廷的惩罚将会更重。

在杨光先引发的教案中，杨光先反复强调他眼中的耶稣是一个谋反的渠魁，其聚众，即意在“谋为不轨”[③]，他担心传教士窃取国柄，如犹太国主与耶稣势不两立；不是国主杀耶稣，就是耶稣一定弑国主。站在卫道立场的杨光先看来，中西之间别无他途，只有你死我活的斗争。他说：“大清国卧榻之内，岂惯谋夺人国之西洋人酣睡地也耶！从古至今，有不奉彼国差来朝贡，而可越渡我疆界者否？有人贡陪臣不还本国？呼朋引类，散布天下，而煽惑我人民者否？江统《徙戎论》盖蚤炳于几先，以为毛羽既丰，不至破坏人之天下不已，兹敢著书显言东西万国及我伏羲与中国之初，人尽是邪教之子孙。其辱我天下人至不可言喻，而人直受之而弗耻。异日者脱有蠢动，还是子弟拒父兄乎？还是子弟卫父兄乎？卫之于

---

① ［法］杜赫德编《耶稣会士中国书简集——中国回忆录·入华耶稣会士关于论述基督教的中文书籍之用处以及在中国尽可能传播这些书籍之重要性的信件摘要》（Ⅴ），吕一民、沈坚、郑德弟译，大象出版社 2005 年版，第 1 页。

② 同上书，第 12 页。

③ （清）杨光先：《辟邪论·请诛邪教疏》，清 1644 年刻本，第 1 页 a。

义不可，拒之力又不能，请问天下人何居焉？”[①]

不过，来华传教士的际遇很好。虽然当时因鳌拜的立场，朝野上下驱逐来华传教士的气氛尤其浓厚，汤若望等无须有确凿罪证，罪名已然确定，但当时的孝庄太后很明智，她很清楚凭借在华传教士的势力想颠覆大清，是不可能的，且他们的所长正好可以为清朝服务。至于惩治汤若望，实际是鳌拜向皇室的挑战。基于此，孝庄出面干涉了。孝庄的干涉，加以当时突如其来的一场清人以为“示警”的地震挽救了汤若望等传教士的性命，但李祖白等五位奉教的中国籍钦天监官员依然被处死，自徐光启以来培养的中国上层信教人员几乎被打击殆尽。

如果说明季沈漼发动南京教案尚有一己之私，杨光先为自己牟利的目的应该是微乎其微的。从很大程度而言，杨光先并非如鳌拜一样是为着借此寻求政治利益，实现个人野心。崇祯十年（1637），杨光先上疏劾大学士温体仁、给事中陈启新，舁棺自随。廷杖，戍辽西。[②] 他在明季无果的跪谏使他获得了忠贞为国不惜肝脑涂地的令名，也表露出他坚定不移地维护封建道统正统的性格。他对明朝如此，对清朝也如此。明士大夫身上特有的好名节争是非，杨光先也把它们带到了清朝。他如明朝的那些士大夫一样誓死捍卫自己的理念，或者说就是传统，当然也如明士大夫一样固执而迂腐，既看不到大局，又不切时宜，注定卷入政治纷争中不得善终。当清廷任命杨光先为钦天监，杨光先明言自己“但知推步之理，不知推步之数”，推辞数次没有结果后，不得不硬着头皮上任前，他将所写的历次奏疏在1659年汇为一书名《不得已》，申明自己压制西学，纯粹是为了维护正统、道统，承认自己的技艺远不如西人，自己所做是不得已而为之。因此，他就职钦天监后，就依自己的意愿，完全废黜西法，改用早已被弃用的《大统历》，后来又改用回历。然而正如他自己所言对历法只知皮毛而已，他的推算屡屡出错，这无疑给了康熙亲政后传教士东山再起的机会。而当康熙为汤若望平反的意思已明显时，杨光先仍然不合时宜，不顾切责严旨，上请法尧舜等事一疏，称自己不是为自己打算，是为尧舜法，为皇上国统打算，希冀康熙不要因万里之外历法有别的西洋国而毁尧舜仪器，一旦尧舜仪器毁，则尧舜以来的诗书礼乐文章制度全被毁了。希

① （清）阮元：《畴人传》卷36《杨光先》，第3页a—b。

② 赵尔巽等：《清史稿·汤若望 杨光先 南怀仁》，第2580页。

冀康熙只把这些西洋人当成制器精巧的工匠，拒弃他们的思想，不用这些不合中国礼数的西洋人。[①] 坚持己见，不用西历，却又拿不出有用的证明材料。深入学习西学的康熙，在事实面前，以及自己击败鳌拜势力的需要，杨光先被判为忤逆圣旨，阻挠具奏，殊为可恶，理应从重处治，姑从宽免。[②] 显然杨光先掀起反西方传教士浪潮不是为了一己私利，而是东西知识界之间的误解与夷夏观念共同的结果。而这正好切合了康熙时政治斗争的需要，遂被加以利用。当然，这也是来华传教士自身和政治联系过于紧密的结果，邀宠的器具成了致命的杀手锏。

中西互动到杨光先上《不得已》疏时已有时日了，其间的误解其实也已到必然由导火线引发的程度了。由此方使双方得到可宣泄误解的途径，方可造就令双方再归平静的契机。在此基础上，中西双方方能再获继续互动共生的前景。这个导火线，明末的沈㴶曾点燃过一次，这次只不过是由杨光先继沈㴶之任而已。不过，开了宣泄之口，为中西由误解到理解创造了条件的杨光先，虽然他自己也承认技不如人，西学自有高于中学之处，为此也付出了生命的代价，但他对西学的不满和误解至死未变。

不过，如前文所述，其实康熙和杨光先维护正统固本的出发点是一致的，只不过二人所走的道路不一样而已。然而，无论是杨光先还是和康熙西学观等同的臣工士民，对待西学的态度其实都不利于消化吸收西学。

因此，虽然在清代有成就的学者无不精通天文历算，但他们并没有领会并吸取西学的精髓，引领思想前锋的思想界不能很好接受消化新事物，自然影响国民的素质，最后自然落后挨打。

对康熙年间的历狱，《清史稿》进行了总结，《清史稿》道：

> 论曰：历算之术，愈入则愈深，愈进则愈密。汤若望、南怀仁所述作，与杨光先所攻讦，深浅疏密，今人人能言之。其在当日，嫉忌远人，牵涉宗教，引绳批根，互为起仆，诚一时得失之林也。圣祖尝言当历法争议未已，己所未学，不能定是非，乃发愤研讨，卒能深造密微，穷极其阃奥。为天下主，虚己励学如是。呜呼，圣矣！[③]

---

① 《熙朝崇正集 熙朝定案（外三种）》，韩琦、吴旻校注，第 74—75 页。

② 同上书，第 75 页。

③ 赵尔巽等：《清史稿·汤若望 杨光先 南怀仁》，第 2581 页。

《清史稿》所论颇中肯，清初中西历狱其实是中西之间从误解到碰撞到分裂，到走向和谐的又一次经历，其结果是西历吸收中历并改进中历，中西历法互补。

那么，如何使国人在西学确有优胜中学的前提下仍然对中学充满信心，一批学者为此发理论先声，换句话说就是这些学者本就对本土学问充满自信。如钱大昕称“祖冲之《缀术》，中土失其传，而契丹得之，大石林牙之西，其法流转天方，欧逻巴最后得之，因以其术夸中土而踞乎其上”①。

的确，中学也有西学值得学习之处。西洋音乐时至今日的乐律水平依赖传教士把明朱载堉发端于洛书的十二平均律传到西方。莱布尼茨敢把这之前自己已研究了20多年心中还没有底的二进制算术在1703年抛出，是因为白晋传回来的伏羲方圆八卦图为他的学说给予了旁证。于此，西方如伏尔泰等就曾客观地评价过。伏尔泰说：“中国的历史，就其总的方面来说是无可争议的，是唯一建立在天象观察的基础之上的。根据最确凿的年表，远在公元前2155年，中国就已有观测日食的记载。这次日食观测业经前几个世纪派往这个陌生国度的一些西方传教士数学家验证。这些数学家对这个民族赞佩不已，并且向他们传授了有关知识。宋君荣神甫核对了孔子的书中记载的36次日蚀，他只发现其中两次有误，两次存疑。这有怀疑的两次日蚀确曾发生过，但是从人们所假设的该观察者所在地，不可能观测到。但即使这样，也足以证明当时中国的天文学家已能测算日食，因为他们只有两次计算有误。”② 当然，西学也有值得中学借鉴之处。所以，在传教士那里就有中学源于西学说。不过，西学优胜中学，伏尔泰也如崇拜中学一样，夸赞过。伏尔泰说：“北京有一座装有许多测星仪和浑天仪的天文馆，那些仪器的精确度实际上不如我们的，但却是中国人胜过亚洲其他民族的驰名于世的实证。”③ 看来，伏尔泰也没有彻底否定西方。无论西学中源或中学西源都不如伏尔泰此处中学西学之论辩证客观。中西互动之间这些误读，需要再理解再认识，也需要时间方能消融。

---

① （清）钱大昕:《赠谈阶平序》，（清）钱大昕《潜研堂集》卷23，《四部丛刊》第301册影印《潜研堂全书》本，第15页b。

② ［法］伏尔泰:《风俗论》上，梁守锵译，第239—240页。

③ 同上书，第274页。

从《耶稣会士书简集》我们可以看到一幅幅以传教士为媒介的中西互动共生图。

康熙朝激烈的朋党之争，来华传教士不知退避却卷入其中，又缺乏眼光、处理技艺和度的掌握，这个上层路线自然无法走好。当然，他们最不济的还是眼光。他们没有与清的未来主人雍正共进退，却与太子、八王爷、九王爷等友善，甚而有为之出谋划策者。同时，他们依然执行罗马教廷对中国的礼仪命令。为礼仪问题，康熙已向传教士发难。来华传教士不但不吸取教训，反而介入党争，康熙的愤怒可想而知。但康熙的仁慈，使其如同对党争一样，并没有对介入党争的来华传教士痛下杀手，把所有这些问题的彻底解决，留给了雍正。

钱德明是意识到这个危机的来华耶稣会士之一。他在写回欧洲的信中不无忧虑地说，他们的保护伞康熙皇帝去世了，新登基的雍正对他们发展势头很是不满，并且雍正对他们本身也没有任何好感，如果不是怕有损其父康熙的威名，雍正会把基督教连根铲除。[①] 钱德明的担忧并非杞人忧天，雍正即位不久即开始禁教，而且与处理党争同步。如葡萄牙籍耶稣会士穆经远（Jean Mourao）为最友善天主教的九皇子允禟不但上书康熙请求立其为太子，而且为之远走边关游说年羹尧。雍正即位后，即把穆经远与允禟一道发配西宁，最后干脆在发配途中投毒于其饭食中，毒死了事。为禁教，雍正惩治了苏努一家。苏努获罪，陈垣认为最根本原因是苏努曾拥立康熙第八子允禩为皇太子，与雍正政治立场相左。但苏努德高望重，不能轻易动他们一家。苏努儿子们信教，正好为雍正惩治苏努一家找到了最好的借口。抛开苏努是否拥立允禩，在《耶稣会士中国书简集》中，我们可以发现苏努本人是不信教的，他还多次劝儿子们远离天主教。按理，以苏努老臣及宗室身份，如果家人信教，惩治他的家人即可，但雍正以四罪责苏努，把他家连同苏努本人连根拔除，使他家破人亡。可见，信教背后当有更深层次的原因。在雍正惩治党争的铁腕政策下，正如方豪所言“雍正因恶苏努父子而并恶天主教，因恶天主教而并恶苏努父子，两者实兼而有之，无所谓倒果为因，或倒因为果也”[②]，干预过政事的传教

---

① ［法］杜赫德编《耶稣会士中国书简集.5：中国回忆录·钱德明神父致科学院德里斯神父的信》，吕一民、沈坚、郑德弟译，第70页。

② 方豪：《中国天主教史人物传》（下），中华书局1988年版，第53页。

士自然也脱不了干系。雍正四年（1726）五月初九日的上谕即已定下必惩的基调：

从前阿其那、允禟、允禵等结党营私，每好造言生事；凡僧道喇嘛、医卜星象，甚至优人贱隶，以及西洋人、大臣官员之家奴，俱留心施恩，相与往来，以备其用。①

就雍正而言，传教士确实到了难为王法所容，人神共愤的地步了。

因此，牵扯到政治旋涡中并顽固执行罗马教廷礼仪指令的传教士们，在铁血的雍正朝，只有全面败北。在传教士看来，雍正的做法很难理解，但我们看过雍正对传教士说的一番话语就会理解：如果我们到你们西方去，如你们在中国一样，不遵守中国人礼仪制度，干涉中国内政，你们会怎么处置我们？与雍正帝关系甚密的怡亲王允祥也指出，自从传教士发生中国礼仪之争以来，传教士看到的只是自己事情的发展过程，而不知他们的事情花了自己父亲康熙多少心血。他反问传教士：要是我们的人到欧洲去要改变你们祖先圣人制定的法规和风俗习惯，你们会怎么说呢？并明确表明，清人不能忍受任何人践踏清人的法律，孜孜以求取消清人的风俗习惯的。苦心劝诫传教士，希冀他们行事考虑他国感受。可见，传教士在中国的做法，确实有欠妥当之处，雍正与允祥的话不无道理。

中西之间本应该在理解的基础上和谐共处，但在华传教士显然违背了。作为最高统治者为维护国本与稳定，自然应该出手。康熙如此做了，雍正所为只是更严苛彻底而已。

到乾隆朝，一方面乾隆自己就喜好选择传教士为自己服务，一方面继续执行祖、父禁教政策。传教士在夹缝中生活，因此有了应对新情况的传教方式、方法。对此，西方教廷的批评之声却有扩大之势。这个批评集中在三方面：一是基督教中文书籍的用处，一是可否有向中国最高统治者教授西洋绘画等的必要，一是传教的同时是否应该尊重中国习俗等。对于来自西方的这三方面的批评，耶稣会士中有识的人士一一做出了回答，鲜明地表示自己的立场。

① （清）《世宗宪皇帝实录（一）》，雍正四年五月条，中华书局1985年版，第646页。

就探讨是否值得为乾隆讲授绘画，或给乾隆讲授物理、数学和天文等等，是否因此会有损圣职的尊严。来华耶稣会士耐心解释道，他们之所以为乾隆讲授西学，是希冀打动皇帝，为传教事业争取有利的环境与发展执行空间。这正是遵守了圣保罗“向什么样的人，我就做什么样的人。无论如何，总要救些人”的行教宗旨。如果批评的人能够做到真正理解圣保罗的话语，如果从圣保罗这段值得注意的文字中得出一切皆自然产生的结论，那么他们就不会提出任何批评。因为既然拯救众人的计划是一项与圣保罗相称的计划，那么为了拯救众人，通过合法公正的手段，力求那些能够为传教事业带来巨大好处的人，满足他们的喜好，有何不可？而正是这些人使传教士得以在他们首都，甚至皇帝的宫殿里公开行使神圣的职责和举行基督教的神圣仪式，而这又使得基督教的人数大大增加。而且，在中国京城确立基督教的这种地位又可使其他传教士有机会得以进入那些基督教尚未被官方批准的省份，继而使那些省份得以仍然具有众多非常虔诚的基督徒。如此之大的好处，连圣保罗都不会放弃，何况我们？圣保罗本人曾为了给自己同仁带来生活所必需的物品，用自己修造帐篷的双手辛勤劳动。面对上述那些如此崇高的目的，圣保罗也不会害怕利用绘画、数学等科学技艺。至此，来华耶稣会士向那些非难耶稣会适应性传教策略者发出反问：难道圣保罗没有说过“‘向什么样的人，我就做什么样的人。无论如何，总要救些人’吗？”① 难道圣保罗的后继者们不能在圣保罗这句话后面再加上：“‘凡我所行的，都是为了福音的缘故，为要与人同得这福音的好处’吗？”并指出，既然一个使徒式的讲道者本就应该为一切人服务，那么就应该把一切归功于上帝所说的话。在耶稣会士看来，也几乎只有适应性传教策略才值得他们加以强调，也只有向乾隆皇帝讲授绘画，或给他讲授物理、数学和天文知识，在中国才能看到传教事业的曙光。②因此，仅仅以艺术和科学方面的身份去看望中国皇帝的行为根本无损于圣职的尊严，更谈不上异常悲哀与耻辱，这恰是使徒般的虔诚。罗马教廷正确的做法应该是激励他们的勇气，使他们大胆为基督教辩护，以便不仅仅废除那些对基督教在中国传教不利的敕令，而且还应该颁布别的有利于基

---

① ［法］杜赫德编《耶稣会士中国书简集．5：中国回忆录·一位在北京的传教士于1750年寄给某先生的信》，吕一民、沈坚、郑德弟译，第13页。

② 同上书，第14页。

督教在中国传教的敕令。

来华耶稣会士以上看法，无疑是正确的。但西方没有听进他们尊重他国国情，互动共进的声音。结果只能是，自康熙中晚期以来，西方教皇集团在不了解中国国情下蛮横干涉中国教区的传教，加以来华传教中大多传教士对适应性策略的偏离，他们在中国的处境越来越不妙。他们遭到惩处驱赶，少有安宁。伏尔泰曾预言他们的命运："在非难这个大帝国的政府为无神论者的同时，我们又轻率地说他们崇拜偶像，这种指责是自相矛盾的。对中国的礼仪的极大误会，产生于我们以我们的习俗为标准来评判他们的习俗，我们要把我们偏执的门户之见带到世界各地。跪拜在他们国家只不过是个普通的敬礼，而在我们看来，就是一种顶礼膜拜行为。我们误把桌子当祭台，我们就是这样地评骘一切的。我们在适当时候将会看到，我们的分裂和争吵怎样导致了我们的传教士被赶出中国的。"①

其实不尊重别国国情，破坏互动和谐的前提，在任何国家的结局都是一样的。因此，西方传教士在亚洲其他地区也遭到与中国一样的待遇，可以说他们的文化本位主义使他们在亚洲的传教遭到了颠覆的命运。在日本，日本人要所有想进入他们岛国的人践踏带耶稣像的十字架。在 25 年的时间里，天主教曾在科钦支那王国相当自由。在这里，大约有 60 座教堂，人们在这些教堂里可像在天主教色彩最浓厚的国家一样，公开举行神圣的仪式。然而，一段时间以来，基督教在科钦支那遭到禁止。至于真正原因，传教士没有找到，他们只是推测了事件起因。按照他们的推测，他们认为也许是因为国王听从了自己极端仇视基督教的大臣们的劝告；也许是因为国王自己贪财，他在人们纷纷认为基督教教徒拥有巨额财产的蛊惑下，制定了夺取这些财产的计划，下令所有的传教士前往他的宫中，并要所有的官员将其辖区的民众带到这些传教士的面前，以便让这些民众践踏耶稣基督像的十字架。不过，关于国王禁教，传教士们更认为是荷兰人作梗所致。因为传教士们强调，有必要指出的是，据说这道最后的命令是在荷兰人的煽动下下达的，因为传教士妨碍了荷兰人的利益。这些荷兰人指控说，因为知道一项同样的命令在日本产生的结果。正是这些荷兰人向科钦支那国王建议，把让人践踏带耶稣基督画像的十字架作为一种驱赶传教

① ［法］伏尔泰：《风俗论》上册，梁守锵译，第 255 页。

士的有效手段。[①] 然而，在探究各方面原因时，传教士们忘记了追问自己。其实，任何事件的质变，内因才是关键。

传教士所受的诸如此类的磨难，神父之间互通信件倾诉。晁俊秀神父就曾写信告诉昂塞莫神父，称自己是不幸的预示者，他说："去年 4 月，印度支那王国掀起一股疯狂的镇压之风：一道敕令禁了我们的宗教。传教士被下令逮捕，基督徒被罚为国王的骆驼割草。考虑到耶稣会士一百多年来不停为印度支那提供服务，路鲁瓦翁（Louroyon）神父和彼特洛尼（Petroni）神父被留置在朝廷里。"[②] 传教士在亚洲招致的亚洲各国不谋而合的如中国对待他们的态度，传教士获得的如中国教区的同等命运，很大一部分应是他们咎由自取。

不过，虽然因自己政策失误导致互动共进局面消失，但传教士并没有放弃传教。他们不顾危险，再闯禁教区。在科钦支那传教士们被驱逐不久，巴黎修道院的一位修道士和一位教士力图重新进入科钦支那传教，未果。在返回澳门途中，他们遇到海盗，外方传教士的那位修道院的教士见其同伴被杀，直躺在甲板上等待对方把他置于死地，侥幸没被杀。[③] 一位耶稣会士说，1756 年 1 月 6 日的前天，一位授任为南京主教不久的德国耶稣会士坐上一条小船，争取到达他的教区。如到达，自己将去追随他。而葡萄牙人、法国人，俗间神父（Séculiers）或入修会的教士都在期待他能够进入中国的时刻。同一天，五年前与其他传教士一起受到追捕的来自外方传教会的诺莱纳（Nolène）主教兼科钦支那宗代牧主教勒费佛尔（Ie Fèvre）登上一艘法国船只以便前往马六甲。如顺利，将由柬埔寨回到其教区。[④] 同时，他们也积极应对以挽救禁教的命运，然而这一切努力最终证明无济于事。

把目光投向中国上层争取其保护，仍然是他们最大的期望。为此，来

① ［法］杜赫德编《耶稣会士中国书简集.5：中国回忆录·一封发自澳门的信》，吕一民、沈坚、郑德弟译，第 22 页。

② ［法］杜赫德编《耶稣会士中国书简集.5：中国回忆录·晁俊秀神父给昂塞莫神父的信》，吕一民、沈坚、郑德弟译，第 129 页。

③ ［法］杜赫德编《耶稣会士中国书简集.5：中国回忆录·一封发自澳门的信》，吕一民、沈坚、郑德弟译，第 25 页。

④ ［法］杜赫德编《耶稣会士中国书简集.5：中国回忆录·耶稣会传教士河弥德神父致布拉索神父的信》，吕一民、沈坚、郑德弟译，第 62 页。

华传教士们重拾当初以科技学识博得好感，取得信任，立足中国的道路。如宋君荣把兴趣转向了数学、天文学，这些在中国备受尊重的自然科学这一边，希望这些科学知识有助于使中国人皈依基督。又汤执中（Pierre d'Incarvill）借助花草、蔬菜种子进入清宫廷中。当时，乾隆让人扩建御花园，汤执中用一些喷泉与瀑布把御花园装点得更加好看。蒋友仁（Michel Benoist）神父现负责此事。此外，他们还努力发展中国贵胄入教。韩国英（Pierre-Martial Gibot）告诉德尔维耶神父，他为苏努家族中的另一支系的一位年轻的亲王施了洗礼。这位亲王是该支系第一个受洗的人。这位亲王受洗后又把他的两个兄弟也争取了过来，他的两个兄弟正准备领受获得新生的圣事。韩国英还特别告诉德尔维耶神父："这位亲王在受洗之后变得如此之好，以至于他的父亲什么都不敢说他。上帝收留了他，而他也做了许多保证。我还为宫中一位年轻的太监也施了洗礼，这次施洗非常成功。在我手中受洗的还有一位颇有身份的寡妇，这位寡妇是在上帝的指引下由哈密王国过来的。她的女儿已经许配给了皇帝手下的大将军，我们正在为争取其女儿入教而努力。"①

不过，种种努力的结果是，在乾隆身边为清廷做出贡献的来华传教士，乾隆礼遇有加。如1757年5月北京主教去世，6月汤执中神父去世，乾隆均为之出丧葬费。乾隆似乎对欧洲人在机械方面提供的服务感到满意，并以显赫的职位去奖赏他们。但乾隆的奖赏仅限于此，基督教并没有借此得到传播。在京城，人们尚未对基督教怎样。在各省，却始终同样不允许基督教存在，并对来华传教士进行追捕。1756年4月失去了尚若翰（Chauseaume）神父，由此一来江西省已没有了神父。傅安德（Forgeot）神父身体虚弱，石若翰（Dela Roche）神父则被软禁在山上，另有五位神父在南京被关押两年后被遣送回国。当然，还是有传教士冒险进入亚洲各国。据耶稣会士称，三位传教士（一法国人，两西班牙人）不顾中国禁教禁令，刚刚进入中国，还有两位传教士也视中国禁教为等闲，将在不久之后动身前往中国。至于亚洲其他地区，东京宗教事务看上去处于一种良好的状态，东京有许多传教士虽然得以隐藏起来，但东京教徒具有一种比中国教徒更坚定和忠贞的特点。科钦支那传教士则继续被迫害被驱逐。科

① ［法］杜赫德编《耶稣会士中国书简集.5：中国回忆录·韩国英神父致德尔维耶神父的信件摘要》，吕一民、沈坚、郑德弟译，第90页。

钦支那葡萄牙耶稣会士只剩2人，其一是宫廷医生与数学家卢雷罗（Loureyro）神父，另一是当地人。当然，某些传教士还是锲而不舍秘密返回那里。[①] 总之，科钦支那、东京虽有大量传教士和基督徒。但因为禁教，所有欧洲人被迫躲起来。[②]

然而，在清廷，虽然乾隆对身边有贡献的来华传教士礼遇有加，但一旦他们涉及政治，乾隆对他们也毫不留情。传教士们交给郎世宁（Joseph Castiglione，1688—1766）一份文书请他面呈乾隆，以便能有利于当时在北京正受到迫害的传教事业，结果是取缔传教的文书被张贴在各个十字路口，甚至贴到了教堂门上。郎世宁在宫殿内受到严格的搜查，以防他再带请愿书呈给乾隆。在迫害最厉害的时候，郎世宁匍匐在乾隆脚下请求乾隆予传教士以保护，乾隆丝毫不加理睬，一连几天不去郎世宁绘画的地方。当时在京所有传教士集体反抗，他们“当着这两位显贵大臣的面大胆地为耶稣基督的宗教辩护，并对不允许传教士在中国布道提出抗议。他们宣称，如果中国政府不让他们开口说话，他们将无法再待在中国。与此同时，他们向两位大臣递交了一份辩护书形式的备忘录，请后者呈给皇帝”[③]。宋君荣为此还做了演讲，并表示，将会为能在乾隆面前，并在乾隆的宫廷内为耶稣基督的宗教辩护以及为之而死感到高兴。不过，虽然来华传教士联合起来呼吁的声浪颇大，但这一切均收效甚微。

来华传教士干涉中国内政的前车之鉴犹在，加之集体反抗，使以雍正、乾隆为首的清廷更加反感，对来华传教士违反规定的传教的惩处也就只能越来越厉害。最后，来华传教士不得不承认努力的失败，他们说：“毋庸置疑，我们完全希望皇帝以及帝国中的所有显贵能够大彻大悟，并最终归信基督教，因为许多臣民，也许是所有的臣民都会效仿他们的君主。但是，要想做到这一点，除非上帝惠予我们一个巨大的奇迹。……作为不敢在任何地方停留，而且也没有人敢收留他们的被驱逐者，我们这些传教士一时无家可归，四处流浪。几年来，我们还目睹了在不同的地方与

① ［法］杜赫德编《耶稣会士中国书简集.5：中国回忆录·耶稣会传教士嘉类思神父致布拉索神父的信件摘要》，吕一民、沈坚、郑德弟译，第66—67页。

② ［法］杜赫德编《耶稣会士中国书简集.5：中国回忆录·耶稣会传教士河弥德神父致布拉索神父的信》，吕一民、沈坚、郑德弟译，第62页。

③ ［法］杜赫德编《耶稣会士中国书简集.5：中国回忆录·一位在北京的传教士于1750年寄给某先生的信》，吕一民、沈坚、郑德弟译，第16页。

不同的时间里，各种各样的打击是如何落到了我们的同道身上。一些圣多明各教会以及本会的教士因为信仰基督教而被处死，而另一些教士则被投入了监狱或遭受严刑拷打。……当我们有时从知县或巡抚的衙门前经过之际，不可能在看到所有这些布满在大门前的打手和士兵时坦然自若，因为我们几乎每一天都有可能落入这些人的魔掌。……而现在，我们已经不再敢出现在他们面前，因为后者将会把我们当做犯人。”① 来华传教士们的传教活动受到很大限制，被迫转入地下，思考如何在地下状态顺利传教。

为此，来华传教士试图更多地发展妇女教徒。他们认为中国妇女一旦信教，态度比男教徒当更坚定。② 但他们也苦恼于中国的女性几乎不光顾教堂，远不像法国那样光顾教堂的主要是女性。

为此，他们把传教区域转向山区，很振奋于在山区传教所取得的较大的进展。然而，因局势不允许传教士亲自布道，于是他们发展中国教徒讲授教理。这与教会尝试培养中国教士的观点一致。教会挑选各国幼童，从年幼时就培养他们，教他们学习拉丁语，并逐渐教他们一些教会神职方面的知识。待他们达到一定的年龄，就让他们充当讲授教理者，并在他们年届四十之前对他们进行考验，若有在年届四十时始终经得起考验者，则任命他们为教士。巴黎外方教会在暹罗王国的首都就设有一个神学院。一些中国孩子就被人送到此处接受教育，并被培养成为优秀的教士。这些中国的教士由于不易被人认出，所以能够取得比欧洲人大得多的成果。不过，由教廷培养的中国籍教士的数量远远不够传教需要：一是中国人口巨大，一是中国禁教日趋严重使对中国籍传教士的需求更大。③ 因此，来华西方传教士迫于形势而速成的中国籍讲授教理者和教廷专门培养的中国本土讲授教理者相比，时间、知识理论熏陶上都不够。因为一般情况下，两到三年宗教活动后才被接纳入教，即便是那些教授教理者中看上去最虔诚的人也是一样。故而，法国籍耶稣会士许多人认为这是在为凑数接纳中国人入教，至于用这些新入教不久者来讲授教理，更是有违教旨。但这些放眼山

---

① ［法］杜赫德编《耶稣会士中国书简集．5：中国回忆录·耶稣会传教士嘉类思神父致法兰西世卿诺瓦荣伯爵兼主教的信》，吕一民、沈坚、郑德弟译，第 76—77 页。

② ［法］杜赫德编《耶稣会士中国书简集．5：中国回忆录·一位在华耶稣会士致朋友的信》，吕一民、沈坚、郑德弟译，第 109 页。

③ ［法］杜赫德编《耶稣会士中国书简集．5：中国回忆录·一封发自澳门的信》，吕一民、沈坚、郑德弟译，第 18—19 页。

区的传教士明确告诉法国籍耶稣会士道，当法国耶稣会士对他们发展的入教的某人归信基督的诚意和坚定性有所怀疑时，其实他们已经对这个人的考验超过4年到5年。法国籍传教士的责难，完全是法国耶稣会士嫉妒他们的成就而来的偏见。[①]

当然，即或传教士在某个山区或某地有某些欣喜的成就，但也无以改变大局。既然帝王如何对待来华传教士的主意已定，要更改是几乎不可能的，何况这里并不是传教士所能控制的宗教王国，除非如传教士们自己所言出现奇迹。为此，传教士们感到奇怪，中国人“不太残忍”[②]，但信仰何以难以在他们心中扎根。因此，自雍正以来，来华传教士经常处于“殉教者的桂冠是其愿望和抱负中惟一的目标”[③] 的境地。然而，尽管如此，来华传教士依然希望基督降临，希望基督给予奇迹。这在他们的书信往来中毫无掩饰地透露了出来，也使他们的书信充满神秘与迷信色彩。

在这些书信中，我们可以看到，耶稣会士们大力宣扬因果报应。1749年下令处死毛里加斯特尔（Mauricastre）的桑斯主教以及他同伴中的道明会的神父，且在云南使得两位耶稣会会士安托尼·昂里盖、特里斯唐·德·阿戴米处于最悲惨境地的乾隆时，无论乾隆还是高官显贵都不敢顶撞的自负傲慢的大臣，基督教的公敌，在宋君荣作讲演、基督教受挫最严重的一年后，被作为军队最高统帅在斩首台上被处死。教士们相信这是上帝显灵报应于这位不信教并迫害教徒的统帅的结果。[④] 又某位负责军事监管传教士们的官员生了一场病，耶稣会士们也认为是上帝示警这位官员，是上帝时时在传教士们身边，从没有抛弃传教士们的结果。[⑤] 而就毛里加斯特尔的桑斯主教被杀，耶稣会士们宣扬基督的神奇并不只止于因果报应，他们更借毛里加斯特尔的桑斯主教的血宣扬上帝通过桑斯主教的血竟使一

---

① ［法］杜赫德编《耶稣会士中国书简集.5：中国回忆录·耶稣会传教士河弥德神父致布拉索神父的信》，吕一民、沈坚、郑德弟译，第65页。

② ［法］杜赫德编《耶稣会士中国书简集.5：中国回忆录·晁俊秀神父给昂塞莫神父的信》，吕一民、沈坚、郑德弟译，第127页。

③ ［法］杜赫德编《耶稣会士中国书简集.5：中国回忆录·一封发自澳门的信》，吕一民、沈坚、郑德弟译，第26页。

④ ［法］杜赫德编《耶稣会士中国书简集.5：中国回忆录·一位在北京的传教士于1750年寄给某先生的信》，吕一民、沈坚、郑德弟译，第16页。

⑤ ［法］杜赫德编《耶稣会士中国书简集.5：中国回忆录·耶稣会传教士河弥德神父致布拉索神父的信件摘要》，吕一民、沈坚、郑德弟译，第87页。

位唯利是图的异教徒感化皈依基督，自觉劝告家人信奉基督，并主动为中国籍教难者送衣物的神奇。[①] 又1764年10月份，某教士提前为一位病危者施了洗礼，几天后，病危者竟然身体健康地重返教堂，以至于病危者的朋友也准备接受洗礼。[②] 但另一位抱着救命目的入教，因目的暂时达不到就叛教的人，则遭到上帝惩罚而死。[③] 迫害传教士们的某领头人，在一年内活生生地看着他的三个儿子相继去世，他不得不承认这是天主由于他得罪了上帝的使者而对他的惩罚。而肆虐十几天的匪帮一旦将矛头对准基督教徒就迅即倾覆。[④]

不过，上帝终归挽救不了他们在亚洲尤其是中国教区的失败，神迹也不过是他们自己的精神疗救、自我安慰而已，他们已走到了绝境。

二　西学东来*

西方对中国既陌生又不陌生。说不陌生，是因为从先秦以来中国的史书一直有对西方的记载，到东汉还曾有一次派甘英出使大秦未果的记载。当然，这些记载多是传说与想象；说陌生，是因为即使如唐代偶有使者来华，中国也只是以大国之姿俯视，互通有无的是器物，而非精神。既然只是点头之交，自然就不能穿堂入室，深入其里，也就不乏陌生了。到明末清初，这个状态方被彻底打破，有了深入认识。当然，这里面，错位和误读依然存在。

来华传教士来华目的主要是传播教义，说服中国人皈依天主，但要撼动有着几千年文明的中国的传统，非一日之功。从沙勿略开始，到利玛窦，从实践到理论，他们均认识到中国天朝自大，得出传教士要在中国立

① ［法］杜赫德编《耶稣会士中国书简集.5：中国回忆录·一封发自澳门的信》，吕一民、沈坚、郑德弟译，第19页。

② ［法］杜赫德编《耶稣会士中国书简集.5：中国回忆录·韩国英神父致德尔维耶神父的信件摘要》，吕一民、沈坚、郑德弟译，第91页。

③ ［法］杜赫德编《耶稣会士中国书简集.5：中国回忆录·一位耶稣会传教士给母亲的信》，吕一民、沈坚、郑德弟译，第113页。

④ 同上书，第111页。

* 与“传教士东来”虽主题同一，但着眼的角度不一。前者着重从政治角度谈理解基础上可互动共生和谐，后者着重立足为取得文化认同而来的误读，以及西学对中学的影响方面来谈中西文化间的互动。

足，需要得到中国文化的认可。于是他们迎合中国的传统，如利玛窦："伏念堂堂天朝，方且招徕四夷，遂奋径趋阙庭，谨以原携本国土物，所有天帝图像一幅、天帝母图像二幅、天帝经一本、珍珠镶嵌十字架一座、报时自鸣钟二架、《万国图志》一册、西琴一张等物，陈献御前。此虽不足为珍，然出自西贡，至差异耳，且稍寓野人芹曝之私。"① 在面见万历帝时，自称为夷，并贡献方物，邀宠万历帝，满足中国自大心理。同时，进一步在基督教义与儒家思想之间寻找联系，阐释二者相通之处，开创和儒补儒的融通之路，以和中国文化接洽。不过，究其实，中国的"天"与基督教中的"天主"，本是两个概念。中国的"天"是神性、人性和自然性兼于一身，这个"天"与人间统治者合为一体。而基督的"天主"是纯神性的，与世俗各自为体，而且世俗还得听命于他。然而，利玛窦等却解释说基督的"天主"就是中国人的"天"。这不是利玛窦分不清基督的"天主"与中国的"天"。利玛窦的误读，其实是为了某种目的有意的误读。至于利玛窦介绍给中国人的宇宙观是托勒密——亚里士多德的宇宙论，也并不是利玛窦不了解欧洲近代科学知识，而是利玛窦 1582 年入华，对 1583 年确立的哥白尼体系了解不够，对开普勒（Johannes Kepler，1571—1630）1609《新天文学》（*Astronomia Nova*）与伽利略（Galileo Galilei，1564—1642）1610《星际使者》（*Sidercus Nuntius*）还来不及了解就去世了。中世纪的天文体系才是利玛窦最了解的。故而在宇宙论的介绍上，利玛窦是无意的错位。

既然西学的引入有错位，那么中国对西学自然也避免不了误读。西学的崇拜者、好感者、抵斥者，均难排除误读之列。如徐光启，与传教士同气相和，顶礼膜拜传教士所传西学，也就难免缺少一些鉴别，从而产生误读。反对者，也是有误读。他们防西学如防洪水，自然难以有判断公心，结论也就难免偏颇。

在取得文化认可的同时，传教士也通过西方科技扎根中国，推动了中国天文历算、数学等的发展。利玛窦自称《几何原本》非常为中国人欣赏，对中国日历的修订，有很大的影响。② 此外，利玛窦还有《测量法义》、《同文算指》等著述介绍西方科学，还绘制了《万国舆图》。艾儒略

① 《熙朝崇正集 熙朝定案（外三种）》，韩琦、吴旻校注，第 19 页。

② ［意］利玛窦：《中国传教史》，光启出版社 1986 年版，第 459 页。

《大西利先生行迹》讲述利玛窦万历十一年（1583）抵达肇庆后制造地图浑仪、天地球考、时晷等器具，把它们送给当权者。他所绘制的万国舆图，使整个世界第一次具备了一个完整的交通网络。利玛窦自己也说世界地图已传遍各地，这确是他们不曾听见过的，连想也不会想到的，已经翻印十次以上；中国学者与显贵无不争相传阅，著文称赞和加以翻印。[①] 西方地理知识的传入，对中国的天下观，还是有一定震撼的。

此外，来华传教士必须越过语言障碍，倘“音译未通”，则“有同喑哑”[②]，更别说顺利传教。于是他们在欧洲语言和汉语之间寻找沟通桥梁，由此产生了汉语拼音，这对中国语言学产生了深远影响。中国古代没有拼音，代替拼音的是反切与直音。上字取声母，下字取韵母，拼合起来即为一个字的读音。直音法，即注疏中常说的“读若某”或者“某声”，例如，迟，犀声。[③] 传教士利玛窦为了来华传教士认识汉字，根据拉丁文发明了 26 个声母和 44 个韵母的拼音方案，传教士金尼阁在利玛窦基础上进行改革，在杭州出版了一部最早用音素字母给汉字注音的字汇《西儒耳目资》。此拼音方案由于是利玛窦、金尼阁二人共同努力的结晶，故称“利、金方案”，给当时的中国音韵学者很大的启发。方以智曾言“字之纷也，即缘通与借耳。若字属一字，字各一义，如远西因事乃合音，因音而成字，不重不共，不尤愈乎”[④]。杨选杞读《西儒耳目资》未完，即顿悟反切法有一定道理，并认为在反切的基础上更可琢磨出一套简易便捷的注音方法，解决反切所不能为的注音。“利、金方案”促进了中国传统音韵学的革新，为反切法开辟了一条“不期反而反，不期切而切”的简易途径。这两个方案即为最早的汉语拼音方案，引起了汉字可以用字母注音或拼音的想法，逐渐演进，最后形成了今天中国的汉语拼音。

自利氏入华，迄于清朝厉行禁教之日止，中西互动曾取得不小实绩。梁启超指出：“清朝一代学者，对于历学算学都有兴味，而且最喜欢谈经世致用之学，大概受到利徐诸人影响不小”[⑤]，方豪道：“西洋近代天文学、历法、数学、物理、医学、哲学、地理、水利诸学，建筑、音乐、绘

---

① ［意］利玛窦：《利玛窦书信集》，罗渔译，光启出版社 1986 年版。

② 《熙朝崇正集 熙朝定案（外三种）》，韩琦、吴旻校注，第 19 页。

③ （汉）许慎：《说文解字注》，（清）段玉裁注，上海古籍出版社 1981 年版，第 72 页。

④ （清）方以智：《通雅·疑始》卷 1，清刻本，浮山此藏轩藏版，第 18 页。

⑤ 梁启超：《中国近三百年学术史》，第 325 页。

画等艺术，无不在此时期传入。”①

西学东来虽有刺激中学的功劳，但同时也在中国掀起了巨大的思想波动。“疑之者半，信之者半，与儒教有异同。”② 围绕传教士带来的西学，中国知识界聚焦在西学是异端还是疗方，以及如何借鉴上，一直到今天论争犹未结束。这场论争，在明清时期，以致双方最高决策者不得不介入其中，最后也由他们以行政命令来结束这场纷争。不过，其间还是有很长一段和谐互动期。徐光启、顾炎武等读西洋之书，谈历学、算学；康熙学西洋数学，听西洋音乐，让八旗子弟演箕几何，学外语。路易十四特意把传教士带到法国的中国人黄嘉略留在身边，喝中国茶，建中国亭，用中国漆器，看中国皮影戏。③ 但这个和谐最后被中西之间的“礼仪之争”彻底打破了。

1704 年教皇克莱孟十一世（Clement Ⅺ，1649—1721）派多罗特使来华执行他的礼仪决定。康熙在 1705 年 12 月 31 日、1706 年 6 月 29 日两次召见。1705 年 12 月 31 日召见时，多罗生病，康熙差官到北堂用肩舆迎接他入宫。康熙见多罗病态，命免跪拜，赐座，亲执金樽赐酒，并赐筵宴。宴会后，授意闵明我劝多罗改变主意。第二次接见，康熙申明中国两千年来，均奉行孔学之道，西洋人来中国者，自利玛窦以后，常受皇帝保护，他们也奉公守法。将来若是有人主张反对敬孔敬祖，西洋人就很难再留在中国。④ 并于接见多罗后的 7 月 22 日于热河行宫召见颜珰处理颜珰后，宣布各地传教士实行领票制度。要求传教士声明永不返回西洋，遵守利玛窦规矩，顺从中国礼仪方可领票，否则不准在中国居留，坚决驱逐回去。信票由内务府发放，票上填写国籍、姓名、年龄、会别、来华时间、永不返回西洋等内容。1707 年 1 月，多罗在南京发表公函，公布了教皇禁止中国礼仪的文件，要求中国教会无条件执行，否则处以“弃绝”的重刑。多罗此举的结果，是自己被驱逐出境，拘禁在澳门。1710 年 9 月，教皇克莱孟十一世发布通谕，重申了 1704 年的禁约。1715 年 3 月 19 日教皇克莱孟十一世颁布了《自登极之日》（*Ex illa die*）诏谕，以更加严厉的

---

① 方豪：《中西交通史》下，岳麓书社 1987 年版，第 692 页。

② 《熙朝崇正集 熙朝定案（外三种）》，韩琦、吴旻校注，第 293 页。

③ 张西平：《中国与欧洲早期宗教和哲学交流史》，第 6—7 页。

④ 转引自罗光《教廷与中国使节史》，光启出版社 1967 年版，第 124 页。

态度再次强调1704年的禁约，禁止教徒偶像崇拜。1719年又派主教嘉乐(Carlo Ambrosius Mezzabarba)作为特使来华。1720年，嘉乐抵华，再次重申教皇的命令。康熙曾先后十几次接见嘉乐。但康熙见到教皇克莱孟十一世禁止祭孔祭祖的通谕后，十分生气，在通谕的译文后亲批谕旨："览此告示，只说得西洋人等小人，如何言得中国人之大理。况西洋人等，无一通汉书者，言说议论，令人可笑者多。今见来臣告示，竟与和尚道士异端小教相同。彼此乱言者，莫过如此。以后不必西洋人在中国行教，禁止可也，免得多事。"[①] 罗马教廷一意孤行，致使起初默许传教，其后逐渐降旨准许自由传教的康熙不得不选择部分禁教，而到1724年，雍正则下令禁止传习天主教，留下自己需要的传教士，传教活动转入地下。应了伏尔泰曾下的断言："对中国的礼仪的极大误会，产生于我们以我们的习俗为标准来评判他们的习俗，我们要把我们偏执的门户之见带到世界各地。跪拜在他们国家只不过是个普通的敬礼，而在我们看来，就是一种顶礼膜拜行为。我们误把桌子当祭台，我们就是这样地评骘一切的。我们在适当的时候将会看到，我们的分裂和争吵怎样导致了我们的传教士被赶出中国的。"[②] 当代天主教神学家汉斯·昆(Hans Küng)指出教皇许多错误决定中，不允许中国教徒实行中国礼仪是一个最大的错误。

当然，传教士因清廷需要还时有从欧洲来京者。雍正后的乾隆禁教则不如雍正严厉，乾隆时常召唤欧洲传教士来京满足个人喜好，至嘉庆时皇帝召唤欧洲传教士来京的局面方结束。不过，传教工作自正式禁教起至欧洲传教士不再来华，始终藕断丝连。

自明末清初以来的中西互动也造就了诸多中西兼通的人物。西方有如被称实为"明季沟通中西文化之第一人"[③] 的利玛窦及《画赵渠笈》所称"画本西法而能以中法参之"的郎世宁，中方则有徐光启、李之藻、陆陇其、王锡阐、梅文鼎、薛凤祚、江永、戴震、纪昀等。郎世宁，宫廷传教画师，16幅反映乾隆平定准噶尔叛乱的组画，被运回西方制成版画，再转回中国，成为中西交流的重要见证。读过南怀仁《不得已辨》的陆

① 北平故宫博物院编《康熙与罗马使节关系文书》，北平故宫博物院1932年影印本，第41—42页。

② [法] 伏尔泰:《风俗论》上册，第255页。

③ 方豪:《中西交通史》下，第692页。

陇其，确信西学已精密到难以指摘的程度。江永“线河图”则是融合了中西数学方法的独创新解。四库修书之时，纪昀在《四库全书总目》里对几百年来中西互动做出了论断，代表了官方的乾嘉西学观。

（一）清初*至乾嘉西学论

清初西学观的确立主要是由三类人共同完成的，一是明遗民，一是清的顽固的正统派，一是帝王及清顽固正统派之外的御用文人。

我们先来看看明遗民。清初士人是有遗民哀痛的，所以夷夏之防的心理非常重。已有在他们眼中的夷，其实本为中国少数民族的清，以夷变了夏，令他们处在两难的境地。他们也就不希望还有一个来自遥远异域的夷再掀波浪，再有以夷变夏的状况。来华传教士的用心他们是能感悟到的。但清初士人又多博通，他们通历算，也就对西学能习而知之。在晓习西学后，他们发现并认可了西学优于中学的地方，然而夷夏之防还是令他们推溯西学源于中学，来稳固国本。清初士人对西学的态度就大抵如此，用夏变夷。① 此端在遗民意识强烈拒不仕清的黄宗羲、王夫之、方以智、王锡阐等那里明晰可见。他们认为西学源于中学，西学不过“剽袭中国之绪余”② 而已。即使他们中希冀会通以求中学发展者，也是在西学中源的前提下进行的。中国的九重、八柱其实为“天帝之所谓”，天主教尊天，儒教亦尊天，天主教穷理，儒教亦穷理，③ 儒教天主教其实同源。

对于西学，黄宗羲著有《大统历法辨》、《时宪书法解新推交食法》、《圜解》、《割圜八线解》、《西洋历法假如》等，他就西学来源道：“尝言勾股之术乃周公商高之遗而后人失之，使西人得以窃其传。……梅徵君文鼎本《周髀》言历，世惊以为不传之秘，而不知公实开之。”④ 明明白白地把西学归于中源，并告诉世人西历中源说实由梅文鼎开启。且论证出西

---

* 这里的清初特指入主中原后的顺康雍三朝。

① 但有特例，吕留良为故国的缘故接受西学，为以夷助夏。

② （清）王夫之：《思问录·外篇》，顺治十三年张元枢刻本，第12页a。

③ 《熙朝崇正集 熙朝定案（外三种）》，韩琦、吴旻校注，第294页。

④ （清）全祖望：《鲒埼亭集》卷11《梨洲先生神道碑文》，《四部丛刊初编》本，商务印书馆1936年版，第12页b。

人的日月食理论中国古已有之。[①]

方以智则在明季曾问学毕方济。方以智眼中的毕方济具有士人所喜好儒释道兼备的素质，如“长揖若神仙，言语能通俗”；又博学，通天文历算，能说几千年来的中西之间的学问。此外，利玛窦有别于时人似佛非佛颇神秘不知其所至的衣着，也引起了方以智的很大好奇和兴趣。于是，方以智向毕方济请教了宗教知识。不过，即使和毕方济有如此交情，但在他的《浮山文集》的《游子六〈天径或问〉序》中还是认为西学并非西方土生土长的学问，它的源头在中国。西学在某些方面比中学优秀，中国之所以取它所长，是中国意在礼失求诸野。他说：“万历之时，中土化洽，太西儒来。脬豆合图，其理顿显。较常见者，骇以为异，不知其皆圣人之所已言也。……子曰：‘天子失官，学在四夷’。”[②] 既然西学，中国古来本就有之，因此大可不必推崇西学。

又王锡阐对中法取精华弃糟粕，对西法并不首肯崇西者过度对它的赞许，中西兼通而自立新法。他指出正是崇祯初年徐光启编译万历末年来华的利玛窦的书《历指》，并作《法原历表》、《法数书》等，数年而成，遂令西历盛行于世，研究历法者莫不以它为俎豆。但他认为以西历为俎豆者未免过誉，以西历为深知法意也不可，以西历善、以西历测候精详可；[③] 以西历为不易之法无事求进不可，西历有验于今则可。[④] 总之，正确认知西历的态度应是循其理而求通可，安其误不辨则不可。[⑤] 指出西历并非神圣无误，党同伐异盲目遵从实在不可取，叹息世人误会了徐光启译书的真意。指出徐光启译书之初，本意在取西历的材质归“《大统》之型范”[⑥]，借助西历改进《大统历》，并无尽革《大统历》的意思。哪像时人完全抛弃《大统历》，专用西历。至于后来继承徐光启者，仅能翻译而已，对于徐光启会通主旨也并不能领悟。因此，王锡阐申明自己要承担起还徐光启翻译西历书籍的旨意的本来面目的任务，“兼采中西，去其疵

---

① （清）顾炎武：《日知录》卷30《月食》，（清）黄汝成集释，岳麓书社1994年版，第1054页。

② （清）方以智：《浮山文集后编》卷2，清康熙方氏此藏轩刻本，第16页b。

③ （清）阮元：《畴人传》卷34《王锡阐上》，第2页b。

④ 同上书，第13页b。

⑤ 同上书，第2页b。

⑥ 同上书，第6页a。

类，参以己意，著历法六篇会通若干事考证若干事表明若干事增葺若干事立法若干事。旧法虽舛而未遽废者，两存之。理虽可知而非上下千年不得其数者，阙之。虽得其数而远引古测未经目信者，别见补遗，而正文仍袭其故"①。不过，如果我们仅从前面所叙去认识王锡阐，王锡阐为中西持平者的结论是可以得出的。但我们再看下面王锡阐所论，则可以得出另一结论。王锡阐说："昔人因一日曰躔命为一度，日有疾徐，断以平行数，本顺天不可损益，西人去周天五度有奇，敛为三百六十，不过取便割图，岂真天道固然，而党同伐异必曰日度为非，讵知三百六十尚非弧弦之捷径乎"②，这段话分明在讲西历中源，而如此的例子还不少。如他还说"新法之庆戾旧法者，其不善如此；其稍善者，又悉本于旧法如彼"③，又认为"近代西洋新法大抵与土盘历同原"④。因此，虽然王锡阐也看到了中西历各自的优劣，但他同时又说西历之优在中国古历中都能找到，而且西历是西人从中国古历中窃取走的，他讲道："今者西历所矜胜者不过数端，畴人子弟骇于创闻，学士大夫喜其瑰异，互相夸耀，以为古所未有，孰知此数端者悉具旧法之中而非彼所独得乎！……大约古人立一法必有一理，详于法而不著其理，理具法中，好学深思者自能力索而得之也。西人窃取其意，岂能越其范围?"⑤ 中西历之间只不过历理相同历数有异而已，⑥ 可见王锡阐其本还是地地道道的西学中源者，所以阮元称赞他"究术数之微奥，补西人所不逮"⑦。

此外，如魏禧认为西学的亚尼玛即《大学》中所言明德，至美好即《大学》中的至善，天主即古圣所言上帝，先儒所言天的主宰，绝无奇异，⑧ 也是归因西学中源。

清初的这几个中西兼通的遗民，他们夷夏观念下的中西学观和他们对清廷的态度是一致的，无论西学多优秀，也始终不会以西学为本的。但他

① （清）阮元：《畴人传》卷34《王锡阐上》，第6页a—b。

② 同上书，第3页a—b。

③ （清）阮元：《畴人传》卷35《王锡阐下》，第6页b。

④ （清）阮元：《畴人传》卷34《王锡阐上》，第13页a。

⑤ （清）阮元：《畴人传》卷35《王锡阐下》，第5页b—6页a。

⑥ （清）阮元：《畴人传》卷34《王锡阐上》，第13页b。

⑦ 同上书，第12页a。

⑧ （清）魏禧：《魏叔子日录》卷2《杂说》，（清）易堂刻《宁都三魏全集》本，第19页b。

们的博通、睿智与学识，也使他们如面对日渐蓬勃向上的清廷最后走向与清廷的文化乃至政治认同但自己始终不出仕却让子侄弟子出仕一样接纳了西学中的优秀部分，但在观念上却始终以为西学本中国古已有之。

不过，清初还有与这些遗民夷夏观念一致，但对西学却拒不接受者。这就是那些清转型为清民的顽固正统派，杨光先就是其中反应尤为激烈的代表者。[①]

杨光先的落败是在康熙朝，康熙从对西学的热爱与集权的需要否定了以杨光先为首的保守派，从此给了传教士很长一段时间宽松的传教环境。不过，虽然杨光先是被康熙否定了的，但如康熙七年（1668）在自己所作《客舍偶闻》中言及杨光先就事论事肯定他卫道举措但否定他因人废西法的持客观态度的彭孙贻，[②] 康熙八年（1669）赠诗送杨光先归乡高度赞扬他卫道精神如见古人的王崇简，[③] 或稍后的持反对态度的程廷祚、钱大昕、孙星衍、阮元等清人在评价杨光先上并没有与圣听亦步亦趋。文字狱如此酷烈的清前期及中期，竟然与统治者唱反调，这是匪夷所思的。亦即在清前期及中期，要发出异音是要付出代价的。但综观发出异音的人，有名硕大儒，甚至还有封疆大吏，这些人均毫发无伤。因此，只能有一种解释，即康熙并非要打杀杨光先至死维护的国本，打杀的是杨光先的支持者政治异己鳌拜一党；康熙并非要完全接受西学，他对待西学和清其余诸帝在拒斥西学思想上是一致的。至于程度，可另作别论。康熙打杀杨光先其本还是为了树立并引导臣民的西学观。康熙维护国本的思想与杨光先并无二致，惩治杨光先只是政治的不得已罢了，亦即杨光先只不过做了政治牺牲品而已。康熙不便明说个中究竟，但他的臣民士子们却晓然于胸，所以敢于发出看似与他不一致的观点。

是的，杨光先现象极具探究性，他彻底否弃西学，虽然不是清顺治康熙时期士人的主流，但其中反映出的维护正统的夷夏观是清顺治康熙时期很大一部分臣民士子对西人西学的共识，这也是促使在清前期的顺治康熙朝在对待西学上产生西学中源观念的根本所在。

---

① 因本书前文关于杨光先有详细论述，所以这里只就他有关中西学情况进行总体分析评判。

② （清）彭孙贻：《客舍偶闻》卷1，《振绮堂丛书》本，第1页b—2页a。

③ （清）王崇简：《青箱堂诗集》卷24《送杨长公还里》，康熙间刻本，第2页b。这首诗为："卓荦平生意气真，年登七十倍精神。救时自昔称遗直，卫道于今见古人。"

在清人看来，中华终归是天下马首，西方终归是藩属，是夷，进贡方物是西方应尽职责，西方的安危去取系于中华君主，正所谓："天下甚大，九州之外，复有万国，其安危理乱，总以中华为转移，中华万国之斗杓也。故海不扬波，则越裳重译而来朝。大林国有神铁之山，若中国之君有道，神铁即自流溢，镕之为剑，以贡方物，此类不可胜纪，然斗杓之转，又在人主一心。"[①] 既然是夷，哪能与泱泱天朝相媲美，自应拿取它的技艺并安享它进贡的器物，抛弃它的精神，何苦受它精神的蛊惑而变乱自家法度。当然，康熙还在论证确立西学中源阶段，到乾隆时以上观念方臻至成熟达到最高阶段。

不过，再回过头来看，以杨光先为代表的清正统士大夫，他们在中西学观上多少有点会错了清统治者的意。被汉人视为夷的清人，接纳西人，其实也就是接纳自己，给汉人自己就是正统的一种明示，因此清人断不会在清初拒不接纳西人的。他们用西人做钦天监，用西学，其实也是在向世人表明自己就是正统。这只不过是他们的一种政治需要。当然，其中也不乏帝王的个人喜好。但即使是需要或喜好，他们也绝不会愚蠢到以西学为本的。他们深谙汉民族文化，自己曾以夷变夏，也怕西人以夷变他们好不容易争取来的夏的继承者的正统。从顺治康熙以至雍正身上，我们可以清楚地看到这点。

清康熙对西学和西人的开明，以及研究，是清1840年前其余诸帝所不能比的。不过，康熙仍然说："历原出于中国，传及于极西，西人守之不失……非有他术也。"[②] 显然，研究西学颇深的康熙也直接把西学溯源于中学。以康熙中国君主及中国人的双重身份，以清人天下之中的心态，以及维护国本思想一统的需要，康熙道出这句话是必然的。学习西学的康熙，必然知道西方学术科技的实用。但作为君主，并不希望思想被淆乱。当然，康熙这句话一出，也以帝王之尊确定下他的朝代评判西学的基准。这个基准，其实是由他父亲顺治开启的。顺治虽然百般恩宠汤若望，但并未因汤若望竭力劝说自己信教而动摇自己作为君主应该有的以朱子学为本的指导思想。在顺治眼中，中学是根本，西学源于中学。而他的孙子雍正

① 《熙朝崇正集 熙朝定案（外三种）》，韩琦、吴旻校注，第293页。

② （清）《圣祖仁皇帝御制文》第3集卷19"三角形推算法论"，（清）永瑢等：《文渊阁四库全书》集部第238册，商务印书馆1986年影印本，第156页下。

也说:"夫算法之理,皆出自《易经》。即西洋算法亦善,原系中国算法,彼成为阿尔朱巴尔。阿尔朱巴尔者,传自东方之谓也。"[①] 看来,在西学观上,从顺治到雍正祖孙三代并无二致。当然,确立西学中源的还是康熙及其臣民。

为进一步认知康熙西学观,有必要再体味一下康熙的一番论及此的话语,康熙曾说"海外西洋等国千百年后中国必受其累,此可以逆推。又汉人心多不齐,如满洲蒙古数十万人皆一心。朕临御多年,每以汉人为难治,以其不能一心故也。国家承平日久,务须安不忘危"[②],亦即在康熙看来,西人日后肯定会成为中国的威胁,但西人尚不是他目前要解决的大问题,目前他的要务是管束好汉人,汉人心系大清,国家就稳定了。至于西学,在康熙看来,只要西学不淆乱历经千辛万苦方安定下来的人心,就可以了。加以康熙为政一向仁慈,以及他本人喜好历算等学术上的探讨,所以虽然并不希望西学学理惑乱思想一统,但并未以天子之尊禁之,只是引导臣民择西学之优而用,归其学于中源,固本维本而已。并且他的时代处于中西互动良好时期,兼以需要树立兼容并包的姿态,是不需要赶走西人的。而如果禁止西学学理,就等于彻底否定西学,也就等于彻底否定了西人,势必需要驱赶西人出境。这不是康熙的需要。当然,这在康熙后期有所变化。最后,也就自然走向了乾隆的"节取其技能,而禁传其学术"。

至于他的臣子如何看待西学?他的臣子陈厚耀曾回答康熙的地圆学说出自什么书的答案为《周髀算经》,而对康熙所问为什么地球是圆的,陈厚耀的回答是《职方外纪》可以找到答案。[③] 陈厚耀所答,承认了西学之优,但指出中国古已有之。分明西学中源。

为迎合康熙的西学观,康熙的另一臣子李光地不但改变了自己所持的中国传统的"天圆地方"说,还延揽大量历算之士在幕府中讲学修书论证西学中源迎合康熙所好,并且自己也著文为之张本。如他所著《西历》言西人地圆说源自《周髀》、《楚辞·天问》中西人所言九重天、宗动天

---

① (清)《世宗宪皇帝实录(二)》,雍正七年十月条,中华书局1985年版,第174页。

② (清)《圣祖仁皇帝御制文》第4集卷9《谕大学士九卿科道》,(清)永瑢等《文渊阁四库全书》集部第238册,第457页上。

③ (清)阮元:《畴人传》卷41《陈厚耀》,第2页a。

说即岁差说;[①] 另一部著作《历法》也论证地圆说与《周髀》合。[②] 看来，康熙君臣西学观念是一致的。

不过，仅仅君臣相合，尚是不够的，还需要学界响应，才能共促并落实全体臣民的西学中源观。

梅文鼎，无疑是康熙朝中学西学观念下的产物，而且也正是他在康熙的支持下呼应并坐实了康熙的西学中源观，成为康熙西学观的学界代言人。

前面所述的黄宗羲、方以智、王锡阐等虽然出于个人好恶也谈西学中源，但远远不如有官方支持的梅文鼎力度大、影响广，加以他们遗民的身份，他们不可能成为康熙西学观的学界代言人。重任落在了被钱大昕誉为"国朝算学第一"[③] 的梅文鼎身上。

梅文鼎字定九，号勿庵，宣城人。对中西历算均深入研究，既有理论贡献也有实践成就。实践方面，他借鉴西方天文仪器的原理制成璇玑尺、揆日器、测望仪、仰观仪、月道仪等仪器。理论方面，《清史稿》称："万历中利玛窦入中国，始倡几何之学，以点线面体为测量之资，制器作图，颇为精密。学者张皇过甚，未暇深考，辄薄古法为不足观；而株守旧法者，又斥西人为异学：两家之说，遂成隔碍。文鼎集其书而为之说，用筹、用尺、用笔，稍稍变从我法。若三角、比例等，原非中法可赅，特为表出。古法方程，亦非西法所有，则专著论，以明古人之精意不可湮没。"[④] 大力表彰梅文鼎令中西学优劣互补，推动二者融合的融通中西历的功劳。不过，我们还是能由"稍稍变从我法"中看出梅文鼎西学中源的端倪。梅文鼎在中西学观念上确实是以中学为本的。

首先，梅文鼎认为学问之道，求通而已。自己不能通者也许他人能通，又何必在乎他人今古，计较他人中西，[⑤] 所谓"法有可采，何论东西；理所当明，何分新旧"[⑥]。有这观念的梅文鼎自然以为"通"能合康

① （清）李光地：《榕村全集》卷 20《西历》，康熙间刻本，第 5 页 b—6 页 a。

② （清）李光地：《榕村全集》卷 20《历法》，第 5 页 a。

③ （清）阮元：《畴人传》卷 38《梅文鼎中》，第 15 页 b。

④ 赵尔巽等：《清史稿·畴人一》，第 3569—3570 页。

⑤ （清）梅文鼎：《绩学堂文钞》卷 2《中西算学通·自序》，乾隆年间梅氏家刻本（本家藏版），第 24 页 a。

⑥ （清）梅文鼎：《梅氏丛书辑要》卷 40《堑堵（二）·郭太史本法》，梅瑴成编，乾隆承学堂刊本，第 26 页 b。

熙之好，可同学界好恶，归西学入中学体系。这在梅文鼎身上是多有体现的。在梅文鼎看来，“地圆之说，固不自欧罗西域始”[①]。此外，即使称赞他人历算成就，梅文鼎虽重中西互补，但也别有深意，着眼于西学中源。如他称赞揭暄深明西术而又别有悟入，揭暄的言论多古今所未发。[②] 这个别有悟入与古今所未发，就是在讲揭暄归西学于中源。这个观念在梅文鼎自己的《历学疑问》中得到了较全面集中的体现。《历学疑问》既论述中西历法异同，又认为西历本就在中国古代历算体系中。如西学的“地球寒暖有五带”，他认为即《周髀算经》中的“七衡六间说”。对于中西历法聚讼纷纭，梅文鼎归西法不出《尧典》，指出西法的春分秋分说见于《周髀算经》、地圆说见于《大戴礼》，承认西人八线三角及五星纬度可以补中法不足，也道出西法“至分宫置闰，尚宜酌定”且西书“非出一手，不无矛盾，瑕瑜亦不掩”的不足，这正如“中土习用珠盘，西法用笔、用筹、用尺，各有所长”[③]。认为那些突然听闻西术而惊骇，以及尊西太过，而蔑视中法者，均“坐不读书”，应该采取的态度是：“历以敬授人时，何论中西。吾取其合天者，从之而已。天不变道亦不变，故至羲和至今数千年，不过共治一事，以终古圣人未竟之绪。”[④] 总之，承认中西学各有优长，但西学实为中国古已有之。

其次，从李光地的几番诚聘，以及康熙对梅文鼎的宠爱，梅文鼎必然符合康熙所好及需要。康熙好历算，也懂历算，他需要精历算者和自己交流。好历算懂历算的康熙自然清楚地知道中西历互补的重要，但政治上又需要他把西历归源于中历。因此，他可以允许学术上兼顾中西，取西历之长去中历之短，采中历之优补西历之次，但观念上他是不会容许中西持平的。而李光地推荐梅文鼎给康熙，就是为投康熙之好。作为臣子担有卖友求荣骂名的他，断不会糊涂到请一个和康熙中西历观念相反的人到幕中来，笼络有加并推荐给康熙的。而他引荐给康熙的梅文鼎确如他所料，获得了康熙的宠爱。康熙与梅文鼎舟中促膝长谈三日。这三日之会，除了交流历算知识外，肯定少不了探讨对待中西历的大计，而且二者肯定在中西

① （清）阮元：《畴人传》卷38《梅文鼎中》，第3页a。

② （清）永瑢等：《四库全书总目·梅氏全书》，第261页。

③ （清）梅文鼎：《勿庵历算书目》，知不足斋本，《丛书集成初编》，中华书局1985年影印本，第28页。

④ （清）毛际可：《梅先生传》，载（清）梅文鼎《勿庵历算书目》，第3页。

历观念上是一致的。不然，日理万机的康熙哪有这个耐心与闲情逸致，和一个与自己观念不一致的一介平民独处三日，后又赐“绩学参微”[①] 之誉。当年汉光武帝能和严光卧榻而谈，就是因为严光能够给予他治天下的大计，康熙和梅文鼎之间也理应如是。而梅文鼎自言“粤稽古圣，尧之钦明，舜之濬哲，历象授时，闰余定岁，璿玑玉衡，以齐七政，推步之学，孰大于是？至于三代盛时，声教四讫，重译向风，则书籍流传于海外者殆不一矣？周末，畴人子弟，失官分散，嗣经秦火，中原之典章既多缺佚，而海外之支流反得真传”[②]，从理论上讲明了西学的中学渊源，并进一步申明这是西人自己承认了，他说：“我朝定鼎以来，远人慕化，至者渐多，有汤若望、南怀仁、安多、闵明我，相继治理历法，间明数学，而度数之理渐加详备，然询其所自，皆云本中土所流传。”[③] 更证明了他以中学为本的观念。

梅文鼎的成就，李光地曾拿它与杨光先作比道：“杨某说历法，每高妙自奇，使人无可攀跻。梅定九则极低平，随人扣之，皆言下即得门户。恐即此便是杨不及梅处。大凡说道理，平处即是高处。”[④] 肯定了梅文鼎在历算上的正统地位。而梁启超则在《中国近三百年学术史》中归梅文鼎的成就为五项：

一、历学脱离占验迷信而超然独立于真正科学基础之上，自利、徐启其绪，至定九乃确定。

二、历学之历史的研究——对于诸法为纯客观的比较批评，自定九始。

三、知历学非单纯的技术而必须以数学为基础，将明末学者学历之兴味移到学算方面，自定九始。

四、因治西算而印证以古籍，知吾国亦有固有之算学，因力提倡以求学问之独立，黄梨洲首倡此论，定九与彼不谋而合。

五、其所著述，除发表自己创见外，更取前人艰深之学理，演为

---

① （清）《梅雪坪跋》，载（清）梅文鼎《勿庵历算书目》，第4页。

② （清）《御制数理精蕴》上编卷1《周髀经解》，清光绪十四年上海慎记书局石印，第3页b。

③ 同上。

④ （清）李光地：《榕村语录》卷26《理气》，乾隆刻本，第29页b。

平易浅近之小册，以力求斯学之普及。此事为大学者之所难能，而定九优为之。①

至于梅文鼎的际遇，则引来时人不少倾慕。王士祯曾有诗描写道："齐人漫说谈天衍，汉代虚传落下闳；欲向百泉闻绝学，小车花下待先生。"②

可见，梅文鼎西学理论与实践实为康熙知音。难怪不得深谙康熙好恶的康熙宠臣李光地几番诚聘，竭力向康熙推荐。后来康熙还教梅文鼎孙子梅瑴成"借根方"，并告诉梅瑴成自己认为"借根方"即"天元一术"，让梅瑴成为自己之说找理论依据。梅瑴成后来完成了康熙所嘱，论证出了"借根方"即"天元一术"③。

当然，除梅文鼎这个典型外，还需要学界其他人应和。陆世仪即其中一个。陆世仪和梅文鼎一样，在主张西学中源的基础上承认中西学各自的优点。他在《思辨录辑要》中指出，《崇祯历书》谈到的西学几何用法，总体上详细论述了勾股法。不过，中国《九章算术》中早有勾股法，只是不如西学精密罢了。④ 他还指出西人筹算不如中国珠算方便，然而中国珠算却容易出现差错，而吸收西学则必须精熟西学的精妙方可得之。⑤ 又指出渐渐与天不相似的浑天旧图，精密的西图正可补它这方面的缺陷，劝诫清人不要因为这是异国之图而忽视之。⑥ 并指出西人求实绝不言占验。⑦ 至于西学为何优于中学，陆世仪则归因于西人"尽心于天，终岁测验"⑧ 的求实精神。

当然，顾炎武、王夫之、方以智、王锡阐、梅文鼎、陆世仪、陈厚耀、李光地等与顺治、康熙君臣之间在清初是杨光先现象之外且与之异曲同工的典型。

明末清初，一方面清人在西学的影响下，知识得到了改造。如游艺推

---

① 梁启超：《中国近三百年学术史》，第 323 页。

② （清）王士祯：《蚕尾集》卷 2《招梅定九并题写真》，康熙年间刻本，第 6 页 b。

③ （清）阮元：《畴人传》卷 39《梅文鼎下》，第 1 页 b—2 页 a。

④ （清）陆世仪：《思辨录辑要》2《治平类》卷 15，王云五主编《丛书集成初编》，商务印书馆 1936 年版，第 151 页。

⑤ （清）陆世仪：《思辨录辑要》1《小学类》卷 1，第 16 页。

⑥ （清）陆世仪：《思辨录辑要》2《治平类》卷 14，第 141 页。

⑦ 同上书，第 145 页。

⑧ 同上书，第 144 页。

阐天地之象，以西法为宗。① 李子金与王锡阐、梅文鼎游艺揭暄并以算术相高，著《隐山鄙事》四卷发明《几何原本》、《几何法要》之理。② 西学已走入士人中；另一方面清人思想依然执著正统，对正统的维护甚至超过明人。清人竟然重新认为中国居于世界大地的正中，周围是瀛海，四夷环拱。西人带来的地图和地理学知识，告诉中国人世界有五大洲，中国在其中一洲上。明人对这叹服，清人惊讶西人狂妄至“敢以中土为五洲之一”之余，大力驳斥之，认为西人的这种学说，不过是沿袭了战国时邹衍的裨海学说，“以千余里之地名之为一洲，而以中国数万里之地为一洲，以矛刺盾，妄谬不攻自破矣”，语涉诞诓，剿说蘉言。③ 天朝自大情绪溢于言表。甚至博识如顾炎武亦言：“佛郎机国在爪哇南，古无可考……素不通中国，正德十二年驾大舶突至广州澳口，铳声如雷，以进贡请封为名……先年潜遣火者三假充满剌加国遣礼使臣，风飘到澳，往来窥伺，熟我道途，略买小儿，烹而食之。”④ 顾炎武所言的佛郎机就是现在的西班牙，顾炎武仅把西班牙放在了中国人所知的蛮荒之岛爪哇岛南，并且在顾炎武眼中，西班牙人是尤为可恶的喜欢掠买小孩煮熟来吃的食人蛮族。顾炎武的以上诸见，与中国历来对蛮族的看法并无二致。看来，到清初时，在有着牢固正统的中国清人眼中，自己的国家依然是唯一的世界主宰，其他国家不过是蛮荒国家，其他民族不过是没有理性的野蛮民族。这样的形势下，君臣之间自然戮力为西学中源造势并寻找理论依据。但我们要注意的是，这个西学中源并没有彻底禁止西学的学理。

当然，清人自大不足为誉，但是他们的西学中源却是值得注意的。由上述可见，清人西学中源是有原因的。中国古代科技中确实有当时西人某些先进科技知识的发端。如西方代数和几何学定律在《九章算数》之类的中国早期著作中早就已见端倪。梅文鼎在完成代数著作《议程论》过程中就发现了这个道理。此外，来华传教士带着目的的传教，也令中国各阶层不同程度怀疑他们的居心，有认为他们“欲借技术以行其教，故将尽灭古

① （清）阮元：《畴人传》卷 36《游艺》，第 6 页 a。

② （清）阮元：《畴人传》卷 36《李子金》，第 8 页 b。

③ （清）嵇璜等：《清朝文献通考》卷 298，清光绪二十八年石印本，第 46 页 b。

④ （清）顾炎武：《天下郡国利病书》第 33 册“交趾西南夷”，《四部丛刊三编》史部，上海书店 1985 年影印本，第 47—48 页。

法使后世无所考，彼益得以居奇，实居心叵测”① 者，所以防范之。同时，出于维护国本思想一统的需要，西学中源无疑是他们的一种应对良策。

然而，顺治、康熙、雍正处在确立西学导向而非就西学总结的时期，顺治者系早逝略及西学，康熙确立西学导向，雍正则为顺治康熙西学导向守成者。他们祖孙三代论证西学中源意在引导臣民认知西学，固本求稳。如何把理论和实践有机结合再加以理论总结，以官方形式确定下来，他们有一定见解与指导。然而明确阐述并总结上升到政策层面，却不是他们的使命，并且即使为确立西学导向对西学进行理论总结，他们也没有必要以官方力量要求举国论证它。之所以如此，一则清初稳定大于一切，虽然确定西学导向实为思想一统为维持稳定服务，但西人并非如中国士大夫一样为中国统治根基。故而牢笼本国士大夫为急务，有必要为他们耗费举国力量开馆修书等，但为西人西学只要厘清方向不妨碍维稳固本就可以了，没有必要来一次官方的及于全国的大行动；一则清初没有这个条件和实力。在当时虽然有康熙君臣在西学上唱和，但从连大受康熙恩宠的有历学书62种才刻17种、算学书26种才刻16种的梅文鼎历算著述刊刻情况来看，西学要形成规模确实缺少条件和实力；一则中西互动还没有发展到需要来一次大总结的时候。这一切的完成，得到乾隆年间了。

只有乾隆年间兴盛的政治经济文化下学术总结大势的需要，促成的西学全面总结的契机，才使乾隆承续父祖遗绪令以上一切借四库修书靠四库馆臣的论证，加以学界的呼应与夯实方得以实现。不过，乾隆的西学观更迈进了一步，完全排斥了西学的学理。

与自己的祖父相比，乾隆已经没有了对数学、历法的喜好了，他感兴趣的是器械工艺。因此，在对待西人西学上，他比自己的祖父走得更远但实不如自己的祖父明智友善。在乾隆看来，只要把西方技能学到手，就行了，完全可以不顾西学学理。西学学理非禁传不可。而且中国也根本不需要西人，除满足自己喜好的需求者外，其余均赶走即可。不过，这也并非乾隆首创，从他曾祖到他父亲三代在确立西学中源过程中就时或有这声音发出。只不过如前所述因时代的缘故，不适宜实施没有得到彰显罢了。如明遗民张尔岐所言“历象器算，是其所长，君子固当节取；若论道术，

① （清）阮元：《畴人传》卷39《梅文鼎下》，第7页b。

吾自守吾家法可耳"①，发四库馆臣为乾隆献上的"节取其技能，而禁传其学术"② 的西学政策的先声。

当然，中西互动发展到乾隆以官方形式宣布禁止传播西学学理，来华传教士自己也得负一部分责任。他们不但日渐背离适应性传教策略，且卷入了上层纷争，并盲目扩大传教，引发了中国统治阶层自明末以来就有的以夷窃夏的忧虑，被禁止传教势在必然。而传教就要传本属西学学理组成部分的教义，且作为传播西学主体的来华传教士都无以脱离借助西学为传教服务，西学学理被禁传也是势在必然。

故而，由康熙臣民共同确立的"西学中源"也就走到了乾隆经四库馆臣的手总结并明确阐述的"节取其技能，而禁传其学术"③。就这段中西互动历史，有学者称："一股复古主义导致的'西学中源说'的潮流取代了学习西学的热情，在帝王和知识界的共同认定下，逐渐蔓延成势，导致明末以来研究西方传入的科学知识的群体逐渐缩减，而转向中国传统科学经典的考证和挖掘上。"④

此外，这里还要指出的是，四库修书并非专门为西学总结而行，但成于四库馆臣之手的西学总结，也确实是耗费举国之力的一分子。

（二）乾嘉西学论*

——从四库馆臣到阮元

西方传教士初入华者，以他们的奉献精神及渊博的知识，令中国的明人不得不佩服崇尚之，但在以张廷玉为代表的清人看来只是明季好异者方佩服崇尚。所以他主持的《明史》道："其国人东来者，大都聪明特达之士，意专行教，不求禄利。其所著书多华人所未道，故一时好异者咸尚之。"⑤ 以张廷玉官方的身份，足可说明，面对中西已经互动100多年的

① （清）张尔岐：《蒿庵闲话》卷1，清初刻本，第22页a。

② （清）永瑢等：《四库全书总目》卷125《寰有铨》，第1081页。

③ 同上。

④ 高王凌、熊月剑：《宗教与科学的双重失败——耶稣会士刘松龄研究新论》，《中州学刊》2012年第1期，第137页。

* 前节总述清人主中原后到乾嘉时期西学观，重在谈顺康雍三朝。故这里单列一节，具体论述乾嘉时期西学观。

⑤ （清）张廷玉等：《明史·意大利亚传》卷326，第8461页。

事实，清廷不得不正视西学的同时仍然坚守夷夏之防。

自康熙末年禁教，至乾隆中，虽然来华传教士戴进贤（Ignaz Kogler）、徐懋德（Andre Pereira）、刘松龄（Augustin von Hallerstein）、傅作霖（Felix da Rocha）皆赐进士，[①] 但禁教策略不变，到嘉庆，在更严厉的禁教政策下，传教士不再来华。故而，乾嘉时期虽然对西学进行了总结，但其本并不脱离西学中源，而且为引导西学导向更确定下方向。

1. 四库馆臣论西学

为乾隆修《四库全书》的馆臣们，既要面对中西文明直接碰撞与冲突100多年，西学走入各阶层的事实，又要面对西方文明与自己之间的碰撞与冲突，以及乾隆希冀总结西学以确立西学导向的意志。为此，这群在传统儒家礼义道德下成长起来有着浓厚夷夏之防的士人不得不正视西学，为西学总结大势及统治的需要，确定下“节取其技能，而禁传其学术”[②③] 的导向。

对于西方学术，四库馆臣看到了它优胜中学的地方，因此他们为《西儒耳目资》所作提要在执著天朝自大把欧洲依然定为久修职贡的藩属的同时，也能认识到自己在音韵学上与欧洲的区别与差距，并对欧洲学问研求精微、实事求是进行肯定与表扬。不过，遗憾的是这个表扬仅仅是不得已而为之。当然，这也是四库馆臣对西学不得不采取的态度，因为西学带来的某些变化是有目共睹的。就《西儒耳目资》而言，清初所提倡的“音训”正是受《西儒耳目资》等传来的西方音韵学影响的结果，西方字母注音所引发的对中国传统反切注音的反思催生出了刘献庭的《新韵谱》等。所以四库馆臣论西学就相当艺术，一方面鄙弃它的思想，不承认它既有的成就与地位；另一方面却有所选择吸收，也不乏赞誉，但归源于中学。

故而四库馆臣评价艾儒略《西学凡》，在解释《西学凡》所言勒铎理加、斐录所费亚、默第济纳、勒义斯、加诺搦斯、陡禄日亚六学科，即文科、理科、医科、法科、教科、道科六学科，阐明它的教授方法后，一一把它们和中国各学科对号入座，讲明各科功用，指出文科如中国小学，理

---

① 赵尔巽等:《清史稿·汤若望 杨光先 南怀仁》，第2581页。

② 这里的学术不是指学术全部，而是指学术中所反映的思想。“节取其技能，而禁传其学术”，也就是说留用学术中所反映的技艺，弃斥学术中所反映的思想。

③ （清）永瑢等:《四库全书总目》卷125《寰有铨》，第1081页。

科如中国大学。医科、法科、教科均是西学的事业，道科则在西学中是所谓“尽性致命之极”[①]，并尤为强调中国所热衷的道科。但在表扬道科格物穷理、明体达用，与儒学次序相似的同时，也批评“所格之物皆器数之末，而所穷之理又支离神怪而不可诘”[②]。并指出正因为此，致使此书入异学之列。明显地既接受又排斥，既表扬又批评。取其技能，否其学理。而他们为意大利利玛窦有关天文的书《天问略》所作提要道：“前有阳玛诺自序，舍其本术而盛称天主之功，且举所谓第十二重不动之天为诸圣之所居天堂之所，在信奉天主者乃得升之，以歆动下愚。盖欲借推测之有验以证天主堂之不诬，用意极为诡谲。然其考验天象，则实较古法为善。今置其荒诞售欺之说，而但取其精密有据之术，削去原序，以免荧听。”[③] 其实讲的就是留用西学的天象之术，禁传西教教义的西学中用的道理。此外，在为葡萄牙溥泛际介绍天主教教义的《寰有铨》所作的提要中，他们更全面总结清人西学观，称：“欧罗巴人天文推算之密，工匠制作之巧，实逾前古，其议论奇诈迂怪，亦为异端之尤。国朝节取其技能，而禁传其学术，具存深意。”[④] 充分肯定西人技艺，贬斥他们的思想。要求子民学习他们的技艺，拒弃他们的精神，与国家导向一致。至于西人技艺成就的取得，馆臣则归因于中国人对西人的启发，即西学源于中学。如认为西历只不过是西人后来在中国古代历算名著《周髀算经》基础上测验增修，愈推愈密的结果，并肯定《明史·历志》所道西学是尧帝时期精通天文历算的学者的子弟到西方所传播的学说的说法是正确的，且指出这个说法由来有据。所以利类思、安文思、南怀仁等完成于康熙初年的“专记西洋国土风俗人物土产及海程远近”的《西方要纪》“大抵意在夸大其教”，四库馆臣遂认为他们的语言“多粉饰失实”[⑤]，其教也就自然不足为效。连被学界许为第一亦毅然自居不让的四库馆臣戴震，面对中西学时也不例外。

就戴震而言，戴震并不排斥西学，四库馆有关西学历算著作的提要大都出自他的手。他认为晚出的西学，与中学有别，并不足为奇。这正如讲学一样，各有门户而已。在他看来，测验实证的西学，是值得肯定的。但

---

① （清）永瑢等：《四库全书总目》卷125《西学凡、附录唐大秦寺碑》，第1080页。

② 同上。

③ （清）永瑢等：《四库全书总目》卷106《天问略》，第895页。

④ （清）永瑢等：《四库全书总目》卷125《寰有铨》，第1081页。

⑤ （清）永瑢等：《四库全书总目》卷78《西方要纪》，第680页。

西学的源头却在中国古法中。他在四库馆校理部分西方自然科学译介典籍时，就是采取接纳西学的先进成就来弥补中学的不足但溯源于中学的态度。并且他还把西学技艺用在了实践上。他的《嬴旋车记》即受西人龙尾车法启发而作，《自转车记》则受西人引重法启发而作，而《勾股割圜记》也是以西法为之。当涉及评判中西学时，戴震立场也是这样。如他认为视拼音字母来源于西域者是背祖忘宗，而西人的数学只不过是把中国测天用的勾股、缀术改称三角、八线而已，并且三角不能穷通的地方，还得靠“法之尽备”[①] 的勾股来完善，因此还三角的名字给勾股才是实至名归。此外，戴震也如康熙等一样认为西学的“借根方”即中国古已有的“天元术”，并视“正切”为“矩分”。总之，将西学归于中源，并认为那些把中法归于西源者是数典忘祖。当然，戴震曾师从笃信西学往往并护西学短处的江永，因自己老师的影响也时或不免对西学护短。[②]

而实任四库修书之责与四库修书相始终的总纂官纪昀，与戴震西学观也并无本质上的区别。他除在《四库全书总目》中系统表述自己的西学观外，[③] 还在《阅微草堂笔记》道及。

在《阅微草堂笔记》中，纪昀接受了西人的地圆学说，称：“然地球圆九万里，径三万里，国土不可以数计……”[④] 也通过与从侄虞惇与同官戴君遨游抱阳山“遥见一人岩上立，意戴君遣来迎也。相距尚里许，急往赴之。愈近，其人渐小，至则白石一片，倚岩植立，高尺五六寸，广四五寸耳。绝不类人形，而望之如人，奇矣”[⑤] 的亲身体验，得出“凡物远视必小，欧罗巴人所谓视差也”[⑥]，接受了西人的视差。至于对天主教看法如何，纪昀在《阅微草堂笔记》中，设计了二狐鬼对天主教的议论：“其一举手北指曰：‘此故明首善书院，今为西洋天主堂矣。其推步星象，制作器物，实巧不可阶。其教则变换佛经，而附会以儒理。吾曩往窃听，

---

① 戴震:《戴东原集》卷9《与是仲明论学书》，清乾隆金坛段玉裁经韵楼刻本，第8页a。

② 梁启超:《中国近三百年学术史》，第324页。

③ 后有详述，兹略（后文所述馆臣西学观，因纪昀对《四库全书》及《四库全书总目》有一手裁定的功劳，所以也可视为纪昀西学观）。

④ （清）纪昀:《阅微草堂笔记》卷7《如是我闻一·魂录冥籍》，嘉庆五年北平盛氏望益书屋刻本，第4页b。

⑤ （清）纪昀:《阅微草堂笔记》卷13《槐西杂志三·石人》，第19页b。

⑥ 同上。

每谈至无归宿处，辄以天主解结，故迄不能行。然观其作事，心计亦殊黠。’其一曰：‘君谓其太黠，我则怪其太痴。彼奉其国王之命，航海而来，不过欲化中国为彼教。揆度事势，宁有是理！而自利玛窦以后，源源续至，不偿其所愿终不止，不亦颠矣？’”[①] 借狐鬼的言论揭示出西人融佛附儒来附合中华文化的特征，并彰显出他们不可告人的目的，来警戒中国人。故而，面对西学进入中国各阶层且在某些方面确优于中学的现实，纪昀不得不承认并认可中西可互补的现状的同时，面对来华传教士的目的，以及本就存在西教引发骚乱暴动且已在中华土地上开有殖民地的事实，于是在总结西学中源的基础上，全面倡导节取西学技能弃其学理以固本，并毫不留情抨击西学学理。

馆臣们的这个抉择，是中国坚固传统文明与西人适应性传教策略共同的结果。既然传入中国的西方科学，引起在传统文明孕育下的有着天朝自大的中国明人清人剧烈震荡，疑信参半，要他们接受西方先进科技，正如《表度说》提要所言“立表取影以知时刻节气，本历法中之易至明者。然非明于天地之运行，习于三角之算术，则不能得确准。是时地圆地小之说初入中土，骤闻而骇之者甚众，故先举其至易至明者，以示其可信焉”[②]，是需要讲究方式方法，循序渐进的。既然中国接受西方科技尚且如此困难，传教的难度亦可想而知。为此，在与中国文化的接触中，传教士摸索出了适应性传教策略。

适应性传教策略之一就是适应中国文化，使西学与中学相通，并在这基础上推行学术科技传教，吸引中国人入教。在满足天朝自尊心的前提下，也一定程度上推动了“西学东渐”，促进了知识阶层接受西方先进科技，为自己传教打开了和谐的门。如四库馆臣就利玛窦“上卷皆言天象，以人居寒暖为五带，与《周髀·七衡说》略同。以七政恒星天为九重，与《楚辞·天问》同。以水、火、土、气为四大元行，则与佛经同”[③] 的叙说天象的著作《乾坤体义》，指出利玛窦在解释天象时，并没有沿袭西方天文学中星座的概念，而是改用中国古已有的28宿体系，并提到了中国人耳熟能详的《周髀算经》和《楚辞·天问》，且还融佛入儒。这一切

① （清）纪昀：《阅微草堂笔记》卷10《如是我闻四·鬼狐之见》，第24页a—b。
② （清）永瑢等：《四库全书总目》卷106《表度说》，第895页。
③ （清）永瑢等：《四库全书总目》卷106《乾坤体义》，第894页。

足可调动中国士人的感情，达到吸引一批知识分子的功效。

不过，来华传教士著述引用中国古文献以合中国文化，从另一角度而言，却为四库馆臣言西学中源提供了鉴借与基础。当然，我们知道，文明冲突与碰撞下的双方其实是各有用心的。馆臣们意在说明西学源于中学为“节取其技能，而禁传其学术”[①] 服务，而利玛窦等所为，本在证明中国经典含有自然法则的原理，这种原理是古代中国人经由诺亚（Noah）子孙传授而来的，其实是在为自己的中学西源立论。

至于馆臣如何看待西人的适应性传教策略？我们也可从他们为来华传教士著述所作提要中一窥端倪。来华传教士的著述，可分为宗教及其外著作二类，兹择数例论之。

首先我们来看四库馆臣如何评判来华传教士有关基督教的专门著述。来华传教士有关基督教的专门著述意在宣扬传播基督教教义，这个教义其实就是西学精神中的一种。四库馆臣的回应是否定与批判，否定批判它假佛借道合儒来资助自己的宗教。

在为《二十五言》所作提要中，四库馆臣认为西洋教法最初的二十五条只不过剽佛窃儒，自以为超出三教之上，其实文辞拙劣，蔓衍支离，不可究诘。[②] 在为《畸人十篇》所作提要中认为《畸人十篇》的语言看似宏肆博辨，颇足动听。其实不过大都掇拾佛家生死无常、罪福不爽的学说，而不取佛家轮回、戒杀不娶的学说，用这来附会儒理，使人猝不可攻。不过，相较于纯涉支离荒诞的《天主实义》而言，立说较巧。拿佛书同它比较，《天主实义》如佛家的礼忏，《畸人十篇》则如佛家的谈禅。而就来华传教士有关基督教著述在《四库全书》中的归类，也可看出四库馆臣对基督教假佛借道合儒援助自己的做法的否定态度。我们知道，有关基督教的著述全部被入著《四库全书》存目。按照四库修书入著标准，被列入《四库全书》存目中的书，或不合正统、或有违清朝忌讳、或质量低下。像上述《二十五言》、《畸人十篇》既然有援借非正统的佛道二教的成分，自然不合正统，也就被列入存目。此外，像“考所言兼剽三教之理，而又举三教全排之，变幻支离，莫可究诘，真杂学”[③] 的《寰有

① （清）永瑢等:《四库全书总目》卷125《寰有铨》，第1081页。

② （清）永瑢等:《四库全书总目》卷125《二十五言》，第1080页。

③ （清）永瑢等:《四库全书总目》卷125《寰有铨》，第1081页。

铨》，首鼠两端，非儒非佛非道，自然也被列入存目。并且包括这三部著作在内的所有有关基督教著述得以入著存目，还是因为四库馆臣希望中国人借此认识它们的真实面目，以免上当。由此可见，四库馆臣并没有将基督教同佛道二教，以及儒学等同起来，而是将它视为一种比佛道二教更甚的非正统文化，一种边缘文化。而这正是利玛窦等所竭力避免的。

当然，四库馆臣不接受假佛借道合儒的基督教并不能完全怪罪利玛窦及其继承者们通过佛道儒三家经典解读自己，而是基督教教义在本质上是与中国传统思想相悖的，当时中国学人眼光锐利，初始就识破了。因此，他们认为出于儒、墨之间的庞迪我的《七克》的谬误在于宗旨，不在词说。[①] 看到了天主教本质上与中国传统思想的区别。所以即使对后来利玛窦等意识到佛、道二教非中国正统，一改假佛借道的途径并转而批判它们来获得中国正统文化认可的基督教著述，四库馆臣依然同等批判。故而，排佛的任务不是天主教所应该担当也是它所不能胜任的。同理，佛教对天主教，亦然。所以，他们指出利玛窦为力排释氏与佛界人士相辩争，其实双方均各持“悠谬荒唐”的学说，在“不可究诘”的地方一较胜负，双方均所谓“同浴而讥裸”罢了。[②] 确然，中国人讲的是正名，名不正则言不顺，言不顺则事不成。正名后方能正本清源，安身立命，大展宏图。一边在力排“释氏”，一边却“遁于释氏”[③]；一边讲儒倡儒，一边却援异道入儒，名不正的基督教在中国传播一段时间后，渐渐招致清统治者对其不满与驱逐，虽然有中西之间认知不够，需要更多沟通与认识的一面，但自己实也难辞其咎。

此外，也正是因为基督教融入了中国传统文化各种元素，中国人对基督教的认识更有模糊不清的一面。四库馆臣据唐开元七年吐火罗国王上表进献能通解天文的人大慕阇并为他修置法堂且按照他所信奉的教供养他、段成式《酉阳杂俎》所载孝亿国举国上下不识佛法崇尚袄教，并且德建国乌浒河中设有火袄祠、艾儒略提供的大秦景教碑等判定西洋人即所谓波斯人，天主即所谓袄神，基督教即所谓袄教，[④] 即是这类错误。袄教又称

---

① （清）永瑢等：《四库全书总目》卷125《七克》，第1080页。
② （清）永瑢等：《四库全书总目》卷125《辨学遗牍》，第1079—1080页。
③ （清）永瑢等：《四库全书总目》卷125《七克》，第1080页。
④ （清）永瑢等：《四库全书总目》卷125《西学凡、附录唐大秦寺碑》，第1081页。

拜火教，善恶二元论是它的基础。唐朝初年传入中国，中后期消亡，与基督教是两种不同的宗教。但融入了中国文化的基督教，令馆臣很难辨明它的真实身份，加以馆臣地理知识贫乏，于是就有了以上的附会。当然，来华传教士把中国文化与基督教文化互相衔接的政策也产生了积极效果。他们使以徐光启、李之藻为代表的一部分士大夫开始深入反思，并渐渐生出对传统道德的怀疑和批判，最终皈依基督教。

其次，对于传教士其余著述因适应性传教策略而表现出的奇异，四库馆臣的应对则迂腐而智慧。如值得我们称道的是，对于艾儒略增补庞迪我翻译利玛窦《万国图志》而成的详细介绍当时西方人制图和地理知识的《职方外纪》中诸如“按东方朔《神异经》曰：‘东南大荒之中有朴父焉，夫妇并高千里，腹围按此下当有腹围之里数，原本脱佚，今姑仍之自辅天初立时，使其夫妇导开百川。嬾不用意，谪之并立东南，不饮不食，不畏寒暑。须黄河清，当复使其夫妇导护百川’云云。此书所载有铜人跨海而立，巨舶往来出其胯下者，似影附此语而作。……此书记此事亦全与相合”[①] 等“奇异”，四库馆臣并没有全然否定，而是以“天地之大，何所不有”[②] 作了解释，为自己的论说留了一定的余地与退路。虽然这个余地仅仅是“劝一讽百”，这个退路仅仅是显示“录而存之”[③]，足以“广异闻”[④] 的气度和宽容。但也透露出中国还是存在接受西方、接受西学的空间的。当然，这个空间也是有限的。并且，由此亦可见14世纪以来传教士对中国接受基督教存在可能性的推测的正确。又如四库馆臣为意大利南怀仁介绍世界地理知识的《坤舆图说》所作提要中提到了《坤舆图说》所记奇异，也觉察到了这些奇异和旧本题西汉东方朔所撰志怪小说《神异经》等所述类似，怀疑它的真实性。

最后，四库馆臣以作者南怀仁在中国日久，“得见中国古书，因依仿而变幻其说，不必皆有实迹”[⑤] 作结，为自己的怀疑找到了答案。同时，也认识到《坤舆图说》所记所闻，亦有“历历不诬者”[⑥]。因此，《坤舆

① （清）永瑢等：《四库全书总目》卷71《坤舆图说》，第634页。

② （清）永瑢等：《四库全书总目》卷71《职方外纪》，第633页。

③ 同上。

④ 同上。

⑤ （清）永瑢等：《四库全书总目》卷71《坤舆图说》，第634页。

⑥ 同上。

图说》也如《职方外纪》一样，虽有所粉饰，但不尽虚构，可“存广异闻”①。至于艾儒略、南怀仁等为何读中国古书后就仿效中国古书，馆臣并没有解释。但在《灵言蠡勺》提要中，四库馆臣又认识到这点。四库馆臣道：“明之季年，心学盛行，西士慧黠，因摭佛经而变幻之，以投时好。其说骤行，盖由于此。”② 亦即《灵言蠡勺》所宣传的学说之所以迅速流行，是因为明末西士熔铸佛经内容加以改造变幻，用这来投当时盛行的学问阳明心学的喜好的结果。

看来，这并非馆臣不知晓来华传教士的苦心，不明白传教士迎合中国喜好的适应性传教策略其实也有助于中西文明和谐相处，多半是他们的夷夏观念在作祟。他们不希望清人如明人一样，受入华伊始就伴随目的传教的来华传教士的蛊惑。在馆臣看来，已经不可救药的明人，被西人乘虚而入，投他们所好，不一定必须上乘学问就能钻他们的空子，赢得他们的好感，推行自己的教义，正可谓“物必先腐而后虫生，非尽持论之巧”③。明人已经腐烂，西人再做蠹虫，明人的朝廷自然也亡得更快。四库馆臣自然不愿意踵明人前车，自然小心谨慎对待西学，嘱咐清人不上西人之当，也就多半会忽视适应性传教策略有利于中西文明和谐的一面，令清人不致对它产生好感。四库馆臣的用心与西人一样，也是良苦的。

不过，四库馆臣将西方思想和西方科技融为一体的“西学”进行一分为二的解析，并且将西教和西方科技区别对待，无形中也将传教士有意糅合的“西学”概念加以还原，在务实层面上接纳了西学。

谈到接受者对传授者的认知，自然我们又要想到传授者的传授态度，即作为传播西学的主动方西人的态度。伏尔泰称：“新入教者的狂热乃是我国社会特有的弊病。这种弊病在亚洲本部从来不为人所知。这些地区的民族从来没有派遣传教士前来欧洲。只有我们这些国家想把自己的看法主张连同商业带到地球的两端。”④ 既然带有目的传播西学，是否能做到毫无保留倾囊相授，是否传播的均是最先进的西方科技。不妨一析。

西学中对中国数学影响最大的莫过于由欧几里得撰，利玛窦和徐光启

① （清）永瑢等：《四库全书总目》卷71《坤舆图说》，第634页。

② （清）永瑢等：《四库全书总目》卷125《灵言蠡勺》，第1081页。

③ 同上。

④ ［法］伏尔泰：《路易十四时代》，商务印书馆1982年版，第603页。

合译的《几何原本》。《几何原本》的刊行，以它“欧罗巴算学专书”，在利玛窦所言本“毫无疵类”基础上经徐光启翻译时“反复推阐”而在中国获得的“弁冕西术”的地位,[①] 无疑改变了中算历来对《九章算术》的恪守，成为研习数学、掌握西历的必读书，对明清中算多有影响。不过，为何15卷本的《几何原本》只翻译了6卷？有学者认为，利玛窦和徐光启合译了6卷后，徐光启希望能够全部译完，但在利玛窦看来，这6卷本已经包揽了欧几里得原作的基本旨趣，更主要的是这6卷本的翻译已达到他们的传教目的，因此主张先翻译这6卷，使志同道合者学习它。如果大家认为有用，再考虑翻译其他几卷。由此可见，利玛窦传播科学最终还是为传教服务的，至于中国是否真正掌握先进的科学技术，不是他的目的，也不是他要关心的。

那么，我们究竟该如何对待这段是非？笔者认为，应该说，利玛窦等来华传教士是以科学家和传教士的双重身份来到中国的。如作为科学家的利玛窦，他所著《乾坤体义》的西洋算术方法，通过实验测算比中国古法更为可靠，又词简义赅更便于理解接受。徐光启改用这算法后，中国历法才逐渐演变精密，到清代普遍推广成为测算的重要方法，编纂《御制数理精蕴》时就多采用《乾坤体义》的学说。[②] 而作为科学家的熊三拔，他所著《简平仪说》一卷，介绍了观测太阳经纬度、定节气时刻、定纬度等方法。所著的6卷《泰西水法》，则实有益于民生日用，为“讲水利者所必资”[③]。可见，作为科学家的利玛窦等所带来的科学技术迎合了晚明“经世致用”思潮，不仅推动了中国科学技术的展开，而且为近代中西文化交流奠定了基础。正如胡适在谈到中国近代思想的演进所指出，中国近三百年来思想学问均趋于精密细微科学化，全系受利玛窦等来华的影响；亦如徐宗泽所言，利玛窦等带来的西学，经徐光启等推波助澜，中国知道有欧洲科学，而科学在中国行奠基礼。但作为传教士，他们确实有传播科学与宗教双重目的。因此他们传播的是否为最先进科技，这得辩证地看。传教士带来的是自己离开欧洲时所知的西方最先进的科技，而非四库开馆时欧洲最先进的西方科技。此外，局于传教士各自知识结构、认知能

① （清）永瑢等:《四库全书总目》卷107《几何原本》，第907页。
② （清）永瑢等:《四库全书总目》卷106《乾坤体义》，第894页。
③ （清）永瑢等:《四库全书总目》卷102《泰西水法》，第853页。

力、差异与层次，我们也不能苛求他们传播的就是最先进的西方科技。而因目的、境遇之故，也是有传播深浅与多寡的区别的。当然，有意遮蔽西方先进科技者肯定也是有的。

由此，为什么作为接受者的中国有那样的态度，我们也大体可以明了了。这是当时清人一方面出于对在华传教士传教目的的抵制，另一方面不希望西方思想惑乱思想一统的局面，同时又要显示统治者的宽容，而做出的应对。封建等级制度下尊卑有序的四库馆臣是决不会容许利玛窦《交友论》宣扬爱无差等的，因此四库馆臣批判《交友论》导致中国人滥交。而《天主实义》在四库馆臣眼中则是教中国人无父无母，无父无母自然就无君主，因此四库馆臣竭力声讨《天主实义》对中国人的误导。这样的西学观为清统治者带来的是一时的利益。

在这种西学价值观下，消极的一面是东施效颦，得其皮毛而已；积极的影响则是激励中国人的好胜心，会通西学以求超胜。用王锡阐的话说就是因西法以求进，但其神也未必能得。能得其神者，必须是领会其神，具有客观辩证思想者。这样的西学观为清统治带来的是一时之利。弃其精神，空学其器，只是学到其末，中国的科技自然无以吸纳他者的优秀元素，加以自身科技的停滞不前，最后自然落后于西方。

不过，无论如何，西方顺应中国传统及其文化来达到传教顺利的目的，清朝在保证思想稳定前提下艺术接纳西学来满足自己的需要，这是当时文明碰撞冲突下的双方应对的一种途径，我们不可苛责。

当然，四库馆臣中也有如陈际新一样专力西学者。陈际新，他寻绪推就，质以老师生前面授之言。至乾隆甲午，续就了老师明安图未完成的《割圜密率捷法》。[①] 但这仅是极个别现象，不足以代表四库馆臣主流。

2. 乾嘉西学论

四库馆臣，秉承乾隆意志，确定下了官方的西学观，但这个官方西学观要达普及之效，是需要对民众有号召力的学界推波助澜的。这个任务落在了乾嘉士人身上并由他们完成了。

清廷虽自康熙末年开始禁教，但到乾嘉年间，西学已经走入各阶层中

---

① （清）阮元：《畴人传》卷 48，（清）罗士琳续，道光二十年蛟川花雨楼张氏校正重锓本，第 6 页 b。

去了，尤其是士人阶层。当时，士子求学均不忘西学，几乎无不习历算，而且互有师友授受关系。如许如兰，从西法开始学习历算，精通薛凤祚所译《天步真原》、《天学会通》。当时同县山西宁武同知吴烺跟从刘湘煃学习梅文鼎学说，许如兰于是跟着一块学习梅氏历算。且在乾隆四十年(1775)夏，到京城拜谒戴震，学习《勾股割圜记》。同四十四年(1779)，拜谒董化星于常州。戴震传《缉古算经十书》，而董化星则专门继承薛风祚的学业，许如兰由是兼通中、西两门学问。[①] 程瑶田年轻时就与戴震相识。等等。由此观之，学习西学已成为当时的普遍风尚。

而康熙所确立的西学中源基调，到乾隆时，更是不可撼动的根本。乾隆以官方形式上升到表面的对西学学理的否定，学界也大加应和夯实。钱大昕等以自己乾嘉学界代表身份对西学学理的彻底否定，就代表了乾嘉学人与官方立场一致的中西学观。钱大昕精通《九章算术》、西洋测量弧三角诸法等知识，以中学自任，他在写给戴震的信中说：

> 前遇足下于晓岚所，足下盛称婺源江氏推步之学，不在宣城下，仆惟足下之言是信，恨不即得其书读之。顷下榻味经先生邸，始得尽观所谓《翼梅》者。其论岁实，论定气，大率祖欧逻巴之说而引而伸之，其意颇不满于宣城，而吾益以知宣城之识之高。河也？宣城能用西学，江氏则为西人所用而已。[②]

在钱大昕看来，西学固然有胜于中学处，但可习它的技术却不可学它的精神，习它的技术也不要被它的技术愚弄，这是钱大昕对西学的价值评判。因此江永习得西学精神而引申西学，自然被钱大昕认为是中了西学之毒，被西人驱使了。而梅文鼎推西学源自中学，固本且不排斥，自然梅文鼎的见识高于“为西人所用”的江永。不过，钱大昕相较梅文鼎而言，钱大昕对待西学的中国中心色彩更浓厚。

此外，从对待清初历狱案件的态度上也可看出乾嘉学人对官方确立的西学观的呼应与夯实。对于杨光先，钱大昕一方面承认杨光先的失败是技不如人的结果，但另一方面又认为这也是杨光先没有得力相助者的结果，

① 赵尔巽等:《清史稿·畴人传一》，第3574页。

② (清)钱大昕:《潜研堂文集》卷33《与戴东原书》，第2页b。

并推许杨光先诋斥耶稣教，禁人传习，有功于名教的功劳。① 另一乾嘉学者钱绮跋《不得已》则认为杨光先是“本朝第一有识有胆人，其书亦为第一有关名教、有功圣学、有济生民之书”，甚至称赞杨光先为“正人心，息邪说，孟子之后一人”②，高度赞杨光先黜戎狄卫护名教之功。又乾嘉学者孙星衍，他的《杨光先传》也如钱大昕一样承认杨光先技不如西人的同时，高度赞誉令“西人以此敛迹”，具有“謇谔之节”，如孟子所说能用语言拒斥杨、墨的圣人之徒杨光先罢黜西教卫护正统的伟业。③ 而比他们稍前的另一乾嘉学者程廷祚也盛赞杨光先为“孔子所以称管仲之仁，而孟子距杨墨者”④ 的圣人之徒，指责王士祯著书立说“蔑不轩西而轻杨，是尚为有人心哉”⑤。

钱大昕等敢于在雄主在上文字狱兴盛的乾隆朝为乾隆祖父朝的人物翻案，如果没有乾隆的默许，是断不敢发出这等异音的。但既然异音已经发出，就代表乾隆首肯了。那么乾隆首肯，是否就代表乾隆本有推翻祖父的西学政策的意思呢？答案显然是不是。我们知道，乾隆的西学政策，其实和他祖父是一脉相承的。真正的原因其实如四库修书，乾隆想超越祖父修书的功劳一样，乾隆想在祖父西学政策上更大迈一步，使它与自己比祖父更严厉的禁教政策相适应，去除祖父西学政策中温和的一面为彻底钳制西学。这也正好与乾隆时期专制达到顶峰，举国风行汉学，高压下学术思想达至完全一统一致。而他的学人们在这种氛围下，自然明了主上的心，于是为他造势，有了对杨光先的再认识。他们在坦然承认西学确有优胜中学之处的基础上，从维护中华正统的角度肯定杨光先给西学带来的打击，严阵以待地表明他们与杨光先一样，不允许西学凌驾于中学之上，并且同样不会接受西学学理。而他们对西学学理的禁斥也就彻底否定了西人，与乾隆朝严厉禁教赶西人出中国内地的政策完全吻合，更为乾隆代了言，怎会

---

① （清）钱大昕：《〈不得已〉跋》，载黄丕烈《士礼居藏书题跋记》卷3，清光绪十年滂喜斋刻本，第27页a。

② （清）钱绮：《〈不得已〉跋》，载（清）杨光先《不得已》卷1，清咸丰八年抄本，第1页a。

③ （清）钱绮：《五松园文稿》卷1《杨光先传》，《岱南阁丛书》本，第19页b。

④ （清）程廷祚：《青溪文集·续编》卷7《与潜山张健夫书》，清道光十七年东山草堂刊本，第16页a。

⑤ 同上。

毫发有损。同时，钱大昕等为杨光先说辞，也并没有完全忤逆康熙的意，其本也是相通的。如前所论当初康熙打杀杨光先并非要打杀杨光先的固本精神，只是杨光先的西学观不符合康熙的时代以及康熙的需要罢了。

看来，钱大昕等的认识与四库馆臣对西学的总结并无二致，无疑呼应并夯实了四库馆臣西学观。而他们均为乾嘉时期学术界的代表，他们的观点无疑也就具有相当的代表性。

言及此，还需要特别提到他们中的一个重要的人物阮元。阮元不但与钱大昕等中西学观念一致，而且在四库馆臣总结中西学之后再次总结了中西学。

从四库馆臣总结中西互动到阮元之际，面对中西互动结束的局面，是到回过头来最后再总结这场中西互动的时候了。阮元以敏锐的学术和政治眼光捕捉到并以《畴人传》完成了这个任务。

不过，阮元毕竟还是不同于生在乾隆盛世的四库馆臣。伴随着学术之争，盛世下危机的日益显露，阮元的时代提出了调和汉宋学的要求。在此大势下，阮元自然对中西学采取了折中态度。然而，这个折中，与中国官僚士大夫本身所具有的培元固本思想互动，自然也避免不了倾向中学。亦即，阮元总结中西学，其本还是与四库馆臣中西观念一致的，而他与四库馆臣一脉相通的身份，也使他以后来者的角色应和夯实了四库馆臣中西学观。

与四库馆臣一样，阮元并没有全盘否定西学，他的论证也不乏精辟独到之处。他说中学与西学“枝条虽分，而本干则一”[①]，认为乾嘉诸儒，无不通习西学，不只戴震如此。西法影响中国，于历算最显。而且认为乾嘉科学精神的发生发展，西学功不可没，承认了西学对中国学术影响的既得事实。但科学精神是否发源于西学，阮元则认为当另作别论。认为中国古代早已有科学精神的阮元，他指出西方人的地圆学说本于《曾子》，九重理论见于《楚辞》，并首肯了钱大昕对江永“推崇西学不知所归，为西人所用”的批评，如其所言“使必曰西学非中土所能及，则我大清亿万年颁朔之法必当问之于欧逻巴乎？此必不然也！精算之士当知所自立

① （清）阮元：《揅经室三集》卷5《里堂学算计序》，《文选楼丛书》本，清道光年间仪征阮氏珠湖草堂刻本，第5页b。

矣”[①] 一样，排斥西方思想而取西方技能，戮力维护大清的正朔。最后，他竟然得出了“西法实窃取于中国，前人论之已详”[②] 的结论。照此结论看来，阮元分明已直截了当表明了自己彻底否定西学学理的态度。而他的这个结论还在自己的《畴人传》中得到了全面精心的论证。《清史稿》称：“泰西新法，晚明始入中国，至清而中、西荟萃，遂集大成。圣祖聪明天亶，研究历算，妙契精微。一时承学之士，蒸蒸向化，肩背相望。二百年来，推步之学，日臻邃密，匪特辟古学之榛芜，抑且补西人之罅漏。嘉庆初，阮元撰《畴人传》，后学一再续之，唐、宋以来，于斯为盛。”[③] 在对清代西学观念的脉络及论调的梳理中，尤为肯定了康熙等对“西学中源”的开创，以及阮元及其后学对康熙以来西学观的继承、夯实、再总结的功劳。

故而在对杨光先的评判上，他为维护国本批评西人却又显得颇有些情绪。因此，他借钱大昕之口所道戴震曾说欧罗巴人深恶杨光先而以重价购《不得已》焚毁之，[④] 以及杨光先同乡之口所说杨光先被西人毒死，明确表示自己卫道的立场。这与《池北偶谈》认为杨光先是论大辟减为流徙，于流徙中病死，[⑤] 大相径庭。不过，这也不难理解。康熙年间要的是中西大体友好融通下的维稳固本的西学中源，乾嘉时期要的是彻底排斥西人西学学理的“节取其技能，而禁传其学术”[⑥]，因此在言及杨光先之死上，时代需要的不同发声，就体现在阮元、王士祯二人的论调上了。阮元在杨光先评价上的如此情绪，其实表明了阮元和杨光先等人一样浓厚的自大与正朔观念。在阮元眼中欧洲只不过是极西边的小国，汤若望等只不过是小国的陪臣而已。故而他们的西学观表象虽不一，但实质是相通的。因此，阮元的《畴人传》折中中西，也就必然避免不了偏颇。后来，在为罗士琳续其《畴人传》所作序中，已经 77 岁的阮元中西学观依然如昔。他分析西学之所以得以在中国有响应，一是西学求实求精。一是时机凑巧，正值中法湮替之际，时人好异喜新，同声附和，西学乘间居奇的结果。他仍

① （清）阮元：《畴人传》卷 45《汤若望》，第 13 页 a。
② （清）阮元：《畴人传·凡例》，第 6 页 a。
③ 赵尔巽等：《清史稿·畴人一》，第 3565 页。
④ （清）阮元：《畴人传》卷 36《杨光先》，第 4 页 b。
⑤ 同上。
⑥ （清）永瑢等：《四库全书总目》卷 125《寰有铨》，第 1081 页。

然认为，西人所言九重本诸中学天问，借根昉自天元。且西人未尝不暗袭中法而改易名色的。如诸轮变为椭圆，不同心天变为地球动。西学实源自中学。

当然，中学本身确实也含有科学精神，如汉唐注疏无一字不讲究来处，其实就是一种科学精神，只是中国古人不注重理论的总结，没有提升出来罢了。不过，西方科学精神来华对中国科学精神也确有刺激、催化之功。

不过，乾嘉时期，还是有专力西学者。如江永“专力西学，推崇甚至，故于西人作法本原，发挥殆无遗蕴，然守一家言，以推崇之故，并护其所短，恒气注术辨，专申西说以难梅氏，盖犹不足为定论也”[①]，他还表扬西学创始之功，称赞道：“至今日而此学昌明，如日中天，重关谁为辟？鸟道为谁开？则远西诸家，其创始之劳，尤有不可忘者。”[②] 但这仅仅是少数。

自顺治以来酝酿实践，到四库修书时所确定的“节取其技能，而禁传其学术”[③] 的中西互动策略，令清朝政府一直停留在天朝自大、天下之中层面上，停滞不前，最后导致闭关锁国，被强行打开国门，处处挨打。即使后来洋务派的洋务运动，其本也几乎未脱离四库修书时确定的中西互动的这个基调。中西互动的中方不能得西方精髓，停留在表面，而西方带有目的互动，不能完全获得中国人的人心也属必然。对中西双方而言，互动自然均是失败的。

① （清）阮元：《畴人传》卷42《江永》，第3页a。
② （清）江永：《数学》“又序”，《丛书集成初编》本，第3—4页。
③ （清）永瑢等：《四库全书总目》卷125《寰有铨》，第1081页。

第三章

中西互动下大型书籍编撰

在欧洲资产阶级取得地位的过程中，它自身阶层的知识代表为它披荆斩棘，获得了广泛的舆论支持，为其赢得了民心。在这风起云涌的资产阶级启蒙运动中，其中一部大型书籍狄德罗《百科全书》所扮演的角色是不能不提到的。正是这部书的编纂，汇聚了当时西方的知识精英，碰撞出思想的火花，萌发了革命的火种。

几乎与此同时，中国也编纂了一部代表整个东方文化的大型书籍——《四库全书》，正是因为这部书籍的编纂，中国清朝的藏书几乎被搜罗殆尽，几乎所有的知识精英会聚京城，共同为书籍的编纂效犬马之力，在总结文化顺应统治需要的同时，也酝酿了学术的变革。

一　纪昀与狄德罗

《四库全书》的总裁纪昀，生于清世宗雍正二年（1724），卒于清仁宗嘉庆十年（1805），字晓岚，一字春帆，晚号石云，河北献县人。父亲是一个地方官，家境殷实，自小坐拥书城，熏陶礼仪仁德。仕进是他从出生开始就有的命定，因此纪昀如同时代官僚子弟一样，只要按部就班，成人后最终大都会挤入士大夫阶层，纪昀走的就是这样一条道路。但他及其家人更可骄傲的是，他科场得意，进士出身，走的是清人眼中的仕宦正途。而这正途注定只要他不犯错误，一般都会仕途顺利，人生得意。纪昀的人生也就大体如此，自乾隆十九年（1754）中进士以来，除一度被流放外，历任过翰林院编修、侍读、侍读学士、兵部侍郎、礼部侍郎、左都御史、兵部尚书、礼部尚书、协办大学士等职，大都是位高而清闲的官，而纪昀被流放，还是因为他利用职权之便，为即将被处置的亲家通了风报了信。纪昀的谪戍地就是新疆迪化巩宁城，纪昀在此待到乾隆三十六年（1771）3月因刘统勋举荐撰修《四库全书》方被释还。谪戍生活虽然困苦，但纪昀还得感谢这段经历。这段谪戍对他日后修书，是大有益处的。谪戍之故，使他在深刻体验到天威与皇权的同时，也获得了考察山川形势，目睹边疆风物，体悟盛世气象的良机。谪戍非但没有使他消沉，反而激起了他的壮志豪情。面对盛世下的开疆拓边，纪昀无限感慨，尽情抒发盛世情怀。在吉木萨勘察唐时废城时，他写下了："雪地冰天水自流，溶溶直泻苇湖头。残冬曾到唐时垒，两派清波绿似油。"① 也写下："断壁苔花十里长，何年雄镇控西羌。金瓶舍利行人见，筑塔当从阿育王。"② 为清开边建边积极建言献策。当然，这一切无疑也开阔了纪昀的眼界，开拓了纪昀的心胸，使他日后四库修书有包容百家，整齐各派的雄心；也使他能完成乾隆交给自己的任务，与四库修书相始终，而不至于开罪乾隆，落得如他的四库馆同事陆费墀那样的结局。

与《四库全书》总裁纪昀相比，以中国清朝人的眼光来看，狄德罗的出身就显得相当微贱。狄德罗出身刀匠世家，家里并不富裕，家里送他上教会学校，仅仅是为了让他将来能养家糊口、丰衣足食。终其一生，狄德罗都未曾到政府做官。但人生的遭际却令他有了坚毅活泼的思想，不屈不挠，积极向上，追求幸福，崇尚自由的精神。同时，他的手工业家庭的出身令他对技艺工场和大众生活情有独钟，所以他的《百科全书》张扬工艺，赞美手工业及其手工业者，真实再现普通人的日常生活。因此，他的《百科全书》要自然，要真实，要古人。他的"自然"是一种感性的现实，是充满活力，要求描写市民日常普通生活和绚丽色彩的实际生活，即艺术的创造、艺术的想象，都不能违反自然的因果必然性。③ 他的"古人"是他的精神的源泉。这一切就是狄德罗的追求。

与纪昀一样，狄德罗也尝过监狱的滋味，但与纪昀不同的是，狄德罗入狱起于文字之祸。他的《论盲人书简》，竟然与教会唱反调，宣传无神论思想，自然触怒了当局，被关了3个月。不过，被关押的经历并没有改变狄德罗的思想。他的《百科全书》依然是向往合理社会，宣传理性，否定专制集权、宗教压迫、迷信无知的阵地。围绕他的《百科全书》编

① （清）纪昀：《乌鲁木齐杂诗·风土》，（清）张海鹏辑《借月山房汇钞》本，第2页a。

② 同上书，第4页a。

③ 丁子霖：《"要自然"——狄德罗的现实主义文艺纲领》，《南京师范大学学报》1985年第1期，第34页。

撰聚集起一批思想相近、志趣相投的哲学、文学、艺术、医学、旅行、航海、军事等各界的知识精英，民主主义者与“开明专制”的拥护者，无神论者与自然神论者会聚一堂。他们希冀还原人的本性，建设自由美好、理性务实的大家庭，虽无意颠覆自己的祖国，但实际上却承担并完成了发资产阶级革命先声的艰巨任务。故而，在对现行制度的改造，引领未来革命方面，纪昀根本不能与狄德罗相比，纪昀只能是维护现行制度维持政府稳定的御用工具。他的《四库全书》的编撰在总结文化之下，注重的是表彰皇权，歌颂盛世，达道义彰法戒，摒弃不利于世道人心与皇权统治的思想，删毁有伤皇威，有碍盛世的书籍。因此，围绕四库修书而会聚四库馆的官僚士大夫们，总体而言也是紧随纪昀，统一论调的。有个别与他们声音相异者，或者根本就进不了馆，或者进入之后“旋即”离开，四库馆是不允许发出异音的。当然，再整齐划一也会生出新事物，四库馆也不例外。只是四库馆酝酿的变革，是与主流一致下的萌动，仅微露端倪而已。

狄德罗求学期间，博览群书，爱好文学、科学和哲学，着力语言学，精通意、英等国文字，曾从事过翻译工作，日后集思想家、戏剧家和小说家一身的狄德罗，不乏深刻、幽默和狂想，既理想又现实。现实是接手狄德罗《百科全书》编撰，有为生存的缘故；理想是尽职尽责，令狄德罗《百科全书》的编撰能成为各家各派各人自由发抒所思所感的场所。这个现实和理想的结果就是：整个编撰过程中，政府完全被排斥在外，使狄德罗《百科全书》凭借私人的力量，集精英智慧完成了浩繁的编撰任务，狄德罗《百科全书》遂成为思想会聚的场所。虽然如此，但狄德罗《百科全书》也并非改变，是改造，是对现有知识进行总结，完善现有的不足。不过，自由发挥思想的狄德罗《百科全书》，在改造中自然会推陈出新，思想也就超越了，加以政府不参与这项编撰事业，当言语触及政府忌讳的时候，狄德罗《百科全书》自然也就避免不了被迫害的命运。从1751年开始，至1772年完成，历时20年完成的狄德罗《百科全书》的编撰与出版，并不顺利。其间，曾两度遭到当局勒令停止，相关成员或被关进监狱，或流亡国外。1759年狄德罗《百科全书》主编之一达朗贝尔因受不了打击，担心更大的连累，宣布退出，形成狄德罗一人主持编撰的局面。当时，狄德罗《百科全书》曾被最高法院以“他们形成一个集团，为着拥护唯物主义，摧毁宗教，鼓吹独立自由和败坏风俗”提起公诉，当局称他们是“魔鬼的新巴比伦塔”和“异教徒以及神和国王与教会敌人的大集合”。

不过，狄德罗《百科全书》成员与政府官员，以及上流社会之间千丝万缕的联系又令它得以逃离灭顶之灾，摆脱困境。狄德罗《百科全书》就在这样的状况下循环前进。此外，内部成员加入狄德罗《百科全书》动机的不一，如狄德罗本人也是有为生存而接编狄德罗《百科全书》的目的，虽然随着编撰工作的正式展开，这为生存的一面退居很次要的地位，但最初动机并非完全高尚。因此，动机的各异，加以各成员心性与见解的不同，以及政府的迫害，均令狄德罗《百科全书》编撰集体散散聚聚，编撰工作在曲折中前进。

确然，如上所述，二书的编撰，头上均悬着专制这把利刃，编撰过程均有曲折。然而，纪昀和狄德罗均做出了各自的应对并完成了各自的编撰。为此，我们不妨再从专制入手一析究竟。

就专制而言，二者的专制同中有别。同的是，双方政府均从本阶级利益出发压制出版事业，令二书编撰同样充满曲折。异的是，专制在二人所编撰的书籍上的作用各异，二人对待专制的表现有别。因此二书编撰曲折的本质其实迥异，并且具体编撰状况等也悬殊。

狄德罗所处的专制阻碍书籍的编撰，书籍编撰屡遭禁毁。而狄德罗本人也拒绝与专制合作，他根本不愿意把编撰事业置于政府保护之下。对于路易十五的司法大臣阿格索将狄德罗《百科全书》这项事业置于国王的支持之下，或是由类似法兰西学院之类的文人团体来编制这部书之类建议，以及1762年刚登基三月的俄国女皇叶卡特琳娜二世提出狄德罗《百科全书》编撰移师彼得堡的要求，狄德罗均一一拒绝。在狄德罗看来，政府参与的编撰与文人学者的编撰是完全不一样的，政府的参与会影响思想的抒发，而狄德罗坚持他的《百科全书》要体现编撰者的自由思想而非官方意志。狄德罗认为政府对编撰事业的关心应体现且限于资助方面，他说：“君主一句话可以叫人在荒草中造出一座宫殿。但是，文人学者组织和小工组织根本不是一回事。一部百科全书不能凭命令完成。这个工作要求的是持之以恒，而非五分钟热度。此种性质的工作偶尔可以在宫廷里以交谈方式提出，但它绝不会得到宫廷足够的关注，使它不致在一片喧闹声中，在其他许多多少有点重要的杂乱事物中被人遗忘。”① 狄德罗不想

① ［法］安德烈·比利：《狄德罗传》，张本译，管震湖校，第64页。

自己的事业头上悬一把专制之剑，也抵制住了专制的诱惑。因为狄德罗本人编撰书籍是为了创造，有官方束缚的编撰只能毁灭创造。故而，他的《百科全书》编撰必然充满曲折。

当然，狄德罗所处的专制尚有活动空间，而纪昀就不同了，纪昀所处的专制正是中国封建专制最强盛的时期，纪昀只有唯专制是从。编撰《四库全书》，是为完成乾隆交付的使命，是官修。人员的任用安排、奖惩，书籍禁毁、是否入著，入著或存目，均秉承乾隆旨意。也正因为如此，四库馆成为终南捷径，成为乾隆锻炼如阿桂这样大臣的文才之地，成为乾隆安置有过大臣以观后效之所，也成为乾隆超常规提拔人才之处。因此《四库全书》修撰，资金充足，一如乾隆所需依他所规定按部就班依既定体例整齐划一进行。只有当被查阅发现不能使乾隆满意不合修撰标准时，才会被责成修订。但这个责成修订的力度往往史无前例，所以《四库全书》的修撰也如狄德罗《百科全书》一样必然充满曲折。但充足的资金带给《四库全书》修撰的保障确实是非完全按照市场模式运作编撰自己的《百科全书》，领取稿酬的狄德罗等所能企及的。早在狄德罗《百科全书》第1卷出版前的1746年，书商们每月支付的100里佛[①]就不足以满足狄德罗及其全家在巴黎的生活所需。为了增加收入，他在编撰的闲暇创作出版了《哲学思想录》，但这本书旋即遭到高等法院的禁令。由书籍插图中所描绘的"真理之神把迷信之神的面具揭去，后者仰倒在狮身女怪和龙身上，手里还拿着折断了的权杖，它的王冠滚落在地上"[②]的场景，我们不难推断出查禁的因由。而紧随其后成书的《怀疑论者的漫步》，则因其中内容涉及宗教问题遭到一位本堂神父的阿尔狄先生的告发，被刑吏抄走了手稿。从1751年到1757年7年间，狄德罗《百科全书》先后出版了7卷，但狄德罗的经济状况并没有因书籍的出版而得到改善。这位《百科全书》的主编自1759年起就以"漠然"的态度打算将自己辛苦购置的工具书，包括拉丁文和希腊文古典作品、哲学、科学、文献书籍在内的共计2904册图书出售，以便替爱女昂热丽克准备嫁妆并增加自己的收入，上述书籍于1765年售于俄国女皇叶卡特琳娜二世。[③]这

① [法] 安德烈·比利：《狄德罗传》，张本译，管震湖校，第61页。

② 同上书，第73页。

③ 同上书，第332—333页。

也使狄德罗《百科全书》的编撰，除去取得特许状和接受报检两个环节受到政府干预外，几乎一切环节都是按商品价值规律和商业运作模式来进行的，也不乏追求商业利润的一面。可见，达恩顿将它的出版称为“启蒙运动的生意”[①] 虽不乏调侃的成分，但也可谓一语中的。因此，商业力量或许是狄德罗《百科全书》编撰的最主要内力之一。当然，这也是要创造放弃官修的狄德罗《百科全书》不得不做出的选择。也正因为此，狄德罗等虽也对具体编撰做了总体规划，但对于参编人员的学术思想，狄德罗等并没有强行划一，加以人员的变动，政府的迫害，独撑编撰大局的局面，致使条目也有变更主人等情况存在，故而狄德罗《百科全书》也并未完全遵循他规划的体系来安排条目。选择了创造，就必得有容纳百家的气概，不强求意识形态与理论的完全一致，文责自负。因此，虽然就体例看狄德罗《百科全书》并不尽善尽美，但这是要创造不选择官修的狄德罗《百科全书》的必然结果。对此，伏尔泰却持批评态度。伏尔泰更看重的是思想归一下的战斗力。在这方面，有学者称《四库全书》的体例可以给予狄德罗《百科全书》补救的启示[②]。

不过，四库修书虽然当时丝毫未偏离既定体例，然而因删毁书籍，不得不作伪的痕迹却留了下来。如职官类《土官底簿》的《四库全书总目》提要定本称载于职官之末，但是中华书局本《四库全书总目》这本书后尚有书九本，检寻历博所藏《四库全书总目》稿本，发现正是职官类最后一部。定本《四库全书总目》又经历了类目的重组。[③] 因此，狄德罗《百科全书》鼓励思想自由，条目显得有些混乱，也是情有可原。而纪昀思想归一，围绕政治，条目整齐，却可圈可点。这一切注定了二书对未来的影响迥别。《四库全书》确定汉学地位，把考据之风推向顶峰之际，也埋下了汉学衰败的伏笔。当清朝国势衰微，汉学不能救亡图存，适应不了时代需要，新的学术自然取而代之。当然，四库修书总结文化的功劳是巨大的，因它而确定的治学之风治学方法至今仍泽被学界。有学者称《四

---

① ［美］罗伯特·达恩顿：《启蒙运动的生意》，叶桐、顾杭译，生活·读书·新知三联书店 2005 年版。

② 杨家骆编《四库全书百科大辞典》，警官教育出版社 1994 年版，第 3 页。

③ 黄燕生：《校理〈四库全书总目〉残稿的再发现》，载《中华文史论丛》第 48 辑，上海古籍出版社 1991 年版，第 208 页。

库全书》贡献适当[①]，他的这个概括深得四库修书要领。与四库修书不同的是，狄德罗《百科全书》则以“火光四射”的威力创导了一个新时代[②]，在当时及未来均掀起了思想革命。这是狄德罗以自由思想为立场，反对神权、君权的结果。而四库修书系于官修，维护君权，获得这样的评判也是它的必然。

此外，处于中西互动时代的二书，自然也烙印下中西交往的痕迹，并反映出二书的知识世界。狄德罗《百科全书》具有全球的视野，虽然它关于中国的条目，篇幅有限，所了解未必正确，但当时全球所有的知识体系均反映了出来。与它相比，《四库全书》的知识世界，相对落后，实以亚欧为限。

当然，这样两部鸿篇巨制，狄德罗、纪昀一生精力均尽瘁其中是必然的。二书，二人均通阅全稿，整齐观念。不过，就这而言，二人还是有区别的。狄德罗《百科全书》的编撰本是代表当时先进思想的一批志趣相投者的合作，就大方向而言，思想是一致的，因此狄德罗《百科全书》表现出来的整体气质应是一致的。狄德罗应是在整体主旨一定、尊重个体思想自由的前提下做了一些整齐工作，这与他鼓励思想自由并不相悖，狄德罗所鼓励的自由思想也正是编撰者们本身所代表的先进思想。纪昀则不然，他的整齐观念完全依从专制需要，剔除个体思想自由。

至于二人其余著述成就，纪昀除编纂《四库全书》外，只托诸鬼神作了些笔记小说，对当时社会现象做了隐讳的批判，但仅止于劝百讽一，对于他的国家及君主，除了美誉，他是丝毫没有怀疑的。有学者称他是开明的迂腐和困惑的固执集于一身。而狄德罗除自己所修《百科全书》外，尚有小说《修女》、《宿命论者雅克》、《拉摩的侄儿》等文学作品问世，是法国18世纪现实主义文学的重要代表人物。他在戏剧方面，曾创立“悲喜剧”，为“写实剧”的先声，在哲学、文艺批评和美学方面，也卓有贡献，曾写“自然及德论”等。那么，其因何在？四库修书，纪昀为实与总纂职责中唯一全身者，他的压力之大可想而知。每天编撰之余，必然会思考如何顺利完成明天的编撰，是否有过多闲暇与精力构思长篇大著的。不过，在哲学方面，狄德罗和纪昀一样，狄德罗只有《哲学思想

---

① 杨家骆编《四库全书百科大辞典》，第3页。

② 同上。

录》、《达朗贝尔之梦》等短篇问世。看来，狄德罗也是闲暇不多的，要从事那种需要集中精力、需要多阅读多思考、待以时日方能完成的哲学大作，也是难以做到的。

由此，二人的文字，风格必然是迥异的。纪昀的文字，局促在不易发挥个性的“骈体文”中，这可以避免犯错误。当然这也与时代文风有关，并非完全是纪昀为了不犯错误，刻意追求这等文风。狄德罗有狂放的梦想，尤其是表现在《达伦贝尔之梦》中者，文字辛辣锋利。当然，无疑也含有当时的晦涩文风。

此外，纪昀每赴其任，必有诗传示同僚，以躬谨相勉。并且他不惮余力，奖掖后学，故门人众多。经他的手，提携了许多人才。狄德罗只是把志趣相投者汇集起来而已，他没有能力提携人才。然而，个人力量毕竟有限，靠友情和志趣集合起来的约束力也很弱。一旦不合，或意气用事，均会导致离开告终。而纪昀就无这类担忧，谁也不敢抗拒皇家钦定的修书工作，唯有鞠躬尽瘁而已。纪晓岚 49 岁，受诏总纂《四库全书》，他一生的荣耀与辉煌，在这里达到了顶点。1750 年，狄德罗发表他的《百科全书》发刊词《前景》，标志着举世闻名的狄德罗《百科全书》工程启动。编撰《百科全书》之初，狄德罗的名声并不大。当时，伏尔泰已经在法国文坛上声名大噪，而狄德罗、格里姆、孔狄亚克（Condillac）等人则与卢梭一样，还只是一些无名之辈。狄德罗的声名鹊起是随着他的《百科全书》被世人认可而来的，未来名声将更大，因为 1789 年法国爆发的大革命与这有关。

纪昀比狄德罗大 11 岁，享寿 81 岁，从事四库纂修 49 岁到 62 岁。狄德罗享寿 71 岁，从事学典工作 38 岁到 59 岁，这就是纪昀与狄德罗，18 世纪中西文化各自的代表与代言人，他们的成就令他们在自己的时代和后世均获得了声名与荣誉。当然，我们知道二人捍卫的制度与思想却是大相径庭的，但时代的缘故，我们也不能刻意苛责纪昀。

下面，我们具体讨论二书的编纂。

二 《四库全书》的编撰

乾隆三十七年（1772）正月初四乾隆下旨各直省督抚学政购访遗书，他指出稽古右文的目的在于“羽翼经训，垂范方来，固故足备千秋法鉴；

即在识小之徒，专门撰述，细及名物象数，兼综条贯；各自成家，亦莫不有所发明，可为游艺养心之一助”[1]，因此在登基之初，即诏中外搜访遗书；并命儒臣校刊十三经、二十二史，遍布黉宫，嘉惠后学；又开馆纂修《纲目三编》、《通鉴辑览》及三通诸书。凡是艺林承学之士，所当户诵家纮之书，都已荟萃略备。然而，乾隆仍不满足，他从为天下读书人考虑的角度出发，建议读书固然在于得其要领，但是多识前言往行，以蓄其德方是读书根本，倘若想研讨深刻，则所需要的资料也需要广博。此外，康熙年间所修《图书集成》，是类书，虽然全部兼收并录，极方策之大观，但不能看到各书全文，因此有必要另外编撰一本能够弥补《图书集成》遗憾的书籍，“庶几副在石渠，用储乙览，从此《四库》、《七略》，益昭美备”[2]，这样乾隆自己也会称意。当然，也确如乾隆所言，时代发展到乾隆时，文化集成之势已经形成，总结势在必行。而顺应总结大势，完成总结，乾隆也不免私心。有着十全武功的乾隆，需要像样的文治来完美自己，也满足自己超越乃祖乃父的雄心。

征求遗书的诏书颁布后，各省开始对图书进行普查。这年（1772）的十月初三贵州巡抚觉罗率先汇报征求遗书情况，称贵州向为蛮荒之地，即使本朝教养百余年，士子知道尽力向学，文教蒸蒸日上，但地居山僻，书籍罕临，明经之士，于时艺诗章之外，少有其余著述可供采择。不过，继贵州汇报征书情况后，到这月的十七日仍没有一省上奏所征求遗书的名册，乾隆很生气，遂传谕刘统勋向各省再次传达自己的旨意，督促各省加紧征求遗书。此旨传达后，各省陆续汇报征求遗书情况，大概都是尽心征求书籍，征求的方式方法，专门机构的设置，落实到人头，正在汇集成册向上汇报之类的话语，或实情或搪塞。如同年十一月初三，山东巡抚徐绩奏：“令各属善为购访，并出示晓谕。凡家有藏书者，如系刊本，即由地方官代为刷印；如系抄本，其子孙珍秘收藏者，即令地方官照原本抄出，仍将原本交还，并于省城设局收贮。数月以来，据各属缴到书籍二十一种，臣等谨开书目，先呈御览。现仍饬属悉心访求，并委平日留心典籍之东昌府知府胡德琳、淄川县知县谢洙专司其事。俟续有解到，卷帙稍充，

① 中国第一历史档案馆编《纂修四库全书档案》，上海古籍出版社1997年版，第1页。
② 同上书，第2页。

另开书目奏明。”[①] 同年十一月初七，直隶总督周元理上奏称只征求到四部卷帙不多的书，本拟即行上奏，但一省这么大，如果只上奏征求到的这四部卷帙不多的书，担心恐有遗漏，因此就暂缓上奏了。同年十一月初九，山西巡抚三宝也说自己传檄藩司，通饬各属购访，并专门委派科甲出身的丞倅，在省设局，尽力办理征求遗书之事。但也是因为征集尚少，因此想再设法购觅到一定程度后，再上奏。同年十一月十四日，湖北巡抚陈辉祖称，本省自明末以来，书籍散佚颇多，且少藏书风习，已征求到的书却纸张漫漶，刊刻舛讹，自己于艺林毫无涉猎，所以需要助手检阅，待检阅完毕汇送齐后，再上奏。同年十一月十六日，河南巡抚何煟奏征求到十八部书，准备摘叙简明要指，详注姓氏时代，罗列目录，另缮清单，“先行恭呈圣明采择”[②]。江西巡抚海成征求到40余部书籍，相较而言，虽然成绩颇大，但发现其中纯驳互见，且有剿说、卮言无关采择之作，尚须详加甄校，故而，海成一则自己不敢因陋就简，聊以充数，一则江西人文荟萃，流传著述肯定不止此，担心有穷乡僻壤之地未查获到，或有观望不上交书籍者，因此请求展限进一步征求。同年十一月二十一日，浙江巡抚熊学鹏系接上任巡抚富勒浑征求书籍后继续征求书籍。前任富勒浑接准部咨之时即会同浙江学政王杰，并饬行各属遍加晓谕，悉心咨访，随后经布政使王亶望详准于杭州省城设立公局，延请丁忧在籍的翰林院侍讲沈初，总理选裁，并于教职内拣选学问优者，分任校阅。然而，尚未开局查办，富勒浑旋即升任湖广总督。自己上任后，继续开局办理，除琐碎无当者，遵旨毋庸采择外，选取在局书五十六种，叙列目录，开注某朝某人所书，书中要旨，分别刊本、抄本，缮写清单进呈，恭候御览甄择。候谕旨到日，钦遵将勒取各书，查原系刊本者，量给价值；原系抄本者，于敷文书院诸生内拣选善书者数名，誊写端楷恭进，仍将原本给还本家，听取收藏，惟是浙江书肆最多，恐有藏书者未必尽出，又加紧访求，容各属覆齐，另行奏闻。

由上可见，当时办理书籍情况是：因战乱书籍有所散佚，需要搜集整理；明末野史等清廷忌讳的书籍仍未查缴完，有赖清廷再次来个彻底清查。当乾隆征书诏令下达后，官员虽尽心办理书籍，或害怕担当责任，多

---

① 中国第一历史档案馆编《纂修四库全书档案》，上海古籍出版社1997年版，第7页。

② 同上书，第14页。

小心行事，观望不报。或尚有征书之初接替上任官员继续办理书籍，因交接之故，书籍办理被拖延，情况上奏因之不及时的情况；此外，征书多寡主要有赖于各地文化底蕴来决定。有些地方书籍征得少，系于当地本属文化不发达的地区，如奉天；当然也有例外，如四川在宋时已经形成蜀学，其后虽有所衰落，但清初战火后即开始恢复，属于文化发达之地，其征书少是因为征书前后四川适逢瞻对之役、金川战争，只收缴 1 次 6 种 1151 部就不再收缴书籍了。而山东文化也不薄，但恰有王伦起义，只收缴 3 次 36 种。但二者相比文化欠发达的两广 6 次 45 种而言，却是丰富的。至于献书情况，则有积极进献者，而这些积极进献者，其中意在邀功者有之，意为文化兴盛者也不少，如鲍廷博、朱筠等；也有匿而不出者。民间匿而不出者，多鉴于文字狱之威，畏祸不敢进献。当然也有宝秘书籍，担心书籍无得还回之日者。像宗室藏书家怡贤亲王就有书未曾献出。乾隆自己也意识到："前曾谕令各督抚采访遗书汇登册府，下诏数月，应者寥寥。彼时恐有司等因遗编中或有违背忌讳字面，惧干干碍，而藏书家因而窥其意指，一切秘而不宣，因复明切宣谕，即或字义触碍，乃前人偏见，与近时无涉，不必过于畏首畏尾，朕断不肯因访求遗籍于书中寻摘瑕疵，罪及收藏之人。若仍前疑畏不肯尽出所藏，将来或别露违碍之书，则是有意收存，其取戾转大所降，谕旨甚明并寄谕江浙督抚以书中或有忌讳、诞妄字句，不应留以贻惑后学者，进到时，亦不过将书毁弃，转谕其家不必存，与藏书之人并无干涉，至督抚等经手汇送，更无关碍，朕办事光明正大，各督抚皆所深知，岂尚不能见信于天下。"① 乾隆反复晓谕，书籍进献方陆续增加，办书速度加快。

乾隆对书籍办理高度重视，在下诏征集书籍不久，即下诏直隶、河南、山东三省督抚负责采买刊书梨板。并亲自审定各地书籍的办理奏疏，反馈书籍办理。如乾隆三十七年（1772）十一月二十三日审核河南巡抚上奏的书籍办理单，发现何煨办理书籍疏忽，遗漏了原任侍郎平素究心理学致仕回籍的胡煦的著述，责成河南巡抚何煟查访胡煦的著述，并说似此遗漏不少，叫何煟再悉心搜采，并饬所属实力奉行，并借这晓谕其他督抚，不得以书籍无关政要一任潦草塞责，俟续有购得，即行汇单具奏。同年（1772）十二月十九日，说明自己十二月初八回批奉天办理书籍奏疏

① 王重民编《办理四库全书档案》，国立北平图书馆 1934 年铅印本，第 30 页。

为殊不晓事的原因：奉天风俗淳朴，本少著述，不必再行访购以免纷扰。

正因为乾隆的高度重视，征书工作进展很大，到乾隆三十七年（1772）十一月二十五日，安徽学政朱筠进而上奏购访遗书情形并校核《永乐大典》意见折。朱筠奏请校核《永乐大典》，共呈四事。一为急搜旧本抄本用广前史《艺文志》之缺。二为定中秘书籍目录宣示外廷，并择《永乐大典》中古书分别缮写各自为书以备著录。三为著录与校雠并重。四为收书之外，兼收金石图谱，凡直省所存钟铭碑刻宜拓取校录。同年（1772）十一月二十六日安徽、十二月初二两江、十二月初八奉天奏所办书籍情况，同年（1772）十二月十三日直隶总督周元理奏已采办刊书梨板解京，河南巡抚奏遵旨采办刊书梨板解京，同年（1772）十二月十九日，河南巡抚奏遵旨访求胡煦遗书情形并开列书目呈览。十二月二十一日，江苏按察使胡季堂奏谢特旨征取先父胡煦遗书暨现在办理情形折。乾隆三十八年（1773）二月六日，军机大臣颁下编制目录的旨意。[①] 同年（1773）二月初六，大学士刘统勋等奏复朱筠所陈购访遗书意见折。同日，从朱筠所请，派军机大臣为总裁官，校办《永乐大典》，四库馆于是正式开馆。三十八年（1773）闰三月初三日，李质颖查访马姓等家藏书借抄呈进，三十八年闰三月二十八日两江总督高晋等善为询觅马裕家古书善本，三十八年四月初三，刘统勋等奏请令京师藏书之家及京官将藏书目录抄送，三十八年闰三月二十六日，浙江巡抚三宝查访天一阁藏书。五月十七日，乾隆再次明确编撰《四库全书总目》，“以彰右文之盛”[②]。五月初一内阁奉上谕“自昔图书之富，于斯为盛。特诏词臣，详为勘核，釐其应刊、应抄、应存者，系以提要，辑成总目”[③]。从此，编撰《四库全书总目》与《四库全书》编修接轨。同年五月初一，令王际华、于敏中专司编《四库全书荟要》，以王际华管理其事。在乾隆亲自一再过问、督办下，书籍陆续开单进呈。

同时，乾隆陆续派宠信大臣入馆，管理并监督书籍的办理。乾隆三十八年（1773）二月二十八日谕：查办《四库全书》处翰林等官，着照武英殿修书处之例，给予饭食，交福隆安派员经理。乾隆三十八年（1773）

---

① 王重民编《办理四库全书档案》，第6页。

② （清）永瑢等：《四库全书总目》卷首《圣谕》，第2页。

③ 中国第一历史档案馆编《纂修四库全书档案》，第108页。

三月二十六日派英廉充《四库全书》处副总裁，乾隆三十八年（1773）闰三月十一日派刘统勋为正总裁、张若溎为副总裁，乾隆三十八年（1773）九月十七日舒赫德入馆。乾隆三十九年（1774）程景伊、嵇璜为《四库全书》处总裁。这些人还兼有他职，并不参与实际的修书，主要职责还是在监督管理方面。但即使派了这么多要员入馆，四库馆依然存在不少漏洞，如管理不善，丢失底本等。当然，乾隆本人也得负一部分责任。四库馆是他锻炼亲信大臣以示恩宠之所，也是他发配有过被贬大臣以观后效之地，同时也是他令四库馆成了士子入仕的终南捷径。乾隆很清楚个中关系，但他认为开馆修书工程浩大，难免有讹误，难免鱼龙混杂等。这并非自己一朝修书的弊病，是官修史书必然的结果。故而他讲道："办理《四库全书》一事，卷帙浩繁，人员冗杂，瞻顾私情，自所难免。然以国家办此大事，岂能彻底澄清，毫无瞻徇。"① 像谈及抄书人员，他说："虽其中自不无一、二可用之材，但开馆之初，工程既大，所用人数众多，其在馆效力，亦不过雇觅钞胥，为博取功名之地，未免贤愚混杂。"② 不过，即使有这样的良好心理准备，但当他面对错讹甚多的书籍时，也不得不大动肝火。乾隆三十九年（1774）十月十八日，《四库全书》处进呈抄录书本，偶加翻阅，乾隆发现："舛漏处，不一而足。其中实系错误者，过失固不待言，即原文传写旧讹或文义不顺，既有加签改识之例，何不逐条举出，概以轻心掉之耶！"③ 于是他下旨切责："朕未尝有意苛求，实亦无暇通身细阅，乃数日内信手翻披，而疵谬迭出，该总裁等所司何事？《永乐大典》内由散篇辑成者，此次始行呈进，办理已经年余，而自朕五月间临幸热河以后，又阅半年之久，何尚未能悉心校勘，以致疏误若此！其纂修各员交该总裁等照原议办理外，至各总裁内，王际华于校勘《荟要》诸书，加签标识者甚多，前此呈览时，朕详加批阅，并未见有字画错误之处，办理尚属尽心，此次著免其议处。曹秀先于五月内随驾热河、继复派典顺天乡试，现进各书自未及寓目，亦着免其交部。其蔡新、张若溎、李友棠俱着交部察议。"④ 命令参纂人员尽心办理。为此，他还增派人员入

① 中国第一历史档案馆编《纂修四库全书档案》，第 1157 页。

② 同上书，第 1666 页。

③ 同上书，第 274 页。

④ 同上书，第 274—275 页。

馆。乾隆四十一年（1776），乾隆又派刘墉、钱汝诚、沈初入馆做总裁，并加派了誊录、编修人员。乾隆四十二年（1777），和珅、阿桂、皇八子永璇入馆。同年，英廉升任正总裁，梁国治、王杰入馆做副总裁，王太岳为总纂。这些人入馆，一在加强馆务监督力度，二在壮大修书队伍。如在书籍的禁毁，以及馆中人员的查处方面，英廉等就颇有上奏请旨惩处。而博通的王杰等的加入，则无疑加强了修书力量。

与乾隆一样，四库馆实际管理者与参加者也深知得力修书人才的重要，也纷纷举荐人员入馆襄与修书，戴震等因之得以破格恩准入馆。乾隆三十九年（1774）十月十九日，多罗质郡王、四库馆实际管理者、四库总裁永瑢等奏请令张羲年在《四库全书》处纂修上行走，[①] 其所奏如下："据浙江俸满训导候选知县张羲年呈称：羲年系乾隆乙酉科选拔贡生，以教谕衔任于潜县训导，大计卓异，兼俸满保题，送部引见。奉旨：着照例用。钦此。伏念羲年越东下士，备职儒官，前经浙江巡抚委办遗书，欣逢盛事。兹以俸满来京，仰荷皇上天恩擢用，例应铨授知县，惟是偻偻私衷，观光志切，每思当此宏开册府，千载一时，欣忭微悰，实以获观巨典为幸。情愿在《四库全书》处效力行走，少竭驽骀，冀得自效昌辰，实为至愿，激切呈请代奏。等情。臣等查张羲年原系拔贡出身，学问尚优，以教职卓异，俸满保荐，特蒙恩准例得即选知县。前此，曾经该抚派入总局，承办采访遗书，询以各种书籍，亦颇谙晓。今具呈情愿赴馆效力，情词甚为恳切。理合据呈具奏，请令张羲年在纂修上行走，该员自必感激奋勉。而现在书籍浩繁，得一曾办遗书之人，分头校勘，于事亦为有益。至张羲年原系应补知县实缺之员，如蒙俞允，准其在馆办事，应请咨明吏部，暂行扣停铨选。但知县难以在书馆行走，可否仰恳圣恩，赏以国子监助教衔，并给予单俸，以资行走。如该员果能实在得力，俟全书办成一分后，臣等另行奏明请旨，恭候皇上施恩。"[②] 详述张羲年来历及征召他来《四库全书》处纂修上行走的理由。同日又奏请准候补誊录额外效力并添篆字绘图誊录，奏疏如下："查《四库全书》并《荟要》二处，需用誊录人员，前经遵照谕旨，于乡试落卷内挑取备用。现在赴部投纳履历，情愿充当者，已有二百余名，业经臣等按照空缺额数，咨取五十名到馆，挨次

---

① 中国第一历史档案馆编《纂修四库全书档案》，第276页。

② 同上书，第276—277页。

充补。而此外名次在后挨补需时之人，连日颇有具呈情愿额外效力者。臣等伏思此项誊录，虽经设有六百名之数，然均系自备资斧效力行走，与各馆之定有公费者不同。今该誊录等因补期尚远，多愿额外效力，似未便阻其急公向上之心，而本处应缮书籍纷繁，多得一人，即可多收一人之用，于公事亦有裨益。理合奏明，于此次挑取候补誊录人员内，有情愿效力者，俱准其呈报明，先在额外行走，俟挨次应补时顶补起限，扣足五年议叙。其未补缺以前缮写之书，统计字数若干，入于赢余项下，照奏明之例，分别议叙。庶该誊录等各得遂其踊跃奉公之情，而缮录事宜亦可更期迅速。又，查应缮遗书内，如许慎《说文》、郭忠恕《汗简》、楼昉《汉隶字源》等类，多专系篆隶字体及钟鼎古文，必得通晓六书者，方能篆写无误。而现在誊录内尚无其人，难以发缮，应请添设篆字誊录四名，于在京之举贡监生内，择其精于篆学者，召募充补，仍照各誊录之例，一体办理。又，应缮天文算法各书内，图样极多，其中尺寸疏密，铢黍难差，必须略识推步者，方能布置无讹，自非原设绘图之誊录等所能通晓，亦应请于钦天监天文算学生内，择取谙悉图像者……为此，缮折奏闻，伏祈皇上睿鉴。"①详细讲明准候补誊录额外效力并添篆字绘图誊录的原因。然而，即或君臣均用心于此，四库馆的弊病，终四库修书结束，依然未得杜绝。

不过，在乾隆的感召、精心布置与督责下，书籍办理速度及力度明显加快了，书籍也由征收到查缴禁毁书籍了。查缴禁毁书籍是从乾隆三十九年（1774）八月开始到乾隆五十八年（1793）结束的。据统计，在长达10余年的修书过程中，禁毁图书3100多种、15万部以上。凡是乾隆不喜欢的人物的书籍，以及有所违碍的书籍，或禁毁或改窜。如钱谦益的书籍，乾隆认为只勘覆瓮，不准入著。宋应星的科技著作《天工开物》因妨碍了愚民而被禁毁，吴三桂的"反满檄文"、《扬州十日记》、《嘉定屠城记略》，要200年后去日本发现，而岳飞《满江红》名句"壮士饥餐胡虏肉，笑谈渴饮匈奴血"被改为"壮志饥餐飞食肉，笑谈欲洒盈腔血"，张孝祥《六州歌头·长淮望断》"洙泗上，弦歌地，亦膻腥"的"膻腥"改作"凋零"，陈亮《水调歌头·不见南师久》"尧之都，舜之壤，禹之封。于中应有，一个半个耻臣戎"的"耻臣戎"改作"挽雕弓"，辛弃疾

① 中国第一历史档案馆编《纂修四库全书档案》，第277—279页。

的《永遇乐·千古江山》中的“斜阳草树,寻常巷陌,人道寄奴曾住”被改作“人道宋主曾住”。与编纂《四库全书》禁毁书籍同步的还有开馆10年间发生的48起“文字狱”。四库修书既倡扬了文化又毁灭了文化,所谓“四部书,帙万万,《提要》一百卷,臣昀臣熊奉敕撰,全书告竣已十年,有敕亥鲁须重编。本朝实事皆求是,不遣传疑留一字。文渊毕,鳌文源,百臣日夕来。御园、东南三分皆无误,海上然黎校文溯”①。只是言了其中功绩而已。不过,总体而言,四库修书功还是大于过的。

三 《百科全书,或科学、艺术和工艺详解辞典》编撰

中文“百科全书”一词是20世纪初才出现的,这名字中的“全书”即取自《四库全书》的“全书”。按照中国的学术传统,依类编排,会聚在一个总名下的大型书籍应该归属于类书,《百科全书》分门别类,它应该与《古今图书集成》等类书同列。然而,我们引进它及其同类书籍入我国之初,从其包罗万象、分门别类的特征,虽然首译为“百科类典”,但我国近代以前最近的一次大型书籍编撰莫过于《四库全书》的编撰,它荟萃百典、文化之大观的影响与记忆历百年未衰,把它的名字系于西方记述人类一切知识门类或某一知识门类的工具书,更便于民众见名知旨,因此不久即改译为“百科全书”。但这个命名又有违百科类书籍的学科归属,也正是因为考虑百科类书籍的学科归属,所以后来又觉体例不谐,遂再次改称,命名为“学典”。然而,终究不如“百科全书”深入国人的心,接受度高,因此最后仍以“百科全书”为名,至今依然。由此可见,我们更看重的是《百科全书》与《四库全书》同等的总结及会通文化的功劳。

“百科全书”这个词在西方最早出自希腊语(εγκύκλιος)(拉丁字母:enkyklios)和παιδεία(paideia)。“enkyklios”意为“循环的、周期性、平常的”,而“paideia”则指“教育”,含义是“普通教育”,从字面上说就是一个想接受通才教育的人所应该学习的艺术和科学知识。古希腊学者亚里士多德曾编写过全面讲述当时学问的讲义,被西方奉为“百科全书之父”。希腊语中的此词在抄录过程中被谬传为新拉丁语词“encyclopaedia”,

① (清)洪亮吉:《卷施阁诗》卷9《鳌四部第十二》,载(清)洪亮吉《洪北江诗文集》二,第4页b。

被选中作为一本覆盖各科知识的参考著作的书名，随后又进入英语，最先记载于1531年，在英国最早见于1644年。最早将"百科全书"用于书名的虽然是德国人斯卡利斯（Paul Scalich），但创立现代意义上《百科全书》的是英国人约翰·哈里斯（John Harris）。最著名的早期《百科全书》要数法国由狄德罗和达朗贝尔编写、1772年完成的《百科全书》，即《百科全书，或科学、艺术和工艺详解辞典》。其书共28卷，71818条目，2885张插图。18—20世纪，英、德、法、意、苏、日等国相继编纂出版了一批权威性的《百科全书》，如《不列颠百科全书》、《美国百科全书》、《苏联大百科全书》、《世界大百科事典》等。

狄德罗《百科全书》的编撰与四库修书一样，是政治经济文化的必然要求，同样有着曲折的经历。

（一）政治经济文化的要求

中世纪的平面设计，主要体现在各种手工书写和绘制的宗教书籍上。当时由于纸张的制造技术还未从中国传播到欧洲，人们主要运用十分珍贵的羊皮纸进行书写，一本200页的书籍要一个书写者花四五个月的时间才能够完成，所以书籍在那时是非常贵重的东西，只有少数贵族才能享用。

印刷术传到欧洲后，古登堡又对印刷机进行了改革，可以在纸张两面印字，大大促进了书籍的出版和文化传播。自1400年以后，欧洲各国开始逐步建立起自己的造纸业，纸张被普遍地采用。印刷术的改良，造纸业的发展，加以满足资产阶级舆论要求的需要，促进了图书事业的发展，为编纂大型书籍准备好了条件。印刷术的发达，正如卢梭所言："由于有了活字版印刷术及其广泛的应用，霍布斯和斯宾诺莎的危险的梦想就可以垂之永久了。"①

路易十五时代，是在宽容与不宽容中度过的。路易十五未亲政前，他的叔父奥尔良公爵菲利普二世摄政期间，菲利普二世放荡的作风虽然使整个社会风气奢靡，国家财政滑坡。当然，另一方面无疑也有利于宽容。同时，菲利普二世继续执行自己父亲的对外争霸策略也令宫廷无暇顾及文人的笔触。故而，报刊检查制度仍如17世纪一样，形同虚设，这使法国出版业相当自由。路易十五亲政后，如其祖父与叔父一样，坚持对外争霸。

① ［法］让·雅克·卢梭：《论科学与艺术》，何兆武译，第57页。

1744年公开介入“奥地利王位继承战争”，但直至“七年战争”结束，路易十五迎来的却是一次又一次失败，波旁王朝为之耗尽一个世纪心力的争霸大业以失败而告终，国家“降低到了二流，甚至三流国家的地位”[①]。民族荣誉感跌至谷底，引发了社会各阶层对王室的普遍不满。而专制主义王权也在此时达到了又一个高峰：以弗朗索瓦·达米安（Francois Damiens）刺杀案为起点，持续了半个世纪的“宽容统治”宣告结束。在文化领域的突出表现就是，书报审查制度的日趋强化，“每年被拒绝出版的图书有10%—30%”[②]。为了震慑国人“诋毁”王室，“对所有未经许可而写作，叫人写作，印刷，销售或散布危险书籍者将处以死刑或苦役”[③]，狄德罗的第二场牢狱之灾，便缘系于此。在宗教领域，国内的宗教迫害仍在继续，伏尔泰所倡导的“少一点争论，就少一点不幸”[④]，孔多塞（Condorcet）所呼吁的“按照信念去思考是每个人的绝对权力”[⑤]，只有在大洋彼岸的美国才有回音。法国这个时候搅扰于哲学家、耶稣会士、詹森教派、胡格诺教派等对宗教问题的无尽争论之中。这个信仰缺失的年代，尤其需要注入新的血液。这股新的血液或者是一种新兴的宗教，或者是一种能给他们带来荣誉的就像此后拿破仑一世那样的强势权力，而“理性”无疑也是其中一种选择。17世纪以来的科学思潮，诸如牛顿引发的“科学革命”，培根建立的科学体系，引发了18世纪欧洲的理性之光，“笛卡儿精神渗透了一切知识领域”[⑥]。18世纪的法国，乃至整个欧洲的学者，都在呼唤知识与科技。就法国而言，城市、乡村最广泛程度的阅读方法，引发了法国人的“阅读革命”。而且法国各地纷纷建立学院以和科技发展与求知需求相适应，当时法国3/4的2万人以上的城市都拥有一个学

① 唐贤兴主编《近现代国际关系史》，复旦大学出版社2002年版，第39页。

② ［法］安东尼·德·巴克、弗朗索瓦丝·梅洛尼奥：《法国文化史》Ⅲ《启蒙与自由：十八世纪和十九世纪》，朱静、许光华译，第52页。

③ ［法］安德烈·比利：《狄德罗传》，张本译，管震湖校，第139页。

④ ［法］伏尔泰：《论宽容》，蔡鸿滨译，第148页。

⑤ ［法］伊丽莎白·巴丹特尔、罗贝尔·巴丹特尔：《孔多塞传》，马为民、廖先旺、张祝基译，商务印书馆1995年版，第52页。

⑥ ［德］E. 卡西尔：《启蒙哲学》，顾伟铭、杨光仲、郑楚宣译，山东人民出版社2007年版，第26页。

院。[①] 同时，也对以理性指引来打破旧有的蒙昧提出了要求，一部知识大全在当时是完全亟须的。不过，无论是法兰西学院或是地方学院，都不具备，也无力完成跨学科世界性知识的汇总编纂。但是，这世界性知识浪潮的总结必然是这个时代不可推卸的责任，必然需要有人来承担并完成这项任务，而“灵魂总是不知不觉地与它所追求的目的成比例的；而造就出伟大的人物的，则是伟大的时势”[②]。故而，在这个时势下，人们冲破了思想禁锢，迎来了自己的“词典时代”[③]，也迎来了时势造就好的编者们。因此，一部知识大全就应该包括人类知识的全部。为此目的，就需要有能与各界知识精英相往来或友善、能号召各界知识精英的人物，共同为人类文化计，各负其责，各行其是，完成这部《百科全书》的编撰。

因此，18 世纪及其前后的西方同中国一样，在文化总结大势下，出现了大型书籍编纂高潮，《百科全书》的编纂即其代表。

《百科全书》的编纂浪潮与欧洲资产阶级启蒙浪潮相一致，它的编纂也是从英国开始。1704 年英国人约翰·哈里斯（John Harris，1667—1719）1 卷本《技术辞典》（*Lexicon technicum*）出版，1728 年埃弗林·钱伯斯（Ephraim Chambers）2 卷本《百科全书》出版，1742 年埃弗林·钱伯斯《百科全书》第 5 版在伦敦发行，引起欧洲大陆注意。1745 年 3 月巴黎出版商布列顿（Andre-Francois Le Breton）获得了在法国翻译出版埃弗林·钱伯斯书的许可证，遗憾的是因内部分歧而未进行，许可证作废。1746 年获得新的特许，1747 年以约翰·哈里斯、埃弗林·钱伯斯书籍为蓝本，邀请年仅 34 岁的狄德罗担任主编，年仅 30 岁的数学家达朗贝尔任副主编，编撰新的《百科全书》。

自 1745 年开始，狄德罗《百科全书》编撰进入准备期。1751 年正式开始编撰，1772 年结束。主编狄德罗，副主编达朗贝尔，出版商布列顿。正文 17 卷，图片 11 卷。

---

① ［法］安东尼·德·巴克、弗朗索瓦丝·梅洛尼奥：《法国文化史》Ⅲ《启蒙与自由：十八世纪和十九世纪》，朱静、许光华译，第 45 页。

② ［法］卢梭：《论科学与艺术》，何兆武译，第 59—60 页。

③ ［法］安东尼·德·巴克、弗朗索瓦丝·梅洛尼奥：《法国文化史》Ⅲ《启蒙与自由：十八世纪和十九世纪》，朱静、许光华译，第 15 页。

(二) 曲折的问世旅程

与四库修书一样，各种互动促成了狄德罗《百科全书》编撰的诸多曲折。

1. 外部压力

成就狄德罗《百科全书》未来的辉煌，外部的因素是不能忽视的。这个外部因素其实就是狄德罗《百科全书》编撰所遇到的外部压力。这个外部压力从编撰之初就客观存在。不过，这个压力，更成就了狄德罗《百科全书》的令名。下面，我们来看看它的编撰过程。

1746 年，布列顿及其合伙人获得新的特许，出版《百科全书》。出版商与法国科学院院士、法国学院教授、修道院院长德·马尔夫（Abbe Jean-Paul de Gua de Malves）达成协议，由后者来指导这个项目。狄德罗这时已经同艾杜（Eidous）和托赛安（Toussaint）一起，为布莱森等 3 人翻译过詹姆斯（Robert James）的《医学词典》，这次将校订译文；达朗贝尔这时已是一位杰出的著名数学家、科学院通信院士，他应聘审读技术和科学方面的条目。这次两人作为证人，在上述协议上签了字。此时，巴黎市议会通过法令，谴责狄德罗的匿名作品《哲学思想录》，这使他处于警察的监视之下。1747 年，出版商与善变的马尔夫（Abbe Jean-Paul de Gua de Malves）院长之间的协议被废除。已经被政府当局注意的狄德罗取代他成为主编，达朗贝尔任副主编，负责数学及科学部分，也正是这个时候狄德罗被教区牧师告到警察局。

1748 年，布列顿获特许出版《百科全书》。一批学者、律师、医生、神学家、科学家、艺术家和作家准备在这个新项目中进行合作。被当局注意的狄德罗除负责《百科全书》编撰事宜外，继续从事自己的写作。他所写《盲人书简》的发表，导致他 1749 年 7 月 24 日在樊尚被监禁 3 个月。

1751 年，伯第埃神父（Father Berthier，S. J.）在《特列弗备忘录》杂志上对《前景》一文提出批判，并指控狄德罗有剽窃行为。狄德罗举证反驳，伯第埃回驳，狄德罗再回驳。此年，狄德罗《百科全书》第 1 卷出版，书前有由达朗贝尔执笔，反映《前景》观点的绪论。耶稣会在他们的《备忘录》上发起新的攻击，《备忘录》改用新名——《特列弗杂志》。巴黎大学文学院维护并通过了普拉德长老（Abbe de Prades）的学位论文《天国的耶路撒冷》，普拉德长老是狄德罗《百科全书》的一位合作者。

1752 年，巴黎大学神学教师会、巴黎大主教 D'Auxerre 和 Mon-tauban 地区主教，以及巴黎市议会都出来谴责普拉德的论文，但他们的真正目标是狄德罗《百科全书》。耶稣会的夙敌詹森教会也加入了这场攻击，在他们的《天国消息》上谴责了他们所谓的“一个被称为伟大思想的阴谋”，谣传普拉德那篇大逆不道的论文的真正作者是狄德罗。“百科全书派”为此写了《为普拉德长老辩护》一文。这年，狄德罗《百科全书》第二卷出版。枢密院发布命令：狄德罗《百科全书》第 1、2 两卷应予禁止，因其中有些格言意在损坏王室的威信，鼓动独立和造反精神，使用含混的、模棱两可的词汇以造成误解，败坏道德，散布不信神的和怀疑主义的思想。蓬巴杜尔夫人、阿尔让松侯爵和一些大臣鼓励狄德罗和达朗贝尔不要理睬国王的禁令，继续干下去。在书刊检查主管官员马雷舍尔伯暗中保护下，他们获准恢复工作。

1753 年，狄德罗《百科全书》第 3 卷出版，预订者达到可观的 3000 人。

1754 年，狄德罗《百科全书》第 4 卷出版。弗雷龙（Freron）在其《文学年代》中，以及里昂耶稣会神父托洛马（Tholomas），继续对“百科全书派”发动论战。

1755 年，孟德斯鸠逝世，狄德罗《百科全书》第 5 卷出版。书前有达朗贝尔写的《对孟德斯鸠的颂词》。虽然孟德斯鸠只为狄德罗《百科全书》写过一个条目——“品味”，但“百科全书派”却奉他为老师，特别是在政治学理论方面。

1756 年，狄德罗《百科全书》第 6 卷出版。1757 年 1 月 4 日，达米安（Damiens）谋刺国王。同年 4 月 16 日，路易十五发布公告，书写或印制任何反对教会和国家的文字，将被处死，重新审查“煽动性”书刊，镇压不同政见的情绪嚣张。帕里索（Palissot）在其《关于大哲学家的小便签》中，以及莫卢（J-N Moreau）在其两篇广为流传的讽刺文《忠告》和《对卡柯阿卡历史的新回忆》中，还有许多小册子的作者，再次发起与“百科全书派”的新争论。此年，狄德罗《百科全书》第 7 卷出版，其中包括达朗贝尔激怒人的条目“日内瓦”。预订者达 400 个以上。

1758 年，爱尔维修（Helvetius）的《论精神文集》遭到压制，政府借此把矛头指向了狄德罗的《百科全书》。[①]

1759 年 1 月，巴黎高等法院的总检察长警告说，《论精神》背后隐藏着狄德罗《百科全书》，狄德罗《百科全书》背后隐藏着毁灭宗教、侵蚀国家的阴谋。[②]

1759 年，议会和法庭对包括《论精神》和狄德罗《百科全书》在内的八种著作进行了判决：《论精神》等将被焚毁；成立一个由神学家、律师和学者组成的委员会，来对狄德罗《百科全书》进行审查。法庭颁布法令，以“对道德和宗教造成不可弥补的危害”和“充斥着恶毒的格言”为由，废止了狄德罗《百科全书》的出版特许权。他们还企图迫使出版商向预订者退款，但预订者都不愿意退订。教皇克莱门八世发布指示，谴责狄德罗《百科全书》含有错误的、恶毒的和诽谤性的主张和言论，将导致对宗教的不信和诋毁。持有和阅读狄德罗《百科全书》的人受到了罗马教皇克莱门特十二世（Pope Clement Ⅻ）逐出教门的警告。由于达朗贝尔在政治、财务和个人行为方面的过失，弗雷龙指控狄德罗剽窃。在敌人压力下，狄德罗拒不低头，也不接受朋友们要他将其《百科全书》工作迁出巴黎的劝告，坚持留在巴黎战斗。1759 年后，连狄德罗写的条目都不再署名了。

1759 年 7 月 21 日，一项国务会议决定要求出版商退还给每个订购者 72 里佛，在表面上了结了狄德罗《百科全书》的账。然而，事实上，政府允许他们将这笔钱用于一部“有关科学、绘画、雕塑和工艺的千幅图版汇编”，其实它不过是新名目下的狄德罗《百科全书》图版卷而已。1759 年 9 月 8 日给“图版汇编”授予的特许权，使出版商重新获得了对狄德罗《百科全书》的合法控制，他们继续印制后 10 卷文本卷。

1760 年，对狄德罗《百科全书》的攻击继续不断：篷皮昂（L frame de Pom pignan）在法国科学院的就职演说中，恶意攻击了“百科全书派”。修道院长莫列雷（Abbe Morellet）因写了《查尔斯·帕里索的观点》一文而被投入巴士底监狱。1762 年，狄德罗《百科全书》图版第 1 卷出版。沙皇叶卡特琳娜二世邀请狄德罗到俄国去完成他的工作。由于詹

① 以上《百科全书，或科学、艺术和工艺详解辞典》编纂过程参见［法］狄德罗主编《狄德罗的〈百科全书〉》，［美］坚吉尔英译，梁从诫汉译，第 40—45 页。

② ［美］罗伯特·达恩顿：《启蒙运动的生意》，叶桐、顾杭译，第 11 页。

森教派占上风的法国议会宣布耶稣会为非法，狄德罗《百科全书》得以不受后者骚扰，而在巴黎继续出版。1765 年教士代表大会明令取缔，大部分卷宗秘密或半秘密出版，出版商布列顿被投入巴士底监狱。同年，在政府的默许下，狄德罗出版了其《百科全书》的最后 10 卷（第 8—17 卷）和 5 卷图版。全部都是在巴黎印制的，但却标明为塞缪·福尔赫（Samuel Faulche）在瑞士印行。1770 年，莱亨、日内瓦、波恩、洛桑、伊弗东等地都重印了狄德罗《百科全书》，伦敦、法兰克福、莱比锡和其他地方出现了仿制本。

1771 年，爱尔维修逝世，《不列颠百科全书》开始出版，最初为 3 卷本。1772 年，狄德罗《百科全书》最后 2 卷图版（第 10、第 11 卷）出版。1778 年，伏尔泰和卢梭去世。1783 年，达朗贝尔去世。1784 年，狄德罗去世。1789 年，《人权宣言》发表。①

由上可见，由于狄德罗《百科全书》的思想与当时封建思想背道而驰，因此它的编撰是充满压力，以及与压力作斗争的曲折过程。

对于自己主编的《百科全书》问世过程中所遭受到的外部压力，狄德罗曾满腹辛酸地自述委屈："由一小批受孤立的人所承担、所继续、所完成的；他们的意图曾遭到压制，被人以最可憎的方式嘲弄，以最粗暴的态度诋毁和凌辱；他们除了爱善的东西外，别无所求。除了有限的几个人敢于说话之外，没有人出面支持过他们；而除了得到过三四位商人的信任之外，再没有人援助过他们。"② 不过，也正是这有限的敢于说话信任援助他的《百科全书》编撰出版工作的人，他的《百科全书》方获得了生机，得以最终完成。

在这里，有必要探讨一下狄德罗上述言论中的三四位商人的信任与援助。我们知道，出资资助狄德罗《百科全书》编撰出版的商人其实是带有商业利润目的的，并非纯然为文化事业服务。这三四个商人在化解外部对狄德罗《百科全书》编撰出版的阻碍，起了不可忽视的作用，正是他们的从中斡旋，狄德罗《百科全书》的编撰出版得以逃脱被扼杀的命运，

① 以上《百科全书，或科学、艺术和工艺详解辞典》编纂过程参见［法］狄德罗主编《狄德罗的〈百科全书〉》，［美］坚吉尔英译，梁从诫汉译，第 45—47 页。

② ［法］狄德罗主编《狄德罗的〈百科全书〉》，［美］坚吉尔英译，梁从诫汉译，第 124 页。

继续运行。不过，他们为之做出的种种努力最大目的还是为满足经济利益。当然，狄德罗等编撰成员自身也在应对外部压力方面做出了自己的努力，与权力迂回周旋。狄德罗等出于完成自己的事业，与商人追求经济利益的目的恰好形成鲜明对比。然而，无论哪方做的努力，这项编撰出版事业均与金钱、权力密不可分。就此，罗伯特·达恩顿认为：狄德罗《百科全书》的历史中包含了大量的游说和施加影响的活动——它们在 1752 年和 1759 年获得成功，政府挽救了第 1 版；1770 年游说没有奏效，第 2 版因此被牺牲给了教会；1776 年游说再度成功，庞库克获得特许权，在巴黎出版增补版。从那时直到 18 世纪末，庞库克和同盟者通过拍当局马屁来捍卫自己的“权利”，狄德罗《百科全书》也就变味了。由此可见，狄德罗等学者虽然致力于知识世界的总结，但狄德罗《百科全书》的出版无疑也蕴涵着巨大经济利益，并且在当时的专制下，要顺利进行编纂出版，必须疏通好各方面的关系。故而，狄德罗《百科全书》一开始就依赖金钱和权力的联合，在它早期的历史进程中就与政治、经济利益纠缠在一起，它努力打开进入法国社会的通路，因为它的支持者知道如何围绕着构成旧制度文化特性的矛盾迂回前进。[①] 因此它也就充满不少游说活动，这是强权下的出版业必然伴随的出版商和官方之间的交易。不过，罗伯特·达恩顿毕竟是从出版商的角度去认识狄德罗《百科全书》出版过程中的外部压力，看到了出版商的生意头脑和周旋能力。至于外部压力及于编撰者的影响则非其议论重点，鲜有谈及。笔者认为，外部压力及于编撰者的影响，如狄德罗自述编撰背后所隐藏的坚韧与执著一样，外部压力唤起的是编撰者捍卫书籍编撰出版更勇猛的斗志与决心。同时，无疑也为狄德罗《百科全书》本身注入了昂扬斗志与不屈不挠的反抗精神。

此外，在与各种反对势力斗争中，狄德罗《百科全书》的编撰队伍反而壮大了。1752 年后，伏尔泰加入狄德罗《百科全书》的编撰队伍。此外，如杜克洛（Duclos）、图森（Toussaint）、卢梭、杜尔哥、圣朗贝尔、霍尔巴赫、多邦通（Daubenton）、马蒙泰尔（Marmontel）、布朗热(Boulanger)、莫列雷（Morellet）、魁奈、达米拉维尔（Damilaville）、奈吉翁（Naigeon）、德·若古（M. le chevalier de Jaucourt）、格里姆等也加入了编撰队伍，他们的加入显然使狄德罗《百科全书》的分量更提高了。

① ［美］罗伯特·达恩顿：《启蒙运动的生意》，叶桐、顾杭译，第 31 页。

2. 内部矛盾

自1745年，布列顿获国王特许，翻译并出版钱伯斯《百科全书》，为此他同米尔斯（John Mills）和西留斯（Goderfroy Sellius）签订合同，以完成这个项目。然而，由于签约各方意见分歧，特许状作废。编纂起始工作的不欢而散预示着编纂内部人员之间关系的复杂性，决定了编纂这样一部大型书籍在人员关系上不可避免的矛盾。

第一次合作未果后，布列顿又和出版商布莱森（Claude Braisson）、杜洛（Laurent Duraud）和迈可·大卫（Michel Autoine David，又名David I'aine）合作来出版这部书。1746年，布列顿及其合伙人获得新的特许，出版《百科全书》。出版商与法国科学院院士、法国学院教授、修道院院长德·马尔夫（Abbe Jean-Paul de Gua de Malves）达成协议，由后者来指导这个项目。狄德罗这时正同艾杜（Eidous）和托赛安（Toussaint）一起，为布莱森等三人翻译过詹姆斯（Robert James）的《医学词典》，这次将校订译文；达朗贝尔应聘审读技术和科学方面的条目。狄德罗和达朗贝尔两人也作为此次合作的证人，在上述协议上签了字。1747年，狄德罗成为主编，达朗贝尔任副主编。

布列顿虽然慧眼识珠选中了狄德罗为主编，但是为商业利益与应付外部压力，对狄德罗的信任却没有贯穿始终。1764年，狄德罗发现布列顿暗中删改他所撰写的许多条目，其中包括《怀疑主义哲学》、《阿拉伯人》等。于此，狄德罗虽然并没有予以揭穿，但还是在某信中说自己将至死负着这创伤。此外，1765年，为了顺利出版后10卷文本，为使流言减到最少，布列顿又背着狄德罗贯以虚假的出版商名字“纳沙泰尔，萨缪尔·福尔歇印刷和出版公司”，并清除了校样上的文字。[①] 1768年12月16日，布列顿则把狄德罗《百科全书》以后各版文字和图版的版权卖给了庞库克和两位合伙人。[②] 不过，庞库克等编纂的《百科全书》对狄德罗《百科全书》进行了改造，并非狄德罗《百科全书》的真正再版。

不光狄德罗与出版商布列顿有矛盾，这样一个精英荟萃之地，各撰写者之间的矛盾肯定也是避免不了的。不过，也正是这些精英们的内部互动所碰撞出的思想火花，以及由此而来的斗争，共同促就了狄德罗《百科

① ［美］罗伯特·达恩顿：《启蒙运动的生意》，叶桐、顾杭译，第12页。
② 同上书，第17页。

全书》编撰的成功和辉煌。

(1) 狄德罗与《百科全书，或科学、艺术和工艺详解辞典》

围绕狄德罗《百科全书》的编撰，形成了“百科全书派”。如果以伏尔泰的羊群为喻，狄德罗就是“百科全书派”这群羊的领头羊。对于狄德罗《百科全书》的编撰，狄德罗倾注了一生的心血。编撰狄德罗《百科全书》，经历了许多曲折，政府的压力，合作者与朋友们的背叛，均令编撰工作受到不同程度的影响，只是因为狄德罗的坚持，狄德罗《百科全书》才最终得以问世。可以说，没有狄德罗，就没有“百科全书派”这群羊，也没有狄德罗《百科全书》编撰的成功。正如恩格斯所言，在18世纪的法国，“如果有谁为了‘对真理和正义的热诚’(就这句话的正面意思说)而献出了整个生命，那末，例如狄德罗就是这样的人”①。

狄德罗是旧社会的改造者，希冀从对旧有社会的改造中建设新事物新思想，正如他生活在巴黎虽憎恶其中的黑暗却依然需要它来刺激自己的灵感，他要打破这个贵族社会的桎梏却一直优游于这个社会一样，狄德罗其实也是一个矛盾体，或者可以说就是新旧社会的过渡体。思想已经与时代格格不入，但旧有的，包括生活，以及交往等，依然与之有千丝万缕的联系。教会从他日后编撰的狄德罗《百科全书》看到的是反宗教。而他自己主张情感，并不反对宗教。他认为不应该把上帝想像得太好，也不应该把他想像得太坏。② 也就承认了宗教有存在的价值。政府从狄德罗的《百科全书》看到的是危害政府，但狄德罗看到在一个政府之中，一切革新都是可怕的。③ 你是尘土做的，你也是要复归尘土的。④ 狄德罗是一个宿命论者，思想并不积极。这是18世纪思想家们的共性，难怪恩格斯不得不指出：“十八世纪的伟大思想家们，也和他们的一切先驱者一样，没有能够超出他们自己的时代所给予他们的限制。”⑤ 不过，也正是因为这些

① [德]恩格斯:《路德维希·费尔巴哈》，载中共中央编译局编《马克思恩格斯选集》第4卷，人民出版社1972年版，第228页。

② [法]狄德罗:《狄德罗哲学选集》，江天骥、陈修斋、王太庆译，第4页。

③ 同上书，第21页。

④ 同上书，第136页。

⑤ [德]恩格斯:《反杜林论》，载中共中央编译局编《马克思恩格斯选集》第3卷，第57页。

特性，虽然政府与教会对狄德罗《百科全书》不满，但“百科全书派”不少人物与当局政要的私人交情，使狄德罗《百科全书》逃脱了多次被扼杀的劫难，最终得以出版。当时首相达吉索（d' Agueseau）、书报总监德·马雷舍（de Malesherbes）认为：经济要求方面，还看不出狄德罗《百科全书》中所表达的中产阶级的愿望会对君主政体造成什么必然的威胁；相反，他们认为前者从不反对开明君主制的法定的、适度的税收；而在《人道主义》等条目中，他们还在极力赞扬爱国主义。[①] 有学者认为德·马雷舍等二人的行为是当局对书报检查无能的表现，不过，就笔者看来，这里面应该与友情下的维护，以及狄德罗并不反对现行制度有关。因为正是这个德·马雷舍屡屡让狄德罗《百科全书》在书籍检查制度面前过关，挽救了狄德罗《百科全书》的夭折。显然，这完全不可能是每次都因无能而让狄德罗《百科全书》侥幸蒙混过关所能办到的。因为一两次无能是正常的，但屡屡无能完全不可能，屡屡无能的德·马雷舍等就不可能担任这样的官职，唯一能办到的就是权力的运用。那么，德·马雷舍等运用权力的动机何在？想来他们不会主动到为摧毁自己效力的政府的思想根基的反对派服务。因此，友情当是他们出手救狄德罗《百科全书》的重要因素。出于友情的他们因为了解狄德罗知道狄德罗等并非要反对现行政府及社会制度，只是有基于为现行政府及社会制度更美好未来着想的改良思想而已，故而他们放过了毁灭狄德罗主编的书。他们并没有预料到日后此书的出版带来的巨大威力。此书的出版产生的威力，也是时势使然。时代已经发展到这个社会土崩瓦解的时候了，只需要导火线引发而已，狄德罗《百科全书》也就无意中成了这个导火线中的思想导火线之一。当然，这样的理解并非特例，因为狄德罗《百科全书》还受到过司法大臣阿格索的保护。这如上述德·马雷舍等的保护一样难以理解，但依然如上所述可以肯定的是，阿格索肯定也不认为狄德罗等要推翻现行制度，他与狄德罗如德·马雷舍等与狄德罗一样是有交情的。不然，他也不敢不知底细贸然保护狄德罗的《百科全书》。于此，我们来看一段学者的总结。有学者道：“狄德罗的全部运思都圈定在一种特定的社会秩序之内，他的所有念头都与此种秩序密切相关。他所主编的《百科全书》的

① ［法］狄德罗主编《狄德罗的〈百科全书〉》，［美］坚吉尔英译，梁从诫汉译，第27页。

根本任务，便是把思想提高到社会的水平，使其具有社会的而非个人的功能。狄德罗之所以可能达到某种成就，正是因为他念念不忘的唯有这桩事业，并且为它奉献了全部的智力和毅力。由于他自己是从巴黎社会出发，并且为着它而思考，所以他经常需要那个社会来刺激他的头脑，使之保持思想的活力。他的工作只有在巴黎沙龙的氛围中才能成功。尽管对自然同样抱有热情，并且同样献身于它，他却无法使自己挣脱这种标准。不仅如此，他还带着一种照我们今天看来不免离奇的幼稚，照样又为卢梭树立了一种圭臬。”[①] 可见，确然，狄德罗运思的出发点是为当时制度着想令当时的制度更完善，并且他一直与当时上流社会保持紧密联系，故而他能与德·马雷舍、阿格索等交游，德·马雷舍、阿格索也能了解狄德罗，连首相达吉索也不认为狄德罗是叛逆，放过了彻底摧毁狄德罗《百科全书》的编撰出版。当然，狄德罗《百科全书》的编撰出版得以过检查制度的关，狄德罗等的智慧与运作也是不能排除的。不过，总体而言，这终究还是当时整个知识阶层的矛盾，既认识到当时政府及社会制度的不足，但始终优游其中，无以彻底脱离，甚至想保护改造好这个政府及社会制度。像保守点的英国最终采取了君主立宪制，就是明证。

当然，要彻底认识狄德罗，我们还是应该追根溯源，从他出身谈起。

狄德罗出生在制刀世家，成长中经历了许多艰辛，这些艰辛也造就了他。出生于普通家庭的狄德罗本来可以如他同时代众多出生于普通家庭的孩子一样，在家人的安排下，学得一技之长，有一份稳定的职业，足以养家糊口，或者相对宽裕，就该知足过完一生。不过，狄德罗的人生虽按部就班开始，但未来却超越藩篱，非同等出身者所可比拟。

年幼的狄德罗人生的起步，与同出身同年龄的孩子一样，是在家人安排下开始的，所不同的是狄德罗未来看来会比同龄孩子过得优越，因为他有幸有个做司铎的舅舅。在家人的安排下狄德罗于 1723 年 11 月进入本城耶稣会学校，学习语文和古典作品，准备顺利做司铎。当时能够做司铎就意味着俸禄优厚，丰衣足食。这是狄德罗及家人的美梦。但狄德罗偏偏没有按照同样出身的同龄人的轨迹，以及自己和家人期待一样，按部就班行走在自己人生的康庄大道上，虽然狄德罗及其家人为此也尽了全力。在耶

---

① ［德］卡西尔：《卢梭·康德·歌德》，刘东译，生活·读书·新知三联书店 2002 年版，第 9—10 页。

稣会学校，虽然有谋食之故，但丝毫不影响狄德罗的刻苦，以及对宗教的虔诚。同时，舅舅为这个外甥也鼎力相助，在所不惜。其间，狄德罗虽然也曾腻烦了希腊文与拉丁文，但他最终忍受住了希腊文与拉丁文的枯燥，并不再为老师动辄为小事的申斥而逃学。1726 年 8 月 22 日，未满 13 岁的狄德罗由朗格尔主教、法国贵族帕尔达扬·德·贡德兰·当坦公爵，亲手给他剃度入教。看来，一切都在按照既定目标顺利发展。但不幸的是，在狄德罗还未成为司铎前，舅舅就去世了，而修道院的大门也没有如狄德罗及家人期待的那样向狄德罗敞开。不过，这个时期的狄德罗即表现出不为命运驱使的精神，向命运发出了挑战。这使他走上了另一条截然相反的人生。

舅舅去世后，对司铎无望的狄德罗仍然希冀能感动上帝开启司铎的大门，竟然想到要发誓苦修，他禁食，穿苦衣，以稻草为床。① 当彻底绝望后，狄德罗继而萌发去巴黎入耶稣会学校的宏愿。不过，失望之余的狄德罗在这个宏愿中学习的动机更强烈。狄德罗以带着侄儿离家出走奔赴巴黎未果的执著打动了父亲，在父亲的鼎力相助下，1728 年狄德罗来到巴黎阿尔古公学，接受修辞、逻辑、伦理、哲学、语言、物理、数学、形而上学等知识的教育，以前在他看来枯燥腻烦的希腊文和拉丁文成了他 1732 年 9 月 2 日在巴黎大学获得文科硕士后继续学习的对象之一；科学知识也成为他获得文科硕士后继续学习的目标，但这一切马上就只能成为业余爱好了，生计在此时变为第一需要。不过，也正因为如此，狄德罗丢掉了第一份做讼师的工作，走上流浪的道路。为生活所迫，他曾下跪乞求修道院收为修士未果，也曾做过家庭教师。当然，这次流浪，狄德罗所获也是丰厚的。狄德罗丰富了人生阅历，增长了见识，并因生活的磨难砥砺了斗志，也使他对存在于民间的科学技艺及大众文化，有更深入的了解。这一切均为日后编撰其《百科全书》打下了坚实的基础。

在巴黎，狄德罗遇到了一个改变他一生的人，即出版商布列顿。布列顿获得了翻译钱伯斯《百科全书》的许可权，并计划在这基础上编纂一部全新的《百科全书》，邀请狄德罗等做主编，多年的磨砺终于可以大派用场了。

对于这样一部大型书籍，如何编撰？狄德罗的认识是：《百科全书》

---

① ［法］安德烈·比利：《狄德罗传》，张本译，管震湖校，第 16 页。

应该是一部汇集当时世界所有知识的普遍体系，精确汇集各种需要填写出来的词条的百科性质的详解词典。他希冀将此书传给后代，既丰富后代的知识，又使后代了解并不忘前人的业绩，让他们更有道德，更幸福。当然，这个知识普遍体系的编撰并非一人所能完成。正如粃糠学会聚集众多博学之人用40年时间才构造出它的词汇，法兰西学士院院长们的词典编了60年才发行头一版一样，这个包括人类认识所有方面的《百科全书》需要集体的智慧，需要不同学科鼎力合作。法兰西学院只能给《百科全书》提供属于语言及其惯用法的那一部分；铭刻冀美术学院提供有关古代和现代世俗史、编年史、地理和文学部分；索邦神学院只能负责神学、宗教暨迷信史；科学院主编数学、博物学、物理学、化学、医学、解剖学等等；外科学院只写有关本科的东西；绘画学院执笔绘画、雕刻、雕塑、作图、建筑等等；巴黎大学只需写人们所称的人文科学、经院哲学、法学和测绘等等。[①] 不过，狄德罗不赞成把大家聚集在一起工作，他认为分散各处各负自己部分的责，通过友情和对人类的关怀作为联系纽带这样的形式最好。分散是为了节约时间，避免会议浪费时间，“因为这是最正当的依据，能激励高尚心灵。总之这也是最持久的依据。人们对自己所从事的事业由衷地感到自豪；他们激情满怀，他们会为同事和朋友作出其他因素无法要求办到的事情……”[②] 同时，狄德罗认为这个编撰工作，不需要政府参与。这样可避免政治干涉，编撰工作可享受到充分的自由，自主发挥自己的创造力，独立思考，自由思想。这书应“以人为本”，“讲求自然”。狄德罗认为：“为什么我们不能按照人存在于宇宙间的实况把人的概念引入这部著作呢？为什么我们不能把人当作各部类的共同中心呢？在无尽的空间里，难道还有某一点更便于引出许多无尽的线路，广泛延伸到其他各点吗？从物到人，从人到物这样的交互反应，该多么生动而且美妙！”[③]

按照什么体例来编撰？狄德罗《百科全书》虽起于翻译钱伯斯词典，钱伯斯词典编排次序也极佳，但在狄德罗看来，钱伯斯词典的词条空有次序井然的美名，内容却空泛，仅仅触及皮相。狄德罗要求的是内容的充

---

① ［法］安德烈·比利：《狄德罗传》，张本译，管震湖校，第62—63页。

② 同上书，第63页。

③ 同上书，第64页。

实，即使破坏对称性，哪怕不照顾注释和参阅标号，也不丢掉任何实质内容。[1] 也正因为此，狄德罗《百科全书》并没有严格按照达朗贝尔在《绪论》中一再提及的培根知识分类体系来安排条目。于此，后世评为“内容参差不一”[2]。确实，从知识分类的角度看，狄德罗《百科全书》所收并不太符合选收原则。如“徐西亚羔羊”（Agnus Scythicus）以莫须有的传闻作一条目，再来揭穿此条目的虚伪性，以证明看问题应持科学的态度，不能听信讹传，引出我们究竟应当根据什么原则来判断事实的真伪这样一个哲学问题，本与植物、自然史没有关系，却归类在植物、自然史中。谈宗教仪式浪费的“圣饼”（Consecrated Bread）、嘲弄教会派别之间煞有介事的争端，其实不过鸡毛蒜皮之事的“嘉布遣僧袍”（Capuche），二者却均归入宗教史中。以上条目并不符合选收原则，归类也不尽妥当。狄德罗收录这些硬伤很明显的条目，意在何处？我们不妨回头看一看当时的编撰背景。当时“百科全书派”对“唯物主义”帽子避之唯恐不及，并一再申明狄德罗《百科全书》对上帝的忠诚。[3] 所以对社会现实的揭露，尽力用隐晦方式，因为隐晦方式可以避开不必要的麻烦，故而在安排一些条目上，狄德罗煞费苦心。勒弗尔把这类狄德罗煞费苦心安排的条目称之为狄德罗的“诡计”和“陷阱”[4]。和狄德罗对着干的保守的《不列颠百科全书》第三版（1800）主编乔治·格利格（George Gleig）干脆骂它是“斗篷下面暗藏着的毒剑”[5]。

至于狄德罗《百科全书》的文体，狄德罗认为，应深入浅出，通俗易懂，他说：“我把《百科全书》这样著作的文体普遍特点概括为两句话：Cummuna，proprie，propria，Communister.〔一般简洁化，特殊一般化〕根据这个规则，一般的事物总是简洁，而专门和特殊的事物总要明了……题材愈是抽象，愈要努力让它们为所有读者理解……”[6] 确然，狄

① ［法］安德烈·比利：《狄德罗传》，张本译，管震湖校，第64页。

② ［英］W.C. 丹皮尔：《科学史及其与哲学和宗教的关系》，商务印书馆1987年版，第257页。

③ ［法］狄德罗主编《狄德罗的〈百科全书〉》，［美］坚吉尔英译，梁从诫汉译，第9页。

④ ［法］亨利·勒费弗尔：《狄德罗的思想和著作》第2章第5节，张本译，商务印书馆1985年版，第86—93页。

⑤ Herman Kogan, *The Great EB: the Story of Encyclopaedia Britannica*. The University of Chicago Press, 1958.

⑥ ［法］安德烈·比利：《狄德罗传》，张本译，管震湖校，第65页。

德罗《百科全书》面对的是全人类，需要的是人尽皆知的语言而非象牙塔术语。

在分工上，狄德罗招贤纳士，各科专家各施所长各负其责：达朗贝尔保证要科学院的同事、布封（1707—1788）的合作人德·多邦东（1716—1800）负责撰写博物学的部分。神学条目，阿格索指定索邦神学院的经学博士、教授马莱神甫来写。阿格索负责古代和近现代史。语法一章是博学而潦倒的迪马萨（1676—1756）毛遂自荐的。他给《百科全书》撰稿而赚到的几个钱，对这位昔日的劳化家庭教师从无能力装满的钱袋来说是颇受欢迎的。至于形而上学、逻辑学和伦理学，由思想十分豁达明智贫困长老伊丰（1717—1791）来担任是再合适不过了。法学部分，他们有文学家律师弗朗索瓦—文桑·杜森（1715—1772）撰写。狄德罗和文桑·杜森共同翻译过詹姆斯《医学辞典》而相识，他正在着手写为自然伦理说辩护的论著，据说将引起争议。纹章学将委托曾在西班牙军队任过工程师的艾杜负责。他是与狄德罗一起翻译詹姆斯《医学辞典》的另一位合作者。算术和基础几何由小教堂长老（1710—1792）（法国数学家）执笔，他是伦敦皇家协会会员和政府出版检查官，他后来以其著名的《论腹语人》的论著，为后代铭感而获得更美好的名声。防御工事、战术、所有军事艺术均归勒勃龙（1667—1741）（法国细密画家和雕刻家）先生执笔，他是侍前车马侍从的数学教师。此外，他们所请达尔让维尔（1680—1765）写水利和园艺，柏兰先生写海军，若望—巴蒂斯特·勒罗瓦写天文仪器和钟表，达兰博士写解剖学和生理学，旺德奈斯写医学和药物学，德拉贝罗尼热情推荐圣科姆学院的青年教辅员名叫路易的写外科学，科学院的马路安先生写化学，朗多瓦先生写绘画、雕刻、雕塑，布隆代尔先生写建筑学。[①] 手工业部分落到狄德罗肩上。狄德罗跑遍工场和车间，把艺匠召请到家里来，阅读、摘录、抄录了上千本解释性和描述性的小册子。为了加快速度，他从英国、德国和意大利要来各种书籍，尤其是词典，毫不客气从中大量借用。从《皮埃蒙工场的规章制度》写到布拉克《哲学家列传》，从“十字军东征”条目写到关于靛蓝的条目，从烟草一直写到折衷主义，在他大胆的笔下占卜术和假花，伊壁鸠鲁主义和种子

① ［法］安德烈·比利：《狄德罗传》，张本译，管震湖校，第67—68页。

储藏，乐器制造和教会史相依为邻。①

在狄德罗等的策划下，狄德罗《百科全书》超越了工具书的局限，更洋溢着政论的风格，成为思想会聚之所，驾起了通向未来的桥梁。不过，狄德罗《百科全书》也大大触怒了当时的政府和教会。当然，狄德罗并不是存心或者说有组织地让政府和教会动怒，狄德罗不是专门的政客，他和政府教会之间的矛盾，只不过是思想家和时代之间亘古不变的主题而已。思想家只是自由言说抒发自己的世界观道德伦理观，但无意中却扮演了摧毁已然腐朽没落的政府的思想根基的角色，正如马克思指出："如爱尔维修所说的，每一个社会时代都需要有自己的伟大人物，如果没有这样的人物，它就要创造出这样的人物来。"② 时势缔造了狄德罗，狄德罗又缔造了新的时势。狄德罗是自然神论者和怀疑论者，他的自然并不是"上帝"，也就与宗教的有神论背道而驰。他的怀疑论令他怀疑一切，只相信理性和感觉，这就与政府维护现有秩序和稳定的需要截然相反。虽然狄德罗也一再告诸天下，他全力顺从教皇的决定，愿意死在祖国的宗教中，他对宗教信仰的虔诚并不逊于众人，甚至可以说超过众人，因为众人不可能有如他一样更好的表白。虽然如是竭力表白，希冀宗教会因此不给自己麻烦，但他非常清楚，自己的道白是不起任何作用的。因为教会在狄德罗《百科全书》中看到的是对宗教的亵渎，虽然其本仅仅是二者之间观念之别而已。米尔博瓦主教认为参与编撰的教士全是有德行的教士，并不心怀叵测。而米尔博瓦主教任命的检察官则承认就连他们自己也不懂为什么由他们亲手审查的手稿和印出来后的书不一样。③

此外，狄德罗《百科全书》编撰集体内部也是有矛盾的。围绕狄德罗《百科全书》编撰，狄德罗、卢梭、达朗贝尔、伏尔泰等分分合合，演绎了是是非非。

1742 年，29 岁的狄德罗经瑞士人罗根介绍在咖啡馆认识了卢梭，并成为莫逆之交。这段友情维持了十几年后方破裂。就狄德罗与卢梭而言，

---

① ［法］安德烈·比利：《狄德罗传》，张本译，管震湖校，第 69—70 页。

② 马克思：《1848 年至 1850 年的法兰西阶级斗争》，载中共中央编译局编《马克思恩格斯选集》第 1 卷，第 450 页。

③ ［法］安德烈·比利：《狄德罗传》，张本译，管震湖校，第 114 页。

二人的分裂既在于二人人生观与世界观的不同，又在于卢梭的个性。二人世界观与人生观的分歧，我们可以从一段分析他们对“社会本能”认识的异同来见之。这段分析即：“对于17、18世纪理论家们希望借以建造社会的所谓‘社会本能’，他也不以为然。在这方面，他跟格劳秀斯、狄德罗以及‘百科全书派’的观点展开了论战。根本不是人的生理禀性或者任何种类的天赋需要在促使人们合群。人只从自然中获得了一种简单的本能——自卫。而当人一旦进入社会，他就必须放弃这个基本要求。眼下，他已经失去了自己的独立本性，而且只要他朝外迈出了第一步，他的独立性乐园便失而不可复得。人永远不可能重新发现‘自己’；在外部向他发出的不可胜数的主张和要求之中，他已经不能自拔。因而，那些真正具有独立意识的人，那些为卢梭在其早期政治学草稿中所描绘的独立的人，便永远不会向社会的重轭俯首屈服。他一眼看穿：在原则之中，在曾被哲学理论虚构为社会根本的全部‘法律基础’之中，存在着致命的缺陷，存在着似是而非的东西。”① 显然，对资产阶级为了自己的利益提出天赋人权等概念，卢梭对人权的要求这个大方向，与所有资产阶级的代表是一致的。卢梭与他们的分歧在于，卢梭的天赋人权指的是自卫本能。卢梭认为，人从自然获得的本能只有自卫一项，但一旦进入社会，这项本能就被迫放弃了。唤醒人权就是唤醒社会归还人的自卫本能。为人类争取自卫本能，才是卢梭的奋斗目标。至于卢梭的性格，有学者精辟地总结道：“卢梭天生的古怪性格使他认为别人对他稍不关心就意味着失礼，但如不关心他也认为可疑。每当人们到幽隐别墅去看望他，他就埋怨他们打扰了他。每当狄德罗、格里姆或霍尔巴赫忘记前去，他又责怪他们不爱他。……这真是要求狄德罗做到他无法企及的感情细致地待人。……随着卢梭离群索居而又日益出名，他愈加蔑视上流社会。对自己的天才愈加自豪，而狄德罗的笨拙也就愈形经常严重了。他们的绝裂是不可避免了。如果哲学家不那么忙碌，不总是通过中间人与公民通信，也许绝裂早就发生。”② 如同与狄德罗的关系一样，卢梭的个性导致他在狄德罗《百科全书》编撰队伍中，几乎与所有的重要人物都有矛盾，而这些人物是卢梭昔日的挚友，都是卢梭眼中迫害他的人。

---

① ［德］卡西尔：《卢梭·康德·歌德》，刘东译，第33—34页。

② ［法］安德烈·比利：《狄德罗传》，张本译，管震湖校，第146—147页。

而狄德罗与伏尔泰之间，伏尔泰是天生的政治家，倘若狄德罗《百科全书》编撰的事业由伏尔泰来承担，或许会更热闹，但主观的因素或许也会更多一些。与伏尔泰相比，狄德罗学者气息无疑更浓些。狄德罗《百科全书》在玩弄不了权术的狄德罗主持下，越到后来，参与者离开得越多。参与者的纷纷离开，政府的压力是一个原因，内部矛盾也是一个原因。达朗贝尔就是基于这双重原因离开编撰队伍的。达朗贝尔因狄德罗《百科全书》给他带来的不礼遇，备感不快，其“日内瓦”条又受到前所未有的巨大攻击，所有这一切本令他想退出编撰，以避免更大的屈辱。而伏尔泰不但不劝和，反而推波助澜，鼓动达朗贝尔反对狄德罗。受伏尔泰的怂恿，达朗贝尔指责狄德罗为了赚钱屈从于出版商们的控制，且对他的去信不闻不问，还扣留他的条目（Histoire，Hauteur，Hémistiche，Heureux，Habile，Idôlatrie，Imagination，等等）。伏尔泰不愧是一个优秀的政治家，在鼓动达朗贝尔反抗狄德罗的同时，又叹息狄德罗在反对软弱的马勒塞布（Malebranche）时表现极不坚定，指出正是狄德罗的这种无能导致了哲学家阵营的分裂。同时，伏尔泰还用20万里佛引诱达朗贝尔，劝说把狄德罗《百科全书》编撰迁至洛桑，这样达朗贝尔既可自由发挥才华，又可不受狄德罗的屈辱，还可获得高额报酬。但事实是马勒塞布既保护了狄德罗《百科全书》又保护了狄德罗等，而当包括达朗贝尔在内的百科编撰者几乎均失去了信心时，只有狄德罗坚持着。在狄德罗的努力下，《百科全书》编撰形势趋于好转。于是，1752年夏，狄德罗向撰稿人发出狄德罗《百科全书》还在前进的号召，[①] 希冀重新把大家聚在一起。至于是否迁徙去洛桑，狄德罗劝达朗贝尔从长计议，倘若迁徙去洛桑，又要重找靠山，重新开始，这无疑正中敌视狄德罗《百科全书》者的下怀，很可能使本就阻力重重的编撰事业夭折。为了说服达朗贝尔，毫不知情的狄德罗竟然请伏尔泰当仲裁，得到的结果当然只能是伏尔泰首肯达朗贝尔的见解。最后，狄德罗只好不了了之，听任达朗贝尔去留。有学者曾描述狄德罗这段时间的经历道：“《百科全书》的作者们遭到各方面人士的猛烈抨击；正如德莱尔说的，他们受到‘各种各样的打击’。……虔信宗教的人们恨不能把哲学家的皮都扒下来。达朗贝尔撒手不管《百科全书》编辑部的事了，杜克洛与马蒙特尔（Marmontel，Jean-Francois）也准备不

① ［法］安德烈·比利：《狄德罗传》，张本译，管震湖校，第116页。

干了，伏尔泰建议狄德罗赶快到国外去，但狄德罗坚决要为这个同他的生命一样宝贵的事业奋斗到底，最后只剩下他一个人孤身作战。帕里索在他的《关于大哲学家的小便签》中把狄德罗的《私生子》骂得狗血喷头，弗雷隆说狄德罗是剽窃者，有人发表了两份《关于卡库阿克的备忘录》，说这些‘坏人’败坏了风气，危害了国家的安全。卢梭写信给狄德罗说他不干了，但狄德罗太忙，没有给他回信。1758 年 2 月 13 日他写信给苏菲说：‘我觉得，我决定不再参加《百科全书》的工作，这比什么都更能说明问题。我不会不爱他，但我今生不愿再见到他。’”① 各种阻力与人事纠纷一齐向狄德罗袭来。

不过，作为政治家的伏尔泰虽然没有达到目的，但他的政治敏锐性也令他断不会放弃狄德罗《百科全书》这样一个扬名立万的场所的，而狄德罗当然也不会拒绝这样一个有实力的合作者，所以二人后来重归于好。伏尔泰甚至从费尔奈寄了一部喜剧给狄德罗，让他念给国王的演员们听。② 总之，伏尔泰付出的和得到的还是成正比的。当然，我们也并不要因为伏尔泰热衷政治，行事有着眼功名利禄的一面，因此有时会破坏团结，会损及同志利益，就否定他在法国 18 世纪的导师形象。在 18 世纪如果没有这样一个善于理财、跻身上流社会、熟习上流社会、精通政治的资产阶级思想领袖，法国政坛及未来的格局可能会变个样。

然而，遗憾的是，当年汇集诸哲人智慧，花费十来年工夫，独领风骚几十年的大型类书，却竟然无后。除在 18—19 世纪之交曾有过几个重印本和选编本外，从未有过一个正式的后续本。③ 有学者认为，其工具书特征的不明显是一重要原因。出版商从经济利益考虑，是不会冒险投资的。此外，不冒揣测，就我看来，其晦涩的语言、政论性的特征，也是令它不再版的原因之一。因为狄德罗《百科全书》是引领了 18 世纪思想革命中的一员，即使借助它的力量上台的政党，从维护自己政权稳定着眼，也必然不会喜欢它的。更别说推广它的传播，有淆乱好不容

① ［比］雷蒙·特鲁松：《卢梭传》，李平沤、何三亚译，商务印书馆 1998 年版，第 214 页。

② ［法］安德烈·比利：《狄德罗传》，张本译，管震湖校，第 145 页。

③ Robert Collison, *Encyclopedias: their history throughout the ages*. pp. 132 - 136 (Hafner, 1964 New York, London).

易稳定的思想一统局面的嫌疑。而它晦涩的语言，当时代前进，语言更新后，一则语言本身存在新旧之间的差异，一则文风晦涩也就更难懂，这无疑也在一定程度上妨碍了它的再版。

表3—1　　参加狄德罗《百科全书》编纂人物及条目

中文名	英文名	生卒年	所撰条目
达朗贝尔	Alembert, Jean le Rond d'	1717—1783	大部分有关数学和普通物理学条目以及《绪论》的撰稿人；在教育、政治、科学方面也写了不少条目。署名O
	Barthez, Paul-Joseph	1734—1806	医学
	Blondel, Jacques-Francois	1705—1774	建筑。署名P
	Bordeu, Theophile de	1722—1776	医学
	Boucher d'Argis, Antoine-Gaspard	1708—1791	法律。署名A
	Boulanger, Nicolas-Antoine	1722—1759	医学技艺、法律、政治经济学
	Bourgelat, Claude	1712—1779	骑术。署名E
	Brosses, Charles de	1709—1777	词源学
	Cahusac, Louis de	1700—1759	芭蕾、舞蹈、歌剧。署名B
孔多塞	Condorcet, Marie-Jean Antoine Caritat, marquis de	1743—1794	《增补》中数学的条目。署名O
多邦通	Damilaville, Etienne	1723—1768	关于“二十分之一税”的条目
	Daubenton, Louis-Jean-Marie	1716—1800	自然史。署名I
丹尼·狄德罗	Diderot, Danis	1713—1783	总编辑兼撰稿人，在第八卷中自字母J开始，以*号署名，此后各卷未署名A cognitionibus, A ana amicorum, A. Abien, Abominable, Absolution, Absorber, Absorbant, Abstinence, Académicien, Acalipse, Acapules, Acara, Acaricata, Acarnan, Acatalysie,① 等等

① ［法］安德烈·比利：《狄德罗传》，张本译，管震湖校，第73页。

续表

中文名	英文名	生卒年	所撰条目
	Duclos, Charles Pineau 或 Pinot	1704—1772	艺术评论、历史
	Du Marsais, Cesar Chesneau	1676—1756	语法。署名 F
	Goussier, Louis-Jacques	1722—1799	石版画家，大部分图版的设计者
	Haller, Albert de	1708—1777	医学，主要为《增补》撰稿。署名 H. D. G.
霍尔巴赫	Holbach, Paul-Henri-Tiry, baron d'	1723—1789	化学、宗教史、冶金、自然史、政治经济学
德·若古	Jaucourt, Louis, chevalier de	1704—1779	主要合作者，见第三卷《前言》。署名 C. D. J. 或 D. J.
拉孔达明	La Condamine, Charles-Marie de	1701—1774	地理、自然史
	Le Blond, Guillume	1704—1781	军事艺术。署名 Q
	Mallet, Abbe Edme	1713—1755	神学、古代和近代史、诗歌。署名 G
马蒙特尔	Marmontel, Jean-Francois	1723—1799	文学和艺术批评
孟德斯鸠	Montesquieu, Charles Louis de Secondat, baron dela Brede etde	1689—1755	《品味》
莫尔莱长老	Morellet, Abbe Andre	1727—1819	神学、哲学。署名 H
	Papillon, Jean-Baptiste-Michel	1698—1776	木版画家
普雷德长老	Prades, Abbe Jean-Martin de	1720—1782	神学
魁奈	Quesnay, Francois	1694—1774	农民、谷物及其他条目
	Romilly, Jean	1714—1796	制钟
	Romilly, Jean-Edme	1739—1779	有关善和宽容的条目
卢梭	Rousseau, Jean Jacques	1712—1778	政治经济学、音乐。署名 S
圣朗贝尔	Saint-Lambert, Jean-Francois, marquis de	1716—1803	关于艺术批评、天才、政府和军事艺术方面的许多条目
	Trouchin, Theodore	1709—1781	医学
杜尔哥	Turgot, Anne-Robert-Jacques, baron de l'Aulne	1727—1781	农业

续表

中文名	英文名	生卒年	所撰条目
	Vandenesse, Urbain de	？—1753	医学、药学、美食学。署名 N
	Vaucanson, Jacques de	1709—1782	丝绸生产
	Venel, Gabriel-Francois	1723—1775	化学、药学、生理学、医学。署名 b
伏尔泰	Voltaire, Francois-Marie Arouet	1694—1778	涉及文学批评、历史、政治等方面的条目 40 个以上，并最后完成了孟德斯鸠关于《品味》条
	Wátelet, Claude-Henri	1718—1786	艺术、版画
伊丰长老	Yvon, Abbe Claude	1714—1791	神学、逻辑、道德

表 3—2　某些没有为狄德罗《百科全书》撰稿的"百科全书派"人士

中文名	英文名	生卒年
布丰①	Buffon, Georges-Louis Leclere de	1707—1788
孔狄拉克	Condillac, Abbe Etienne Bonnot de	1714—1780
丰特奈尔	Fontennelle, Bernard le Bouyer, 或 Le Bovier de	1657—1757
爱尔维修	Helvetius, Claude-Adrien	1715—1771

表 3—3　狄德罗交游表

时　间	事　件
1742	巴黎认识卢梭
	巴黎认识孔狄亚克
1745	与书商布列里顿磋商把钱伯斯《百科全书》译成法文出版
1746	接受书商布列里顿等人要求他翻译钱伯斯《百科全书》的建议，他和达朗贝尔决定把翻译改为编撰，由两人共同主编

① 曾答应写关于自然的条目，但一直未交稿。许多条目引用了他的著作作为资料来源。

续表

时 间	事 件
1748	先后邀请孔狄亚克、布丰、欧拉、霍尔巴赫、爱尔维修、孟德斯鸠、卢梭、伏尔泰、杜尔哥为狄德罗《百科全书》撰写各条目，要求三个月交稿
1749	收到卢梭交来撰写音乐方面的条目
1750	与格里姆相识
1750	狄德罗《百科全书》“征订说明书”8000份排印出版。它宣布了狄德罗《百科全书》的目的和出版计划，并向读者进行征订
1751	10月，狄德罗《百科全书》第一卷A字部分出版，此书全名《一个文人学者团体编纂的百科全书或科学、艺术和工艺详解辞典》。卷首有达朗贝尔的导言，长达45页。
	贝蒂埃神甫在他主编的《特雷武日报》上攻击狄德罗《百科全书》追随培根，《学者日报》对《导言》中的宗教观点提出了质问
	经常在戴纳尔夫人家中会见主人的未来女婿霍尔巴赫，很快成为至交
1752	1月，第二卷（B和C的一部分）条目出版，卷首有“序言”（狄德罗执笔）
	耶稣派要求国王查禁狄德罗《百科全书》的出版和销售，当局再次搜查，已印出的第三卷25页被抄走。国王路易十五的情妇蓬巴杜尔夫人为了抑制耶稣会士的嚣张气焰，支持狄德罗《百科全书》继续出版
1753	狄德罗《百科全书》的禁令直到本年才被取消，狄德罗《百科全书》第三卷C字部分条目出版，印数达3100册

续表

时　间	事　件
1754	10 月 17 日，狄德罗《百科全书》第四卷 C 字和 D 字部分条目出版
1755	2 月 11 日，孟德斯鸠去世，赶写“折衷主义”条目
	11 月，狄德罗《百科全书》第五卷 D 字和 E 字部分条目出版。编者达朗贝尔的头衔增为“瑞典皇家文学科学院院士、博洛尼亚（意大利）科学院院士、法国学士院院士”。卷首刊有达朗贝尔撰写的对不久前去世的孟德斯鸠的颂词。英国经济学家亚当·斯密在《爱丁堡评论》杂志撰文介绍狄德罗《百科全书》。第五卷首次发表伏尔泰所撰三个条目
1756	狄德罗《百科全书》第六卷 E 字和 F 字部分条目出版，本卷收有伏尔泰撰写的十五个条目
	夏季达朗贝尔访问住在法国瑞士边境的伏尔泰，返回后为第七卷撰写“日内瓦”条
	与卢梭发生龃龉
1757	10 月，狄德罗《百科全书》第七卷 F、G 字条目出版。狄德罗在卷首写了《告订户》，通知读者狄德罗《百科全书》的文字卷和图版卷的数目将超过原订计划
	达朗贝尔为第七卷撰写“日内瓦”条批评了新教在日内瓦的活动，引起了轩然大波
	12 月 9 日，日内瓦议会任命 9 人委员会处理达朗贝尔“日内瓦”条案
1758	狄德罗《百科全书》死对头佛勒龙在他自己主编的《文学年鉴》1758 年第二号上大肆攻击“百科全书派”
	卢梭本与狄德罗、达朗贝尔有分歧，对“日内瓦”条颇不满，写信给达朗贝尔，与狄德罗《百科全书》决裂；达朗贝尔脱离编辑部，不少撰稿人纷纷自动脱离关系

续表

时　间	事　件
1759	1月23日，巴黎议会对狄德罗《百科全书》、《论精神》等八种宣传启蒙思想的书籍发出禁止销售的命令
	2月6日，《论精神》等书被焚毁。同时责成九人小组对狄德罗《百科全书》的内容进行专门审查
	3月7日，吊销1746年发给的出版许可证，明令禁止印刷、发行。正在印刷的第八卷被迫停止
	本年开始为格里姆主编的《文学、哲学和批评通讯》撰写艺术评论“沙龙”
	自本年秋天，有几个星期经常到霍尔巴赫乡下别墅消磨时光
1760	巴里索以恶劣的讽刺喜剧《哲学家》猛烈攻击“百科全书派”，特别是狄德罗
1762	在蓬巴杜尔夫人的默许下继续狄德罗《百科全书》的编辑工作。“图册”第一卷出版，文字说明由狄德罗执笔
1764	狄德罗《百科全书》图册陆续出版，正文各册继续秘密付印。撰写、校改工作经常受到出版商的无理破坏
1765	“图册”第四卷出版，正编文字部分后十卷（第八至十七卷）全部出齐，订购者达4250人，外省和国外读者居多
1766	国王命令巴黎的购存者缴出狄德罗《百科全书》，出版商被迫交出订购者名单
1772	狄德罗《百科全书》“图册”十一卷全部出齐，共收图2888幅，说明923页。狄德罗坚持到最后。狄德罗《百科全书》正编28卷（文字十七卷，图册十一卷）至此大功告成
1776	出版商庞库克建议补编狄德罗《百科全书》，遭到拒绝。后由哈勒和孔多塞负责进行，在阿姆斯特丹出版

续表

时　间	事　件
1777	狄德罗《百科全书》“补编”五卷（文字四卷，3874页；插图一卷，224幅）出版。至此，狄德罗《百科全书》共计出版33卷，正编28卷，补编5卷，其中文字21卷，图册12卷
1780	狄德罗《百科全书》“分析表”（即索引）两卷在阿姆斯特丹出版。编制者莫宋用5年时间对33卷狄德罗《百科全书》做了详尽分析，对条目做了精心编排。于是出版史上第一个浩大巨著实际出版了35卷，23135页，图版3122幅
1781	晚年的密友和传记作家奈戎在巴黎把作者为狄德罗《百科全书》所写的文章集中刊载在他的《分类百科全书》，并特别印成三卷《古代和近代哲学》。雷纳尔在《哲学和政治史》里引用狄德罗的著作，结果被议会判罪

（2）卢梭与狄德罗《百科全书》

卢梭其实有颗孱弱病态的心，他自负自爱，猜忌多疑，情绪波动极大，一有风吹草动，便足以触动他孱弱病态的心灵，引起他巨大的骚动，迸发出无尽的愤懑。同时，他又多情，依恋女性，但又不免畸形。因为他希望女性给予他的是双重的爱，妻子的和母亲的。不过，所有这一切也给予了卢梭无穷的思想火花。这些火花使卢梭成为旧社会的破坏者，新社会的缔造者。其威力大过任何武器的杀伤力，也令卢梭千古流芳。这是心理孱弱时或不免病态的卢梭所没有想到的，也没有奢望的。但这正是时代的需要，而卢梭无意中先知先觉到了，并迎合了这个需要。也就是说，时代与卢梭的互动，共生出世纪伟人卢梭，一步步把其思想推向了时代需要的轨道。

倘若卢梭有个正常幸福的家，我们或许就不可得见未来的卢梭。卢梭的种种因果，起源于他的出生，他的出生影响了他的一生。

卢梭的生命是母亲以生命为代价换来的，母亲因生他而去世。姑母代替了母亲，给予了他母性的爱，但毕竟不是完整的母爱。“和蔼可亲的，但又是漫不经心的、粗暴的和闲不着的，一个流浪汉和冒险家，一个嗜读成癖”① 的父亲对他则是爱恨交加，怜他失去母亲，恨他夺走妻子的生命，同时也把自己无论正面或负面的所有习性一股脑儿传给了这个他既可怜又可恨的儿子。因此卢梭的成长既没有完整的母爱，也没有正常的父爱。这个没有家庭主妇的家，最后以卢梭兄长因得不到家庭关爱离家出走不知所终，父亲因与一法国军官有过节而被迫远走他乡而宣告解体。父亲的出走，把卢梭推到了舅舅家。舅舅系于工作之故，不得以把卢梭和自己与卢梭同年的儿子一块送到波塞（Bossey），寄宿在当地牧师蓝伯舍（M. Lambercier）家中，学习拉丁文和其他一些复杂的课程。卢梭对波塞（Bossey），既留恋乡村生活的恬静，也留恋蓝伯舍妹妹给他带来的异性的朦胧的冲动。这种对异性的渴求与激情，卢梭终其一生都无以逃离。不过，这些异性，也有造就他的功劳的。她们或成为他日后衣食的支柱，或令他激情澎湃，产生创作灵感。但卢梭如同与诸朋友往往以分道扬镳结束友情一样，卢梭与这些女性也往往不欢而散。当然，华伦夫人（Mme de Warens）例外。按照卢梭与女性交往的逻辑，卢梭首次与女性的交往也应是以不合告结。确然，卢梭和表兄弟最终与蓝伯舍兄妹失合令二人在蓝伯舍家待不下去。舅舅只好把二人接回家。为卢梭日后生计考虑，又送卢梭去马瑟龙（Masseron）作了一名律师书记实习生，但卢梭很反感，作律师书记实习生也就只能以被辞退结束。舅舅遂改送卢梭到雕刻师杜克曼（Ducommun）处当学徒。学徒的沉闷生活及专制氛围，卢梭无以忍耐，最后如兄长一样，卢梭也走上出走之路。在这种和谐与不和谐交织中读书长大，到后来衣食仰人，不甘心做学徒，最后出走的卢梭，心灵必然伤痕累累。然而，命运之神还是眷顾卢梭的。这些伤痕曾经在一个女性那得到一段时间的疗治，也正是这个女性使卢梭免去了如兄长一样出走不知所终的结局。这个女性，就是华伦夫人。

卢梭认识华伦夫人时才 17 岁，虽然某些秉性已经养成，但善加调教可以抑制不良因素的继续发展，令其悬崖勒马，不至于走向歧途。华伦夫人制止住卢梭继续流浪走向不可知的命运，并给予了卢梭（J. J. Rousseau）双重的爱，抚慰了卢梭脆弱受伤的心灵。而卢梭对华伦

① ［法］罗曼·罗兰：《让—雅克·卢梭简介》，载［法］罗曼·罗兰编选《卢梭的生平和著作》，王子野译，生活·读书·新知三联书店 1993 年版，第 6 页。

夫人近似神一样的顶礼膜拜，加以卢梭童年时读书从书本里汲取的养分，使华伦夫人的贵族教化很见功效。这使卢梭日后并不排斥与贵族交往，也曾一度迷恋上流社会，但他性格中的自由天性和饱受磨难的心使他又不甘心屈从他人，受社会束缚，他的所思所想也与这个社会格格不入。他无法和上流社会和谐相处，虽然他本意并不愿意与之决裂，但最终不得不决裂却依然有千丝万缕的联系。正如他当年炽爱的华伦夫人最后也背弃他，而他终生不改依恋一样。卢梭就是这样一个矛盾体，包括和朋友相处，也不例外。然而，在看似与社会格格不入的表象下，卢梭有一颗强烈热爱社会的心，他思考如何建设好他生活的国家，思索如何改良人类赖以生存的环境，我们看下面一段话："不过，假如我们一定要放弃这种认为一种原始社会本能在团聚着人们的观点，那么，也许唯一剩下来的国家理论，便只是以霍布斯为其最突出和重要代表的流行于现代人中间的理论了。我们绝不可以把社会视为一种'同情'本能的结果，而必须把它看成一种纯属争权夺利的本能的产物。它来自权力，而且只有凭借权力才能维持。在卢梭攻击格劳秀斯和百科全书派的时候，他确乎走得如此之远。以致竟向霍布斯呼吁结盟，以便共同对付他们。他曾一度把霍布斯看成伟大的政治现实主义者。因而，他宁可要霍布斯，也不要所有那些为社会涂上一层迷人色彩的人。在一篇论文里，他曾把霍布斯称为最伟大的哲学家和最著名的天才人物之一。他力争说：'除了在哲学家的体系之外，如果一个带有普遍性的社会还能够存在于别的地方，那它就只能存在于一个独具特色的道德统一体之中，这种统一体可以被与那些构成它的诸个别要素区别开来。一种普遍的语言将会出现。自然将会把这种语言传授给大家。而这种语言将会构成人们彼此交往的最重要的手段。同时，一种共通的感官也会出现。这种感官将会对任何地方的事变一目了然。公共的祸福——正如在一个简单集合体中一样——将不由个人的幸福或不幸所组成；它将构成把大家互联起来的纽带。'"① 国家祸福、社会安危均在他的视野里，但他的视野与众人，包括他同时代的哲人这么不同。因此，他必然是孤独的。有学者认为，在卢梭退隐乡间，四处流亡时，狄德罗也加入伏尔泰、格里姆等人诽谤攻讦卢梭的阵营，并且怂恿埃皮奈夫人（Ms. Louise, Florence, Pétronille Lalive d'Epiney）在她自己的自传体小说《蒙布里扬夫人传》

① 转引自［德］卡西尔：《卢梭·康德·歌德》，刘东译，第34—35页。

中将卢梭（取名为勒内）描绘为一个忘恩负义的小人。在卢梭孤独的晚年中，卢梭不仅一直与伏尔泰进行着针锋相对的激烈论战，而且也与霍尔巴赫、格里姆、狄德罗等“百科全书派”人士处于没完没了的龃龉之中。[①]

所以，最后除了陪伴他的黛莱丝·勒·瓦瑟能够接纳他外，他几乎就是一个孤家寡人。

a. 卢梭与狄德罗

卢梭与狄德罗的分歧，是“百科全书派”内部分歧之一，是18世纪思想界纷繁复杂思想的反映。其是是非非，正是那个时代催生思想的需要，也是时代思想的亮点。

卢梭与“百科全书派”的结缘源于与狄德罗的友谊。卢梭与狄德罗初识是在1742年卢梭旅居巴黎期间。在这年，卢梭和狄德罗通过他们共同的朋友相识在一家咖啡馆。此后，狄德罗又通过卢梭认识了孔狄亚克(Condillac)。

这个时候的卢梭充满渴望与梦想，正在努力寻找跻身上流社会的机会，更倾心于结交有地位的显贵，留给狄德罗的只有余暇时间。这次相识，狄德罗不像卢梭那样腼腆，也不像卢梭那么难于接近，却比卢梭更不信赖他人。狄德罗虽然在巴黎定居多年，却一直不理睬上流社会的诱惑，很少走出拉丁区。再者，狄德罗仍在热恋中，而卢梭却对狄德罗的女友纳奈特（Nannette）甚为讨厌。[②] 二人性格、行事乃至人生观有如此差异，却能走到一块，主要在于当时他们各自具有吸引对方的才华。这个时候的狄德罗对音乐只有一些相当模糊的概念，所知仅是理论方面的知识。卢梭则不同，他像个专家那样谈论音乐。[③] 这在相当程度上迷住了狄德罗。此外，这时的他们都是无名小辈，共同的对未来的憧憬，也能把他们牢牢连在一块。不过，也正是这些合而不同，注定了他们日后的分道扬镳。

在巴黎期间，卢梭、狄德罗、孔狄亚克亲密无间。不久以后，卢梭又与达朗贝尔相识，并且受狄德罗和达朗贝尔的委托参与了他们主编的《百科全书》，负责撰写音乐部分。卢梭在《忏悔录》中这样描述他与狄

---

① 赵林:《浪漫之魂——让—雅克·卢梭》，第34页。

② ［法］安德烈·比利:《狄德罗传》，张本译，管震湖译，第55页。

③ 同上书，第53页。

德罗友谊的开始，他说狄德罗与他年纪相仿，也通晓音乐，他们常在一起讨论，狄德罗常提起写书的计划。他们友谊与日俱增，维持了15年。卢梭认为他和狄德罗友谊的破灭是因为狄德罗的过错，自己要是当初不参与狄德罗《百科全书》的编撰，他们的友谊可能还会持续下去。当时卢梭还曾提议办一个杂志，由他和狄德罗任主编，后来未成。

那么，是否就如卢梭所言，二人日后的形同陌路，应完全归咎于狄德罗？我们不妨一寻踪迹。

1741—1742年间是卢梭与狄德罗一见如故，开始友谊的时间。1747—1749年则是卢梭和狄德罗友谊加深，患难与共的时期。这个时期的卢梭甘愿为狄德罗赴汤蹈火。当狄德罗因《论盲人书简》（*Letters on the Blind*）被捕入狱，卢梭为挚友焦急万分，四处奔走，竟然不揣冒昧地写信给路易十五的宠幸、炙手可热的蓬巴杜尔夫人，为之说情。当卢梭得知狄德罗被准许在范塞纳监狱中接待亲友的消息后，马上飞奔到这位朋友的面前，一见面，两人就紧紧地拥抱在一起。此后，卢梭经常独自一人或者陪同狄德罗的妻子去探望狄德罗。① 在一次由文桑尼（Vincennes）去监狱探望狄德罗的路上，卢梭翻阅随身带的《法兰西信使报》（*Mercure de France*），忽然发现了第戎学院的征文公告，题目是："科学与艺术的进步对于道德有害或有益？"一看到这个题目，卢梭称他立刻好像有所感悟，到现在仍然记忆犹新。②

在卢梭看来，科学与艺术的进步为人类堕落提供了条件，科学与艺术的操纵者则更可能利用进步了的科学与艺术把这种堕落向前推进，因此妨碍移风易俗的正是科学与艺术本身。而当时正与狄德罗处在友谊巅峰时期的卢梭，狄德罗的遭遇，在卢梭看来，正可谓是那些科学艺术操纵者的杰作。他们不希望人类觉醒，借科学艺术之名维持风化，又利用科学艺术的成就为科学艺术的进一步发展设置绊脚石，而狄德罗就是他们在科学与艺术幌子下要打击的对象。当带着如此创作灵感的卢梭来到狄德罗面前时，深谙卢梭的狄德罗已然察觉。在狄德罗的追问下，卢梭如实相告，狄德罗遂鼓励卢梭好好发挥自己的见解，从正面不如从反面下笔，文章写好后再帮他校稿。卢梭照着他的话做了，论文初稿完成后，狄德罗审阅，并修正

① 赵林：《浪漫之魂——让—雅克·卢梭》，第34页。

② ［法］卢梭：《卢梭忏悔录》，盛华东译，华文出版社2003年版，第267页。

了几个地方。《论科学与艺术》的问世，不乏狄德罗的鼓励与修正。

这段写作缘起卢梭详细地在晚年所作《忏悔录》中记录下来，时间是1749年，1750—1752年又再次提到这件事。从这两次所及此事的口吻来看，卢梭并不感激狄德罗，而且还抱怨正是自己去监狱探望狄德罗，长途跋涉，天气炎热，次数过于频繁，致使肾脏开始疼痛，而且小便赤热，病情恶化，从此健康就一蹶不振，每况愈下。[①] 确实，卢梭因为营救狄德罗过度劳累卧病一段时间。但是对于狄德罗因为自己营救他而卧病，遂包办自己《论科学与艺术》出版事宜，卢梭却并不心存感激。在《论科学与艺术》出版事情上，卢梭认为狄德罗在出版上出卖了自己的利益。卢梭说，出版商皮索很少给他稿费，自己常拿不到钱。那篇得奖的论文便是由皮索印刷的，皮索由此赚了不少钱，却分文也没给他。直到许久后才得到少得可怜的一点钱。[②] 系于狄德罗负责了卢梭此文的出版事宜，卢梭言及稿费自然就是在责怪狄德罗，或者怀疑狄德罗从中做了手脚。不过，即或卢梭抱怨狄德罗出卖自己的利益，但卢梭还是承认狄德罗那段时间对自己写作《论科学与艺术》的帮助，以及对此文的真诚赞誉。据卢梭自己讲，狄德罗来信告诉卢梭说“此文声名见涨”，又说“其成功是绝无仅有的”。不过，狄德罗为卢梭所做的一切，却被卢梭理所当然地认为是自己应得的，因为在卢梭看来“鉴于群众不会假意吹捧一个他们所不了解的作家的缘故。所以这件事祛除了我以往的疑虑，从而更加肯定自己的天分。我也知道这天分有助自己达到正要付诸实施的计划，一个就在文坛上崭露头角大有前途的作家是不可能失业的”[③]。亦即，在卢梭看来，文章的优劣不是狄德罗的夸赞所能决定的，因此狄德罗的夸奖对卢梭而言就显得完全多余。当时志得意满的卢梭相当自负，朋友根本不在眼中。

不过，以上事件只是卢梭、狄德罗决裂的众多事件中的一部分而已。他们分歧在《乡村的预言者》成功后开始表面化了。《乡村的预言者》成功后，卢梭拒绝了国王的奖金。但狄德罗却劝说卢梭接受国王美意，领取奖金。对于狄德罗出于善意的这一番劝说，卢梭却认为，狄德罗可能接受了当局的授意，意欲把自己置于尴尬境地。卢梭得出此论的证据是，自从

---

① ［法］卢梭：《卢梭忏悔录》，第277页。

② 同上书，第280—281页。

③ 同上书，第278页。

他卢梭没有听从狄德罗劝告接受奖金时起，狄德罗和格利姆两人便怂恿黛莱丝·勒·瓦瑟母女离开他，说他不会给她们幸福日子。又企图唆使侯巴奇和杜柯斯（Dukes）跟他绝交。当时他有所耳闻，只是很纳闷，未敢肯定，直到很久以后才弄清楚事情的原委。他认为正是这些朋友把他逼到孤苦伶仃的地步，他怀疑狄德罗、侯巴奇和杜柯斯等暗中损毁他的名誉，不顾他的感受与得失，还口口声声说是为他着想。而事实上，他们本来就处心积虑计划打击他。[①] 然而，这仅仅是卢梭自己所言。因为从卢梭自己的讲述，我们就很难完全接受卢梭的观点。如就领国王奖金来看，虽然卢梭拒绝领奖金，但据卢梭所讲，这部只花五六个月时间就完成的作品对他而言，足够他几年的开销。他从国王、旁帕斯道夫人、巴黎剧院和出版商皮索等人那里，实际上先后共得到2600法郎，可见卢梭从国王那并非分文未取，但国王一旦要表示恩宠，给其奖金，他又徘徊在自由与束缚之间，最后选择了自由，他反感的是任何牢笼心性的行为。后来他就年金事自白道："我虽因此而失去一笔奖金，但是也同时摆脱了这笔奖金会让我戴上的枷锁。如果我果真接受了那笔钱，那么将怎样面对自己一直所追求的真理、自由和道德的勇气？又怎能再向世人侈谈独立自主和淡泊名利的高论呢？"[②] 所以我们也就不难理解卢梭1728年放弃加尔文教，皈依天主教；1754年荣归日内瓦，又重新皈依加尔文教。也不难理解财政部主管法兰古，为改善卢梭生活环境，让卢梭接替财政部退休的出纳员杜道耶。卢梭虽然不喜欢但全力以赴，也经常请教出纳员杜道耶，如鱼得水。但法兰古要出远门，全权委托卢梭保管现金箱，却使卢梭坐卧不安，形劳神伤。[③] 在为此大病一场后，卢梭顿然醒悟，认为为生存不顾生命，并牺牲了精神的快乐与心灵的宁静，这不是他的生存原则。他决定在有生之年安贫乐道，去掉那些无用的虚荣，勇敢走自己的路，过自己的生活，而不必计较世俗的想法。他宁愿从事乐谱抄写工作，因为从事抄写乐谱的工作，是自己兴趣所在，不用看人脸色。[④]

不可否认，崇尚自然、无拘无束是卢梭的天性，但从另一角度而言，

---

① ［法］卢梭：《卢梭忏悔录》，第289页。

② 同上书，第288页。

③ 同上书，第277页。

④ 同上书，第278页。

无论卢梭把辞退财务部工作怎么归因于返璞归真，理由多么高尚，但仍然可以见到卢梭难以承担凡尘俗事，其担当责任心显然是不够的。生活在社会中，就得劳作，有所付出，有所贡献。不然，就会被这个社会抛弃。基于卢梭的生活观，与世俗生活和人类生存方式的格格不入，后来卢梭自然只有走向离群索居。他弃养自己的亲身骨肉，自我辩解为生存问题。既然自己生存状况都不好，更莫谈孩子的生存状况。因此，自己放弃抚养权，是为了孩子更好生存。把孩子交给育婴堂等于交给了国家，有何不放心。而送孩子去育婴堂，他并没有隐瞒朋友狄德罗、侯巴奇、杜柯斯和格里姆等。他根本无意掩饰自己的行为，他认为自己的做法是最好的。[①] 然而，反复的声明，正如孔子反复言正名，其本却是为了自己那段出身隐痛一样。况且一旦辩解，反而会令辩解更显苍白。故而，卢梭的反复言说，倒不如说是卢梭为逃避他人谴责而做的说辞，也道出其内心隐约的困惑，甚或些微悔意。确然，无论从道德或是伦理，卢梭弃婴，都是无法自圆其说的，也是作为社会人或者卢梭所提倡的自然人，均无以接受认可的。当然，无论怎样，我们还是不得不承认，卢梭人性的弱点带来的不理世务，以及弃婴的败笔并不影响对卢梭的论定。卢梭依然是一个自由和良知的引导者，法国十八世纪思想的先驱。

确然，卢梭脆弱敏感的神经与他相适应的生活大约就是离群索居。从其早年卖掉怀表，改变以前生活方式，丢掉象征虚荣的装饰物之际的他的自白："谢天谢地，从今以后，我再也不需要知道时间了。"可见他一直向往无拘无束的生活。但前期一则系于华伦夫人的缘故，一则迫于生活，曾不得已周旋于上流社会。不过，虽然如此，但对虚浮伪善的社会风气的天然敌意和对未经雕琢的自然状态的执著向往，却使得卢梭始终与法国上流社会的达官贵妇和知识精英们处于格格不入的抵牾之中。后期，他有能力不为衣食操心回归乡村时，他对自己以前的生活做了一个解剖，他讲道：说起来，自己之所以一生忙碌，屈从于内心厌烦的工作，为的是能在衣食无忧之后回归田园，过我自己的生活。如今深受苍天眷顾，如愿以偿。[②]

然而，拒绝与反抗，无疑也触发了卢梭敏感的神经，令卢梭的臆想有

① ［法］卢梭：《卢梭忏悔录》，第 275 页。

② 同上书，第 305—306 页。

所升级。因此他遂认为自己处在由《乡村的预言者》的成功而来的无休止的更大的嫉妒包围中。除少数人以外，格里姆、狄德罗以及其他文艺界的一些朋友都对他越来越疏远，他敏感的神经感觉到的是风霜刀剑的相逼。在他看来，每当他一走进朋友侯巴奇的家中，在屋内刚才还有说有笑的大家突然沉默下来，接着窃窃私语，好像看到一个怪兽似的。这种让他十分痛苦的情形持续了很长一段时间。他的这种敏感神经之所以持续时间长，是因为他的这种敏感需要抚慰。而这种抚慰，他一开始就习惯于从女性那里得到。出生到长大，这段时光，每当父亲畸形的爱令他烦恼苦闷时，是依靠姑母得以抚平的；而青年时期成长的焦虑等，是有赖华伦夫人的照拂与呵护，得以平静的。所以当与侯巴奇发生冲突时，他脆弱的心灵同样需要得以安抚。他自然把这段时间心灵受伤，需要抚慰的目光投向侯巴奇夫人。故而，他在与侯巴奇失合时，说侯巴奇夫人仍然待他好，所以他也不去计较她先生的无理过失。其实，卢梭也多少有点阿 Q 精神，他从侯巴奇夫人那得到的治疗是暂时的。因此，有一天侯巴奇当着狄德罗和玛真斯的面无端羞辱他时，他也就彻底与抚慰的稻草绝缘了，从此下决心不再踏入侯巴奇家半步。当然，这个决心日后也必然要被他本人打破。与侯巴奇的绝交，由此而来的更是他心灵的烦躁不安，虽然自己不再和侯巴奇来往，但在内心深处他随时感到侯巴奇对自己的攻击有增无减，认为侯巴奇在人前就称自己为“那个狂妄自大的家伙”，同时他又很得意地认为，侯巴奇根本指不出自己哪里做得不恰当。最后，他以这一切都是高处不胜寒，是朋友们嫉妒的结果，完全出乎自己的预料，来抚慰自己。不过，还好，他至少认为，在众多朋友里面，还有一杜柯斯对他由衷佩服，而且一直真心相待。[①] 亦即，只有杜柯斯没有就《乡村的预言者》加入议论的队伍，更没有劝说他不接受奖金。看来，提倡平等自由的卢梭，在自身事情的处理方面很难听得进反面意见，也很难公正对待，也就未免专制。后来，卢梭还旧事重提，但这次提及，卢梭是以高姿态提及的。并且即使这个时期，他在侯巴奇周围一出现就顿然又唤起当年的议论，他依然原谅了当年侯巴奇的不敬及如今的无礼。当然，卢梭能这样高姿态出现，也是事出有因的。原来，这个时候，侯巴奇夫人去世了。多情的卢梭念及与侯巴奇夫人的当年之好，是无论如何会为侯巴奇夫人做点什么的，所以

① ［法］卢梭：《卢梭忏悔录》，第 292—293 页。

他这次肯定会为了侯巴奇夫人能忍受某些不快，还能专门写信给侯巴奇吊唁侯巴奇夫人，并不时亲自去安慰侯巴奇，并且他也不禁想到当年的友谊与欢乐，也为这一切的烟消云散而失声痛哭。

卢梭那颗脆弱敏感的神经，在写作《论人与人之间不平等的起因和基础》（*Discourse on the Inequality among Men*）的时候达到了一个高峰。1753 年，为写作《论人与人之间不平等的起因和基础》，卢梭去圣吉门住了 7—8 天，与世隔绝的乡间生活对他的健康很好。以前他深受闭尿症之苦，他责怪医生非但没有减轻他的病痛，反而将身体弄得越来越糟。从圣吉门回来，身心健康都得到显著提高，决定宁死也不依赖医生。然而，度过这段宁静的乡村之旅后的卢梭，更不能适应巴黎的生活，他自言早就厌倦了巴黎生活，城市中到处是心术不正的学者，整天彼此钩心斗角，互相倾轧，他们言行龌龊，足以令人作呕。即使朋友间，坦诚相待的也不多。因此他开始向往乡间生活，尽管写作拴人，还是一有空闲就逃离巴黎，认为哪怕到乡间去待几个小时也好。① 而他一贯的在苦闷之时，就希冀从女性那得到抚慰的心理，使他很依恋黛莱丝·勒·瓦瑟。此时，他反复提到和黛莱丝·勒·瓦瑟在一起，是一种幸福的享受，认为黛莱丝·勒·瓦瑟质朴温柔。然而，我们知道，黛莱丝·勒·瓦瑟其实就是伺候他的贴身女仆，他这样固执猜忌的秉性，且对女人的爱往往夹杂对母亲的依恋，是很难有女性能与其和平共处的。就他诸多爱恋均是一场空而言，也足可为此的有力证明。所以也只有如黛莱丝·勒·瓦瑟一样欠缺知识，出身低微，完全依赖景仰他的女性，方可容忍他和其他女性的不时的激情，方可与之相安无事，共度一生。卢梭的狂想在未来与狄德罗的分歧更厉害时将表现更剧烈。

不过，既然在卢梭看来，朋友们抛弃了他，那么按照常理卢梭自然就不可能再从朋友们那得到任何教益。但卢梭自己又说，《论人与人之间不平等的起因和基础》比任何其他文章都更受狄德罗的青睐，只不过他以之归因于狄德罗素来的喜爱标新立异。同时卢梭又言，文中大凡带有“严峻的笔调”和“阴森的风貌”之处，都与狄德罗的影响相关，这样阴森的基调是由于狄德罗在范塞纳监狱的阴暗城堡中所养成的阴森气质导致的。狄德罗还有些更为激进和厉害的思想与片段，只是由于卢梭的反对，

① ［法］卢梭：《卢梭忏悔录》，第 295 页。

才没有被引入文中。[①] 但无论怎样，卢梭承认在整个欧洲没几人能看懂几乎没有共鸣的《论人与人之间不平等的起因和基础》，狄德罗却认为是他最好的作品，而且提供了一些好的意见。[②] 由此看来，似乎狄德罗并没有逼其到绝境，至少二人在文字上还不时互通有无，互为欣赏。同时也可见卢梭自己其实也是矛盾的，一方面不得不承认狄德罗对自己的指正与欣赏，但另一方面出于自傲也出于抵触却否定狄德罗给自己的指正，对自己的欣赏。还好，二人至少这个时期还维持着表面的朋友关系。到1757年，卢梭则与狄德罗、德·埃皮奈夫人发生了第一次龃龉，临时重归于好后又绝交。到1758年，卢梭和狄德罗则闹到公开决裂的地步。1758年，卢梭坚信周围的人们正在共同编织一张阴谋之网，企图将他置于死地。在他看来，格里姆、霍尔巴赫和狄德罗三人串通一气，笼络巴黎社交圈中的权臣贵妇、文豪才子，正在策划一场使他名声扫地的大阴谋。而伏尔泰更是与他们遥相呼应，大打出手。总之，卢梭固执地认为他那个时代的所有的权贵、哲学家和文学家都出于嫉妒而攻击他。[③] 此年，已经同狄德罗闹翻的卢梭，在他的《致达朗贝尔的信》中对达朗贝尔为狄德罗《百科全书》所撰“日内瓦”词条作出答辩，为自己正名，也彻底向世人宣告了与狄德罗公开决裂。这个时候的狄德罗及其“百科全书”事业均处在艰难跋涉、岌岌可危的境地，猛然遭全巴黎都知道的与他友谊最深的卢梭在《致达朗贝尔的信》中公开声称，不用伤心刺了朋友一剑、不要因对朋友说了什么话感到不快，因为均有机会弥合。但倘若存心侮辱朋友，无端诬蔑，泄露朋友秘密，出卖朋友，朋友就会决裂而去不复回返之类话语的一击，正如马蒙特尔所言“等于捅了一刀”，注定了狄德罗不可能再原谅他眼中本就“败事有余”的卢梭了。[④]

这段时间，卢梭被幻觉和妄想折磨，达到的程度是惊人的，他甚至常常从最平淡无奇的交往和通信中挑剔出骇人听闻的阴谋诡计。他坚定不移地相信，巴黎那些思想家和小姐太太们结成了一个反对他的阴谋集团（他把这个想象中的阴谋集团称为“霍尔巴赫小集团”）——格里姆肆无

① 赵林：《浪漫之魂——让—雅克·卢梭》，第41—42页。
② ［法］卢梭：《卢梭忏悔录》，第294页。
③ 赵林：《浪漫之魂——让—雅克·卢梭》，第53页。
④ ［比］雷蒙·特鲁松：《卢梭传》，李平沤、何三亚译，第216页。

忌惮地散布着关于他的种种谣言，伏尔泰大声咆哮着揭露他的隐私，狄德罗则一面表示出假惺惺的同情和谅解，一面却暗中损毁着他的名誉。这个巨大的阴谋团体对他的迫害因为他的《社会契约论》和《爱弥尔》的问世而变本加厉，特别是《爱弥尔》第四卷中的“信仰自白——一个萨瓦省的牧师述”，在信奉天主教的法国引起了普遍而强烈的愤慨。一时间，所有的社会力量都把矛头指向了茕茕孑立的卢梭，“百科全书派”和教会双方停止了相互攻击，“无神论者的狂热”与“迷信盲从者的狂热”结成了暂时的联盟，在法国境内掀起了一场声讨卢梭的浪潮。[①]

不过，公开决裂后的二人，还有过一段短暂的相处。在朋友们的调解下，按照卢梭所言，为了遏制他人说自己趁狄德罗之危和狄德罗绝交的谣言，为了当年之情，为了慰藉被击倒的狄德罗，早就厌倦了红尘喧嚣的卢梭特地从蒙莫朗西（Momorency）森林里的“隐庐”到巴黎慰问朋友。敏感的神经在昔日的朋友面前又恢复正常。卢梭描述了这次与狄德罗的见面。狄德罗礼貌地欢迎了他，他深感朋友的拥抱可以减去诸多不快！而在拥抱之后，彼此心中又还能存留多少憎恨？此时的卢梭认为对于这些，他和狄德罗并没有解释的必要，只要忘掉它就行了。并据他观察，好像狄德罗并没有如埃皮奈夫人那样参与那些不利于他的行动。在狄德罗家期间，他们又讨论起学问。狄氏把草拟好的《家庭父亲》一书的写作提纲拿给卢梭看，卢梭不但没有了以前的激烈抨击情绪，反而说：“这将是对《自然之子》的最好解释，现在先默默地完成这本著作，然后再把它出其不意地扔到敌人的脸上。”而狄德罗果然按他的话去做，也非常有效果。可见，二人互相了解，配合默契，与当年狄德罗教卢梭《论科学与艺术》如出一辙。不过，卢梭的包容与信任是有限的，认可他人他事之后多会继而走向反面或对立面。因此，在和狄德罗友善相处后，对狄德罗的不满自然又涌上来。卢梭说，差不多六个月之前，自己把《朱丽》的前二章给狄德罗寄去，想听听狄德罗的意见，狄德罗却没有翻阅过。这时他们就一起读了一段。狄德罗认为内容“夸张”。不过，卢梭不服气，说这是狄德罗一贯的批评他人文字诸如冗长、啰唆的措辞。当然，即或如此，卢梭当时也承认自己也早有狄德罗所言的这种感觉。可见，二人对彼此为文风格的了如指掌。卢梭虽然嘴上不服但内心还是承认的。不过，卢梭在傲气与

① 赵林:《浪漫之魂——让—雅克·卢梭》，第54页。

倔强作祟下，依然为自己辩解，说那是自己神志不清时的胡言乱语，自己一直没有时间把它修正过来。卢梭的论据是，因为此章的最后几段就与那一段截然不同了，尤其是第四段和第六段，简直是神来之笔的杰作，足可为前面那段神志不清时的胡语的有力证据。[①] 卢梭自负傲慢，为自己掩饰的心态暴露无遗。

不过，和狄德罗之间的和好只能是片刻的。这个时候，卢梭与埃皮奈夫人的侄女兼弟媳侯德托夫人（Mme. d'Houdertot）的恋情更处于无望中。这段恋情，导致他和埃皮奈夫人失和，离开了埃皮奈夫人给予他的隐居之所。卢梭与狄德罗，这对曾经患难与共的好友的友情最终也只能走向彻底破裂。

这个山野的自由者离开埃皮奈夫人后迁移到蒙莫朗西森林里在蒙特路易的另一住处，而后又重回森林，受到卢森堡公爵和夫人的最周到接待。自由的卢梭总得依赖权贵的庇护，包括女人，这巨大的矛盾偏偏被卢梭统一起来。而无论埃皮奈夫人或是侯德托夫人，均是他卢梭的保护人，而他则是她们石榴裙下的风流才子，她们的争风吃醋则为他带来了忧郁烦闷与灵感激情。

这些是非又该如何论断？由上可见，卢梭敏感、张扬、怪癖的性格得负相当大的责任，同时也是卢梭与狄德罗二人人生观、世界观各异的结果。

康德对此的总结是深刻的。康德认为正是卢梭的孤独感，导致了卢梭的离群索居。而这离群索居就连他最亲近的朋友都不能理解和宽容。从一开始，他们就在卢梭的茕茕孑立中只看到了一种转瞬即逝的冲动，而且还把卢梭那执著的信念判定为一种不可思议的偏执。[②] 而且正是这种品性，造成了卢梭与狄德罗的决裂。狄德罗的每一封信其实都是设身处地为卢梭规划，为卢梭解决困境，充溢着真挚的友情和怜惜。但是，这是卢梭所不能接受的。同时，狄德罗信中的某些言辞确实也伤害到了卢梭，虽然当卢梭回应后，狄德罗一再解释不是针对卢梭的，但越是分辩越刺伤了卢梭敏感脆弱的神经，二人的裂痕以致不再可以弥合。剖开现象看本质，这里面仍是精神的对立，这种对立“随着岁月流逝必然会被日益清晰地感受到，

① ［法］卢梭：《卢梭忏悔录》，第325—326页。

② ［德］卡西尔：《卢梭·康德·歌德》，刘东译，第9页。

它终将被证明是不可调和的”[1]，“对狄德罗来说，卢梭在‘退隐庐’的离群索居，好像是一种兴奋过头的病态表现，而且一提到这件事，他就忍不住要怨尤和嘲讽。即便是在写给卢梭的企望言归于好并重建信任的信札中，这种怨尤也还是溢于言表。在一封信中，他甚至加上了一行轻蔑的附言：‘别了，公民，一位隐士该是何等卓砾冠群的公民呵！’不过，事实上，从最严肃庄重的意义上讲，卢梭刚好是这样一位‘卓砾冠群的公民’。他从一开始就跟社会相反相成：他不从社会逃离，就不能效力于它，就不能向它奉献出他原可奉献的东西。在退隐庐，他反省了公民的职责，也只有在那里，他才能写出《社会契约论》来。而在《爱弥儿》中，他也始终如一：他要求在社会之外对爱弥尔施行教育，因为只有这样，他才能在唯一真实的意义上，为着社会而受教育”[2]。

正是卢梭的这种遗世独立的精神，使他厌弃怀疑一切，使他不同于“百科全书派”的揭露抨击，而是描述建设，肯定新的信仰；[3] 使他成为风暴的前驱，新时代的创始者。[4]

b. 卢梭与达朗贝尔

“在我的同时代人当中，没有任何人是像我这样名满全欧，而我本人是何许样人，却无人知晓。我的书传遍了各个城市，而书的作者转来转去，都局限在几处小小的树林中。”[5] 正是在小小的树林中转来转去的人掀起了思想领域的惊雷，欧洲乃至整个思想界均为之沸腾起来。

卢梭与达朗贝尔的矛盾，不是二人之间的名利之争。达朗贝尔一直位高名尊，卢梭自始至终是一位自由者。二人因志趣相投而认识，日后终极理想也依然一致，本可相安无事，各行其职，各安其分，各有所好，甚至二人确也有过交情盛密时期。然而，二人在如何实现终极理想在思想路线上却有着极大的分歧，严重的裂痕，二人因之龃龉，从此终生不相契阔。

达朗贝尔为狄德罗《百科全书》所撰“日内瓦”词条问世之时，卢梭已经隐居在蒙路易。在这里，他收到狄德罗《百科全书》第7卷，其

① ［德］卡西尔：《卢梭·康德·歌德》，刘东译，第9页。

② 同上书，第10页。

③ ［法］罗曼·罗兰：《让一雅克·卢梭简介》，载［法］罗曼·罗兰编选《卢梭的生平和著作》，王子野译，第2页。

④ 同上。

⑤ ［法］卢梭：《卢梭散文选》，李平沤译，百花文艺出版社1995年版，第43页。

中有一个很重要的条目是由达朗贝尔署名写的“日内瓦”。此时是1757年12月下旬，卢梭正生大病。不过，这个词条令卢梭在花园尽头的一间如其所言的四壁冰凉、不能挡风、不能避雪的小屋子，花了三个星期的时间以写作来平息心中的怒火，完成了引起欧洲轩然大波的著作《就戏剧问题致达朗贝尔的信》，1758年10月出版。

达朗贝尔大大触怒了卢梭，是达朗贝尔始料不及的。敏感多疑的卢梭，以他一贯的对事物的认识，认为是达朗贝尔“和日内瓦的上层人士串通好了写的”，意在针对自己，因为“日内瓦”词条的论调和卢梭的观点大相径庭。虽然达朗贝尔曾亲自去日内瓦调查研究，并在1756年8月住在伏尔泰家中，伏尔泰为之建议并指点。但这恰巧触及卢梭的禁区，伏尔泰正是卢梭所指的日内瓦上层人士之一，其建议与指点，成了达朗贝尔与日内瓦上层人士串通好的确凿证据。达朗贝尔与卢梭意见不一，在卢梭《论科学与艺术》一文获奖后就已很明显了。达朗贝尔认为卢梭与狄德罗《百科全书》的合作似乎是矛盾的，因为《论科学与艺术》的观点与狄德罗《百科全书》大相径庭。达朗贝尔在《百科全书绪论》中明确表明自己的观点，他说：“也许在这里我们应当回击一下一位善辩而富于哲思的作家了［指J-J. 卢梭］。他不久前曾把矛头指向艺术与科学，指责它们败坏了我们的道德。如果在我们承担的这部著作一开始的地方，就在这个问题上持和他相同的观点，那将是很不恰当的。”① 接着说：“我们所说的这位有才的人曾以一种颇为热心并相当成功的合作，似乎表示过他对我们在这项伟大事业中所作的工作的赞许。”② 卢梭的回应即是1751年6月26日致达朗贝尔的信。在信中，卢梭以调侃的口吻道：“能让我感动的褒奖很少；但是您的善意美言却打动了我，我情不自禁地想到，后人将在这一部历史巨作的首页看到您对我的重视。”③

当然，我们知道这一切只是卢梭的一己之见而已，“百科全书派”的代表达朗贝尔视以理性号召民众为己任，根本无意专门针对卢梭。二人之间的分歧，其实就是卢梭与“百科全书派”观念的分歧。具体到艺术上，

---

① ［法］狄德罗主编《狄德罗的〈百科全书〉》，［美］坚吉尔英译，梁从诫汉译，第99页。

② 同上。

③ 转引自［法］亨利·古耶：《卢梭与伏尔泰：两面镜子里的肖像》，裴程译，第59页。

就是艺术观的分歧。达朗贝尔与伏尔泰一样，认为艺术有助于风化，可使日内瓦人既学会马其顿人的智慧又能学到雅典人的文质彬彬。如喜剧演员的作风过于浪荡，可以用适当的法律来加以约束。日内瓦没有剧院，自然在他们看来就是日内瓦的遗憾。因此，建议日内瓦建立剧院。而卢梭从写作《论科学与艺术》起，就一直持艺术败坏风俗，批判艺术的矫情和虚伪。所以，在卢梭看来，无论喜剧还是悲剧，均无益于风俗伦理的净化，无益于社会秩序的建设。

不过，卢梭虽然对艺术的见解与达朗贝尔等背道而驰，但并不代表卢梭与时代相悖。在疗治时代上，卢梭与达朗贝尔等并无差别，只不过二人路径各异，最后殊途同归而已。在特定的环境特定人物身上表现出来的观念的分歧并不妨碍他们最终目标的一致。当时，达朗贝尔等看到的是艺术的正面，肯定中有否定；卢梭看到的则是反面，破中有立。如对莫里哀（Paul Maurriat）的喜剧，卢梭看到的是莫里哀喜剧嘲笑了缺德，却没有救我们爱美德；看到了有产者作为受嘲弄的对象和被欺骗者出现在剧本中，而有产者的愚蠢恰是对贵族荒淫无耻的间接辩护。卢梭认为喜剧引起了可怕的混乱，会成为阴谋家和政党的武器，成为个人报复的工具，雅典就毁于对戏剧的狂热，而悲剧则会带来心灵的压抑。如果要有悲剧，则应如《恺撒之死》或《布鲁特》第一幕的范式。此外，卢梭还认为演员会引起民众追求服装和放荡生活的癖好。卢梭理想中的日内瓦需要的节庆如斯巴达一样，是公众的集会，摒弃豪华与阔气，自然而充满爱国主义魅力；是美德、自由、平等的集会，而不是局囿在剧院中的演出。归根结底，正如他的学生梅尔西（Mel C）所言：“他向我们的戏剧宣战，因为它很像我们的政府，出现在舞台上的只是国王，嘴里说着奇怪的语言；在喜剧里用轻佻的语言来讲严肃的事情……他的评论演剧的文章提到民族悲剧只属于自由的人民，虽然我们的戏剧作品带有奴役学校的味道；只有一批王公和显贵人物占据着舞台以及一批贵夫人故作姿态显示高傲和吐露淫言污语。”在卢梭看来，戏剧孕育着荒淫与放荡，败坏着道德与风俗，是贵族与富豪的领地。

卢梭的攻击对达朗贝尔打击很大。1758 年 1 月，达朗贝尔本已决定退出狄德罗《百科全书》的编撰工作。这年的 1 月 20 日，达朗贝尔给伏尔泰的信中这样讲道：“这部著作给我们带来了一系列的侮辱和烦恼，我受够了。”“一些公开发表的肆无忌惮和卑鄙的讥讽……不仅被容忍，而且受到保护，得到准许和欢迎，甚至是那些大权在握的人指使的。”并且说，一个耶稣会士在宫廷言辞激烈说教，除了侮辱外，还有人“在凡尔赛宫、当着国王的面作反对我们的游说，提出警告”，这预示将会有“新的出版检查官员上任”，将会再次发生无法忍受的查抄，“所有这些原因和其他因素加在一起，迫使我放弃这个倒霉的工作”。当然，“其他因素”包含达朗贝尔对稿酬的不满，以及与出版商的纠纷。[①] 而其“日内瓦”词条招致的围攻在其决定退出狄德罗《百科全书》编撰工作之时随之而来，这让达朗贝尔的预言应验了，其重返狄德罗《百科全书》编撰的可能也就等于零了。或者可以说，卢梭给达朗贝尔的打击令达朗贝尔彻底和狄德罗《百科全书》编撰脱离了关系。

不过，不管二人是非如何，总之，无论是达朗贝尔还是卢梭，均招致了围攻。这次围攻很猛烈，既有夙敌，也有故旧。达朗贝尔所撰“日内瓦”条，有关宗教的议论，令牧师们大为光火。日内瓦牧师于 1758 年 2 月 10 日集体抗议，并形成了《抗议书》。维尔勒（Wehrle）埋怨达朗贝尔。特农香（Tenon Hong）写信给达朗贝尔，认为达朗贝尔的话意味着他们都不是基督徒。日内瓦当局则成立了一个专门委员会，起草了一个公认的宗教信条，郑重说明牧师们尊重理性，但他们的信仰与索齐尼教派（Socinianism）的教义是两码事，不能混同。索齐尼教派的教义是异端邪说，因为它说耶稣基督虽具有神性，但不是上帝本身。[②] 卢梭也于同年 6 月发表《就戏剧问题致达朗贝尔的信》，抨击批驳之，而且通知达朗贝尔自己写了对“日内瓦”的批驳文章。在卢梭对自己正面挑战后的 1759 年 5 月，达朗贝尔写《达朗贝尔致让—雅克·卢梭先生的信》，表明自己一贯的观点和立场，并指出，尽管戏剧的主要目的是娱乐，但它并不妨碍人们道德水准的提高。

这次论战中，马蒙特尔、格里姆、德莱尔（Delisle）、“不把哲学家放在心里”的弗雷隆与达朗贝尔一致，克西梅勒、倍迪西、巴士底德和帕里索（Palissot）等则纷纷攻击卢梭，而戏剧演员更是诅咒卢梭。不过，宗教界却拍手叫好，庆贺他们有了这么一个意想不到的同盟军。遗憾的

---

① ［法］亨利·古耶：《卢梭与伏尔泰：两面镜子里的肖像》，裴程译，华东师范大学出版社 2008 年版，第 255 页。

② ［比］雷蒙·特鲁松：《卢梭传》，李平沤、何三亚译，第 221 页。

是，卢梭满腔热爱竭力捍卫的日内瓦，对此则反应不一。穆尔杜写信告诉卢梭："你这本书，在此间成了一个把一切好公民团结起来共同战斗的信号，它把坏蛋们都吓傻了。……富人们自己早已腐败，如今又想腐蚀穷人。现在，只是在一般的中等人的身上才看得见道德的表现了，因为只有共和派的人才懂得道德的意义。"安托万·雅克·鲁斯当的神学院学生也抱有这种看法，早在一年前就宣称自己是卢梭精神上的儿子。让一路·杜班则说：这封信"写得啰啰唆唆，满篇的小孩子口气，而且矛盾百出"。其他的人，如佩尔德里欧，写信告诉卢梭说日内瓦社交场合中的人并不是个个都那么天真无邪的；特农香（Tenon Hong）叫卢梭睁开眼睛看看，他指出日内瓦并不是卢梭想象的那个样子。适合希腊共和国的那些东西，如今已不适合我们日内瓦。日内瓦之不像斯巴达，亦如古希腊大力士的护手甲与歌剧院的姑娘们的白手套迥然不同。除了日内瓦的一般群众外，卢梭把所有的人都得罪了。伏尔泰对他的怒火始终压不下去，贵族们对他冷淡得很，"百科全书派"的作者说他是一个"假兄弟"，说他公开指责狄德罗，破坏了他们共同的事业。[①]"百科全书派"的指责不无道理，指责达朗贝尔就是指责《百科全书》，指责《百科全书》就是指责狄德罗。狄德罗《百科全书》的编撰因达朗贝尔的离去，狄德罗成了唯一的领导人。不过，达朗贝尔的离去并没有改变狄德罗《百科全书》的宗旨。斗争仍然继续进行，而且几个月后发生了几次重要冲突。对"卡库瓦克人"的诽谤已经造成了紧张的气氛，[②]暴风雨的爆发只需要导火线而已，1758 年 7 月发表的《论精神》，正好充当了这个角色。虽然《论精神》这部著作没有署名，但是无人不晓它出自爱尔维修之笔。8 月 10 日，国务委员禁止发行此书，负责出版准许的检察官员被撤职。爱尔维修被责令认错。爱尔维修被公认是"百科全书派"的朋友，他的著作被禁，人们立刻意识到矛头实际指向《百科全书》。而《关于戏剧的信》的第一批印本恰好于同年 10 月份到达巴黎，可见卢梭关于戏剧的信来得十分不是时候。[③]所以，卢梭的确称得上狄德罗《百科全书》的罪人。

不过，与卢梭相比，达朗贝尔还是宽容多了，他是比较了解并理解卢

---

① ［比］雷蒙·特鲁松：《卢梭传》，李平沤、何三亚译，第 225—226 页。

② 有关内容见后。

③ ［法］亨利·古耶：《卢梭与伏尔泰：两面镜子里的肖像》，裴程译，第 256 页。

梭的。对于卢梭要写文章批驳自己的“日内瓦”词条，并在写毕文章通知他打算公开发表后，达朗贝尔并没有生气，他坦然同意，并主动承担起劝说和他熟识的检查书籍的检察官同意出版卢梭的信的使命。当然，我们知道，卢梭为此也有一番解释。这个解释，即使现在看来，也确实不愧卢梭当时的写照。达朗贝尔曾屡次给予了卢梭荣誉，卢梭《就戏剧问题致达朗贝尔的信》一出，在他人看来，难免是对恩人的一种背叛。卢梭自己也应该清楚《就戏剧问题致达朗贝尔的信》必然会带来这样的指责，因此在1758年6月25日致达朗贝尔的信中做出了解释。在信中，卢梭对达朗贝尔对自己的帮助，公开表示了谢意，但是卢梭也申明自己不能因为达朗贝尔多次给自己荣誉，就背叛自己的祖国，首肯达朗贝尔的一个对祖国有害的建议，即使是自己的父亲如此，自己也不会缄默不语。同时，他还剖析自己的矛盾心态，亦即他也曾试图协调自己对达朗贝尔的感激之情和自己对祖国的义务之间的关系。但我们知道，卢梭的这个自我调节是未果的，因为他最终的看法是，自己若是拿二者作交换，那无异于犯罪。[①]

可见，卢梭和达朗贝尔的分歧还是在思想上，只是二人性格、待人处世的方式各异，因此处理问题就显得一个狭隘偏激，一个宽容大度而已。但是，卢梭和达朗贝尔之间，如同他和伏尔泰之间，其本意仅在于思想之争。文字方面，卢梭能尽己能事发抒所感，然而一旦要卢梭去充当打手，卢梭也是断然拒绝的。看来，伏尔泰引导哲学家们思考的卢梭的背叛，其实是伏尔泰在运用政治斗争的手腕打击卢梭。当然，也是卢梭自己不合时宜地在那个时候和哲学家们干文字仗所致。故而，当牧师凡尔纳请卢梭出面干涉达朗贝尔“日内瓦”词条时，卢梭的回答是：“我没能得到机会替您给达朗贝尔传话。”[②] 卢梭称自己与达朗贝尔没有见过几次面，所以没有书信往来；何况自己独居乡村，和巴黎更少联系。他立场公正地表明，虽然达朗贝尔“日内瓦”词条有欠妥之处，但只是就事论事，表述思想而已，并非有目的地冒犯某些特定人群。看来，卢梭并非绝然无情，与达朗贝尔之间只是思想之争，并非伏尔泰所言的背叛。然而，遗憾的是，思

① 1758年6月25日卢梭致达朗贝尔的信，C. G. IV，p. 9；L. V，659。转引自［法］亨利·古耶：《卢梭与伏尔泰：两面镜子里的肖像》，裴程译，第183页。

② 1758年2月18日，卢梭致凡尔纳，C. G. III，p. 286；L. IV，616；Lettres philosophiques，第九号。转引自［法］亨利·古耶：《卢梭与伏尔泰：两面镜子里的肖像》，裴程译，第155页。

想上分歧的结果只能导致他和达朗贝尔之间友谊的破裂。

因此，达朗贝尔也能在朋友们纷纷离开并围攻卢梭之际为卢梭说公道话，并不顾因此会冒犯当时文化圈的权威人物伏尔泰的后果。达朗贝尔认为伏尔泰批评卢梭《新爱洛伊斯》过分，并对此表示遗憾。达朗贝尔并不赞成伏尔泰的公开反对卢梭，他还以柏拉图（Plato）、亚里士多德（Aristotle）、索福克勒斯（Sophocles）、欧里庇得斯（Euripides）为例，指出他们均未口诛笔伐过第欧根尼（Diogenes），尽管第欧根尼曾对他们出言不逊。而卢梭不过是一个有思想的疯子，头脑发热时才有思想，因此对于卢梭既不要想治愈也不要凌辱。[①] 可见，达朗贝尔尽管卢梭曾激烈攻击自己，但因了解卢梭之故，还是把卢梭看成同志的。然而，伏尔泰面对达朗贝尔的劝谏，依然坚持自己的观点。他的理由是：卢梭并非仅头脑发热时口诛笔伐，卢梭是有行动的，如果听任之，“百科全书”事业将受到很大冲击。伏尔泰还把“百科全书派”形象地比作羊群，并以羊群被驱散得四分五裂的比喻来回应达朗贝尔的劝谏。为了证明卢梭并非一时冲动而执笔，伏尔泰公开了卢梭的信，说明卢梭参与了反对图尔奈（Tournai）剧场的阴谋。并在写给侄女东皮埃尔·德·封丹及达米拉维勒的信中历数卢梭的罪过，给达米拉维勒写信也意在提醒狄德罗注意。伏尔泰笔下的卢梭是“无可救药的疯子”、“变节分子”、“这个第欧根尼的小鬼”、“好虚荣的小流氓，根本不配跟我计较，不值一谈”，声称自己“从未见过如此可耻的疯子”。[②] 伏尔泰不是达朗贝尔，没有如达朗贝尔那样曾和卢梭有过一段深交的友谊。同时，伏尔泰又是上流社交圈中的活跃分子，更是文化界的权威、善于生财理财的政治家，富足而有丰富的社会经验。不过，在伏尔泰所拥有的一切当中，学术文化方是他的立身之本，触及他学术文化圈的权威等于摇撼他的王国的根基，其步步紧逼到他感觉到对自己学术思想有强有力的威胁时，他采取的回击是不遗余力且富机巧的。可以说，卢梭与达朗贝尔之间是学者之间的笔仗，卢梭与伏尔泰之间是学者与学者兼政治家的口诛笔伐。

c. 卢梭与伏尔泰

卢梭与伏尔泰，犹如同时代的中国的章学诚与戴震。如章学诚游学游

① 转引自［法］亨利·古耶：《卢梭与伏尔泰：两面镜子里的肖像》，裴程译，第259页。

② 同上书，第261—262页。

幕期间，戴震已经是后生景仰的学术泰斗一样；当伏尔泰名满天下之时，卢梭还在为生计和前程奔波，游走于名流达宦之间。如章学诚顶礼膜拜戴震，伏尔泰也曾是卢梭崇敬的前辈，而且很长一段时间卢梭都在等待伏尔泰的垂青。同样，章学诚只得到远远仰视戴震的匆匆一面，卢梭与伏尔泰也只是可能在 1750 年 1—6 月间巴黎的一个沙龙匆匆见过一面，终生亦未再见面。戴震对章学诚也未提携，甚至不屑一顾，这成为日后章学诚对其以学术权威身份傲视学人强加观点于学人批判的原因之一。伏尔泰对初出道的卢梭并未倾心相待，以长辈之姿奖纳提携后进。

章学诚与戴震、卢梭与伏尔泰之间，表面看是个人之间的恩怨，但实质却是时代的恩怨，是他们共同的时代通过他们之间的交往应和与分歧纷争来反映这个纷繁复杂的中西时代的特征。卢梭与伏尔泰之间是卢梭这个遗世独立者与“百科全书派”的分歧与纷争，是旧世界的摧毁者和新世界的建设者的分歧纷争。章学诚与戴震之间的分歧与纷争是 18 世纪中国学术变革的前兆。撇开章学诚与戴震暂不论，我们这里就卢梭与伏尔泰展开讨论。

卢梭曾热望功名，在巴黎这样一个需要前贤达人提携的成长氛围中，卢梭当然希望一朝得到伏尔泰的垂青，进入巴黎文人的社交核心圈，很快声名鹊起。何况从青年时代起，伏尔泰就是他心灵的导师。伏尔泰的《哲学书简》曾培养了他的研究兴趣，伏尔泰那些洋溢着激扬崇高情操的剧作曾震撼了他的心灵。1745 年 12 月 11 日，卢梭在给伏尔泰的信中写道：“先生，十五年以来，我一直在发奋努力，使自己配得上您的关注，能得到您对小有才华的后起之秀的提挈。”① 充满了无限的感慨与期待。而且当他的《论科学与艺术》（1750）、《论人与人之间不平等的起因和基础》（1755）陆续出版，卢梭依然把自己的著作一一寄给伏尔泰，同样也是希冀引起伏尔泰的注意，但卢梭的文章令伏尔泰多少感兴趣，只是因为当时伏尔泰正受到攻击，卢梭有关科学与艺术败坏风俗道德的观点正好可以帮助他对付对手，对那些有关他的“‘诽谤性的短文’，‘乱加评注再版的《路易十四的世纪》，强加给他的一部‘所谓的《通史大全》’”② 有力回应，在利用完卢梭的来信后，就把卢

① ［法］亨利·古耶：《卢梭与伏尔泰：两面镜子里的肖像》，裴程译，第 1 页。

② 同上书，第 77 页。

梭忘之脑后，对卢梭本人仍然兴趣不大，伏尔泰并没有从这两本著作中洞悉出卢梭未来的光芒，而卢梭此时对伏尔泰的崇拜依然没有因为伏尔泰的忽视，以及自己的成长而改变。

不过，未来的卢梭，思想与伏尔泰越走越远。当年《论科学与艺术》提出的新奇观点，恰可救伏尔泰眼前之急，伏尔泰也就一时认可了它，并指出这些新奇观点在现在也是适用的，还申明自己也有与卢梭同样的感受。[①] 但只是因权宜之需接受卢梭观点的伏尔泰并未认真研究卢梭的著述，没有察觉到卢梭的观点与自己的认识，其实是相左的，更没有想到这个人可能是未来岁月自己思想的“劲敌”。伏尔泰与“百科全书派”一样在以理性摧毁旧世界，卢梭则在建设一个全新的世界，他的观点也是全新的，以致连他最好的朋友如狄德罗都不能理解并接受，这和章学诚感慨除了自己的老师外，别人都把自己当怪物一样。卢梭在当时也是少有同道的，得到的多是疯子和怪物的评价。当伏尔泰一再忽视小心翼翼一直以后生自居的卢梭的高攀，并不注意应答言辞，从言“四足爬行”到“第欧根尼的酒桶”等等，无意中大大刺伤了这个敏感孱弱的日内瓦人。当刺伤到一定程度时，这个日内瓦人就开始回击了。当然，这也是必然的结果。卢梭自称“虽然我处在一个彬彬有礼的世纪，但是我却像是一个腓力普二世时期粗鲁的马其顿人”，而伏尔泰是一个富有的资产者，过着优越的生活。24 岁就以悲剧《俄狄浦斯》轰动剧坛，从此更名利双收的伏尔泰，其剧作上演次数在 30 年代赶上高乃伊、40 年代超过拉辛，于 1746 年被推选为法兰西学院院士，并被路易十五指定为“宫廷史官”，获“国王内宫侍从”的头衔，如波莫（Bomer）所言伏尔泰在知命之年就获得了一切。伏尔泰可不是粗鲁的马其顿人，与自称粗鲁的马其顿人的卢梭自然不可能是一路人。只有在卢梭以笔回击他时，他才真切感觉到了卢梭的存在。

1755 年，伏尔泰在他为里斯本地震而写的诗句中，率先给了哲学乐观主义体系以有力的打击。莱布尼兹（Leibnitz）有关“所有可能世界中之最好的世界”的说法，在 18 世纪上半叶仍是雄辩不减当年，并且通过蒲伯（Pope）的宣传而变得家喻户晓。可现在，伏尔泰却用尽了其论辩和修辞的浑身解数，来反驳蒲伯的宣喻——“凡事皆属正义”。他宣称，

---

① ［法］亨利·古耶：《卢梭与伏尔泰：两面镜子里的肖像》，裴程译，第 76 页。

只有那种闭目塞听以躲避生存痛苦的抽象而古老的哲学，才会首肯这样的论点，只有摇唇鼓舌的强辩，才能护它的驾：

无益的痛苦，便是那对话，永无休期！
呆头呆脑的哲人们大叫："凡事皆属正义。"
来——来看看这惨淡的废墟，
这衣衫褴褛的人们，这悲惨的地方，这瓦砾，
妇女和孩子们一个个堆起，
断裂的大理石压着破碎的肢体；

你说，这是永恒规律的必然
难道说，是上帝必然选择了这样的悲惨？

再不用向我激动的心叮咛
这规律多么必然，多么永恒，
这个肉体、魂灵和世界的锁链。
呵，深刻的空想！呵，学究的梦！
上帝手执这条锁链，可他从未被束缚；
全靠他善意的选择，一切都是命定，
只有上帝自由而公正，他从不通融。
我们干吗要忍受这样一位严明的天公？①

值得注意的是，竟然是从未视哲学为己任的卢梭，接受了这个挑战。为了卫护神明，他叱责伏尔泰，正如莱布尼兹（Leibnitz）非难拜尔（Bayer）。② 1756 年 8 月 18 日，卢梭在一封信里回答了伏尔泰的诗，用这来维护对神意的信念。他在这封信里写道，思想家的能耐并不在于以可怕的详尽来描绘人类所蒙受的苦难从而加剧这种苦难，并借此宣判我们业以全

① ［法］伏尔泰：《里斯本地震》，转引自卡西尔：《卢梭·康德·歌德》，刘东译，第 43—44 页。

② 拜尔（1647—1706），法国哲学家和评论家。

然无望。[①]

这是向来对伏尔泰小心翼翼的卢梭向伏尔泰的第一次正面挑战。而过着优越生活的伏尔泰一直没有把希冀自己垂青的卢梭放在眼里，生活困顿、敏感乖戾的卢梭，无疑是有怨气的，当二人思想的裂痕越来越大时，卢梭在自己笔触中，自然把多年来伏尔泰对自己置之不理的怨气连带入了思想之争中。卢梭说："您享有盛誉，对徒劳的虚荣感到厌倦；您自由自在、丰衣足食；您心安理得地沉思着灵魂的本质，而您的灵魂将同您的名字一起不朽；您的肉体和心灵的痛苦有像特隆善这样的名医和挚友照看；尽管如此，在您看来，这地球上一切皆恶。" "我是一个微不足道的人，穷困潦倒、疾病缠身，然而我却在隐居和沉思中得到乐趣，举目皆善。" "您享受快乐，我抱有希望，期待使一切变得光彩夺目。"[②] 学术思想之间是允许争论的，但应不涉及其余。学术思想之争中加入人身攻击的成分，卢梭无疑犯了学术思想之争的大忌。卢梭偏激狭隘的性格不但彰显无遗，而且使这场争论的主旨也黯然失色。同时，运用人身攻击来为思想之争服务者更会令人不齿。难怪伏尔泰不但并不生气，反而笑着接纳了，并回避直接的对话。[③] 唯有此，才能显示学术思想界权威的气度与胸怀。也唯有此，更可令卢梭处于尴尬境地。在以理智宽容之态面对卢梭攻击的伏尔泰，以及旁观者面前，卢梭更像是在无理取闹。不过，要肯定的是，自从《爱弥儿》和《社会契约论》发表以后，卢梭在伏尔泰的视野里占的位置就远不像从前那么无足轻重了。[④] 当然，伏尔泰还是没有对卢梭投入令卢梭满意的关注。

不过，伏尔泰的忍让也是有限的。几乎是一帆风顺，志得意矜的伏尔泰的修为更多的是贵族似的，所以他也难以修炼到万事不惊之境，与世无争之界。当卢梭的言论达到足以影响一大批人时，伏尔泰坐不住了，他开始反击卢梭。对于卢梭《论戏剧》，伏尔泰指出卢梭的忘恩负义。伏尔泰的理由有二：一是卢梭攻击卢梭自己曾从事过的艺术，一是卢梭攻击曾给

---

① ［德］卡西尔：《卢梭·康德·歌德》，刘东译，第43—45页。

② 《致伏尔泰的信》，O. C. IV，p. 1074；在 L. IV，p. 50 中，略有文字变动："微不足道、贫穷、孤独、苦恼。"转引自［法］亨利·古耶：《卢梭与伏尔泰：两面镜子里的肖像》，裴程译，第102页。

③ ［法］亨利·古耶：《卢梭与伏尔泰：两面镜子里的肖像》，裴程译，第13页。

④ 同上书，第311页。

卢梭本人荣誉的达朗贝尔。不过，为何要抨击达朗贝尔“日内瓦”，卢梭本人当然有自己的充足理由。而卢梭是否背信弃义于达朗贝尔，达朗贝尔本人也并没有首肯附会伏尔泰的观点。卢梭曾公开申明，自己和达朗贝尔的争论是朋友和祖国之间迫不得已的选择，不存在背信弃义。[①] 达朗贝尔则认为卢梭对日内瓦戏剧的洋洋万言，是卢梭头脑一时发热的结果，没有必要当成一回事。

当然，我们也知道伏尔泰是泰斗，且有着贵族似的优越生活，所以对卢梭在就里斯本地震对自己反驳后的又一次突然之击，他表现出的是超脱与漫不经心，总体而言仍称得上是大度的。因此，当达朗贝尔要作文回应卢梭《就戏剧问题致达朗贝尔的信》，伏尔泰认为不值得一顾，他说：“您竟然拿卢梭这个神经病、这个第欧根尼的狗杂种当真？”[②] 他认为事实胜于雄辩，不用与卢梭多费口舌，不必大张旗鼓，郑重其事对待。但另一方面，我们不难看出，虽然伏尔泰并未大加讨伐卢梭，也未动怒，然而伏尔泰的话却明显地表露出对卢梭的蔑视。此外，伏尔泰与达朗贝尔虽然均互相劝谏对方不要把卢梭当成一回事，但二人却均言不由衷，皆有回应。所有这一切，当然不是可以以二人动怒了或者心胸狭隘等来做解释的。这是文化人某一方面共同特征的表现，无论伏尔泰、达朗贝尔或卢梭，各自均始终不渝捍卫自己的学术与思想。因此，伏尔泰告诉当时的人们，在卢梭公然反对日内瓦上演戏剧之时，日内瓦市民却争先恐后看戏，加尔文（Calvin）的故乡已经变成一个快乐和宽容的城市；当卢梭写信时，人们在德里斯庆贺日内瓦附近出了一个好剧团，离日内瓦城只有一刻钟的距离，在德里斯人们还在紧锣密鼓地筹备洛桑（Lausanne）的演出节目。1758 年 12 月初起，伏尔泰自己宣布要在费尔奈建设一个剧院的计划。1759 年在图尔奈建立了“绿金色小剧院”，演出多场剧。[③]

可想而知，伏尔泰的回应，只能更激怒了希望关注与首肯的卢梭，以至于卢梭在给穆尔图（Moultou）的信中较以前更言辞凌厉责骂伏尔泰。

---

① 1758 年 6 月 25 日卢梭致达朗贝尔的信，C. G. IV，p. 9；L. V，659。转引自［法］亨利·古耶：《卢梭与伏尔泰：两面镜子里的肖像》，裴程译，第 183 页。

② 1758 年 5 月 4 日伏尔泰致达朗贝尔，D. 8286，XX。转引自［法］亨利·古耶：《卢梭与伏尔泰：两面镜子里的肖像》，裴程译，第 207 页。

③ ［法］亨利·古耶：《卢梭与伏尔泰：两面镜子里的肖像》，裴程译，第 208 页。

他说："您跟我说起伏尔泰！为什么让这个小丑的名字来玷污您的信？这个卑鄙的小人断送了我的祖国，我对他除了鄙视只有恨。在我眼里，他的天才就是他的耻辱，因为他用自己的天才来做卑劣行径。除了财富，他的天才只能使他心灵堕落。啊，日内瓦的同胞们，他竟然如此答谢你们给他提供的庇护！"① 把伏尔泰描述成一个卑鄙到处使坏的小人，穆尔图等成了伏尔泰最后的牺牲品，并一相情愿断言，在穆尔图等之后，有见识的人们不会再接纳伏尔泰。1760 年 6 月 17 日，卢梭嫌此还不够，又专门给伏尔泰写信向伏尔泰表明自己的态度："我根本不喜欢你……你断送了日内瓦……你使我的同胞和我离异……我恨你！"② 而恰好此时，莫尔莱（Morellet）神父入巴士底狱。有人告诉伏尔泰，卢梭请卢森堡元帅夫人出面向国王求情。于此，伏尔泰表示他将等待结果，如果卢梭办不成，他再设法帮忙。在卢梭营救莫尔莱神父事件上，伏尔泰就事论事，没有说任何不利卢梭的话。这段时间，伏尔泰笔下极少出现卢梭的名字，偶尔谈及也仅是以诸如"类似让—雅克趴在地上吃生菜的闹剧，总是比哲学研究更吸引人"③ 之类的嘲讽方式提及，且声称疯子的话不能当真。看来，到这个时候，卢梭缺少理性的叱责，并未完全使伏尔泰动怒。但伏尔泰的出言，对卢梭而言，却是相当侮辱的。

确然，卢梭赤裸裸的出言不逊，相当孩子气，也就很难谈得上谋略与理智，无异于一个狂人的咆哮，在有着多年贵族修为的伏尔泰眼里也就不值一提也不堪一击，根本不值得理喻。但到 1760 年年底，伏尔泰的看法变了，他真切地感受到了这个发疯的公民对自己的威胁，而卢梭在终于完成引起伏尔泰足够重视的心愿的同时也激怒了伏尔泰。从此，伏尔泰也开始以"恨"来回答"恨"，表达这个"恨"的第一个机会就是《新爱洛漪丝》的发表。④《新爱洛漪丝》的被禁毁，伏尔泰有不可推卸的责任。

伏尔泰发怒后，以政治家的手腕，站在理论家的高度看待卢梭及其思想，不懂政治与手腕心机，仅凭激情与热血的单纯敏感的卢梭根本不是长

① 转引自［法］亨利·古耶：《卢梭与伏尔泰：两面镜子里的肖像》，裴程译，第 222 页。

② ［法］亨利·古耶：《卢梭与伏尔泰：两面镜子里的肖像》，裴程译，第 213—214 页。

③ 1760 年 8 月 9 日伏尔泰致 J. J. Dortous de Mairan 的信，D. 9126，XXII。转引自［法］亨利·古耶：《卢梭与伏尔泰：两面镜子里的肖像》，裴程译，第 231 页。

④ ［法］亨利·古耶：《卢梭与伏尔泰：两面镜子里的肖像》，裴程译，第 252 页。

期在政治旋涡里摸爬滚打的伏尔泰的对手，卢梭自然一败涂地，四面楚歌。正如当年章学诚无限感慨除自己老师朱筠外，没有人理解自己一样。这个责任很大一部分得由卢梭自己负。因为无论是卢梭最亲近的朋友，或者最忠实的门徒，一旦他们接近卢梭，到一定时候，卢梭眼里的他们自然都会搞点对他不利的小动作，败坏他的名声。既然卢梭有这样的看法，最后这些密友或追随者多少有点迫不得已地选择了离开。卢梭的密友狄德罗等与卢梭的决裂，前已述及，这里就不再多谈了。像狄德罗《百科全书》之"饰针"和"盲信"等词条的作者、为人忠厚、乐于助人，任劳任怨的卢梭的忠实门徒德莱尔，虽然卢梭颇为赏识，但卢梭依然认为他和"霍尔巴赫集团"太接近了。① 照卢梭一贯与人交往的逻辑，以及对霍尔巴赫的成见，卢梭与德莱尔的罅隙将越来越深，二人交往的结果可想而知。

曾屡经贫穷、困窘，长期以来与权位、金钱基本绝缘的卢梭，对于这些身外之物，其实并不能做到无动于衷。不满与牢骚，常有溢于言表之时，虽然后来他自己也有了名望，也有了一定的经济实力，但相比伏尔泰等人的富裕与权位，卢梭内心深处依然残留有当年的自惭形秽，或者说依然有一种不遇的委屈，虽然此时已没有人因当年而鄙视他。为此，伏尔泰受到了他措辞大为不恭的指责。同理，格里姆、狄德罗、霍尔巴赫自然也受到了同等礼遇。卢梭愤愤不平地讲道，自己与处在旋涡的中心，生活在上流社会里，交际极其广阔的格里姆、狄德罗、霍尔巴赫相反，虽然已在欧洲享有盛名，但依然淳朴如初，不但不结党，且对结党恨之入骨，与他们根本不是同路人。也正因为此，自己除心灵有种种依恋外，没有其他束缚，始终维持了自己的自由与独立，坚持了自己的原则和义务，绝不会为了有损正义与真理的利益而谄媚和敷衍任何人。而且，自 1756 年两年来，自己几乎与世隔绝，即使住在仅离巴黎四里约的地方，也和巴黎如远隔重洋。在卢梭看来，整个上流社会文化圈各部门差不多都由格里姆、狄德罗、霍尔巴赫他们三人全部瓜分了。所有显贵、才子、文学家、律师、女人，皆和他们串通一气，俯首帖耳，以格里姆为主谋联合起来对付他这个无辜者。言及此，我们可以看到，严肃的理想与志趣之争，本是不该涉及女性的场合，卢梭却又不免提及。这虽然和当时世风有关，但也是和他不

① ［比］雷蒙·特鲁松：《卢梭传》，李平沤、何三亚译，第 192 页。

能离开女性有关。他口中所言的心灵的“依恋”，就是女性。卢梭离不开女性，他心灵的抚慰与所有的激情，都来源于女性，但卢梭终生缺少的也是他渴念的心仪的女性，即使和他交往的女性最后也均纷纷离他而去。这是卢梭不得解也苦闷的，也是卢梭的宿命。正如他来到人间，需要母爱，母亲却离去一样，所以他也未免嫉妒朋友们的女人缘，也不自觉慨叹出来。

不过，卢梭发出“我恨你”此声时，其实很不是时候。这个时候，正是哲学家们受迫害之际。故而，在哲学家看来，这自然是卢梭主动与“哲学家”划清界限的行动。伏尔泰在1760年7月14日给埃皮奈夫人（Ms. Louise，Florence，Pétronille Lalive d'Epiney）信针对此点，谈到卢梭那封令人发指的信，以及对卢梭的看法：“我比任何时候都清楚在巴黎和凡尔赛发生的和哲学家们有关的事情：假如我们不团结，就会暴露弱点，那就完了。邪恶势力就会更加猖狂。哲学家们会愚蠢到自己往圈套里钻的地步吗？您要当这些受迫害人之间的纽带，使他们团结一致。”认为卢梭本来可以参加战斗，但是却已完全丧失了理智，在哲学家们最需要力量与团结的时候，背叛了集体，制造了分裂，并简略叙述1760年6月17日的信，以证实自己的观点，得出“他已经死了，但是请号召活着的人们加强团结”① 的结论。伏尔泰所言，从措辞看并没有恶劣的人身攻击，表明伏尔泰并没有发怒到没有理智的程度，但这无疑是卢梭自己与伏尔泰差不多同时主动发出的卢梭不再是“百科全书派”朋友的公告。可见，卢梭与伏尔泰之间，是思想分歧带来的分道扬镳，二人之间的是非和宗教全然无关。正如卢梭劝谏宗教界人士，达朗贝尔并非有意冒犯宗教一样，伏尔泰也承认卢梭并没有投入邪恶阵营，伏尔泰抱怨的是卢梭背信弃义，② 即对狄德罗《百科全书》事业的背弃。当然，我们也知道，卢梭并非要背弃“百科全书”事业，只是他的思想与“百科全书派”相左，无意中助了“百科全书派”反对者一臂之力，但其本与“百科全书派”反对者迥异，并且其偶尔无意对“百科全书派”反对者带来意想不到的帮助也是暂时的，或者可以说是“百科全书派”反对者利用了卢梭，“百科全书派”反对者始终是把卢梭与“百科全书派”看成一体的。自1754年起，

① ［法］亨利·古耶：《卢梭与伏尔泰：两面镜子里的肖像》，裴程译，第258页。

② 同上书，第259页。

弗雷隆（Freron）在他主办的《文学时代》中不断攻击狄德罗《百科全书》，并得到王后和诚信党的支持。面对“百科全书派”这个共同的敌人，耶稣会派和冉森教派也联起手来共御“百科全书派”。毫无疑问，卢梭和狄德罗《百科全书》倡导者们的命运总体而言还是休戚相关的：1755 年，南锡（Nancy）附近的吕内维尔城上演了帕里索（Parisot）编写的讽刺喜剧，剧中丑化了卢梭、狄德罗、伊冯（Yvonne）神父等人；1757 年，帕里索又写了《关于大哲学家的小便签》，并在巴黎上演了讽刺喜剧《哲学家》，继续丑化“百科全书派”。同样是在 1757 年，尼古拉·莫罗（Nicola · morro）的律师发表评论《有益忠告》，文中把“百科全书派”称为“卡库瓦克人”，卢梭也在其中。“卡库瓦克人”是一个貌似温和其实凶残野蛮的部族，舌苔下藏有毒汁。作者用这个形象来描绘一个有组织的团体，说这个组织将向道德和宗教发起进攻。这篇评论最先发表在《法兰西信使报》（*Mercure de France*）上，后来又被收入《卡库瓦克人历史新论》中。1751 年 11 月，狄德罗《百科全书》第 7 卷出版，其中载有达朗贝尔写的《日内瓦》文章。[①] 卢梭对达朗贝尔《日内瓦》论戏剧的抨击无意中使“百科全书派”反对者有了一个同盟军，卢梭只是暂时被利用而已。因此虽然“百科全书派”抛弃了卢梭，卢梭也曾一度被“百科全书派”反对者视为同盟军，但他的著述照样也有如狄德罗《百科全书》一样的命运。1763 年 9 月 27 日和 10 月 23 日，日内瓦出版了两本小册子。日内瓦总检察长让—罗贝尔·特隆善（Jean-Robert. Tronchin）著《乡间来信》解释对《爱弥儿》和《社会契约论》下的禁令。卢梭的朋友认为小议会对卢梭作出的决定是一个内政问题，所以总检察长做出解释。卢梭的朋友们督促总检察长在 12 月的议会改选之前作出答复。[②]。1765 年 1 月 21 日，荷兰最高法院判决焚毁 1764 年 10 月由马克—米歇尔·雷（Mark-Michael Ray）在阿姆斯特丹印刷出版的卢梭的《山中来信》，第二日此书在海牙被烧毁。[③] 卢梭虽然由于自身的种种原因令自己成了一个孤家寡人，但他的思想还是与 18 世纪启蒙思想一致。相似的迫害与遭遇，最终追求的一致，令他的朋友们在他受迫害之际又与他站在了

① ［法］亨利·古耶：《卢梭与伏尔泰：两面镜子里的肖像》，裴程译，第 254 页。

② 同上书，第 328 页。

③ 同上书，第 385 页。

同一阵线。同气必然相合，他们终究会再次会聚成流，只是时间早晚问题。而这个时间因为卢梭建设了一个新世界，并且这个建设超越了时代，连当时智者也难以理解，所以会来得晚一些。

与卢梭同“百科全书派”虽异曲同工但分道扬镳不同，伏尔泰对与狄德罗的合作，还是感到满意的。并且狄德罗《百科全书》的遭际，伏尔泰自己的著述也曾有过同样的命运。1759 年 9 月 3 日，巴黎最高法院下令撕毁和焚烧伏尔泰著《传道书和圣歌精选摘要》。1760 年 9 月 8 日，日内瓦大会决定撕毁和焚烧指控为伏尔泰所作、挖苦“百科全书派”反对派的《基督教对话，为驳斥百科全书作准备》。伏尔泰为此给教务委员会首席委员写了一封漂亮的信作解释，委员们睁一只眼闭一只眼，官方只好认可《基督教对话，为驳斥百科全书作准备》不是伏尔泰所作。不过，伏尔泰并没有拒绝人们因《基督教对话，为驳斥百科全书作准备》而给他的赞誉。伏尔泰感到哲学受到真正的威胁。[①] 因此伏尔泰一向关注当局与宗教界对狄德罗《百科全书》的围攻，尤其关心爱尔维修事件。又如对于帕里索喜剧事件，伏尔泰对狄德罗《百科全书》编撰的维护也溢于言表。伏尔泰 1760 年 6 月 4 日写信给帕里索，首先表明自己是哲学家们的朋友，然后请反对派们作一番反省：“您把达朗贝尔、杜克洛、狄德罗、爱尔维修、若古骑士等人描写成教人偷盗的恶棍……，这样取笑太过分了……我可以坦率告诉您：您企图诬蔑的这些人是世上最正派的人……”[②] 继而在信中继续赞美狄德罗《百科全书》，表示对狄德罗的敬意。最后，一反常规，不惜在敌人面前展示内部的分歧，写信给帕里索说，觉得那位在戏中四足爬行的“哲学家”的确可笑，不过伏尔泰在信中还是称卢梭为“我的朋友让—雅克”。就在给帕里索写信几天后，伏尔泰收到了卢梭“我恨你”的那封信。卢梭的来信确实太不合“百科全书派”的时宜了。

不过，无论伏尔泰还是卢梭，他们的终极目标是一致的，卡西尔（Ernst Cassirer）于此的认识：“我们切不可为卢梭反对‘知识阶层’和百科全书派的顽强奋斗所蒙蔽：这场奋斗不是在向理性叫阵，而是要寻求它的支持。即使在与‘百科全书派’哲人的纷争之中，萨瓦亚牧师的信

---

① ［法］亨利·古耶：《卢梭与伏尔泰：两面镜子里的肖像》，裴程译，第 257 页。

② 同上。

仰告白也仍对此坚信不疑。我们可以想象出的有关上帝的最真实、最高尚的观念，产生于理性本身，而且只能产生于它。‘我们头脑中有关神性的最伟大的思想，只能来自理性。’没有任何启示能使理性成为多余，或者能取而代之。因为当启示要求我们使理性服从于信仰的时候，它必须告诉我们这样做的理由，而这样一来，理性的自身权利便又恢复了。由此，对卢梭来说，要与‘百科全书派’哲人计较的，便不在于反对这种理性，而在于反对理性的误用。‘百科全书派’哲人误解并混淆了问题的实质，卢梭对此不以为然。那帮人把思想当做宗教真理的尺度，而不是以道德必然性来鉴别这种真理，可唯有后者才是可能的。他们在这样做的时候误入了歧途，在力图反对独断论的时候本身却一再陷入独断论——尽管他们的独断论被打上了相反的标记——这是毫不奇怪的。然而，理性绝不可以被简单等同于推理：‘推理的技艺绝非理性，它倒经常是理性的滥用。’”①无疑精辟而肯綮。

表 3—4　　卢梭与“百科全书派”交游表

时间	事件
1742	认识狄德罗
1749	达朗贝尔请求卢梭帮助起草狄德罗《百科全书》关于音乐的辞条
	去范塞纳监狱看望狄德罗，在路上翻阅随身带的《法兰西信使报》杂志，忽然发现了第戎学院的征文公告，题目是《科学与艺术的进步是否有助于敦风化俗?》，萌发应征此文之念
1753	完成第戎学院征文《论人与人之间不平等的起因和基础》，按照卢梭说法，比其他的任何其他文章都更受狄德罗的青睐，因为狄德罗素来喜爱标新立异。文中大凡带有“严峻的笔调”“阴森的风貌”，都与狄德罗影响相关，这样阴森的基调是由于狄德罗在范塞纳监狱的阴暗城堡中所养成的阴森气质而导致的。狄德罗还有更为激进和厉害的思想与片段，只是由于卢梭的反对，才没有被引入文中

① ［德］卡西尔：《卢梭·康德·歌德》，刘东译，第 60—61 页。

续表

时间	事件
1755	卢梭请人在阿姆斯特丹出版《论人与人之间不平等的起因和基础》引起轩然大波。格里姆一边在《文学通讯》中赞扬卢梭的优美文笔，另一方面认为这篇文章有哗众取宠之意，而且逻辑上也不严谨；狄德罗以揶揄的口吻对摩里耶神父说：“卢梭在继续思考，继续生病，鄙人也在继续思考，身体也不太好，[……] 尽管如此，我也不喜欢吃栎实，不喜欢去住洞穴，不喜欢在橡树上掏个窟窿当住房，[……] 我用两只后脚行走，走得蛮好。”① 伏尔泰致卢梭信中说：“先生，我收到了你抨击人类的新书，为此，我对你表示感谢……”②
1756	卢梭在蒙莫朗西的退隐庐安下身，就里斯本地震，他给伏尔泰发出了《论天意简》
1757	与狄德罗和德·埃皮奈夫人第一次发生龃龉，临时重归于好，然后绝交
1758	以《致达朗贝尔函论戏剧》对狄德罗《百科全书》中“日内瓦”辞条作出回应
1764	伏尔泰在日内瓦匿名发表一侮辱性的帖子《公民情感》，揭露卢梭遗弃自己子女的事。卢梭决定写自己的《忏悔录》
1766	与休谟发生龃龉并绝交

四 《四库全书》与《百科全书，或科学、艺术和工艺详解辞典》互动

狄德罗《百科全书》与《四库全书》之间的互动，有广义和狭义之分。狄德罗《百科全书》与《四库全书》的编撰，一前一后。当狄德罗《百科全书》结束之际，正是四库修书的前一年，即讨论四库修书可否成行之期。因此，狭义而言的二书编撰的互动，即书与书之间互相采纳借鉴之处。就此而言，从表面看来，只有四库修书受狄德罗《百科全书》的影响，即四库修书才可以言及狄德罗《百科全书》，谈狄德罗《百科全书》受四库修书影响显然不成立。广义的互动指中西交流大背景下的互动，即中国文化对狄德罗《百科全书》编撰及其编撰者的影响，受中国

① ［比］雷蒙·特鲁松：《卢梭传》，李平沤、何三亚译，第180页。

② 李瑜青主编《伏尔泰哲理美文集》，安徽文艺出版社1997年版，第213页。

文化影响的狄德罗《百科全书》对西方文化的影响，西方文化再通过媒介施及于中国，再及于《四库全书》。16 世纪末到 19 世纪初，中西双方均接受了对方文化的洗礼。二书编撰的时期正是这场中西互动中西方的高峰之期，[①] 中国高峰过后的总结期。无论高峰期或总结期，双方均需就几百年来中西互动进行总结。二书的编撰正好提供了总结中西互动的舞台，中西双方对对方的认识遂反映在自己的两部巨著中。

二书撰修时期，中西互动在中国虽然已接近尾声，但乾隆身边还是有如意大利人郎世宁（Joseph Castiglione，1688—1766）、潘廷章（Joseph Panzi，1733—1812）、法国人王致诚（Jean-Denus Attiret，1702—1768）等外籍画师，他们曾受乾隆命绘制过多幅油画肖像。1759 年平定大小和卓叛乱，乾隆命王致诚、郎世宁等 4 人绘制了 16 幅画表现这场战争的主要场景，1765 年 7 月 13 日命令把这些画运到法国，让当时最优秀的雕刻家制作出来。郎世宁等于当年 7 月 13 日写给艺术主管的信，和最初四件作品同时送往法国，1766 年到达法国，信于 12 月 31 日被送交给了皇家绘画艺术学院主管马里尼（Marigny）侯爵。[②] 其余 1767 年到达的作品，马里尼委托学院的一史官秘书科香（Cochin）办理。[③] 前后共聘用 8 个相当有名的雕刻家专力此任，1774 年方完成。版画和从中抽取的 100 个样品被运回了中国，只有极少数几件为皇室和国王的藏书楼保留了下来。根据国王的命令，负责与中国特使和传教士保持联系的当时法国国务大臣贝尔坦，为了能把最新的信息传达给中国特使和传教士，几乎每年都跟踪工程的进度。伯纳瓦（Benoist）神父，[④] 北京的法国传教团的修道会会士，则负责向中国皇帝汇报，说明贝尔坦已经妥善照料这些作品。对于版画雕刻工作的进展，乾隆表现出极大的满意。[⑤] 这次远涉重洋的版画雕刻活动带来的是中西艺术的和谐互动，彼此汲养，互惠互利。对贝尔坦个人而言，也无疑从中满足了自己的收藏爱好。他写信要求 16 幅版画的雕刻品

① 这个时期，来华西方传教士传教已处于低潮，但学术文化传播既有超前性也有滞后性。中西之间远隔重洋，西方掀起中国热具有滞后性，因此中国的低峰期却是西方的高峰期。

② 生卒年：1721—1781 年。

③ ［法］亨利·柯蒂埃：《十八世纪法国视野里的中国》，唐玉清译，钱林森校，上海书店出版社 2008 年版，第 64 页。

④ 中文名蒋友仁。

⑤ ［法］亨利·柯蒂埃：《十八世纪法国视野里的中国》，唐玉清译，钱林森校，第 66 页。

各给他一幅，正是这个熟谙中国的贝尔坦曾建议路易十五借鉴中国思想以为改革做准备。

后来，这16件版画还由夏尔特公爵（Le duc de Chartres，1775—1844）的雕刻师勒巴斯（Le Bas）的学生伊思多尔—斯塔尼斯拉斯·埃尔芒（Isidore-Stanislas Helman）制成了缩微制品。1785年以4册、每册4幅的形式出版了。1788年，埃尔芒根据贝尔坦书房的原始画作刻出了一套24幅版画，名为《中国皇帝有纪念意义的事件》。另外，他还从同一个收藏中汲取了同一数目的版画素材，组成了《孔子生活片段概要》。钱德明《孔子的生活》中有25幅被雕刻出来。钱德明是法国传教士，1750年来华，1793年卒于北京，精通满文、汉文，把中国的历史、语言、数学、音乐、医药等各方面的知识介绍到法国去，引起法国乃至欧洲文化界的广泛关注。钱德明曾受法国路易十五的大臣委托，翻译6部中国古代兵书，其中一部就是《孙子兵法》。1811年到1812年间，布列顿（Breton）在巴黎的内普弗（Nepveu）书店出版了6卷18开本的《微型中国》，包括一个有关王国的服装、艺术和行业的精选集，大部分是根据贝尔坦书房里还没有出版过的原本。稍后，从同一个源头汲取灵感，给这个全集另外加了4卷关于各种特产的，包括漆器、竹子、茶、瓷器、米饭、丝绸、野生蚕方面的内容。[①] 乾隆还曾命宫中选少年奴仆，随来华传教士学西方画法。

这个时期，还时有商船到达中国。著名的英国建筑家威廉姆·钱伯斯（William Chambers）爵士，[②] 以瑞典东印度公司商船货物经理的身份访问了中国，并在1757年出版了一个大对开本的画册，有21幅表现建筑的画。他被乔治三世任命负责修建一座名为“丘园”（Kew）的花园，自由地发挥了自己对中国建筑风格的爱好。[③]

这个时期，不仅中西之间时或有一定联系，而且清朝发生的大事，传教士还是一如既往——向欧洲汇报。因此，西方得以颇为详细了解乾隆朝重臣阿桂。西方得以了解阿桂，与阿桂在乾隆朝的重要地位不无关系。大小金川叛乱的平定是乾隆朝的大事，传教士向欧洲汇报了大小金川的平

---

① ［法］亨利·柯蒂埃：《十八世纪法国视野里的中国》，第67—68页。

② 生卒年：1726—1796年。

③ ［法］亨利·柯蒂埃：《十八世纪法国视野里的中国》，第69页。

叛。作为大小金川平定的主角阿桂，自然也成为传教士汇报的材料，传教士甚至把代表阿桂武功的战利品刀柄和刀鞘用奇怪的红色和蓝色的石头做成约 2 法尺的短刀寄回了欧洲。他们熟悉阿桂的武功，以及在乾隆朝举足轻重的地位。他们讲道："于是政府就委派一个叫阿桂（A-Kouei）的著名将军为皇家军队的首领，他在富德（Fou-té）将军的带领下曾经参加过平定厄鲁特的战争……费雷克斯·德·罗夏（P. Félix da Rocha）神父，在冯·阿莱尔斯坦（P. Von Hallerstein）神父之后成为国子监算学馆的负责人。1774 年 8 月 20 日，他离开北京，去绘制苗族地区的地形图。"① 寄回短刀的时间是 1777 年 9 月 27 日，负责寄的是德·格拉蒙（P. de Grammont）神父，寄出地点是北京。正是这年，阿桂被乾隆派入四库馆，锻炼文事，以为将来担负更大的重任。此外，阿桂等清廷要人的画像也被寄回了欧洲。贝尔坦 1781 年 11 月 16 日写信给在中国的传教士潘廷章，② "阿米奥先生已经把您出于好意送给我的阿桂（A-Kouei）将军等人的画像寄给我了，非常感谢您，这使我感到非常高兴……您还没有收到我给您寄来的东西吗？那是用未上釉的本色瓷制作的乾隆皇帝的全身像以及在法国瓷器上绘制的他的肖像。我真诚地希望（中国）皇帝可以看到它，并且就我们的这种工艺给出意见。我会非常高兴得知这些新信息的"③。贝尔坦点名道姓地以阿桂画像为潘廷章寄给他的所有画像的代表，表明贝尔坦对阿桂的关注。这个时期阿桂正好在四库馆，传教士对阿桂的大力介绍，与欧洲对阿桂的关注应是一致的，为欧洲充当殖民前哨是传教士本身的使命。作为法国国务大臣的贝尔坦出于政治原因也必然对乾隆朝重臣阿桂关注有加，贝尔坦也就应该知道发生在阿桂身上的重大事件。因为当耶稣会已被法国取缔、在京耶稣会士处境困难的 1772 年，在华耶稣会士还得到过贝尔坦寄来的一架新发明的望远镜。④ 故而，阿桂在 1777 年成为乾隆四库馆的重要成员，关注中国关注阿桂的贝尔坦应该知道阿桂入四库馆，因为入四库馆是阿桂一生中重要的一页。又传教士们还谈到舒赫德参与的

---

① ［法］亨利·柯蒂埃：《十八世纪法国视野里的中国》，第 115 页。

② 意大利名吉乌塞普·庞茨（Le Frère Giuseppe Panzi）。

③ 转引自［法］亨利·柯蒂埃：《十八世纪法国视野里的中国》，第 86 页。

④ ［法］杜赫德编《耶稣会士中国书简集 6：中国回忆录·北京传教士蒋友仁神父致某先生的信》，吕一民、沈坚、郑德弟译，大象出版社 2005 年版，第 15 页。

大小和卓评叛。[①] 与阿桂一样，入四库馆也是舒赫德一生荣耀的顶点。阿桂、舒赫德参与的这个乾隆倾力打造的举国盛事——四库修书，传教士们也必然毫不遗漏地迅速汇报回欧洲。就《四库全书》的修撰，传教士们说，1773 年，乾隆皇帝下令印刷出版一套共 60 万卷的中华民族全书。[②] 传教士们从北京寄回了这些版本。欧洲人如今回忆起来也很自豪，盛赞传教士传回《四库全书》的功劳，因为《四库全书》至今还在装饰着法国的国家图书馆。[③] 1786 年，传教士们给欧洲还寄回了圆明园的剖面图和正视图。[④] 1788 年 11 月 16 日来华法国传教士写给法国政府年度报告说：1787 汪达洪（Jean-Mathieu de Ventavon，1733—1787）去世后，巴茂正（Charles Paris，1738—1804）接替其宫中钟匠和机械师职务，制造了一个连续摆 3 个月的钟摆，希冀能获得乾隆皇帝的欢心。罗广祥（Nicolas-Joseph Rauk，1754—1801）在北堂开办了一个修道院，有 15 个愿做神父的中国学生。为了能接风烛残年的钱德明在清廷外交事务中的翻译职务，又在学习满文。冀德明（Jean J. Ghislain）则全部精力用在传教上。从传教士来华到他们全面退出中国内地，无论传教境况如何，均保持着定期向西方汇报教务及中国事务的传统，他们“坚持不懈地往回寄，一部回忆录接着一部回忆录”[⑤]。

所以，即使在传教事业趋于停滞的乾隆朝，欧洲还是可以了解举凡中国政治、经济、文化军事、风物人情、特产、艺术建筑等状况的。腓特烈答谢 1770 年伏尔泰对乾隆御制《盛京赞》（*Éloge de Moukden*）所作的一篇诗意的小品文时，顺便告诉伏尔泰，他的商船从中国带回乾隆押韵之函一封。他把译文抄附，赠与伏尔泰的中文书库。从函中伏尔泰可以看到中国人怎样看待俄国人的成功。[⑥]

同理，中国也能了解到欧洲的信息。一则乾隆出于对西方器物的个人

① ［法］杜赫德编《耶稣会士中国书简集 5：中国回忆录 · 关于中国皇帝新征服之西藏和厄鲁特王国的报告及与征服有关的事迹》，第 181—185 页。

② ［法］杜赫德编《耶稣会士中国书简集 3：中国回忆录 · 龚当信神父致本会杜赫德神父的信》，第 341 页。

③ ［法］亨利 · 柯蒂埃：《十八世纪法国视野里的中国》，第 126 页。

④ 同上书，第 87 页。

⑤ 同上书，第 126 页。

⑥ 《腓特烈大王集》（*Œuvres de Frédéric le Grand*）第 23 卷，1853 年柏林版，第 176 页。

喜好，对西方技艺的需求，还不时要求西方派遣符合需要的传教士来华。乾隆八年（1743）十二月十二日广州将军策楞《为遣员伴送入京效力西洋人庞进仁等三人入京事致内务府咨》提到：

乾隆八年闰四月十四日准内大臣兼户部尚书内务府总管海咨据西洋人戴进贤等奏称，接得澳门来信，有西洋人庞进仁能通天文历法，马得昭知外科调和药料。今西洋人庞进仁、马得昭情愿来京之处，如蒙俞允，仍尊前例，行文广东督抚，令其差人伴送来京。……①

这个戴进贤（Ignatius Koegler，1680—1746）于乾隆九年（1744）九月二十七日又奏请乾隆允许另一行传教士入京，他奏称：

本年六月内西洋船上有修士特来效力，蒋友仁、吴直方通晓天文，艾启蒙能画，那永福能知律吕，以上四人，现在澳门，应否来京，臣等不敢擅便，理合请旨。朱批："准其来京，钦此。"

后来蒋友仁奉乾隆命满足了他欲仿制所见某张凡尔赛宫图片中的喷泉的愿望。又路易十六还派遣使会罗广祥、冀德明、巴茂正来京接替耶稣会。罗广祥任钦天监副，1788年高慎思（Jose d'Espinha，1722—1788）去世后为钦天监正。而1759年起程来华的韩国英在皇宫工作四年之久，在皇宫里做了一座配有喷射的水柱、鸟的鸣叫声和变幻不停的动物形象的大水钟。②

表3—5　　乾嘉时期在华部分传教士

姓名	国籍	在华时间	身份
傅圣泽（Jean François Foucquet，1665—1741）	法国	1699—1721	耶稣会士

① （清）《高宗纯皇帝实录》卷206，中华书局1985年影印本，第652页。

② ［法］杜赫德编《耶稣会士中国书简集5：韩国英神父致德尔维耶神父的信件摘要》，第91页。

续表

姓名	国籍	在华时间	身份
马若瑟（Joseph de Prémare，1666—1736）	法国	1698—1736	耶稣会士
巴多明（Dominicus Parrenin，1665—1741）	法国	1698—1741	耶稣会士，教授拉丁文
罗怀忠（Giovanni da Costa，1679—1747）	意大利	1715—1747	耶稣会士、药学家
徐懋德（Andreas Pereira，1690—1743）	葡萄牙	1716—1743	耶稣会士、钦天监员
郎世宁（Joseph Castiglione，1688—1766）	意大利	1715—1766	耶稣会士、宫廷画家
戴进贤（Ignatius Koegler，1680—1746）	德国	1716—1746	耶稣会士，1725—1746 年间任钦天监
宋君荣（Antoine Goubil，1689—1759）	法国	1722—1759	耶稣会士，著有多种关于中国文化、历史的书
陈善策（Domingo Pinheiro）	葡萄牙	1726—1748	数学家，钦天监员
鲍友管（Anton Gogeisl）,	德国	1738—1771	数学家，钦天监员
王致诚（Jean-Denus Attiret，1702—1768）	法国	1738—1768	耶稣会士、画家
魏继晋（Florida Bahr，1706—1771）	德国	1738—1771	耶稣会士、语言学家
刘松龄（Augustin von Hallerstein，1703—1774）	斯洛文尼亚	1738—1774 1739 年抵京	耶稣会士，继戴进贤后任钦天监 28 年
傅作霖（Felix da Rocha，1713—1781）	葡萄牙	1738—1780 1739 年抵京	耶稣会士、天文学家
汤执中（Pierre d'Incarvill,）	法国	1740—1757	耶稣会士、画家
鲁仲贤（Jean Walter，1708—1759）	捷克	1742—1759	耶稣会士、擅长音乐

续表

姓名	国籍	在华时间	身份
蒋友仁（Michel Benoist，1715—1774）	法国	1744—1774	耶稣会士，天文学家、地理学家
艾启蒙（Ignace Sichebarth，1708—1780）	捷克	1745—1780 1745年来京，5年后由索知能祝圣成为神父	耶稣会士、宫廷画家
高慎思（Jose d'Espinha，1722—1788）	葡萄牙	1751—1788	耶稣会士、数学家
钱德明（Jean-Joseph-Marie Amiot，1718—1793）	法国	1750—1793	耶稣会士、语言学家
罗启明（Emmanuel de Mottos，1725—1764）	葡萄牙	1750年抵京	耶稣会辅理修士、外科手术师
索德超（Jose-Bernardo d'Alneida，1728—1805）	葡萄牙	1759—1805	耶稣会士、钦天监监正；医生兼药剂师
安国宁（Andre Rodrigues，1729—1796）	葡萄牙	1759—1796	耶稣会士
韩国英（Pierre—Martial Gibot，1727—1780）	法国	1759—1780 1760年抵京	耶稣会士，天文机械、语文、历史
方守义（J. -F. -M. -D. d'Ollieres）	法国	1750—1793	耶稣会士
汪达洪（Jean-Mathieu Ventavon，1733—1787）	法国	1766—1778	耶稣会士、机械师
梁栋材（Ja-oeh Gamn）	法国	1768年抵京，1785—1791年在广州传教	耶稣会士、历算专家
贺清泰（Louis de Poirot，1735—1813）	法国	1770—1814	耶稣会士
潘廷章（Joseph Panzi，1733—1812）	意大利	1771—1812 1773年抵京	耶稣会士、宫廷画师
金济时（Jean-Paul-Louis Collas）	法国	1767—1781	耶稣会士、天文学家

续表

姓名	国籍	在华时间	身份
晁俊秀（Francois Bourgeois）	法国	1767—1792	耶稣会士
顾拉茂（Jean-Joseph de Grammont）	法国	1768—1812	耶稣会士
李俊贤（Hubert de Mericourt）	法国	1771—1812	耶稣会士
安德义（Joannes Damascen Salusti）	意大利	1764—1781	奥斯定修会士、画家
德天赐（Adeodato di Sant Agostino，1755？—1822）	意大利	1796 年供职圆明园，1822 年在中国去世	奥斯定修会修士，会修钟表
汤士选（Alexandre de Gouveia，1751—1808）	葡萄牙	1773—1808	遣使会士、历法
罗广祥（Nicolas-Joseph Raux，1754—1801）	法国	1784—1801	遣使会士、历法 钦天监副，1788 年高慎思去世后为钦天监正
冀德明（Jean J. Ghislain）	法国	1785 年抵京	遣使会士，传教
巴茂正（Charles Paris，1738—1804）	法国	1785—1804	遣使会士，1787 年汪达洪去世后接替其宫中钟匠和机械师职务
福文高（Ferreira,？—1824）	葡萄牙	1773—1824	遣使会士，接收东堂
李拱辰（Reberio，1767—1826）	葡萄牙	1801—1826	遣使会士，接收东堂
高守谦（Serra）	葡萄牙	1804 年抵京，1826 年离开中国	遣使会士，历法
毕学源（Pires）	葡萄牙	1804—1838	遣使会会士，历法

这些来华传教士，如果是在狄德罗《百科全书》编撰前后来华，他们是完全知道此书编纂的，因为狄德罗《百科全书》是西方的大事，而

对欧洲关注的乾隆通过他们也可知晓此事。

一则据载18世纪曾有中国间谍在欧洲活动，他们的事迹甚至被写入了欧洲的小说中。[①] 狄德罗《百科全书》编撰这样一件在西方掀起轩然大波的大事，间谍们肯定也会及时汇报回中国。因此，乾隆是完全有机会听说西方大事的。

上述推测是可能成立的，因为蹊跷的是，乾隆下旨修《四库全书》，正好是狄德罗《百科全书》出版的第二年。作为十全老人的乾隆，修《四库全书》有一部分原因就是想超越乃祖乃父，甚至历代帝王。乾隆的这种私心，早已有学者很明确地公之于世："唐之《艺文类聚》、《北堂书钞》，宋之《太平御览》、《册府元龟》，明之《永乐大典》，皆巨制也。既有康熙帝之《古今图书集成》，足以比拟前朝矣，乾隆帝乃欲结集一空前之大业书，以期压倒一切。"[②] 那么倘若乾隆听说西方有一部大型书籍已经编纂成功，本身的好胜，以及天朝自大的观念是否可以令他加快四库开馆的步伐。而就修书而言，当时本有两派意见，以于敏中为首的赞成修书，以刘统勋为首的反对修书。刘统勋反对开馆修书原因有四：一是，修书非当时急务；二是，四处搜访遗书，易滋骚扰；三是，恐怕乾隆帝借此大兴文字狱；四是，恐怕朝野文人学士因此益启朋党之争。[③] 以于敏中为首的则赞成修书。二派争论的焦点集中在是否辑佚《永乐大典》上展开。乾隆开馆修书的充足的理由之一就是辑佚《永乐大典》，是否辑佚《永乐大典》对是否开馆修书关系重大。为此，刘统勋奉乾隆命派亲信许祖京调查，许祖京亲自去查核了《永乐大典》现状，得出的结果是认为《永乐大典》散乱不堪，根本没有必要整理，并如实向刘统勋汇报了，刘统勋则把许祖京的调查结果如实汇报给了乾隆，他们实际就是不赞成耗费财力修书，并且认为没有必要因修书引出一系列麻烦来。二派虽然意见不统一，但最终乾隆不顾调查实情，同意辑佚《永乐大典》，也就等于首肯了开馆修书。当然，学术文化的发展，政治的需要也需要修书，修书是必然的。但我们这里要注意的是，乾隆的超胜心理是否使开馆修书的时间提前

① 参见［法］亨利·柯蒂埃：《十八世纪法国视野里的中国》，唐玉清译，钱林森校，第136—137页所述。

② 任松如：《四库全书答问》，第7页。

③ 同上书，第19页。

了，因为后来办理书籍有许多缺憾，如对征书，速度要求过快，书籍多寡未彻底查清，版本情况也未彻底摸清。而《四库全书》最大的问题就是未得善本，版本未明。且开馆之初，书籍并未如乾隆命令与期待一样，迅速聚齐，书籍征收的速度非常缓慢，大多数官员持观望态度。此等现象，多少表明虽然大家感觉有修书的必要，但准备工作并没有完全到位。也许再稍待时日，书籍会修得更成功。总之，在乾隆的催促下，在一片集体迎合叫修的声浪中，四库开馆未免匆匆。在引发“匆匆”的诸多因素中，西方的刺激因素，很难排除于外。乾隆身边有西方的传教士，按照西方的说法乾隆还在西方安排有耳目。欧洲的大事，就像欧洲知道中国的大事一样，乾隆也是可能知道的。仅是出于政治需要，乾隆也应该知道，就像法国国务大臣贝尔坦连乾隆身边曾参与四库修书的重臣阿桂也了解甚详一样。因此，狄德罗《百科全书》的修撰，乾隆按理应该知道。

至于二书是否互有借鉴，或者说二书是否有互动，这得辩证地看。但可以肯定的是，二书均受到当时对方文化的影响，有对方文化的烙印，这其实就是一种互动，大的文化关照下的互动。1933 年，胡适曾就中西文明冲突发表己见，他指出，最初接触凡经过细心筹划、聪明安排的地方，不同的文明就完全可能初相识就相爱，虽然匆匆的结合免不了将来的勃豁。17 世纪耶稣会会士在华传教成就极大，这就是几乎一开始就为自尊自重的文明人树立的好榜样，较之 19 世纪中国和西方列强之间令人惋惜的摩擦，恰成有益的对照。法国人裴化行在《十七十八世纪天主教会及其在中国文化发展中的地位》也从另一角度阐述了与胡适类似的观点。确如其言，整个 17 世纪中西交流总的趋势可以说是互动中和谐共进。在和谐互动中，中西双方相互汲养，即使到 18 世纪中西交流出现曲折，但因有 17 世纪打下的良好基础，所以并未影响到中西文化互动在 18 世纪出现曲折的同时达到繁盛的顶峰，为代表各自文明的两部巨著《四库全书》、狄德罗《百科全书》的编撰提供对方文明的养分。双方文明互动给予它们的汲养，在二书中也自然应得到不同程度的体现。《四库全书总目》中馆臣的西学观，狄德罗《百科全书》中编撰者的中国观，均是此种体现的表现。

细而言之，四库修书是中国当时文化浪潮的结晶，代表的是整个中国文化，反映的是当时的文化主流。如果狄德罗《百科全书》有诸如“长城”、“中国”等论及中国处，那么必然有受乾隆朝带去的思想观念的影响之处。这个思想观念应该是主流的思想观念，而乾隆朝时代的主流观念在严格执行乾隆意志的四库馆得以完善总结，以提要的形式折射出来。而狄德罗《百科全书》正有“长城”、“中国”等有关中国的条目。从这个角度而言，狄德罗《百科全书》中已见未来《四库全书》的影子。而《四库全书》也应有狄德罗《百科全书》，容括在馆臣对西学著述进行总结的提要中，这些提要必然反映出当时西方主流文化代表狄德罗《百科全书》的思想。并且系于中国当时的话语权，这种反映也极有可能是从反面的角度反映出来的。

第四章

中西大型书籍编撰余韵

无论从编撰还是思想等，四库修书和狄德罗《百科全书》的影响都是深远的。兹分别叙述。

一 四库修书余韵

乾隆四十七年（1782）《四库全书》修成后不久，乾隆偶阅文溯、文津阁《四库全书》，发现不少错误，《四库全书》的覆校工作就一直进行着，到乾隆五十二年（1787）大规模覆校工作开始。同年（1787）五月二十三日永瑢等奏现办文渊文源两阁书籍事宜[①]。同年五月三十日军机大臣和珅等为奉旨覆校《四库全书》有关事致《四库全书》馆总裁[②]。这次覆校，文渊等三阁书籍应换写篇页及工价，令纪昀、陆锡熊分赔[③]。

为覆校《四库全书》，纪昀不断有表上奏谢罪，而陆锡熊、陆费墀则付出了生命的代价。陆锡熊逝于重校文溯阁《四库全书》的路上，陆费墀的生命结束于赔办江浙三阁书籍装潢事上。乾隆五十三年（1788）陆费墀卒于杭州西湖文澜阁。不过，直到第二年（1789）七月十三日兵部尚书彭元瑞等奉旨查取陆费墀用事供事姓名事致武英殿总裁[④]，对陆费墀在馆中所做事做了一个总结，朝廷才对陆费墀事彻底了结。

其实陆费墀只是乾隆防止党争再起下的猛药。陆费墀受惩罚起因是丢失底本未报，再后来是任副总裁校书不力，书中有应毁未毁者，但官修书籍有这等弊病，乾隆自己也承认，“办理《四库全书》一事，卷帙浩繁，

---

① 中国第一历史档案馆编《纂修四库全书档案》，第2010页。

② 同上书，第2017页。

③ 同上书，第2025页。

④ 同上书，第2162页。

人员冗杂，瞻顾私情，自所难免。然以国家办此大事，岂能彻底澄清，毫无瞻徇”[①]。乾隆也就根本没有必要惩治迫害一个修书大臣至死，但乾隆确实如此做了。细察陆费墀的交游，可以发现陆费墀获得如此下场是因为他是于敏中的人，而于敏中是有结党嫌疑的大臣。乾隆汇集天下才子文士于四库馆，他也要防止结党的风气。如此庞大的四库馆一旦结党，这风气必然蔓延天下，而党争对乾隆而言是记忆深刻的。陆费墀和于敏中过从甚密，乾隆当然知晓。当于敏中去世，陆费墀出现差错，陆费墀不菲的命运就来了。至于《清史稿》认为陆费墀罪有应得，赞扬乾隆没有赶尽杀绝为他还留下了养家费的仁慈举措，只是遗老遗少的故国思绪，陆费墀命运的真相不是他们所愿意揭示的。当然，也许他们并不能透彻理解陆费墀现象。

既然下如此大力防止党争于未然，四库馆当然一片晏然。而如此“前无古人，后无来者”会聚当世一流学者于一堂，举国精英纷纷盘桓京城，聚众生事，惑乱思想，引发叛乱，也是不无可能的。但乾隆敞开大门，欢迎他们到来，非魄力与开明不能达到。不过，魄力与开明是有成就的君王必须有的，是对自己统治的挑战和信心。乾隆四库修书，对自己国度的统治信心是足的，所以他敢于挑战自己的统治，也用事实证实了自己统治的牢固，进一步去除了不利于自己统治的因素。因此四库修书，虽云集乾隆一朝精华于京城，即使有学术之争，有为着终南捷径而参与修书者，但修书的根本从来没有脱离，大家均戮力襄助修书大业。这应是乾隆值得骄傲的，因为他的国家的思想管制是如此严密。当然，这也是乾隆魄力的结果，一定程度上开明的前提。

不过，也正因为如此，四库修书告成虽然是在乾隆四十七年(1782)，真正结束却要到嘉庆九年（1804）了，因为思想钳制带来的败笔需要修缮方能弥补。如文渊阁的空函书籍，直到嘉庆八年（1803）十二月方告蒇事，翌年（1804）二月归架。嘉庆八年（1803）四月初二，谕内阁《四库全书》内没有缮入高宗诗文及续办《方略》等书一体增入庋藏。四月初七，纪昀奏拟续缮《四库全书》事宜十条。同日，派军机大臣庆桂等会同纪昀续行缮办《四库全书》。四月二十日，军机大臣庆桂奏酌议续办《四库全书》事宜情形。五月初九，军机大臣庆桂等奏查明

① 中国第一历史档案馆编《纂修四库全书档案》，第1157页。

《四库全书》空函及应增书籍情形。十二月初七，军机大臣庆桂等奏办整理文渊阁空函书籍告竣。嘉庆九年（1804）二月初一，军机大臣庆桂等奏文渊阁空函书籍排架完竣。修书遂告结束。

不过，虽然四库修书结束了，但对盛世修书的向往却激发了阮元等对大型书籍编撰的担当与热情。出生太晚，没有赶上盛世修书，只看到了骥尾，为弥补遗憾遂全心续貂。阮元的《四库未收书目提要》被嘉庆皇帝“宛委别藏”，是直接接续四库修书的目录著作，而《十三经注疏》、《广东通志》、《经籍纂诂》等则承续了盛世修书的风范。当然，伴随大型书籍的编纂，其间是非恩怨也是难以避免的。如作为幕主的阮元与幕客们在修书中所扮演的角色，到底谁应为大型书籍真正编者，为学界留下了争论话题。不过，这些是非整个封建时代都存在。这个是非得辩证地看，如果没有幕主的鼎力支持，大型书籍不可能问世；如果没有幕客们的努力，大型书籍质量也得大打折扣。我们今人要定是非，也是很难有定论的。大型书籍的编纂的鼎力支持者还有毕沅。只是毕氏不得善终，阮元则通达一生。

阮、毕二人凭借封疆大吏身份纂修大型书籍自然得心应手，士人们要走这条道路当然望尘莫及，也难以走通。像南宋郑樵虽有宏愿要修通史却只能半途而废，而且过于劳累也损折了阳寿，以致过早去世的鉴借，士人们当然晓然于胸，也不会轻易尝试。因此，士人们往往把所思所感，倾注在读书记中。读书记短小精悍利于抒发所思所感的特征，尤为屡屡有读书游学作幕经历的士子们所喜爱。这类读书记中就有参与阮元幕府《经籍纂诂》修纂的周中孚的续接《四库全书总目》的《郑堂读书记》。《郑堂读书记》打破了四库的禁忌，收录了四库未收禁书，淡化了皇权、站在了学术前沿，注意反映当代成果。

继《郑堂读书记》后而续写《四库全书总目》者，在民国初年成就突出者，以公家力量纂修的可谓《清史稿·艺文志》。

道光以降，国家形势有了颇多变化。曾国藩督两江，倡设金陵、苏州、扬州、杭州、武昌官书局。张之洞督粤，设广雅书局，延聘儒雅，校刊群籍。同时，私家也辑刻日多。因此，这个时期的丛书极为丰盛，胜过各代。而七阁的文源被英法联军付之一炬，文汇、文宗毁在洪杨太平军手中，文澜也因之有散佚，完好存者唯文渊、文溯、文津三阁。这个时期，也是欧风东渐，科学日昌的时期。同治初年，设立江南制造总局，开始翻译西方书籍。光绪末年，复设译书局，流风所披，译书竞出，有志之士，群研时务。这个时期，敦煌写经，殷墟龟甲，异书秘册也大量涌现，考古所资，尤有裨于学术，而其间，硕学名儒，各自著述，鸿篇巨制，不可殚记。因此，虽有《郑堂读书记》等的续写，但距清末民初而言，时间上已有了距离，而且与书籍发展的形势也难以匹配了，加之个人力量有限，对《四库全书总目》成书后的书籍再次依靠政府力量进行相对全面的清理，势在必行。

民国初年的《清史稿·艺文志》[①] 完成了这个任务。它效仿《明史》，断自清代。采用四部分类法，除审例订讹外，多从《四库全书总目》。对于清儒著述，《四库全书总目》所载，采集靡遗；对于存目，则有所斟酌去取。乾隆以前，漏者补之，嘉庆以后，缺者续之。倘若有些微怀疑，则一律疑以阙疑。不录前朝的书，但对清代辑佚成果，却附载之，续写了《四库全书总目》。

《清史稿·艺文志》续写《四库全书总目》，在体例的变通上，颇有创新，推动了目录学进步，值得我们注意。其一，关注辑佚成果，使它们得以著录《艺文志》，无疑显示了撰者的慧识。从众多古籍中搜求只言片语，是需要意志与毅力的。晨抄暮纂，长期不懈，兢兢以求。有时需费几十年工夫，方可还原古籍一二初貌，或钩稽一些鲜为人知的材料。书籍撰者虽非清人，但清人实为这些书籍的功臣。没有他们，这些书籍可能会依然或永远不见天日。故而，辑佚是清人的巨大成就。所以即使辑佚的清人并非撰述者，实可谓特殊意义的撰者，为《艺文志》史上不可忽略的一笔。《清史稿·艺文志》大量登载清人的辑佚成果，显然是认识到了清人辑佚的巨大贡献。其二，经部小学类专设"清文"一目，为以前目录书所没有。这是满族统治下清代著述实际情况的反映，说明汉、满、蒙三种文字在清代历史上具有的同等重要的地位，是《清史稿·艺文志》对时代学术深刻的认识，也是《清史稿·艺文志》对目录学的开拓发展。其三，史部地理类有外志，史部金石脱离目录类单为一类，都说明了《清史稿·艺文志》著录的进步性。当然，《清史稿·艺文志》也有不足的地

---

① 《清史稿·艺文志》与《四库全书总目》从体例上看归属不一，从严格意义上讲不能算《四库全书总目》的续编。本书之所以把它列入续编，是就它著录续补《四库全书总目》的力度而言的。

方。它收书仅收9633种，数量显然不够，并且存在一些错误，且遗老遗少所作，著录又难免偏颇。如不录西人著述，没有能及时反映当代学术成果等。对于《清史稿·艺文志》的诸种缺漏，范希曾曾批评为："史志例不注版本，其著录之书，已刊未刊，及稿本、传抄本之存于何许，俱无从考见。徒存其目，为效有限"[①]，"但云取则《明史》，除收辑佚书外，上列诸项。多所阙略，此则不知清代有特色者。译籍概未之载，教士书，止收南怀仁《坤舆图志》一部，基督教极有关系之《新旧约全书》，亦不之收，疏阔甚已"[②]。"收书之例，有可言者，首宜严限断。……间有收遗臣在民国间所著书，而其人清季所作，反被遗落，或未能尽载。如康有为书，无一所取。王闿运、缪荃孙书，亦止收一部。去取之旨，莫之识也。"[③]"一人所著，前后数刻。时有多寡异同，史志纵不能兼载，则当以定本足本入录。"[④] 可以考见一代举业程式风会者等四书五经程文，不应全部摒弃。丛书子目散见各类，可免重复，但他书已收，则可不再著录。"书本未成，或已成而亡，空张其目，在方志经籍，此病最甚"[⑤] 等项。因此，《清史稿·艺文志》只能算是续修这个任务的部分完成者。

新中国成立后，对《清史稿·艺文志》所著录9633种图籍继有补作。1955年，武作成辑有《补编》，共补10438种，合计共著录清代按照四部分类的书籍20071种，除去个别重复的，约为20000种。武著分类除增加了一些子目，如农家类增"农艺之属"、"蚕桑之属"二目，小说类添"笔记之属"、"章回演义之属"、"弹词之属"三目，其余全同原志。这三目的增添反映了清代三类书籍兴盛的实情，但是它仍远没有反映清人文集及清史资料的全部情况。比如清人族谱类图籍有好几千种，该书只著录了几十种，这一项就把几千部书拒之门外了；又如清代方志有5000多种，该书著录不足3000种，这一项又少了2000余部。至于基本处于无人问津状态的图籍，如释老经典，它的数量、收藏情况就更不清楚了。这还是仅就汉文资料而言，满文、蒙文、藏文、维文等少数民族文字的清史史

① 朱师辙：《清史述闻》卷17《范希曾评〈清史稿艺文志〉》，生活·读书·新知三联书店1957年版，第372页。

② 同上书，第373页。

③ 同上。

④ 同上书，第374页。

⑤ 同上书，第375页。

料，则更不知它们究竟了。后来中华书局把《清史稿·艺文志》及《补编》合在一起，于1982年出版，全二册，省却读者翻检的劳顿，又作有书名和作者姓名索引，检索更便，还附有范希曾、蠡舟、张尔田、马太玄等人对《清史稿·艺文志》的文章，加上该书局编辑部的《出版说明》，遂使这本书也可谓“艺文志”的评论集。[①] 再后，则有山东大学王绍曾教授主编的《清史稿艺文志拾遗》（中华书局2000年版）在两书的基础上增补清代著述54880种，使总数达75000种左右，加以彭国栋的《重修清史稿艺文志》（台湾商务印书馆1986年版），将清人著述几乎网罗殆尽，接近对清人著述8万的估数。当然，仍有遗漏，最近有人又补漏几十种。山东大学已进一步投入人力继续增补，编成《清人著述总目》以为新修清史的辅助。而目前由人民大学清史所担纲戴逸主持编修的新《清史》中的《艺文志》当更能涵括以上诸家成就，编就清人著述大全。我们拭目以待。

除续接著述外，还有一些学者做着对《四库全书总目》条纲系目的工作，为读者读书津梁。诸家整理研究者，如乾隆年间胡虔《钦定四库全书附存目录》一书，费莫文良《四库目略》一书。另外，还有《钦定四库提要道家类纲目》、《钦定四库提要道家类存目总目》、《钦定四库提要四部类叙》、《钦定四库提要医家类》等对《四库全书总目》提要某类书目提纲挈领之作。[②] 又四部分类法虽然在四库修书之际已经不能牢笼所有书籍，但四部分类法在此后很长一段时间仍不失一种主流分类形式，如《书目答问》等依然用的四部分类法，大规模用西方分类法是西方分类法引进之后的事了。近人范希曾《书目答问补正》、傅增湘《藏园群书经眼录》，周子美《嘉业堂钞校本目录》、《天一阁藏书经见录》，今天的《续修四库全书总目提要》等等，[③] 依然用的是四部分类法。又当西方相当于中国类书性质的总汇知识大全的工具书传入我国，本来与《四库全书》类属不一，但因国人对《四库全书》印象深，加以二书均总汇百家的缘故，所以虽然几经更名，最终还是贯以“全书”的名称。

---

① 冯尔康：《清史史料学》，沈阳出版社2004年版，第416—417页。

② 陈晓华：《“四库总目学”史研究》，商务印书馆2008年版，第363页。

③ 上海古籍出版社2001年版、中华书局1983年版、华东师范大学出版社2000年版、中华书局1993年版。

以上是就编撰而言的四库修书余韵，四库修书的影响还有更深刻的一面，即学风。姚莹为姚鼐的侄孙，认为自四库馆之后，人趋考据，不再有潜心理学者，“是以风俗人心日坏，不知礼义廉耻为何事，至于外夷交侵，辄皆望风而靡，无耻之徒，争以悦媚夷人为事，而不顾国家之大辱，岂非毁讪宋儒诸公之过哉!”① 乾嘉时期攻击汉学最厉者，应是袁枚、蒋士铨、钱载、姚鼐、王芑孙等人，除姚鼐一人入四库馆外，其余的都在馆外。而姚鼐因学风不合的缘故，只在四库馆待了一年就离开了。不过，姚鼐攻击汉学，也有出于个人恩怨的一面。章太炎说：“震始入四库馆，诸儒皆震竦之，愿敛衽为弟子，天下视文士渐轻，文士与经儒始交恶。而江淮间治文辞者，故有方苞、姚范、刘大櫆，皆产桐城，以效法曾巩、归有光相高，亦愿师程朱为后世，谓之桐城义法。震为《孟子字义疏证》以明材性，学者自是薄程朱。桐城诸家，本未得程朱要领，徒援引肤末大言自壮，故尤被轻蔑。范从子姚鼐，欲从震学，震谢之，犹亟以微言匡饬，鼐不平，数持论诋朴学残碎。”② 当然这恩怨也并不足以影响一个人思想的根本，它的作用不过推波助澜而已，姚鼐为宋学家是无疑的。故而，肯定会被四库主流派排挤至选择主动退出四库馆。四库馆的汉宋之争其实也酝酿了四库馆的变革。馆内外立异四库主流学风者，共同推动了学风的悄然变化。当时代一变，清朝强盛不在，汉学与宋学都不能救亡图存的时候，就该是新的学术登上历史舞台的时期了。学术悄然的变化，阮元等先觉者就感受到了，他们试图调和汉宋学。如阮元的幕府就同时有汉宋两派，并有各自激进的代表江藩、方东树。二人学术观点迥异，又好气争胜，门户观念尤深，以致他们在自己作幕的幕府中上演了汉宋斗争最激烈的场面。他们二人各自著书表明立场，互相揭短，打击对方。然而，他们揭对方短处的同时其实也彰显了自己的短处。当然，也无疑对汉宋学做了一总结。盛世已去，与汉宋学适应的时代已不复存在，无论学者如何挽留，均无济于事，因此这个高潮无疑也是一个尾声。当然，这个高潮也表明阮元调和汉宋学其实也并不成功。其后，士大夫多喜言文术政治，边疆史地，乾嘉考据之风渐渐衰弱。再往后，曾国藩试图用理学整治世风，但

① （清）姚莹:《东溟文外集》卷1《覆黄又园书》，载（清）姚莹《中复堂全集》，姚浚昌安福县署，清同治六年刻本，第34页b。

② 章炳麟:《訄书》“清儒”第12，生活·读书·新知三联书店1998年版，第160页。

也不忘用汉学夯实它，牢固根基，振救清朝的衰败，其实也不过是美好蓝图而已。盛世不在，礼义人心适应治世而非乱世，即使扎根实学，也徒劳无济。而当年四库馆臣戴震和章学诚议论方志异同，笔墨相颃，反而揭示出方志真谛，催生了章学诚的方志观念，方志学在乾嘉时期正式确立。不过，这一切均可溯源到四库修书。由此看来，新的学术在四库修书的时候就已准备好粉墨登场了。

二　《百科全书，或科学、艺术和工艺详解辞典》余韵

狄德罗《百科全书》问世正如狄德罗自己所言："将在人类知识的精确性和进步方面作出自己的贡献，培养出更多真正的学者、杰出的艺人和各行各业的具有开明思想的人；通过这些，它将造福于整个社会"[①]，它的问世并不仅仅只是知识的问世，更是摧毁旧世界的新思想的问世；它的知识与思想的影响也并不仅仅局限于当时，它的流风余韵至今犹存。

（一）1789 年法国大革命

"百科全书派"的成员，无论是狄德罗、格里姆，还是卢梭、伏尔泰、德·若古，没有谁想刻意推翻现有政府，他们只是希冀改良当时政治，推动社会发展，但他们没有想到他们如实反映自己思想的一本书却照亮了时人的眼睛，为 1789 年法国大革命提供了思想武器。

不过，细究狄德罗《百科全书》，不难发现它居 1789 年法国大革命思想导航者的地位，摧毁旧世界实属必然。因为它暗示传统的知识除偏见和迷信外等于零，隐藏着认识论的转变，改变了人们熟知万物的形貌。[②]的确，如狄德罗所言自己的《百科全书》对所有艺术与科学，都是按读者事先对它们毫无了解这样的假定来写的，[③]狄德罗《百科全书》给时人提供的是与旧日迥然有别的新知识。

这些新知识包括自由、天然平等等。狄德罗《百科全书》"天然平

---

① ［法］狄德罗编《狄德罗的〈百科全书〉》，［美］坚吉尔英译，梁从诚汉译，第 111 页。

② ［美］罗伯特·达恩顿：《启蒙运动的生意》，叶桐、顾杭译，第 7 页。

③ ［法］狄德罗编《狄德罗的〈百科全书〉》，［美］坚吉尔英译，梁从诚汉译，第 110 页。

等”条指出，天然平等是人类生来就有的，人类天生就是自由拥有自然权利的。故而，不得把人按等级对待，只能合情合理公平要求每个人。每个人要互相尊重理解，不得强制任何人。一切权利都应人人享有，或被轮流占用，并且狄德罗更提出了一个大胆的设想：一场革命的种子可能会在地球某些未知的地方生长起来，或在一些文明国度的中心悄悄地萌芽，它将在未来猛然爆发，毁灭城市，瓦解国家，使世界再次陷入愚昧和黑暗。但只要自己所编的著作哪怕能完整地保存下来一部，所有灾难都可以得到挽救。因此，狄德罗自许自己的《百科全书》必然无愧于时代，因为最有文化水平的人均可以从中找到某些新的观念和事实。①

事实证明，狄德罗的设想确实有相当的预见性，未来的法国果真爆发了一场大革命。革命力度强大到对一切均抱以摧枯拉朽的态势，彻底瓦解了一个旧国家，毁灭了与旧世界联系的一切。而这场革命的思想基础及奋斗目标就是要求获得自由平等、天赋人权等权利。由此可见，狄德罗《百科全书》正是启迪这场革命的火炬之一，为革命提供了思想源泉。而这场革命胜利后，所需要的稳定与建设，以及继续的思想汲养，也正是主张资产阶级工场手工业的狄德罗《百科全书》准备好了的。② 这正如狄德罗自己所预言，虽然他们的作品对于他们问世的时代因为过于大胆，曲高和寡不合时宜，备受冷遇，不为时代所欣赏，但一旦所超越的时代结束，属于他们自己的时代到来，就会获得与他们功绩相称的公正评价。③

但是，与狄德罗大胆设想有出入的是，1789 年法国大革命不是使城市消亡，而是打算在旧城市的基础上建立更有利于资产阶级市场秩序的城市。世界也并没有陷入黑暗和愚昧，只是暂时陷入无助，在无助中摸索更有利于资产阶级国家发展的道路，重新确立新秩序。那么这是否说明狄德罗的设想与 1789 年法国大革命实际相矛盾？有负于 1789 年法国大革命导航者的美誉？就此，我们要肯定的是，这一切并无妨狄德罗《百科全书》为 1789 年法国大革命思想导航者的美誉。因为，狄德罗虽然误测 1789 年

① ［法］狄德罗编《狄德罗的〈百科全书〉》，［美］坚吉尔英译，梁从诫汉译，花城出版社 2007 年版，第 124、126 页。

② 下节有叙，兹略。

③ ［法］狄德罗编《狄德罗的〈百科全书〉》，［美］坚吉尔英译，梁从诫汉译，第 191 页。

法国大革命带来的是毁灭、黑暗与愚昧，但最终强调的是自己《百科全书》拯救毁灭、愚昧与黑暗的力量，亦即他完全自信他的《百科全书》足以为成功后的革命重建秩序提供所需一切，无疑从另一角度彰显了他的《百科全书》为法国大革命提供思想与知识力量的无比潜力。其次，狄德罗之所以认为自己预测的未来革命会毁灭城市引发文明走向愚昧陷入黑暗，那是因为狄德罗所能认知的现实及书本世界给予他的是欧洲历史上所有后进革先进的命均是以毁灭城市，文明陷入愚昧，黑暗到来告终的，所以狄德罗虽然预见到了未来的革命，但介于他所能认知的局限，也就对未来革命隐隐担心，担心未来的革命如过去所有后进革先进的命一样会带来时代的倒退。故而，狄德罗的设想与1789年法国大革命实际有所出入。不过，与他预见到法国大革命以及号召革命的思想威力相比，这个出入，我们大可忽略不计。然而，我们知道，狄德罗根本不必担心，1789年法国大革命是先进革后进的命，并非狄德罗所生活时代所能认知到的欧洲历史上任何时代的后进革先进文明国家的命带来的愚昧和黑暗，1789年法国大革命带来的是旧日毁灭基础上的前进。当然，狄德罗有这革命倒退论，也是和他的保守立场分不开的。狄德罗虽然不自觉地在为资产阶级服务，但他实质上是不愿意看到一场毁灭过去一切的革命的，因为狄德罗本人就无法彻底和过去决裂，故而狄德罗在他的《百科全书》中有这等未来革命恐怖论，并预先留下了拯救未来革命的恐怖的方法，声称只要他的《百科全书》能流传下去哪怕一部，未来革命带来的愚昧和黑暗依书中的方法治疗就将得到救治。狄德罗的这些矛盾，应是当时资产阶级知识分子的共性，时代使然，不可苛责。此外，1789年法国大革命在彻底毁灭旧日一切的同时确实也伴随着某些愚昧，法国曾一度陷入混乱迷惘。从这个角度言，狄德罗也可谓准确预测到了1789年法国大革命。

狄德罗《百科全书》影响1789年法国大革命，还可从它的编撰成员身上体现出来。1789年法国大革命的丰碑人物之一雅各宾派的罗伯斯庇尔曾专门拜访“百科全书派”成员卢梭，称自己的革命思想来源于卢梭。罗伯斯庇尔绝非附风作雅之辈，他造访卢梭所言当是内心的真实道白。卢梭的自由平等、社会契约等观点正是摧毁旧制度根基的武器。在卢梭看来，既然天赋人权，那么人人就应该平等。既然人人都要平等，那么就理应向不平等的现实社会斗争。而人类不平等的根源就在于专制，民众要实现自由平等，只有打破专制的枷锁。因此，发动革命最终要建立这种新秩序的罗伯斯庇尔无疑就是卢梭思想的忠实实践者，卢梭从思想上启迪了1789年大革命先驱。

此外，作为启蒙者的“百科全书派”，不仅在世俗方面引导民众认识到当时社会的黑暗与腐朽，激发摧毁它的斗志。就宗教而言，“百科全书派”也可谓世俗中洗涤宗教黑暗的功臣，这在他们为狄德罗《百科全书》所撰写的内容中多有体现。在此书中，他们“重新安排了认知的世界，重新确定了人类的位置，并把上帝拒之门外”[①]。如伏尔泰为受宗教迫害者打官司，庇护寻求保护的异教徒，并为文讲演，口诛笔伐教会。他呼吁宗教宽容，明确表示，用符咒来表示对上帝的忠心的人是不会得救而注定要灭亡的。[②] 而德·若古则旗帜鲜明地呼喊铲除宗教裁判所，任何政府都应拒绝它，并拿出有力的证据来证明自己的论点。他认为：“在君主制度下，它只会造就出伪君子、告密者和叛卖者。在共和制度下，它只会产生不诚实的人；而在专制暴政之下，它就和政府一样起着破坏作用，它唯一的用处就是使教皇失去他最可宝贵的东西——各省的统一，以及在其他地方残酷而无谓地烧死许许多多不幸的人。”[③] 同时，德·若古指出，虽然自己和同道们不能解决这个问题，但他可以与孟德斯鸠一样，为这个问题提供解决蓝图。即如果18世纪的欧洲要被未来称为文明社会的话，就必须抛弃宗教裁判所。宗教裁判所在很大程度上令18世纪处于野蛮状态，是整个18世纪欧洲的污点，如果继续允许它的存在，必遭到人们的痛恨，成为历史的罪人。至于“对异说不容忍”、“无宗教信仰的”成为狄德罗《百科全书》的词条，更可见当时宗教问题的严重性。宗教不宽容，已经是18世纪普遍的社会问题了。“对异说不容忍”在宗教方面的表现是，除自己宗教外，其余的宗教都是伪教。为了自己的宗教，不惜殉教。对其余宗教，则视之为异端。世俗对异说的不容忍的表现是，同自己在崇拜上帝问题上观念和方式不同的人断绝一切关系，并用各种暴烈手段迫害他们。这个问题是宗教的历史问题，曾经上演过众多流血事件。因此，狄德罗希冀这些对异说不容忍者，首先对自己进行救赎，因为他们的行为其实连上帝都为之厌恶。并且，在狄德罗看来，有无宗教信仰并不重要，关键

① [美] 罗伯特·达恩顿:《启蒙运动的生意》，叶桐、顾杭译，第6页。
② [法] 狄德罗编《狄德罗的〈百科全书〉》，[美] 坚吉尔英译，梁从诚汉译，第274页。
③ 同上书，第279页。

是有无道德。人要想在现世生活得幸福，只有保持自己的品德。这是除一时利益和引诱之外，只能遵循的唯一正确的道路。此外，在狄德罗看来，与其在宗教中花费四百多万镑用于圣饼等繁缛的开支，不如用这些花费去解救贫困的人群。

“百科全书派”在狄德罗《百科全书》中诸如此类的评判宗教，指斥宗教的言论，教会为之颤抖，民众则被唤醒。精神的自由，是法国大革命胜利的保障。精神有了自由的人们，战斗力会是很强大的。这也是狄德罗《百科全书》能直接为1789年革命导航的保障。

对于狄德罗《百科全书》以上成就，恩格斯曾给予过全面系统总结，恩格斯道“法国的唯物主义者没有把他们的批评局限于宗教信仰问题；他们把批评扩大到他们所遇到的每一个科学传统或政治设施；而为了证明他们的学说可以普遍应用，他们选择了最简便的道路：在他们因以得名的巨著《百科全书》中，他们大胆地把这一学说应用于所有的知识对象。这样，唯物主义就以其两种形式中的这种或那种形式——公开的唯物主义或自然神论，成了法国一切有教养的青年的信条。它的影响是如此巨大，以致在大革命爆发时，这个由英国保皇党孕育出来的学说，竟给了法国共和党人和恐怖主义者一面理论旗帜，并且为《人权宣言》提供了底本”①，高度赞誉了狄德罗《百科全书》从思想上启迪1789年大革命的巨大成就。

（二）新社会蓝图

狄德罗《百科全书》构设了一幅幅新社会蓝图，为资产阶级工场手工业的发展立下汗马功劳。

1. 工艺及其科技蓝图

狄德罗指出，自己的《百科全书》为工艺及其科技部分所花费的劳动和心血不比别的部分更少。遇见过的困难是从没有的。没有书可以借鉴，且工艺及其科技是体力与实践的工作，所以他为撰写工艺及其科技词条非得不辞劳苦请教巴黎和全国最好的工匠，参观工作室和作坊，提问记笔记发挥工艺者们的思想，汲取他们行业中最准确术语，根据这些资料制成图解，加以说明，再回去向提供资料的人讨论，且长时间持续访问其中

① 中共中央编译局编《马克思恩格斯选集》第3卷，第394—395页。

某些人，以便修正另一些人那些不完备、不清楚、不准确的解释。并且对于其中非常特殊复杂的，还得亲自参加劳动、操纵机器，亲眼看产品形成，以便准确描绘。为此，狄德罗还专门制定了必须解决的问题：一是所使用的材料及材料来源；用什么方法来准备这些材料，材料质量的优劣，有多少可供使用的品种；使用这些材料之前和之中，要求什么样的工序。二是用这种材料所产生的主要产品以及这种生产是怎样完成的。三是工具、机械以及它们被拆卸或装配时各种部件的名称、说明和图解；如果对于了解它们内部设计或外形等有用的话，还要提供某些模具和其他工具的断面图。四是用一张或几张插图，来说明一种工艺或其操作原理，有的图只表现工匠的手，有的则画出正在进行这个行业中最关键工序的操作的人的全身。五是收集了某些工艺或行业所使用的特殊术语，并尽可能准确给以定义。①

正是这样精密安排不耻下问坚持不懈，使狄德罗《百科全书》成为宣扬科技工艺，肯定资本主义工场手工业的发展，赞扬它们的人它们的物的阵地。这正如狄德罗《百科全书》第 3 卷前言所言这本书是各科研机构的总汇，第 8 卷前言再次指出这本书至少给了读者一份关于曾经有过的各种工具和机器的精美图册，这其中有各种机器和工艺的图解，包括它们历来有过的最完备的说明，以及论述各门学科的大量极有价值的条目，狄德罗《百科全书》就是要表彰科技工艺以为日益上升的资产阶级进一步发展设计好科技工艺蓝图。

这些科技工艺词条，有“艺术”等条目。在“艺术”条中，狄德罗认为科学和艺术同源，人类的奢欲、欢娱、好奇心等需要施及自然物的生产活动或努力，就是依照逻辑学家所说的按照对象的形式而形成的各门科学和艺术的起源。同源的艺术和科学的区别在于，艺术是实现了的，科学则是法则。在实现及探讨法则过程中的各种观察和技术处理的总和分别就是艺术和科学。在这个条目中，狄德罗还谈到有关深入工场作坊的方法及其长处，在什么情况下宜采用何种方法解释。

此外，还有“棉”、“面粉”、“纸”、“糖”、“丝绸”等条目，以及相

---

① ［法］狄德罗编《狄德罗的〈百科全书〉》，［美］坚吉尔英译，梁从诚汉译，第 107—109 页。

应的图版。如“棉”条目[①]，介绍棉的概念，棉的产地质量用途，并且提及因此而产生的棉纺织业。与“棉”相关条目的还有制造和生产棉织品的条目。在这里，狄德罗自述自己亲自或邀请其他学者撰写有关这类条目，就是为了彰扬工艺。此外，为这些条目，还安排了相应的图版。据狄德罗讲不少于600幅，图版说明放在与图版相对的左页上，并注明与图解相对应的释文应参见书中的哪些段落。如一台磨面机、一台造纸机和制糖机等等，可以在与它们各自相对应的左页上读到“图50磨面机”、“图51造纸机”、“图60制糖机”等等，然后将读到有关这些机器的一个简明的解说，并请参见“面粉”、“纸”、“糖”等条目。这些图版自成2卷，为全书最有趣味的部分。[②] 总之，这些科技工艺条目与它们的图版一道图文并茂地为资本主义发展提供了科技工艺鉴借。

当然，狄德罗《百科全书》并不仅仅设计各条目专门讲述科技与工艺，而且还使它们可操作可实行，书中有如何掌握好科技与工艺并使它们充分发展的详细介绍。

狄德罗告诉我们，在工艺中，即使熟悉理论也并不能掌握工艺的关键，工艺关键的获得在于经验。为此，得深入到工厂及艺人中去，观察工艺师傅们干活，虚心请教，画下那些工具和机器的图样，甚至写出它们的使用和操作说明书。如果要解密保密的手工艺，就要亲自或派可靠的人去做学徒。只有如此，方能把握工艺精髓。政府则应乐于为人们进入工厂提供方便，以更有利于手工技艺的普及和进步。[③]

同时，高度推崇工艺的狄德罗也指出艺术没有高低的区别，要发展工艺就必须表彰宣扬工艺并从各方面服务于从事工艺者并提高他们的地位。在狄德罗看来，机械艺术和自由艺术只是分类不同。那些发明了织袜机、织丝绒机和制玻璃机的人，对国家的贡献并不亚于攻城斩将的人。我们不要把要求人人做有用的事停留在口头上，而忽视真正有用的人。艺术的目的是把某种明确限定的形式加诸自然所赋予的基础之上。既是物质的，也是精神的；既有心灵的某种功能，也是自然的产物。没

① ［法］狄德罗编《狄德罗的〈百科全书〉》，［美］坚吉尔英译，梁从诫汉译，第172页。
② 同上书，第110页。
③ 同上书，第188页。

有艺术史，自然史就不会完整。[1] 自由艺术得到的赞美够多了，应该给机械艺术足够的空间，有充足的理由改善长期以来手艺人被蔑视而自卑的状况，教育他们自尊自信，给予他们应有的地位。要实现这个目标，需要大力宣传，需要各阶层人士群策群力为手工技艺发展服务。因此，可以让科学院的一些人到工场、作坊中去，收集有关工艺的各种情况并在著述中解释，以扩大世人对工艺的了解，吸引不同阶层的人去关注，最好能让当权者运用权威和奖赏来提高手艺的地位。同时，要给各项发明以耐心，因为发明的作用并不一定会马上凸显出来。此外，艺人们因知识的缺陷往往不能正确认识自己，这就需要社会对他们理解和包容以使他们能克服障碍，形成艺术家出力，学者们出知识和建议，有钱人出钱买材料、付工钱的流程，让艺人能在优良的氛围中最大限度发挥自己的优长。这样做的结果将有利于我们的艺术品和制造品质量飞速提高，超过国外同类产品。在“手艺”条目中，狄德罗又再次提到手艺人的地位问题。他说，古人把手艺人奉为神明，今人却抛入污泥。如果没有这些成为人们冷酷讽刺对象依靠手来生产同样产品并不断重复机械操作的人，诗人、哲学家、演说家、大臣、战士和英雄们，都会赤身裸体，也吃不上面包，[2] 呼吁社会高度重视手艺人的现状。

此外，狄德罗还为资本主义工场手工业发展提供了节约生产成本的如何使一种制作过程比另一种制作过程优越的谋略。如何使一种产品制作过程比另一种优越，狄德罗指出，主要在于用料精良，其次为工作要快捷和产品要完美。前者是个鉴别问题，后者得取决于工人的协作。那些能想办法，搞创新的人，在协作中出类拔萃，是使工作快捷、产品完美的重要人物。这样的人总会在工人中出现。

狄德罗如此说，也如此做。有关工艺的条目没有人愿意承担编撰任务，于是狄德罗便一人几乎揽下所有手工技艺的条目。而这些条目，均是狄德罗按照自己的设想，深入工厂作坊向工艺师傅请教并实践而写出来的。

手工业家庭出身对手工业有浓厚感情的狄德罗，甚而为工艺而夸大工艺范畴。如狄德罗认为伦理学和焰火制造术是艺术，即为典型一例。显

① ［法］狄德罗编《狄德罗的〈百科全书〉》，［美］坚吉尔英译，梁从诫汉译，第 141 页。
② 同上书，第 175 页。

然，就伦理学和焰火制造术均是艺术而言，狄德罗不免有淆误。因为从严格意义上说，伦理学和焰火制造术的归属应是不同的。伦理学应与形而上学划归一类。形而上学为科学，是因为它们最终没有实体。比如论辩、法律均属于形而上学范畴，它们需要精密的思维、严格的程序，是法则的各种观察和技术处理的总和。伦理学是对伦理从不同侧面进行各种观察和技术处理的总和，是抽象的，是门学问，没有实体，因此自然与形而上学一样划归科学之列。但焰火制造术则是门技术。把伦理学视为艺术，也违背了狄德罗自己对艺术下的定义。因为艺术着重于实现了的各种观察和技术处理的总和。狄德罗为何会犯此常识性低级错误？就此而言，我们可以归之为狄德罗工艺情结过浓所致。因为依靠技术方能产生的焰火最终目的是为了人类的观赏，虽是实实在在的技术实体，但在更看重观赏艺术者看来无啻于艺术，所以焰火在狄德罗那就是艺术。至于伦理学也属于艺术，如果要理解狄德罗的观点，也只能从狄德罗的艺术情结入手。狄德罗把本为科学的伦理学看作艺术，或许更看重伦理学为政治左右的属性，是门政治艺术；或许在狄德罗看来，应该为伦理道德确定下各种条规，从而为伦理学确定下实体的属性，这样伦理学就可理所当然列于艺术之列了。狄德罗如此设想，也是为了救当时法国之急。当时法国日趋恶化的世风确实也需要具体的伦理道德来约束。至于如何约束，则当是狄德罗思考的重心。过往的伦理学为政治需要曾进行过种种服务，伦理学如何为新形势服务，是一门艺术，这就成了狄德罗正在构设的新社会蓝图之一。可见，把伦理学当成艺术，自有狄德罗的用意。此外，一切艺术均有理论和实践，倘若从伦理学有理论，它的实践就是净化人类的心灵，为人类前进的准则来讲，把伦理学归于艺术，更看重伦理学的运用技巧，以及社会伦理井然有序给社会带来的美的愉悦的艺术，伦理学属于艺术也不为过。伦理学和火焰制造术都成了艺术，可见，工艺在狄德罗心目中的重要地位。

2. 政治经济蓝图

狄德罗《百科全书》就“政府”、“和平”、“天然平等”、“政治权威”、“政治经济”、“产权”、“集市”、“谷物”、“盐税”等进行了阐释，提倡天赋人权，人人平等，政府为民，和平是国家及人民利益的基础，财富应公平分配，呼吁建立资产阶级所需要的自由贸易，批评那种大型、集中化的集市，认为它破坏了农产品自由的和能够赢利的流通渠道，还谴责地方官员的种种滥用权力的行为和对集市的限制，认为这种来自封建制度的时代错误应予以根除，以使商业繁荣，国家富裕。此外，为资产阶级发展，还呼吁废除盐税。建立自由贸易等，为资产阶级构设了政治经济蓝图。

在为资产阶级发展构设蓝图时，狄德罗《百科全书》也看到了资产阶级发展中的一些弊病，提出了自己的救治方案。如呼吁资产阶级的发展，不要以葬送农业为基础，提出了稳定农业，发展农业，以农业为本的改良思想，即重农思想。

在重农思想者看来，农民贫困不是好事，只有国家贫困，农民才会贫困。政府应该关心农民这个阶层的生活状况。要重视他们，不要挪用农业资金。不要盘剥他们，不要任意课税，保证农民不受限制地劳作并出卖劳动产品，繁荣农业也就繁荣了国家。在“自耕农”① 条中，魁奈（Francios Quesney）指出商业繁荣滋生的奢侈等是妨碍农业的大敌，且商业繁荣并不能带来国家真正财富的增加，带来的只是货币的流通。商业可以被仿效，但各国自己特色的农业不是他国所能模仿的，因此农业更是国宝。如果国家能让农民不受打扰，不强迫他们缴纳人头税，使他们有和城市居民一样的保障，他们就会安于自己的农业，财富和人口就会增长，国家的财富和人口也会随之增长。在“谷物”条中，魁奈指出了法国对奢侈品的需求导致谷物等类农产品的交易下降，农村荒芜，人口减少。法国忽略了商业中收益最高贵的、王国岁入的来源——农业部分。法国停止农产品销售，减少来自土地的税收，就是为了支持对商业有害的制造业。商业和过分竞争损害了邻国的利润，最后不得不走私买进工厂所需的原料，在赚取商业利润的同时，也使农产品损失了几十个亿，国家所取得的繁荣只是表象。只有比较开明的商业部门才知道，只有那种满足生活需要的普通消费才能给政府带来最大的岁入。农业的合理有效运作，是商业制造业艺术工艺及其他行业发展的前提。因此魁奈得出：“只要我们的谷物可以自由买卖，农耕受到保护，人口足够稠密，我国就可以有高价和丰收；但是，对小麦贸易的限制、强制性的补贴、为生产奢侈品而滥用人力物力、连绵的战争，以及其他引起人口下降和贫困的因素，都会损害这种有利局面；国家每年因此要损失相当于上世纪它所收获的谷物的四分之三，这还不包括

① ［法］狄德罗编《狄德罗的〈百科全书〉》，［美］坚吉尔英译，梁从诫汉译，第215页。

由于农业和人口的巨大衰退而必然带来的其他损失在内。”[①]

然而，农民失去土地流入城市，是资产阶级发展的必然经历，重农思想并不能阻止也不能解决这个发展过程中必然导致的农民的阵痛。狄德罗《百科全书》只不过先知先觉到了这个弊端，试图调和，设计了调和蓝图。当然，我们知道，这个调和蓝图与其他蓝图相比，最后落空了。

对于自己所编《百科全书》的诸成就，狄德罗深有感触，他不无感慨地说，这本书已远远超出了他自身生活时代的范围。[②] 确如他所说，他的《百科全书》所描述的新社会蓝图，未来的欧洲均有实践，从它产生之日至今均纷纷论说它的光辉。如伏尔泰说“狄德罗和达朗贝尔在给自己装上翅膀，以飞往后世。他们是驮着宇宙的阿特拉斯和赫克里士。他们的《百科全书》是世界上最伟大的作品，是雄伟壮观的金字塔”，Charles W J Withers's *Encyclopaedism, modernism and the classification of geographical knowledge*[③] 则道及了狄德罗《百科全书》对地理学的关注，以及对19世纪地理学的影响。Lynn Thorndikel's L' *Encyclopédie and the History of Science*[④] 在论述狄德罗《百科全书》对科学和文明推动作用时，具体谈到了狄德罗《百科全书》对18世纪科学和文明的总结，以及对18世纪以后科学和文明的影响。归而概之，狄德罗《百科全书》的精神至今传唱不衰。

（三）狄德罗《百科全书》再版与续编

1. 狄德罗《百科全书》再版与以狄德罗《百科全书》为名的续编——以18世纪为例

狄德罗《百科全书》出版带来巨大政治、思想影响的同时，也给出版商带来了商业利润，使更多出版商把目光投向了它的再版与续编。在这个过程中，为了获得最大商业利润，他们利用参与狄德罗《百科全书》编撰的成员，也与同行打起商战，使再版与续编变成了一项投机生意。

---

① ［法］狄德罗编《狄德罗的〈百科全书〉》，［美］坚吉尔英译，梁从诫汉译，第252页。

② 同上书，第128页。

③ Transactions of the Institute of British Geographers, New Series, VOL. 21, No. 1 (1996), pp. 275 - 298 (24). Black well Publishing on behalf of The Royal Geographical Society.

④ VOL. 6, No. 3 (1924), pp. 361 - 386. The University of Chicago Press on behalf of The History of Science Society.

庞库克和两位合伙人于1768年12月16日，从狄德罗《百科全书》出版商安德烈—弗朗索瓦·布列顿及其合伙人那获得未经狄德罗允许的狄德罗《百科全书》以后各版文字及图版的版权后，他们就开始争取狄德罗、卢梭、达朗贝尔等“百科全书派”重要人物加入他们的队伍。

庞库克首先请狄德罗说服当局同意他出版修订本，狄德罗很爽快答应他的请求，并为他写了一篇指出自己所编《百科全书》错误的回顾性文章。不过，狄德罗如此做，实不乏实事求是的自我剖析。当然，应该也带有对布列顿等出版商屡屡不尊重自己权力的回击。

对于一部花费自己二十几年光阴的巨著，狄德罗的感情是复杂的。这个感情是为之劳动的感情，也是斗争胜利的感情。为之付出劳动，本是应尽之责。但具体编撰中，狄德罗有许多不得已。政府的干涉，合作者的背叛，参与编撰的朋友的离去，编撰者的人浮于事等等，均令他痛心，也是他无能为力的。当然，这无疑也加重了狄德罗对自己所编《百科全书》的珍视。同时，诸多不得已带来的还有狄德罗《百科全书》编撰的不尽如狄德罗己意。如撰稿人的平庸伤害了他的《百科全书》的完美，也有撰稿人把自己的撰写工作转包给雇佣文人，没有经过很好理解、真伪优劣、可爱可憎、不确定和互不一致、不协调的东西全部掺杂其中，致使质量良莠不齐。此外，分配工作也缺乏协调。以致遗漏了一些重要条目，还遗漏了互见参照的工作，文字和图版也没有仔细匹配。自己亲手打造的成品有如此多的缺陷，有责任心的主编当然希望能借再版机会纠正过来。因此，狄德罗对自己所编《百科全书》不足的揭露，本意还是为了自己所编《百科全书》的未来。

然而，庞库克修订狄德罗《百科全书》主要是出于商业目的。当时瑞士一家刚开张的纳沙泰尔印刷公司（STN）寻求合作者，以狄德罗《百科全书》在法国屡受禁止的命运游说法国最大出版商庞库克在宽松环境的瑞士再版狄德罗《百科全书》，双方一拍即合。狄德罗的信也就成了为庞库克商业目的服务的工具，在1772年、1776年两次被利用。1772年，一名叫卢诺·德·布瓦斯杰尔曼称狄德罗《百科全书》的出版商用次充好，比预订价高的价格售给客户，并用狄德罗的这封信为证据。不过，即使用狄德罗的信为证，卢诺还是输掉了官司。1776年，庞库克再次利用狄德罗的这封信来说明狄德罗《百科全书》修订的必要，并利用这攻击狄德罗。庞库克称：“我将从未出版过的狄德罗的回忆寄给你们。这是会招致背信指责的行为。卢诺抹杀了《百科全书》的所有优点以作为论据，但是读了这一回忆你们就会确信改编本是必要的。8 年前（即 1768 年），我们就考虑出版改编本，但是狄德罗也是个坏蛋，他向我索要 10 万埃居，这使我们很失望。”[①] 不过，不管是非与伎俩如何，庞库克获得的是与卢诺同样的结局。大臣莫普（Maupeou）害怕更直言不讳的狄德罗《百科全书》的出现，没有批准庞库克这一计划。庞库克遂计划重印原版并通过增补卷纠正错误、弥补错误，最终成果即第二对开本或称日内瓦对开本以及增补卷。

日内瓦对开本（1771—1776 年），即狄德罗《百科全书》的再版本。印了 2150 部，包括加放在内。订购价 840 里佛，到 1777 年，四开本竞争使它价格降低到 700 里佛更低。[②]

增补卷 1776 年开始 1780 年完成，出版商庞库克、孔多塞（Condorcet）等负责编撰事务，共出版狄德罗《百科全书》补遗 4 卷，图片 1 卷，索引 2 卷。有狄德罗《百科全书》的名字却无其实，不但编撰者、出版商不同，而且本质上已背离狄德罗所编本，只能算是以狄德罗《百科全书》为名的续编。

为增补卷利益最大化，庞库克曾请狄德罗主持。但这次狄德罗没有满足庞库克的要求。庞库克日后就这件事发表狄德罗要求他给自己 2 万路易便迅速满足他的需要，否则什么也不做的言论，对狄德罗狠狠一击。就庞库克所言，狄德罗确实钻在钱眼里了。但我们知道，庞库克是一个投机商，他是为利益编撰，日内瓦对开本就使庞库克与其合伙人获得了 400000 里佛。[③] 而狄德罗无论怎样，始终称得上是个学者。仔细考量狄德罗为人，狄德罗对金钱并未有多大嗜好，一生最大的金钱欲望莫过于为独生女儿置办嫁妆，但也是取之有道的。置办女儿嫁妆是靠卖自己藏书给当时的俄皇叶卡特琳娜二世来完成的。因此，狄德罗不可能为了庞库克所言的 2 万路易毁掉自己一世清誉。故而，我们完全可以断定，狄德罗道出这句话的真实意图在于以其人之道治其人之身。意即狄德罗根本不愿意庞库克这样一个把自己的言论公诸于世的人的打扰，更不想和他合作。至于钱

① ［美］罗伯特·达恩顿：《启蒙运动的生意》，叶桐、顾杭译，第 46 页。

② 同上书，第 32—33 页。

③ 同上书，第 23 页。

本是庞库克心爱的物品，只要令庞库克出钱到心疼，也就会免了庞库克的无休无止的打扰。狄德罗对庞库克的厌恶，奥斯特瓦尔德在 1780 年 6 月 4 日致博塞的信中也曾谈到，“阿尔莱可能和你谈到了，并可能同样地告诉了你，狄德罗用证据向他明确表示这是一个背信弃义的人”[①]。看来，狄德罗根本不屑与庞库克合作。第一次答应写回顾性文章是出于对自己所编《百科全书》的负责与爱心。为追求增补卷的最大利益，庞库克又把卢梭牵入其中，但卢梭最后也无法忍受他的商业气息与伎俩而从中退了出来。

1776 年 8 月 14 日，庞库克和苏阿尔（Jean-Baptiste-Antoine-Suard）签订合同，计划由达朗贝尔、孔多塞主持新对开本的工作，由苏阿尔负责筹备工作，列了不少名人入编撰者行列，这些名人几乎都是法兰西学院的学者。达朗贝尔以健康和工作为由婉拒主编之位，但答应游说普鲁士国王弗里德里希二世支持他们的编撰，最后游说没有成功。在庞库克坚持改编狄德罗《百科全书》的决心下，庞库克所编《百科全书》缺少了狄德罗《百科全书》的战斗精神，但避免了政府的迫害，销售量扩大。1782 年庞库克《方法百科全书》开始出版，印数大约是 5000 部。[②] 这是以狄德罗《百科全书》为名的续编本之一。

狄德罗《百科全书》除再版本日内瓦对开本与续编本增补卷、《方法百科全书》外，据罗伯特·达恩顿研究再版本还有卢卡共和国（the Republic of Lucca）对开本（1758—1776 年）、里窝那（Leghom）对开本（1770—1778 年）、日内瓦和纳沙泰尔四开本（1777—1779 年）、洛桑和伯尔尼八开本（1778—1782 年）。

卢卡对开本与里窝那对开本占领了狄德罗《百科全书》法国以外的，尤其是阿尔卑斯山以南的一些市场。阿尔卑斯山以北的市场被一个法国名为福蒂内—巴泰勒米·菲利斯（Fortuné-Barthélemy de Félice）的意大利教士占领。这个人在伊韦尔东（Yverdon）开了办事处，他的版本要纠正狄德罗本的错误，用虔诚严肃的新教教义代替原版中不虔敬的内容，这就是《伊韦尔东版百科全书》，即狄德罗《百科全书》又一续编本。伏尔泰（Voltaire）1771 年表示自己愿意订《伊韦尔东版百科全书》而非狄德罗

① 转引自［美］罗伯特·达恩顿：《启蒙运动的生意》，叶桐、顾杭译，第 48 页。

② 同上书，第 35 页。

本，伏尔泰的观点被菲利斯（Félice）的支持者在媒体上宣传，《伊韦尔东版百科全书》获得不少订单，1770年到1780年间印制了1600部。[①] 由于菲利斯的决定涉及数百万里佛，遂引发了出版商之间的商战。最后，为了不两败俱伤，出版商们互相妥协了。

正是这些为追求商业利益的再版与续编本的出版，打破了读者负担不起狄德罗《百科全书》昂贵价格的局面。扩大了狄德罗《百科全书》读者群。使狄德罗《百科全书》进入了代表启蒙运动的大范围传播阶段，令法国大革命前有了大量的狄德罗《百科全书》，无意中帮了法国大革命的忙。[②] 而这些出版商对参与编撰狄德罗《百科全书》成员的利用，则从另一角度彰显了狄德罗《百科全书》曲折的问世旅程，揭示出狄德罗《百科全书》的缺点，为读者辩证认知狄德罗《百科全书》提供了方便，并扩大了狄德罗《百科全书》知名度和传播范围，更有利于狄德罗《百科全书》发挥思想启蒙作用。

同时，在追求商业利润中，这些出版商不知不觉在新旧之间迂回周旋着。如基于狄德罗《百科全书》编纂出版过程中所受到的各种迫害，各出版商一致认为，需要找一宽松的出版环境。像菲利斯的合作者戈斯（Pierre Gosse）告诫大家，司法大臣和高等法院反对在法国重印狄德罗《百科全书》。但凡了解狄德罗《百科全书》作者和最初的出版商在法国所遭受到的迫害的人都知道，要完善这部书只有在一个自由的国度才适合，并要对政府不喜欢的狄德罗《百科全书》某些部分进行删改，但也要满足读者的求知欲，令顺利出版与出版数量均得到保障，获得最大商业利益。

故而，这些再版与续编本商业运作特色所体现出的与时代亦步亦趋，以及进步与落后并存，彰显了登上历史舞台前夕的资本主义的特质，反映了知识分子们新旧之间的关联，展现了思想革命是“如何以印刷的方式被表达出来、如何在社会体制中传播、如何具体体现在制度中以及如何与一种关于世界的新见解结合在一起的”[③]，对政治革命的贡献也是不小的。

狄德罗《百科全书》18世纪有关版本：

---

① ［美］罗伯特·达恩顿：《启蒙运动的生意》，叶桐、顾杭译，第35页。

② 同上书，第6页。

③ 同上书，第532页。

巴黎对开本（1751—1772 年）。布列里顿、达维德、布里亚松和杜朗出版，预计 4225 部，实际数量比这少。共有 17 卷文字（1751—1765 年，最后 10 卷于 1765 年在纳沙泰尔以伪托的名字同时出版），11 卷图版（1762—1772 年）。

增补卷（1776—1780 年），包括对开的 4 卷文字和 1 卷图版，在巴黎和阿姆斯特丹。1780 年出版了两卷《索引表》（*Table Analytique*）。增补卷印制量约 5250 部，价格 160 里佛。增补卷和原卷没有形式上的联系，撰稿人和出版商都不同。①

卢卡对开本（1758—1776 年）。开始对巴黎对开本亦步亦趋，因出版时间较晚而陷入困境。由贵族奥塔维亚诺·迪奥达第（Ottaviano Diodati）管理，得到一些有钱贵族的支持，并受到上议院的保护。

里窝那对开本（1770—1778 年）。最后一个再版本，随后出版了增补卷（1778—1779 年）。出版商是启蒙文学家朱塞佩·奥贝尔（Giuseppe Aubert），他说服了 3 位富有的中产阶级出资。托斯卡那大公彼得·利奥波德（Peter Leopold）接受了题献，为它提供保护以免受教皇干预，甚至为印制提供了贷款和一幢房子。②

日内瓦和纳沙泰尔四开本（1777—1779 年）。这是两种带有增补卷的版本。每套包括 36 卷文字卷和 3 卷图版卷，订购价为 384 里佛。由于受到八开本的竞争，1781 年最后那些四开本在公开的市场销售价低至 240 里佛。包括加放在内，四开本共印制了 8525 部。但是据约瑟夫·杜普兰（Joseph Duplain）说，由于大量损坏和厄运，最终只能装订成 8011 部完整的狄德罗《百科全书》供销售。约瑟夫·杜普兰是里昂的书商，他负责管理由他自己、庞库克、STN、列日的克莱芒·普隆德（Clement Plomteux）、里昂的加布里埃尔·勒尼奥（Gabriel Regnault）以及一些小合伙

---

① 增补卷的印数是由 1771 年 4 月 12 日签订的合同规定的，但后来可能有所调整。参见 Clement，“Pierre Rousseat et l'edition des Supplementa de l' Encyclopedie”，p. 136，Raymond F. Bim，*Pierre Rousseau and the philosophes of Bouillon* in Studies on Voltaire and the Eighteenth Century，ed. Theodore Bestman，XXIX，1964），122。关于价格和图表的背景材料，参见 George B. Watts，“The Supplement and the Table analyticque of the Encyclopedie”（百科全书的增补卷和内容表），*French Review*，XXVIII（Oct，1954），pp. 4－19。

② ［美］罗伯特·达恩顿：《启蒙运动的生意》，叶桐、顾杭译，第 33—34 页。

人组成的联盟名下的企业。[①]

洛桑和伯尔尼八开本（1778—1782 年）。达恩顿认为尽管广告上说是两个版本，但其实是基于两个订购活动的一个扩充版，它们合在一起的印数达到 5500—6000 部，订购价为 225 里佛，包括 36 卷文字和 3 卷图版。联合起来的两地印刷公司共同生产八开本，把四开本的文字缩减后再版，因此被手握文字和增补卷权利的庞库克及其合伙人视为盗版。[②]

2. 其他续编[③]

狄德罗《百科全书》之后，受它的影响，欧洲各国编撰《百科全书》之风日盛。此后，《百科全书》从欧洲传到亚洲，亚洲开始编译《百科全书》，自然也烙有欧洲各《百科全书》受狄德罗《百科全书》影响的痕迹。然而，遗憾的是，狄德罗《百科全书》之后各类《百科全书》均大都得其形而无其神，其政论性的风格也不复出现。

历史富有戏剧性，资产阶级启蒙运动由英国而法国再影响于英国，《百科全书》的编撰也是这样。正式的《百科全书》起始于英国，越过海峡来到法国，反过来又影响到英国《百科全书》的编撰。苏格兰启蒙运动的产物《大英百科全书》，就是以狄德罗《百科全书》为榜样的。不过，英国启蒙运动的保守性也留在了《大英百科全书》中。但与狄德罗《百科全书》没有后继者相反的是，《大英百科全书》一版再版，成为世界上最重要的工具书之一。不过，狄德罗《百科全书》的成就，不是《大英百科全书》所能比拟的。加尔文在《大英百科全书》的序言中曾表述了这方面的观点，加尔文说，狄德罗《百科全书》“充满生动的描写与时代的理论，是急进思想的兵工厂，真实知识的总仓库，……立即发生空前的社会影响，非后代任何学典所可以比拟。即其综合、分配、排比等纯粹编辑的技术，也不较十四版《大英百科全书》为次”。

受英法《百科全书》编纂的影响，欧洲其他各国也纷纷编纂《百科全书》。19 世纪，《百科全书》的编撰出版呈现一派繁荣景象。德国的布洛克豪斯（Brockhaus）《百科全书》、英国的《大英百科全书》（当时已

① ［美］罗伯特·达恩顿：《启蒙运动的生意》，叶桐、顾杭译，第 34 页。

② 同上书，第 34—35 页。

③ 狄德罗《百科全书》后各类《百科全书》均可溯源到狄德罗书，所以把它们视作狄德罗《百科全书》续编。

出版第1—9版)、美国以及法国的拉鲁斯(Larousse)《百科全书》是当时《百科全书》的代表作，并且《百科全书》也漂洋过海来到日本、中国。

第一部日译本《百科全书》是1873年由日本文部省编译局长箕作麟祥编译英国William Chambers、Robert Chambers兄弟合编《百科全书》中的《教导说》(*Information For The People*)第4版。1884—1886年间经济杂志社出版了石川暎作翻译的英国《泰西政事类典》。此外，日本学者不仅翻译西方《百科全书》，同时也自己组织编写。有内藤耻叟编1889—1890年间博文馆出版的《万国历史全书》、1890—1895年间嵩山堂出版的《富国全书》、1890—1891年间博文馆出版的《新撰百科全书》、富山房编1891—1894年间出版的《普通学全书》、沢田诚武1891年编的《(日用百科)国民之宝》、大和田建树1896年编《日本大辞典》、渡部太郎1902年编《农业百科》等问世。

这个时期，中国也开始关注《百科全书》。“百科全书”一词，普遍认为，最早出现在康有为1897年《日本书目志》中。而有关编译工作，19世纪60年代，中国就开始了。1867年，主持江南制造总局翻译活动的徐寿，在局中冯、沈二总办帮助下寻找一个方便系统考习西学的方法，得知《百科全书》即这类书，于是寄信到英国购买《泰西大类编书》。张静庐为这本书加了一个注:《大英百科全书》。[①]《泰西大类编书》即《大英百科全书》(*Encyclopedia Britannica*)的第一个汉译名，“大类编书”显然也是*Encyclopedia*最早的汉译。然而，因当时《百科全书》非中国政府最需急用的书，编译《大英百科全书》遂被搁浅。不过，傅兰雅等还是陆续翻译并出版了其中一些篇目。如同治十三年(1874)傅兰雅和华蘅芳翻译了《代数术》、《微积溯源》、《三角数理代数难题解法》。

不过，后来的有志之士逐渐悟出，仅编译适用当前需要的书籍，颇急功近利，并不能完成开通民智救国图强的目的，《百科全书》包罗万象的知识大全特征引起了他们的关注。加以康有为《日本书目志》、袁清舫和晏海澜《西学三通·西史通志·图籍志》、梁启超《西学书目表》等书目的介绍，于是激起了他们希冀编译《百科全书》及其相关知识救国图强的愿望。

---

① 张静庐辑注《中国近代出版史料初编》，群联出版社1953年版，第12页。

有关《百科全书》的编译，以及围绕它的编译主要集中在以下方面。

首先，厘清《百科全书》与中国传统类丛书之间的关系。中国讲究正名，所以对于《百科全书》，也势必有一系列正名的活动。

辜鸿铭直接把《百科全书》与中国传统类书等同起来。他说："西洋今日之学术，沿于犹太、希腊、罗马，亦可谓极其广大而尽其精微矣。独是西学分门别类，各有专科，提要钩元者，莫如类书。类书凡数十种，尤以近日太晤士报馆所出之百科全书为最备。"① 颜惠庆则认为，《百科全书》与中国类书，类而不类，不类而类。并指出不类是因为《百科全书》有用，中国类书无用。相类是因为都可以以资参考。②

1907年，严复在《书〈百科全书〉》一文中指出，《百科全书》西文叫"婴塞觉罗辟的亚"，正译过来应叫"智环"，或叫"学郛"。它以一部书的空间，举凡古今宇内，上至人伦思想所及，学术、技能、天官、地志、各国诸类有传的人，以及宗教鬼神可通的理，下到草木、禽兽、药物、玩好，元元本本，殚见洽闻，均记录下来著于其中，来备检寻考核。泱漭浩瀚，无所不赅，为人类智慧的渊薮，物理的圜枢。③

而李煜瀛则首译"百科全书"为"百科类典"，后因国人深受《四库全书》影响之故，仍改译为"百科全书"，再后来又因为"全书"在中文中易与丛书式的全书相联系，故改译为"学典"。

由上可见，对《百科全书》不同认识，其实是当时沸沸扬扬的各类主义的折射。像辜鸿铭执着传统，很自然就把《百科全书》与中国传统类书对号入座，因为二者编纂方式均是以类相从。不过，虽然二者在体例上确可归为一类，但二者在内容上也是颇有区别的。中国传统类书重文史轻技艺，西方《百科全书》文史技艺内容均顾及。就此而言，效忠传统的辜鸿铭显然有所忽略。颜惠庆比辜鸿铭晚生，曾充任上海约翰书院教习、丙午年应留学生考试取列最优等第二名、钦点译科进士，属于历欧风美雨回国效力的新派人物，洋务运动的中坚。他的这些经历，令他在思想上很容易就与传统割裂开去，而他在《百科全书》与中国传统类书关系的认识上，无疑就反映出了这方面的迹象。在对二者关系的认识上，颜惠

① （清）辜鸿铭：《大英百科全书评论·其二》，商务印书馆1907年版，第3页（下）。

② （清）颜惠庆：《大英百科全书评论·其四》，第7页（上）。

③ 王栻主编《严复集》第2册诗文（下），中华书局1986年版，第251页。

庆虽然认识到二者有相同的地方，如按类编排，可资参考，但在二者用途上则完全否定了中国传统的类书。很明显地有着当时全盘西化一类人的特质。当然，颜惠庆彻底否定中国传统类书，也与当时所有几乎彻底否定中国历史的激进的全盘西化者一样，其实是犯了历史虚无主义。不过，有着历史虚无主义的颜惠庆等，也往往难以自圆其说。如在解说中国传统类书与《百科全书》关系时，颜惠庆即难以自圆其说。一方面，颜惠庆彻底否定中国传统类书无用，另一方面却说有资参考。既然有资参考，那么就是有用。所以他的解说也就自相矛盾。而严复的评论，则注意到了《百科全书》在内容上与中国传统类书的区别，而且觉得叫“全书”，体例也不合。有学者也指出，严复注意到《百科全书》在写不在编，因此对于这类古今宇内凡人伦思想所及无所不包的大书，严复完全放弃与类书的对接，[①] 他认为把《百科全书》译为智环或学郛正可与《百科全书》包罗万象启迪智慧的实际相符。他宁愿拿《百科全书》与《史记》相媲美，也不与《古今图书集成》同列。他认为《古今图书集成》徒自充数而已，根本比不上《百科全书》对人类贡献大。当然，严复所谈《百科全书》主要是就狄德罗《百科全书》而言的。因此就思想的光辉而言，中国传统类书肯定不能与之相比。在编纂方式上，二者也是迥异的。当然，狄德罗《百科全书》之后《百科全书》的编撰方式也是与狄德罗《百科全书》本身迥异的。既然中国传统类书与狄德罗《百科全书》内容及编纂方式均区别很大，加以严复迫切希冀开启民智唤醒民众，故而严复在《百科全书》的译名上独树一帜，也是必然。

其次，编译“百科全书”性书籍的重要性。

《百科全书》传入中国之后，论证编译它的重要性成为当时力主编译它的人士不能绕开的任务。对于《百科全书》重要性的认识，个人看来，经历了两个阶段。第一阶段，即较早编译《百科全书》者，尤其强调精通时务救国改良，师夷长技以制夷的主旨。如杞庐主人指出自己编纂《时务通考》是受西人政治书籍隐合中国三古以来垂治遗意，以及西学能夺造化之功的启发。故而，自己所编这本书即意在取西法来补中国政教的

① 陈平原、米列娜主编《近代中国的百科辞书》，北京大学出版社 2007 年版，第 7 页。

不足。[①] 杞庐主人所言，中国主动向西人学习之意表露无遗。不过，从其中隐合三古垂治遗意，仍然可见外来文化要进入中国必须与中国传统相结合的痕迹。杞庐主人编纂《时务通考》的时期，已经是清末，西人西学已经可以不受任何限制堂而皇之进入中国，不再需要清政府的许可，不必再看中国人的脸色了，但外来文化要进入中国仍然必须顾及中国传统文化。这个自中西交通开始就有的基调到清末依然没有改变。

而 1897 年钱丰选辑《万国分类时务大成》，指出自己所选辑的这本书，有关时务无不摭入，中国议论发明，紧要的外国时事也采入。学者读这一编，可抵读千万篇西国文字，[②] 在时务方面可任意驰骋。而鸿宝斋主人为 1898 年刊行的《洋务经济通考》所作叙言也指出，当世士人不但应怀经世济变的能力，更应通达夷情，即洋务，故而这本书的编纂意义重大。[③]

然而，仅仅就洋务言洋务，非失之迂即失之固，声援气引，粉饰粗疏，[④] 并不能很好胜任洋务。故而有识之士感慨洋务不易言，通才难得。因此，稍后的编译者，自然突破了狭隘的时务观，注重所编译的《百科全书》在知识方面的多样性，并强调多样性知识开通民智，培养新知识，改造中国的效用。

由此，《百科全书》编译也由讲求时务到包罗万象，尤其注重自然科学。它们的编纂也由辑到编到撰，所拟读者则由传统士大夫到新式学校师生，以达普及知识的效果。兹择《百科全书》性辞书的编纂为例见之。辞书被认为是传播文明的三利器之一。对于辞书，编纂者重在宣传辞书的检阅普及，以及对学术进步的辅佐功劳。不过，少有名人参与辞书编纂。当然，这些名人还是很乐于为它们张本或作序。也正是这些名人的序讲明了辞书编纂的重要性。像高梦旦为《新字典》所作序中认为自西学东渐，

---

① （清）杞庐主人：《〈时务通考〉序》，载（清）杞庐主人等《时务通考》，上海点石斋，光绪二十三年。

② （清）钱丰：《万国分类时务大成·凡例》，载钱丰选辑《万国分类时务大成》，上海袖海山房，光绪二十三年。

③ （清）鸿宝斋主人：《〈洋务经济通考〉叙》，载（清）邵友濂《洋务经济通考》，上海鸿宝斋，光绪戊戌年。

④ （清）薛福成：《〈万国近政考略〉叙》，载（清）邹弢编《万国近政考略》，三借庐藏板，光绪二十二年。

学术进步，百科常识非一人学力可以兼赅。而社交日用的需要，时又不可或缺。且文词又如此浩博，因此需要辞书的编纂。蔡元培为《植物学大辞典》作序中，也强调我国有自己的辞典后，不必乞灵外国，可为国人读书提供检阅便利，而学术进步的速率，由此也可得增进。[①] 除检阅便利辅佐学术进步外，严复还认为辞书可以解决国人读书“意自为说”[②] 的弊习。黄摩西在为自己主编的《普通百科新大辞典》所作序中指出，中国只有字书、类书，而无正当用词专书，而欧美各国都有词典，它们“名物象数，或立界说，齐一遵用，严以律令”，不像中国字书那样简单游移，不像中国类书那样淆杂灭裂。故而欧美各国名实不舛，异同互资。这是欧美各国国势强盛，人才发达的一大原动力，[③] 更把辞书与国势人才系联起来。

在这个编纂浪潮下，成套的《百科全书》编译工作得以完成。如汤寿潜和郑绍濂作序、范迪吉翻译、黄朝鉴等编译日本《普通百科全书》1903 年由上海会文社出版、1919 年商务印书馆出版陈铎等编《日用百科全书》、世界书局 1923 年出版郝祥辉编《百科新辞典：文艺之部》，又李煜瀛与吴稚晖、张静江等 1906 年创建的世界社也编译《百科全书》。到这个时期的 30 年代末，尚有少许《百科全书》得以编纂，如 1936 年中国辞典馆还出版了杨家骆编《中国文学百科全书》，体例较从前的《百科全书》优良。

当然，这一切其实一方面意在如何普及新知识，改变单一知识结构，把系统、完整、有秩序条理的知识传授给国人，以增强国人学识，以对抗西风，正如严复所言“今世学者，为西人之政论易，为西人之科学难。政论有骄嚣之风（如自由、平等、民权、压力、革命皆是），科学多朴茂之意。且其人既不通科学，则其政论必多不根，而于天演消息之微，不能喻也”[④]。另一方面也为了满足由传统走向近代，希冀快速跟上新知识步

① 蔡元培：《〈植物学大辞典〉序》，载高平叔编《蔡元培全集》第 3 卷，中华书局 1984 年版，第 113—114 页。

② （清）严复：《〈普通百科新大辞典〉序》，载黄摩西编《普通百科新大辞典》，国学扶轮社 1911 年版，第 4 页 b。

③ 黄摩西：《〈普通百科新大辞典〉序》，载黄摩西编《普通百科新大辞典》，第 1 页 b。

④ （清）严复：《与〈外交报〉主人书》，王栻主编《严复文集》第 3 册，中华书局 1986 年版，第 564—565 页。

伐的人们的需求，颜惠庆所道百科辞书为中国进化券恰形象说明了这一点。不过，由传统到近代过度的痕迹也留在了较早编译的《百科全书》中。如术语方面。像《新学备纂》中的“力学”与“重学”，“化合”、“化合理”、“爱力”，实际上均是同一学科的不同译名，这是新旧过渡之际，国人统一术语的步伐没有跟上知识引进的步伐的表现。此外，在分类方面，这个新旧过渡特征的反映也是明显的。如徐维则把“哲学”放在理学栏目，梁启超把逻辑学放在无可归类的书里。而某些类也并不一定完全等同西方的类。如《新学备纂》的“图学”类包括地图、测绘、绘画、照相技术等，大大超越了地图学范围的“图学”。至于它的“算学”类则有西方度量制度的信息。

不过，中国编译的这些《百科全书》中，直承狄德罗《百科全书》的还是李煜瀛倡导编纂的综合性《百科全书》——《世界学典》，[①] 它吸纳了狄德罗《百科全书》通阅全稿、整齐观念的编纂原则和世界性视野。

20 世纪 30 年代以来，受各种因素影响，除零星有所编纂外，中国《百科全书》编纂退出了市场与学人视野，到 20 世纪 70 年代末方重提《百科全书》编纂，《中国大百科全书》的编纂即开始于这个时期，编纂者们均以狄德罗《百科全书》传人自居。

今天，《百科全书》以资料精确、新颖，便于检索和重视学术性为各国学人读者所称道，续有新作编纂出版，如中国有《儒藏》、《中华大典》等各类《百科全书》得以编纂出版，《百科全书》编纂兴盛有加。

3. 世界学典——中国第一部拥有全球史观念的《百科全书》

18 世纪狄德罗《百科全书》编撰成功的要素，除科技艺术一项外，尤在于它能统一观念。李煜瀛提倡《世界学典》编撰就是要将技术与观念合二为一，一如其书名《世界学典》或《世界联合学典》，去除当时各《百科全书》编纂的弊病。

究其实质，李煜瀛的《世界学典》，其实就是把各民族的文化放在平等的视野下来对待，无轻重无优劣地进行编纂。故而，他要求自己的《世界学典》既有专门谈某知识点的专册，又有显示世界概念及知识概念的整体性与联合性等叙述范围较大的著述。专与总兼顾，范围广，时段长。他的《世界学典》还是理论与实践的总汇，可以弥补自狄德罗《百

① 后有叙，兹略。

科全书》以来各类学典的缺点。他的这些观点，他自己在《世界学典》书例答问中进行了全面阐释。

李煜瀛认为，所有《百科全书》的弊病，并非因形体限制无以求全。加尔文在为《大英百科全书》所作序言中曾谈到过《百科全书》编纂的时间和空间问题。加尔文认为《百科全书》包罗繁富，编纂一部《百科全书》所需时间也很长，但如果时间拖得太长，那么所编的某些知识很可能已经过时了，加尔文对这有一形象的比喻，他把这种状况比喻为“点一长排蜡烛，在中途上就把前一支吹灭而另燃一支一样”。如厄士（J. S. Erach）与葛鲁贝尔（J. G. Gruber）等专门学者所编的“科学文艺百科全书”，在一个世纪以前就开始了。已经出了 170 本，可是还没有完。木尔兹博士（J. Merz）于其 19 世纪欧洲思想史中对于这巨大而没有完的工作，作了很实际的观察：这个工作的推动者们，显然没有认清要使这类工作有效的两个要点；就是无论如何，不完全也必完成；又因思想与知识上的革命与演进，必定在一个限定的时间内完成。此外，《百科全书》还有空间的问题，即如何在有限空间完成人类知识的总汇。《百科全书》的增删很难做到完美，如赛克瑞（W. M. Thackcray）对拿比尔（M. Napier）一样可怜喊道：“你把我的血肉割去了。”最后加尔文只得无可奈何地说“一百册或一百多册，仍是不能解决这些相对的问题的!”加尔文无法解决的《百科全书》编纂的时空问题，李煜瀛认为是可以解决的。他甚而认为，加尔文所言的时空还窄了一些，因为真正呈现知识世界的学典，绝非一个世纪与几个版面的事，而是与人类历史同其久远的事。李煜瀛要使《学典》摆脱时空限制，在任何时空里都完整而不落伍，成为与时俱进的人类知识的总汇。他非常自信地说，这不是一个神迹而是“有机体”。为此，他提出了八个解决方案。

其一，《世界学典》的“世界”一词，不仅表示着知识的范围，它是用各种文字由各民族、各地方按各思想、各学科分头编纂，为各自独立的自为起止首尾完具的专册。同时各文字又各有关于“世界”、“学典”等总册，以为联络。这样不惟有海陆空的大国可有自己的学典，即弱小民族包括黑人也有学典。体裁与书式完全一律，互有详略，互有征引，互有沟通。为了公正，中文出版的不称“中国版”而称“中文版”。

其二，《世界学典》各册，不但内容相关，无论何种文字版本，即陈列于一书架上，尺寸装订亦均相同。《世界学典》的版本尺寸，共有两种：一为图书馆本，备固定陈列用者；二为袖珍本，用薄纸缩印图书馆本。所以要规定每册不能超过1500页者。

其三，各册自为起止。出版不限于一时一地，因之可成专册的某学科，无论范围大小，同对象而观点与表示方法不同者，不妨各自为册。即使仅为辞典中的一条条文，同题也可由多人撰作，分见有关各册，且可各有自己的解说。某册增删再版，也不牵及全体。新知获得时，随时可以编印一册，加入其中。所以分头刊行，相距无妨万里；陆续出版，可至人类末日。同时无所谓第一册、第二册……或首册、末册；或主册、附册；或共几册；它的出版先后，也不代表次序的观念。这所以为有机体者三。

其四，每种文字版本的主编者，只主管与另一文字版本及这种文字版本册与册间联络的责任。至于每册则各有它的主编者。因只1500页，在中文最多容300万字，所以一人即可胜任编著。纵使其中文字，系多人所写，但这册的主编者也不难全阅整理一过。而成于一手的各册，各册内部可以做到贯穿融洽，不致使这学典成为无灵魂的堆砌物。这所以为有机体者四。

其五，一般工具书，除备查外，有“不知从何读起”的烦苦；而备读的专书，又与工具书没有联络沟通关系，所以其中应分述或解释的，又有“不知从何查起”的烦苦；至于书与书间，知与行间，除少数书外，更是了无关系。《世界学典》版与版间、册与册间、页与页间、条与条间、知与行间，无不互相联络沟通，因此及彼，有若贯珠。这所以为有机体者五。

其六，古今中西的名著，我们并不因它们具有权威性而慑服其下，我们只把他看成世界或其一部分说得最清楚的代言者，知识既非我们这一代或写作学典者所专有。反之，是世界永远共有而又造福于世界之不容抛弃的遗物。未来名著，《世界学典》固已留有园地，供它们植根；以往名著，也应以它们各替代学典一册中的通论，或为某册辞典的一条，或为征览引录文献的一篇。于是后人将成我们的编著者，古人则已成我们的编著者。这所以为有机体者六。

其七，《世界学典》的通论部分，可用原著代替。辞典之部每册能容的条目数，固不免有它最高的限制，但各册继出不穷，而条目乃成无尽数。同时不惟征览之部时时注意采用辞典以外的方法，使知识尽量表示它交互错综的多种叙列方式，倘如必要，在辞典之部的地位，也可用“年典”、“地志”、“类典”或其他方式代替。至于“征览”之部，可容有知而行的“群艺”（社会技术）关系文字的提供。一切一切，都表示《世界学典》是体例精密，而又同时是活跃有生命的书。这所以为有机体者七。

其八，《世界学典》不惟在纸上，而且我们已以四十年的努力从事与其配合的文化建设，且遍及亚欧美诸大洲，受它影响者已有众多的人数，我们相信这不过是它开端的开端而已。他大则象征宇宙，小则变为酵菌，现这酵菌刚开始投入世海之中，必可引起化学的反应，呈现一敏速的催化剂作用，那些中了诱因而在世海中发酵者，正如掷石水中，水中波圈一层一层地扩大一样。这所以为有机体者八。

总而言之，《世界学典》的体裁，是取法于自然世界的联合，而成学典世界的联合，来达到大同世界的联合。杨家骆评价《世界学典》道：“世界不是一个国家、一个民族或一种文字、一种思想所统制的世界，在没有以互助与自由的精神演进至世界国、世界族、世界语文、世界思想时，所以第三、李石曾先生发动各国、各族以各文字、各思想同时分头编印，相互译述与引用，联合起来，则为一整个象征世界的学典，对互助性与自由性可谓兼筹并顾。他常说：‘狄岱麓、韦尔斯，李石曾皆是世界主义者，但如各用其习用的文字来编学典，总不免侧重于法国、英国、中国’，所以他要在世界各地普遍的发动了这样的运动。倘用此种文字编刊一学典，他种文字全行译述的必要，那末、此种文字的学典，可于书前另用他种文字写一‘简篇’，以供他种文字读者的需要。”①

同时，就《世界学典》第一册为什么是《四库全书学典》，李煜瀛也专门做了说明。他说，《世界学典》第一册之所以是《四库全书学典》，这是因为主持“中国辞典馆”的友人杨家骆愿意参与《世界学典》编纂大业，改组他自己主持的“中国辞典馆”为“世界学院中国学典馆”。而杨家骆正好按照《世界学典》编撰原则试验完成了《四库全书学典》的编撰，故而《世界学典》为出版方便就用它做第一册。至于李煜瀛所著“世界”等所谓总册者，或其他所谓专册者，也在这出版计划之内，不久随之次第问世。就此，李煜瀛也不忘强调率先出版《四库全书学典》并未有违《世界学典》所要求的公正与公平。

正是得益于《世界学典》放眼全球的编纂原则，《世界学典》成为了

① 杨家骆编《四库全书百科大辞典·四库全书通论·世界学典》，第108页。

生命活跃的有机体，即使僵死的知识到其中也会复活起来；加以有胸襟宽广的新人格，所以狭隘的知识到《世界学典》中也会解放出来。而虽然已成为文化工程遗迹的《四库全书》融入《世界学典》中，有《世界学典》用层创与演进的眼光重估它的价值，有《世界学典》用归纳与分析的方法阐明它在知识体系的部位，因此也会再复活起来。这绝异于他书的盲目歌颂，与枝节的指摘。更从此生发，使它扩大，以孕育中国知识的新清算运动——编纂《中华全书》。这个运动，要发扬四库修书之风，在各地普设“地方全书馆”及“地方图书博物馆”，建立知识的地方自治制，为地方学典资料与机构奠立基石。再建立联合组织，从事治繁总要，互删文字重复，广译换藏，互通知识的有无等工作。这些想法，已成为多数学者的共识，迟早必可实现。《四库全书》的这种复活，不是旧体的起死回生，而是如文艺复兴一样，由旧事物中孕育出新生命与新观念。将《四库全书》由尊经卫道的镣铐下，解放到自由观念中，更将《四库全书》的知识范围，由闭关自守的藩篱下，解放到全球知识领域的观念中。于是旧日士大夫们，与18世纪至20世纪法国以及中国的自由思想者可以并列论学。

当然，四库修书著录、存目两类书籍的众多内容与版本，和撰人7000的传记学说，及其应参见的13000条，《四库全书学典》并未加以忽略。它尽量利用已往研究《四库全书》的百种专籍的成果，使萃于一书。既无繁冗重复的弊端，更增排比检寻的方便。前加“通论”，使贯穿为一知识的整体；中增“广编”，使容纳其外相关的条目；后列“综览”，既各归其目，又统摄于一书中，成为有序可查的资料。①

由此可见，《世界学典》首册为杨家骆所主编的《四库全书学典》即实践了《世界学典》的理念。《四库全书学典》把《四库全书》放在当时的全球文化背景下，以互动的眼光认为《四库全书》可与狄德罗《百科全书》相比，为各自知识世界的代表。并通过与狄德罗《百科全书》比较，指出《四库全书》为人类空前浩大的工程，肯定了《四库全书》的世界性地位。

① 李煜瀛：《世界学典书例答问》，载杨家骆编《四库全书百科大辞典》，第4—7页。

表 4—1 《世界学典》的世界[1]

世界		
宇宙质力	精神智能	群体互助
自然世界	学典世界	大同世界

表 4—2 《世界学典》的学典[2]

学典		
全册融合	单体联合	交错配合
通论	辞典	综览

不过，李煜瀛的宏愿系于各种因素，却有始无终。他的全球史编纂理念，也后继乏人，不谓不遗憾。

(四) 狄德罗及其《百科全书》在中国

据邹振环研究，有关狄德罗的记载在清末文献中最早也许可上溯到1875 年日本高桥二郎译成中文的《法兰西志》。该书第五卷“布罗本氏纪”(1590—1795 年)“学问日开”一节中“达朗伯儿”之前有“本德拿儿，治德鲁亚”，邹振环认为此人即《百科全书》主编 Danis Diderot 的不准确的音译。继而，邹振环指出如果前述有疑，那么 1882 年出版的由美国谢卫楼著、中国赵如光笔述的《万国通鉴》一书则确凿无疑地提及了狄德罗。该书第 4 卷第 17 章“论从法国所出之文字激动多国人心”谈到了俄国女皇叶卡特琳娜二世曾邀请狄德罗去彼得堡逗留一年之事。

到 20 世纪初，在日留学的汤寿潜、严复、马君武等也均提到了狄德罗及其《百科全书》，意在激发中国人的科学与革命精神。

汤寿潜指出日本以狄德罗《百科全书》向日人介绍科学知识，希冀中国也效仿之。严复也倍加推崇狄德罗历经艰险成就启迪时人革命思想的《百科全书》，后人谈《百科全书》必以狄德罗《百科全书》为首。马君武则在 1903 年 1 月 8 日发表的《唯物论二巨子（底得娄、拉梅特里）之学说》指出：“十八世纪之大著作，其不能不推法兰西国之《百科全书》

① 杨家骆编《四库全书百科大辞典·四库全书通论·世界学典》，第 107 页。

② 同上书，第 112 页。

乎。《百科全书》者，法语称之曰 Encyclopédie，英语曰 Encyclopedia。编纂此书之学者，莫不主张无神论，而底得娄 Diderot 及亚龙卑尔 Alembert 实当编纂《百科全书》中哲学一门之任。法兰西人民之革命也，处君侯以极刑，辟恐怖之时代。《万法精理》及《民约论》，固不朽之伟业乎，《百科全书》亦绝大一纪念碑也。盖是书为一时有名之伟著，法国莫不知之，人民多读而受其思想之范铸者。因是知国家、真法律之性情及道德上之自由，信公理而不信真神也。造始也简，将必也巨，区区一书之效力，遂至是哉。"① 倍加推崇狄德罗及其《百科全书》的革命精神。

此外，1904 年宁波新学会社编译日本阪本健一编《外国地名人名辞典》列"狄德罗"专条为："Diderot（人），第特罗，法兰西之哲学家，刃物师之子也，热心鼓吹十八世纪之哲学，及创作《百科全书》者也（西历一七一三～一七八四）。"②

英国人窦乐安与中国人黄鼎、张在新等人译述的英国人张伯尔编《世界名人传略》中也谈及狄德罗，今取部分内容观之，其文道："提多罗，代尼斯 Diderot Denis 生一七一三年，卒一七八四年。法著述家。少时尝习法律学及内科医学。性非所好，弃之。独好哲学，顾其书初出，即为时所诟病，巴黎议院命焚其书，氏不惧。越三年，第二书又出，被逮下狱，既得释。某书贾欲印行英人张伯尔《图书类编》译本，延氏为总校。广致当时著名文人为编纂员，借《图书类编》之名，而易其内容。所载文字，无非讥刺文字，诟骂朝廷，为革命党挑战之机关而已。氏从事于此书者前后殆二十年，政府屡下令，不许出售，人皆代为氏危。谓其将以文字贾祸，非禁锢，即流窜耳。其同事达郎卑亦辞，然氏心精力果，更召同事。卒底于成，至一七五一年，而初集出现，又十四年，而全书告竣矣。晚年贫甚，幸俄后加他邻第二怜而助之，尝往谒后，居俄五月而归，后以风疾卒。""氏博闻强识，富于著作。惟文字往往多失检处。如小说也，戏曲也，讽刺也，哲学也，图书评议也，书札也，皆有流传之作。惟并未汇刊；成一家言。又一书曰《腊麻氏之侄》设为作者与趋炎附势人问答之语，以刺社会之愚。识见固极透彻，然讥嘲不无太过。氏之评议，同时

---

① 马君武：《唯物论二巨子（底得娄、拉梅特里）之学说》，《大陆》1903 年第 2 期，第 11—12 页。

② ［日］坂本健一编《外国地名人名辞典》，新学会社 1904 年版，第 115 页。

号称评议家，皆莫能及，议论既自出心裁，语言又尖利灵动，虽文墨间有短处，殊觉瑕不掩瑜也。其于宗教主义，初主无神说，后则以为万物皆神云。"① 对狄德罗生平及其著述，细至狄德罗编撰《百科全书》的曲折过程，甘苦得失，并详及狄德罗戏曲小说，尤其提到狄德罗《拉摩的侄子》一书，可谓清末谈及狄德罗诸编译书中尤为详细者。

又1908年1月，李煜瀛编《近代世界六十名人》一书也向中国读者介绍了狄德罗及其《百科全书》。就在当年，一位名叫杨紫极的学者受李煜瀛推介狄德罗《百科全书》的影响，开始翻译狄德罗《百科全书》。至1922年，共译200多万字，但未能出版。②

此外，李煜瀛在倡导编纂《世界学典》时，指出狄德罗《百科全书》之后各类《百科全书》质量下降，固然由于思想与知识加深与增广，学者们自身遇到的困难加剧，但根本原因还是在于只学到狄德罗《百科全书》编辑技术，却没有能与狄德罗一样曾通阅全稿，使全书有共同一致的思想观念。同时，《大英百科全书》等只是英语民族的知识世界，并不能代表整个世界的知识。为救助当时各类《百科全书》之困，于是李煜瀛提出“世界学典”的概念，以接续狄德罗《百科全书》编纂，弥补继狄德罗《百科全书》编撰之后各类《百科全书》的不足。杨家骆评价李煜瀛《世界学典》时同样谈及狄德罗《百科全书》的这个方面。李煜瀛、杨家骆二人这里提及狄德罗及其《百科全书》，意在强调编纂当今《百科全书》应有狄德罗《百科全书》思想一统及放眼世界的编纂视野。

由上可见，狄德罗《百科全书》译介入中国不仅给当时的中国带来先进知识与思想，开启了民智，而且也影响到中国《百科全书》的编纂原则与方法。

不过，这个《百科全书》编纂兴盛浪潮，到20世纪40年代转入低潮，一直到中国改革开放后，方走出低潮。

1979年后，中国大百科全书出版社成立，酝酿第一部现代《百科全书》的编纂，参与编纂者纷纷以“百科全书派”自居。梁从诫在美国一

---

① ［英］张伯尔:《世界名人传略》，［英］窦乐安、（中国）黄鼎、张在新等人译述，许家惺校订，山西大学堂译书院发行，商务印书馆光绪三十四年版，D册，第24页。

② 梁从诫:《中译本译叙》，载［法］狄德罗《狄德罗的〈百科全书〉》，［美］坚吉尔英译，梁从诫汉译，第13页。

所大学里发现狄德罗《百科全书》英译本，发现《中国大百科全书》竟然和狄德罗《百科全书》迥异，而中国并没有狄德罗《百科全书》中译本，为了让中国知道狄德罗《百科全书》真正面目，也为“百科全书”界同行补上狄德罗《百科全书》一课，使大家对200多年前西方那次伟大的思想运动多些真切的了解，从而更好体味值得当代中国人深思的东西，因此梁从诚决心翻译英选译本为中译本。[①] 这就是以美国布兰第斯大学（Brandeis University）比较文学系主任、法国文学教授斯蒂芬·坚吉尔（Stephen Jules Gendzier）1967年直接根据狄德罗《百科全书》原著选译的以英译本为底本，偶或参照彼得·盖伊（Peter Gay）编的《启蒙运动文选》而成的花城出版社2007年版梁从诚本狄德罗《百科全书》。进入21世纪，国家奖兴传统，择取他国优秀文明，《百科全书》编纂事业因之得以蓬勃发展，不少高质量的《百科全书》得以问世，惠泽国人。

① 梁从诚：《中译本译叙》，载［法］狄德罗《狄德罗的〈百科全书〉》，［美］坚吉尔英译，梁从诚汉译，第2—3页。

结 语

中西文明走向

18世纪中西方两部大型书籍及其编撰，其实已经暗示了中西方未来的不同走向。

总体而言，就是否开馆修《四库全书》，当时就有两派意见，以于敏中为代表的圆通派赞成，以刘统勋为代表的方正派反对。刘统勋的反对理由有三：一是担心思想被淆乱，二是担心劳民伤财，三是担心党争再起。最后乾隆决定修书，有奖圆通抑方正的一面。虽然奖圆通，抑方正，但四库馆却只要求修书必须严格遵守正统道统，有利于风化，有利于清朝的统治，不违背清朝的忌讳。并且因开馆前就有的刘统勋的警示，乾隆对馆中人员来往颇为重视，陆费墀和于敏中的交往过密令乾隆在于敏中过世后对陆费墀痛下杀手，应是刘统勋党争之诫犹在耳边的结果。当然，也是清前期党争之鉴的结果。因此，四库修书虽是文化集成之举，但思想专制有增而无减。反映在四库修书上就是四库馆成了汉学家的大本营，宋学家在馆中无立锥之地。

不过，虽然专制有增无减，四库修书唯谨皇命，但汉学家其实也在最专制的时期流露出变革端倪。以皖派戴震而言，综形名，任裁断。分析条理，皆密严瑮，上溯古义却根据自己的律令裁断。单凭依照自己的意思进行裁断，与汉学正统肯定是有别的。纪昀曾批评宋学家说经据理而断，倘若理断有理可依凭，那么六经都可以更改，随意阐释发挥，它的弊病或至于横决而不可制。而汉儒说经谨遵师傅学说，师所不言，则一字不敢更改。然而谨守师傅学说的，他们的弊病不过失于拘泥。[①] 明显地不主张理断。但作为汉学领袖的戴震依照自己的意思进行裁断，分明表明他首肯宋学的理据，当然也就偏离汉学的正统了。他所著《孟子字义疏证》、《原

① （清）永瑢等：《四库全书总目·孝经》，第266页。

善》更是如此。而他说“一夕而悟古文之道，明日信笔而书，便出《左》、《国》、《史》、《汉》之上”[1]，更有心性学说的顿悟。并且戴震说经，不专主郑玄学说。自然也惹得汉学正统纷纷攻击。当时，能够赏识戴震思想挺身而出为戴震正名的，只有章学诚。章学诚批评那些认为戴震《原善》空说义理，可以无作，是根本不知道戴震学问的人。姑且不论时人是非如何，但可以肯定的是，戴震以汉学领袖透露出对宋学的兼采，表明汉学已经悄然变化。

为戴震正名的章学诚其实也是汉宋兼采者，所以他哪边也讨不到好。自言除自己老师朱筠外，无一人可以理解自己。而作为汉学家的段玉裁言：“愚谓今日大病，在弃洛、闽、关中之学不讲，谓之庸腐，而立身苟简，气节败，政事芜。天下皆君子而无真君子未必非表率之过也，故专言汉学，不治宋学，乃真人心世道之忧。”[2] 更不愧明识。汉学、宋学各有所长，正如清初纷纷扬弃阳明心学时，孙奇峰却发出理学、心学各有所长之论，不无公允辩证。汉学领袖尚且如此，其他人员可想而知。对于汉学，就连《四库全书总目》也意识到专门汉学家的短处，他们论惠栋学术“其长在博，其短亦在嗜博；其长在古，其短亦在泥古”。至于激烈的汉宋学之争，就汉学内部派别而言，王鸣盛称自己实难断优劣。他认为惠栋治经求古，戴震求是。但终究而言，舍弃求古也就无从谈实事求是。也就是说，在他看来，汉学各派应是互相联系的。就这来看，他应是提倡学术界去除门户之见的汉学家，而阮元也是提倡汉宋调和，以救二者之弊的。然而，自嘉庆、道光以来，国家危机重重，正如汉学学者汪士铎所言孔孟、宋儒等为无用的虚说，无论汉学、宋学都无以为国运献上良策。当方东树、江藩在阮元幕府干笔仗，互相揭短之际，其实就已经表明汉学、宋学都已弊病至深，是它们退出主流学术圈的时候了，即使阮元等的汉宋调和也无济于事。

而且，还在乾嘉学术鼎盛之际，总领四库修书具体撰修任务的纪昀其实就已经感受到边疆的重要了，写下不少感时抒怀歌咏边疆的作品。当盛

① （清）章学诚：《文史通义外篇三·家书六》，载（清）章学诚《章学诚遗书》，第93页。

② （清）段玉裁：《与陈恭甫书》，载（清）陈寿祺《左海文集》卷4，清刻本，第50页b。

世一过，这些就足可激发起日后谪戍边疆的洪亮吉等仁人志士抚今叹昔以报家国的念头，激发洪亮吉等对边疆的研究，遂开边疆史地先河。同时，虽然纪昀为汉学中坚，皇帝意志执行者，但他照样为满足个人爱好私自把四库馆弃而不用的小说等拿回家中享用，这颇似乾隆虽然禁教策略不变，但为满足个人爱好，也不时要求西方派遣自己所需传教士来华。因此，乾隆朝不是一成不变的死水，传教士尚且有一线发展生机，正统思想当然也有被突破的可能。就纪昀而言，他不仅收藏异端书籍，而且他的《阅微草堂笔记》还突破了程朱理欲之念，批判以理杀人，肯定理存于欲，分明在歌颂异端。更可贵的是，纪昀承认声韵之学肇始于西域，而不宥守声韵为中国固有之说。纪昀身上所反映出的就是士大夫阶层内部正统思想的这种悄然变化，表明即使如纪昀这样最坚守者也不例外。他们在禁传思想的前提下承认了西人技艺比中国优越。

不过，以四库修书明确定下的西学观，并不有利于自然科技的发展，加以对自然科学著作如以往时代同等的轻视，自然大大妨碍了中国自然科技跟上世界进步的步伐。未来中国的落后挨打，四库修书当负一定责任的。当然，未能忝列四库修书不无遗憾，日后以大型书籍编撰、总结西学、搜集四库未刊书以追四库修书的阮元，其本自然应是与四库修书所确立的西学路线相和。有学者认为《畴人传》已明确形成日后张之洞“中学为体，西学为用”的思想，在当时颇有积极作用。[①] 不过，无论是四库修书或是《畴人传》在否定西人学理前提下对西人技艺的肯定，均表明中国正统派及其思想自上而下发生的变化。

乾嘉之后，在内忧或外患面前，洪亮吉、汪士铎等将以“天地调剂之法”、“君相调剂之法”、“晚婚晚育”、“计划生育”就人口问题提出思考，魏源、徐继畬等要求看世界、主张航海至“域外四洲”，工人兼习“泰西之法”的呼声[②]将逐渐被打破传统的“夷夏之防”，而龚自珍等将以“今文”经世、张穆等将以“史学”经世，张之洞将提出“中学为体，西学为用”，边疆史地、经史救国、中学西学体用问题之争将成为学术主流，各家各派将逐一登上属于自己的历史舞台。

---

① 彭林：《从〈畴人传〉看中西文化冲突中的阮元》，《学术月刊》1998 年第 5 期，第 85 页。

② 见徐世昌《清儒学案》（中国书店 1990 年版）各卷各人学案中。

然而，虽然学术文化界在一心寻找强国御辱的途径，学界、政界也流露变化改良的迹象，但是清朝的衰败却非学术文化所能救治的。四库修书时所确定的“节取其技能，而禁传其学术”① 的中西互动策略，等等，令清朝政府一直停留在天朝自大、天下之中层面上，停滞不前，最后导致闭关锁国，被强行打开国门，处处挨打。即使后来洋务派的洋务运动，其本也几乎未脱离四库修书时确定的中西互动的这个基调。中西互动不能得西方精髓，空学其表。对中方而言，互动自然也是失败的。学术文化既然推不动清政府的觉醒，最后就只能更彰显其弊，促使民众觉醒，加速它的败亡。

西方自狄德罗《百科全书》所体现的提倡科学技艺，放眼世界，不但反映了当时西方追寻海外市场的盛况，也反映了西方学术文化圈对世界学术文化的集成。在这部书中，他们探寻世界起源，世界互动，对世俗和宗教均提出了批判，要求建构理想中的学术文化之树，建设民主自由的国家，启迪并激发起时人的革命思想，为欧洲走向资本主义发展奠定了坚实的思想基础。

具体而言，首先，二书编撰目的不同。一为思想一统服务，一在广阔的世界视野引导下希冀打破思想束缚，故而二书对后人的汲养自然迥异。四库修书在总结文化，清理文化市场，确定下汉学的官学地位以加强思想一统之际也埋下了其衰败的伏笔。当清朝国势衰微，汉学不能救亡图存，适应不了时代需要，思想界涌现出各种新思潮，新的学术自然取而代之。当然，四库修书总结文化之功是巨大的，因其而确定的治学之风治学方法至今仍泽被学界。有学者称《四库全书》贡献适当，② 其概括深得四库修书要旨。

狄德罗《百科全书》的编撰目的也是宏大的。它要向读者提供一部作品大纲，这个大纲最终必须包括人类知识王国的一切事物。③ 它要求反映自由和民主，启示理智。因此，它尤其在技术工艺方面花费的劳动和心血不少。

因此，走向民间、关注工艺、鼓励思想自由的《百科全书》在改造

---

① （清）永瑢等:《四库全书总目》卷125《寰有铨》，第1081页。

② 杨家骆编《四库全书百科大辞典·四库全书通论·导言》，第3页。

③ ［法］狄德罗编《狄德罗的〈百科全书〉》，［美］坚吉尔英译，梁从诫汉译，第104页。

中自然会推陈出新，思想也就超越了。

正是基于以上所述，二书编撰过程也就均充满曲折。四库修书边修边禁边毁边撤边改。《百科全书》则受到来自政府、教会保守势力的阻挠，而内部组成人员的复杂也使整个撰修过程充满矛盾。当然，对于这样一个精英荟萃之地，内部矛盾肯定是避免不了的。换一角度而言，也正是这些精英们的内部互动所碰撞出的思想火花，以及由此而来的斗争，反而促就了《百科全书》编撰的成功和辉煌。

因此，同样深刻影响东西方的这两部书籍，狄德罗《百科全书》体现的自由、民主、理智、博爱为欧洲爆发的资产阶级革命提供了养分，为资产阶级发展扫除了思想障碍。中国则还需要很长一段时间才能走出专制的樊篱。

其次，就组织结构而言。一官方修书。由乾隆总领全局，等级森严，下面为总裁、总纂、总校、纂修、缮书处总校、缮书处分校，以及监造等。以编纂过程为例，纂修官①负责对典籍进行校对、整理，撰写提要，作为初稿；同时，还要对校阅单所注“备刻”、“拟抄”、“备抄”、“仅存名目”等四项标准提出自己的意见。初稿送呈总纂官，由其增减润色，方成定稿。然后，上呈总裁官对其加以批阅，并决定该书属于四项标准的哪一类，发还纂修官按批示改写。一商业运作下以主编领衔的修书，虽然都按照专长分工，但一个必须在馆中各负其责，一个可以自由选择场所和时间编撰；一个必须按照君主旨意为文，一个可以自由抒写。这个时代的欧洲渴望打破王权给它的束缚，要求一个属于自己的时代，可以书写自己的理想。二书风格自然大异，引导未来走向也迥别。

再次，就参修人员而言，四库馆由官员组成，其中包括乾隆派往四库馆锻炼文事的如和珅、阿桂等，以及戴罪立功以观后效的如王太岳等官员，被视为终南捷径。四库馆不允许平民入馆，像举人戴震等得以入馆，还是经纪昀等力荐乾隆下旨特招的结果。“又查有进士余集、邵晋涵、周永年，举人戴震、杨昌霖，于古书原委亦能多识，应请旨行文调取来京，在分校上行走，更足资集思广益之用。”② 像以平民身份入馆的丁杰，则

① 纂修官分：校勘《永乐大典》纂修兼分校官、校办各省送到遗书纂修官、黄签考证纂修官和天文算学纂修兼分校官。

② 王重民编《办理四库全书档案》，第10页。

是朱筠、戴震、翁方纲三人共同延请的结果。但也不是正式人员，仅是以私人资格助理校勘的事。其余如没有科举高中前的洪亮吉，虽然学识与声名均不菲，但也只是以编外人员校勘就食四库馆。所以几乎清一色官员组成的四库馆就只发出官方的声音，平民、农民、工匠的声音在四库馆是听不到的，四库馆也就成为官方引领汉学学风以加强思想专制的场所，成为汉学家的大本营。

但《百科全书》的编撰人员则不然，贵族、学者、平民均名列其中，没有地位高低的分别。《百科全书》的主编狄德罗即是平民，参与编撰令“百科全书派”内部时起纷争的卢梭也是平民，副主编达朗贝尔是学院名流，为编修出力甚大的霍尔巴赫、杜尔哥则为贵族。后来，还不断有人主动要求加入编修《百科全书》的队伍。要创造的《百科全书》，就必得敞开大门，大气磅礴，广罗各界，鼓励创新与自由的人士参与编修。这也是《百科全书》能自由发抒思想的保证。不同环境下的编修人员，反映思想自然不同，对未来影响也就大相径庭。

此外，二书编撰的财力状况也可体现二书预示的不同未来。为皇朝效命的四库修书，财力丰厚。参与修书的四库馆臣也就没有资金的忧虑，是皇权豢养的御用文人，并且入四库馆是他们晋升的终南捷径，所以他们局囿并服务于皇权，未得开拓新知新世界。《百科全书》的修撰，皇权抛出的豢养诱饵并没有使编撰者们选择官修，他们服务于自己心灵的自由，展示理性新知新世界，故而他们困顿于资金短缺。当然，为资金筹措的种种努力也是他们为自由、民主、理智、博爱奋斗的缩影。他们不会背弃时代给予的重托：“启蒙运动除了自由而外并不需要任何别的东西，而且还确乎是一切可以称之为自由的东西之中最无害的东西，那就是在一切事情上都有公开运用自己理性的自由”①，也就自始至终坚持不将狄德罗《百科全书》系于专制之下，保持了编撰的独立与自由，也引领了未来的独立与自由。

总之，四库修书总结了自己时代之前的中国文化，并从自己时代需要就中西学做了官方的引导与认知，使思想定于一尊，仅微露新学术的端倪。并且，虽然四库修书功业颇盛，但一定程度上，也摧残了文化。因

① ［德］康德：《什么是启蒙运动》，载康德《历史理性批判文集》，商务印书馆 1996 年版，第 24 页。

此，它不能引领新思想开创新时代。但中西体用的问题实从这里开启。同时，它始终以它“典籍之总汇，文化之渊薮”的巨大魅力赢得世界的关注，始终以它代表的中华民族传统文化的伟大与辉煌，屹立在人类文明前进大道上，俯瞰人类的风云，鉴示人类的未来，可谓世界文化史上的绝唱。而《百科全书》则以它的创造性，成为开启欧洲新时代中的一员，至今仍显耀着思想的光辉。

参考文献

专著

《诸子集成》，上海书店出版社1986年版。

（汉）司马迁：《史记》，（宋）裴骃集解，（唐）司马贞索引，（唐）张守节正义，中华书局1962年版。

（汉）班固：《汉书》，中华书局1975年版。

（汉）班固：《白虎通义》，《四部丛刊初编》本，上海书店出版社1989年版。

（汉）许慎：《说文解字注》，（清）段玉裁注，上海古籍出版社1981年版。

（晋）常璩：《华阳国志校注》，刘琳校注，巴蜀书社1984年版。

（元）许衡：《鲁斋遗书》，载北京图书馆古籍出版组编《北京图书馆古籍珍本丛刊》，第91册。

（元）苏天爵：《滋溪文稿》，载《丛书集成续编》第109册，集部，上海书店出版社1994年版。

（明）宋濂等：《元史》，中华书局1976年版。

（明）杨慎：《升庵诗话笺证·邵公批语》，王仲镛笺证，丁福保辑《历代诗话续编》本《升庵诗话》增补各条，上海古籍出版社1987年版。

（明）汤显祖：《玉茗堂全集》，明天启元年刻本。

（明）冯梦龙：《喻世明言》，陕西人民出版社1985年版。

（明）李贽：《续焚书》，南京图书馆藏明刻本。

（明）徐昌治订《圣朝破邪集》，日本安政二年本。

（明）李之藻：《浑盖通宪图说》，（明）郑怀魁订，明万历年间刻本。

（明）徐光启：《增订徐文定公集》，江南主教姚准，清宣统元年(1909)，上海慈母堂铅印本。

（明）徐光启:《徐光启集》，王重民辑校，上海古籍出版社 1984 年版。

（明）徐光启编《崇祯历书》，潘鼐汇编，上海古籍出版社 2009 年版。

（明）《明实录》，“中研院”历史语言研究所 1962 年版。

（清）杨光先:《不得已》，清咸丰八年抄本。

（清）杨光先:《辟邪论》，清 1644 年刻本。

（清）张尔岐:《蒿庵闲话》，清初刻本。

（清）顾炎武:《日知录集释》，（清）黄汝成集释，清道光黄氏西溪草庐刻本（1834 年）。

（清）顾炎武:《亭林文集》，中华书局 1983 年版。

（清）顾炎武:《日知录》，（清）黄汝成集释，岳麓书社 1994 年版。

（清）顾炎武:《天下郡国利病书》，上海书店 1985 年影印本。

（清）王夫之:《思问录》，顺治十三年张元枢刻本。

（清）方以智:《通雅》，清刻本，浮山此藏轩藏版。

（清）方以智:《浮山文集后编》，清康熙方氏此藏轩刻本。

（清）魏禧:《魏叔子日录》，（清）易堂刻《宁都三魏全集》本。

（清）《世祖章皇帝实录》，中华书局 1985 年版。

（清）万斯同:《昆仑河源考》，《借月山房汇钞》本。

（清）彭孙贻:《客舍偶闻》，《振绮堂丛书》本。

（清）王崇简:《青箱堂诗集》，康熙间刻本。

（清）王士祯:《蚕尾集》，康熙年间刻本。

（清）陆世仪:《思辨录辑要》，王云五编《丛书集成初编》，商务印书馆 1936 年版。

（清）阎若璩:《尚书古文疏证》，上海古籍出版社 1987 年版。

（清）《康熙起居注》第 2 册，中华书局 1984 年版。

（清）《御制数理精蕴》，清光绪十四年，上海慎记书局石印。

（清）李光地:《榕村全集》，康熙间刻本。

（清）李光地:《榕村语录》，乾隆刻本。

（清）梅文鼎:《绩学堂文钞》，乾隆年间梅氏家刻本。

（清）梅文鼎：《勿庵历算书目》，知不足斋本，《丛书集成新编》第1册，新文丰1985年版。

（清）梅文鼎：《梅氏丛书辑要》，梅瑴成编，乾隆承学堂刊本。

（清）彭定求编《全唐诗》，中华书局1960年版。

（清）方中履：《古今释疑》，清康熙元年刻本。

（清）《圣祖仁皇帝实录》，中华书局1985年版。

（清）全祖望：《鲒埼亭集》，《四部丛刊初编》本，商务印书馆1936年版。

（清）张廷玉等：《明史》，中华书局1974年版。

（清）《世宗宪皇帝实录》，中华书局1985年版。

（清）永瑢等：《四库全书总目》，中华书局1965年版。

（清）纪昀：《阅微草堂笔记》，嘉庆五年北平盛氏望益书屋刻本。

（清）嵇璜等：《清朝文献通考》，光绪壬寅五月贯吾斋印本。

（清）翁方纲：《翁氏家事略记》，（清）英和校订，清嘉庆间刻本。

（清）洪亮吉：《洪北江诗文集》，《四部丛刊初编》集部，上海涵芬楼影印《北江全书》本，上海书店出版社1989年据商务印书馆1926年版重印。

（清）孙星衍：《孙渊如外集》，光绪二十年湖南思贤书局刊本。

（清）李文藻：《琉璃厂书肆记》，海宁陈乃乾慎初堂校印1925年本。

（清）崔述：《崔东壁遗书》，上海古籍出版社1983年版。

（清）贺长龄等编《清经世文编》，中华书局1992年影印本。

（清）戴震：《孟子字义疏证》，中华书局1982年版。

（清）戴震：《戴震文集》，中华书局1974年版。

（清）戴震：《戴震集》，上海古籍出版社1980年版。

（清）戴震：《戴东原集》，清乾隆元年金坛段玉裁经韵楼刻本。

（清）江永：《数学》，王云五编《丛书集成初编》本，商务印书馆1936年版。

（清）章学诚：《章学诚遗书》，文物出版社1985年版。

（清）钱大昕：《十驾斋养新录》，上海书店1983年版。

（清）钱大昕：《潜研堂文集》，光绪龙氏家传书坊刻本。

（清）钱大昕：《廿二史考异》，集古书屋，清光绪二十四年。

（清）钱仪吉：《碑传集》，中华书局1993年版。

（清）程廷祚:《青溪文集》，道光十七年东山草堂刊本。

（清）钱绮:《五松园文稿》，岱南阁丛书本。

（清）段玉裁:《六书音均表》,《经韵楼丛书》本。

（清）段玉裁:《经韵楼集》，道光七年衍祥堂本。

（清）陈寿祺:《左海文集》，清刻本。

（清）昭梿:《啸亭杂录》，清光绪六年九思堂藏本。

（清）昭梿:《啸亭续录》，上海申报馆仿聚珍本。

（清）凌廷堪:《校礼堂文集》，清嘉庆十八年刻本。

（清）阮元:《揅经室集》《揅经室一集》《揅经室三集》,《文选楼丛书》，仪征阮氏珠湖草堂，清道光年间刻本。

（清）阮元校刻《十三经注疏附校勘记》，中华书局 1980 年版。

（清）阮元:《畴人传》，清《文选楼丛书》本。

（清）阮元:《畴人传》,（清）罗士琳续，道光二十年蛟川花雨楼张氏校正重锓本。

（清）汪中:《述学》,《粤雅堂丛书》续刻本。

（清）《高宗纯皇帝实录》，中华书局 1985（1986）年版。

（清）赵擢彤、宋缙:《（嘉庆）孟津县志》，清嘉庆二十一年增修本。

（清）皮锡瑞:《经学历史》，中华书局 1959 年版。

（清）姚莹:《中复堂全集》，姚浚昌安福县署，清同治六年刻本。

（清）郁永河:《伪郑逸事》，清道光年间刻本。

（清）王先谦:《东华录》，光绪二十四年上海广百宋斋。

（清）王先谦:《东华续录》，清光绪二十四上海文澜。

（清）杞庐主人等:《时务通考》，上海点石斋，光绪二十三年(1897)。

（清）钱丰选辑《万国分类时务大成》，上海袖海山房，光绪二十三年。

（清）夏琳:《闽海纪要》，清末抄本。

（清）辜鸿铭:《大英百科全书评论·其二》，商务印书馆 1907 年版。

（清）颜惠庆:《大英百科全书评论·其四》，商务印书馆 1907 年版。

（清）邹弢编《万国近政考略》，三借庐藏板，光绪二十二年。

（清）邵友廉:《洋务经济通考》，上海鸿宝斋，光绪戊戌年。

黄摩西:《普通百科新大辞典》，国学扶轮社 1911 年。

王国维:《观堂集林》，乌程蒋氏密韵楼 1923 年印。

北平故宫博物院编《康熙与罗马使节关系文书》（四），北平故宫博物院 1932 年影印本。

陈垣:《元西域人华化考》，载《励耘书屋丛刻》（上），民国二十三年（1934）刻本。

王重民编《办理四库全书档案》，国立北平图书馆 1934 年排印本。

张静庐辑注《中国近代出版史料初编》，群联出版社 1953 年版。

侯外庐:《中国思想通史》，人民出版社 1956 年版。

朱师辙:《清史述闻》，生活·读书·新知三联书店 1957 年版。

罗光:《教廷与中国使节史》，光启出版社 1967 年版。

王云五编《续修提要》，商务印书馆 1972 年版。

中共中央编译局编《马克思恩格斯选集》，人民出版社 1972 年版。

《鲁迅全集》，人民文学出版社 1973 年版。

中国第一历史档案馆编《清代中俄关系档案史料选编》，中华书局 1981 年版。

杜石然等:《中国科学技术史稿》下册，科学出版社 1982 年版。

陈登原:《古今典籍聚散考》，上海书店出版社 1983 年版。

朱谦之:《中国哲学对于欧洲的影响》，福建人民出版社 1983 年版。

蔡元培:《蔡元培全集》第 3 卷，中华书局 1984 年版。

刘重来:《常璩与〈华阳国志〉》，四川人民出版社 1985 年版。

黄鸿寿编《清史纪事本末》，上海书店 1986 年版。

王栻主编《严复集》第 2 册诗文（下），中华书局 1986 年版。

王栻主编《严复文集》第 3 册，中华书局 1986 年版。

方豪:《中西交通史》下，岳麓书社 1987 年版。

方豪:《中国天主教史人物传》，中华书局 1988 年版。

任松如:《四库全书答问》，巴蜀书社 1988 年版。

徐宗泽:《明清间耶稣会士译著提要》，中华书局 1989 年版。

梁启超:《饮冰室文集》，中华书局 1989 年影印本。

徐世昌:《清儒学案》，中国书店 1990 年版。

仓修良主编《中国史学名著评介》（第 1 卷），山东教育出版社 1990 年版。

陈祖武:《清初学术思辨录》,中国社会科学出版社 1992 年版。

白寿彝:《白寿彝史学论集》(上),北京师范大学出版社 1994 年版。

杨家骆:《四库全书百科大辞典》,警官教育出版社 1994 年版。

杨光先:《不得已》,载顾廷龙主编《续修四库全书》,上海古籍出版社 1995 年版。

孟华:《伏尔泰与孔子》,新华出版社 1993 年版。

梁启超:《清代学术概论》,东方出版社 1996 年版。

王国维:《王国维文集》第 4 集,中国文史出版社 1997 年版。

中国第一历史档案馆编《纂修四库全书档案》,上海古籍出版社 1997 年版。

李瑜青主编《伏尔泰哲理美文集》,安徽文艺出版社 1997 年版。

黎虎:《汉唐外交制度史》,兰州大学出版社 1998 年版。

赵尔巽等:《清史稿》,中华书局 1998 年版。

章炳麟:《訄书》,徐复注,上海古籍出版社 2000 年版。

梁启超:《中国近三百年学术史》,山西古籍出版社 2001 年版。

周少川:《元代史学思想研究》,社会科学文献出版社 2001 年版。

葛兆光:《中国思想史》,复旦大学出版社 2001 年版。

张西平:《中国与欧洲早期宗教和哲学交流史》,东方出版社 2001 年版。

沈定平:《明清之际中西文化交流史》,商务印书馆 2001 年版。

顾颉刚:《当代中国史学》,上海古籍出版社 2002 年版。

吴伯娅:《康雍乾三帝与西学东渐》,宗教文化出版社 2002 年版。

张舜徽:《中国文献学》,华中师范大学出版社 2004 年版。

冯尔康:《清史史料学》,沈阳出版社 2004 年版。

许明龙:《黄嘉略与早期汉学》,中华书局 2004 年版。

顾裕录:《中国天主教述评》,上海社会科学院出版社 2005 年版。

赵林:《浪漫之魂——让—雅克·卢梭》,武汉大学出版社 2005 年版。

张国刚、吴莉苇:《启蒙时代欧洲的中国观:一个历史的巡礼与反思》,上海古籍出版社 2006 年版。

《熙朝崇正集 熙朝定案(外三种)》,韩琦、吴旻校注,中华书局 2006 年版。

唐贤兴主编《近现代国际关系史》，复旦大学出版社 2006 年版。

北京大学哲学系外国哲学史教研室编译《西方哲学原著选读》（下），商务印书馆 2007 年版。

陈平原、米列娜主编《近代中国的百科辞书》，北京大学出版社 2007 年版。

何兆武：《中西文化交流史论》，湖北人民出版社 2007 年版。

邸永君：《清代翰林院制度》，社会科学文献出版社 2007 年版。

何川芳：《中外文化交流史》，国际文化出版公司 2008 年版。

黄爱平、黄兴涛编《西学与清代文化》，中华书局 2008 年版。

陈晓华：《“四库总目学”史研究》，商务印书馆 2008 年版。

张西平：《中国与欧洲早期宗教和哲学交流史》，东方出版社 2010 年版。

［日］坂本健一：《外国地名人名辞典》，新学会社 1904 年版。

［日］滨口富士雄：《清代考据学の思想史的研究》，国学刊行会 1994 年版。

［日］木下铁矢：《清朝考证学とその时代——清代の思想》，创文社 1996 年版。

Sendschreiben aus den weitberumten Landschaften U. S. W. , Dillingen, 1589.

Herman Kogan, *The Great EB*: *the Story of Encyclopaedia Britannica*. The University of Chicago Press, 1958.

PING-TI HO, *The Ladder of Success in Imperial China*, New York, 1962.

Robert Collison, *Encyclopedias*: *their history throughout the ages*, Hafner, 1964 New York, London.

Base on A. Chan, S. J, *The Glory and Fall of the Ming Dynasty*, Norman, Okla. 1982.

［美］魏斐德：《洪业——清朝开国史》，陈苏镇、薄小莹等译，江苏人民出版社 1998 年版。

［美］罗伯特·达恩顿：《启蒙运动的生意》，叶桐、顾杭译，生活·读书·新知三联书店 2005 年版。

［美］杰里·本特利、赫伯特·齐格勒：《新全球史》，北京大学出版

社 2007 年版。

［英］张伯尔:《世界名人传略》,［英］窦乐安、(中国)黄鼎、张在新等人译述,许家惺校订,山西大学堂译书院发行,商务印书馆光绪三十四年版,D 册。

［英］李约瑟:《中国科学技术史》第 4 卷第 2 分册,科学技术出版社 1975 年版。

［英］巴克尔:《史学大师》,纽约,1982 年。

［英］W. C. 丹皮尔:《科学史及其与哲学和宗教的关系》,商务印书馆 1987 年版。

［英］培根:《人性的探索》,何新译,黑龙江人民出版社 1989 年版。

［英］赫德逊:《欧洲与中国》,王遵仲等译,中华书局 1995 年版。

Charles W J Withers, *Encyclopaedism, modernism and the classification of geographical knowledge*, Transactions of the Institute of British Geographers, New Series, Vol. 21, No. 1 (1996), Black well Publishing on behalf of The Royal Geographical Society (With the Institute of British Geographers).

［英］培根:《论古人的智慧》,李春长译,华夏出版社 2006 年版。

［英］培根:《培根论人生》,何新译,天津人民出版社 2007 年版。

［英］裕尔:《东域纪程录丛——古代中国闻见录》,［法］考迪埃修订,张绪山译,中华书局 2008 年版。

Clerc Nicolas-Gabriel. Clerc, *Yu le grand et Confucius, histoire chinoise*, Soissons: P. Courtois, 1769.

［法］伏尔泰:《伏尔泰全集》,Gotha,1786 年。

［法］《萨麦勒先生攻讦在华教会的答复》(*Réponse à des attaquesfaites par M. de Sommerat Contre les misaionaires de la Chine*),由《亚、非、美三洲传教见闻书札》(*Lettres édifiantes et curieuses Concernant I'Asie, I'Afrique et I'Amérique*)复录,1843 年泛神学术会(Société du Panthéon Littéraire)在巴黎出版。

［法］费奈隆著:《政治文件和书信》,巴黎 Urbain 出版社 1921 年版。

［法］吕波尔:《狄德罗》,V. 费尔德曼译自俄文,巴黎 1936 年版。

［法］卢梭:《卢梭忏悔录》,华文出版社 2003 年版。

［法］狄德罗:《狄德罗哲学选集》,江天骥、陈修斋、王太庆译,商务印书馆 1983 年版。

［法］亨利·勒费弗尔：《狄德罗的思想和著作》，张本译，商务印书馆 1985 年版。

［法］J. 谢和耐：《中国文化与基督教的冲撞》，于硕等译，辽宁人民出版社 1989 年版。

［法］埃德蒙·帕里斯：《耶稣会士秘史》，张加萍译，中国社会科学出版社 1990 年版。

［法］伏尔泰：《哲学辞典》，商务印书馆 1991 年版。

［法］谢和耐：《中国和基督教——中国和欧洲文化之比较》，耿昇译，上海古籍出版社 1991 年版。

［法］安田朴、谢和耐：《明清间入华耶稣会士和中西文化交流》，巴蜀书社 1993 年版。

［法］裴化行：《利玛窦评传》，管震湖译，商务印书馆 1993 年版。

［法］罗曼·罗兰：《让—雅克·卢梭简介》，载［法］罗曼·罗兰编选《卢梭的生平和著作》，王子野译，生活·读书·新知三联书店 1993 年版。

［法］裴化行：《利玛窦评传》，管震湖译，商务印书馆 1993 年版。

［法］伏尔泰：《风俗论》，商务印书馆 1994 年版。

［法］艾田蒲：《中国之欧洲》下卷，河南人民出版社 1994 年版。

［法］卢梭：《卢梭散文选》，李平沤译，百花文艺出版社 1995 年版。

［法］费赖之：《在华耶稣会士列传及书目》上，中华书局 1995 年版。

［法］伊丽莎白·巴丹特尔、罗贝尔·巴丹特尔：《孔多塞传》，马为民、廖先旺、张祝基译，商务印书馆 1995 年版。

［法］伏尔泰：《风俗论》，梁守锵译，商务印书馆 1995 年版。

［法］安德烈·比利：《狄德罗传》，张本译，管震湖校，商务印书馆 1995 年版。

［法］格勒蒂塞：《法国革命的哲学》，伽利玛出版社 1996 年版。

［法］撒玛纳札：《福尔摩沙变形记》，薛绚译，大块文化出版股份有限公司 1996 年版。

［法］托克维尔：《旧制度与大革命》，商务印书馆 1997 年版。

［法］摩莱里：《自然法典》，黄建华、姜亚洲译，商务印书馆 2000 年版。

［法］弗朗索瓦·布吕士：《太阳王和他的时代》，麻艳萍译，山东画报出版社2005年版。

［法］杜赫德编《耶稣会士中国书简集——中国回忆录》，吕一民、沈坚、郑德弟译，大象出版社2005年版。

［法］安东尼·德·巴克、弗朗索瓦丝·梅洛尼奥：《法国文化史》Ⅲ《启蒙与自由：十八世纪和十九世纪》，朱静、许光华译，华东师范大学出版社2006年版。

［法］亨利·柯蒂埃：《十八世纪法国视野里的中国》，唐玉清译，钱林森校，上海书店出版社2006年版。

［法］卢梭：《论科学与艺术》，何兆武译，上海人民出版社2007年版。

［法］狄德主编《狄德罗的〈百科全书〉》，［美］坚吉尔英译，梁从诫汉译，花城出版社2007年版。

［法］伏尔泰：《论宽容》，蔡鸿滨译，花城出版社2007年版。

［法］让·雅克·卢梭：《卢梭论戏剧（外一种）》，王子野译，生活·读书·新知三联书店2007年版。

［法］亨利·古耶：《卢梭与伏尔泰：两面镜子里的肖像》，裴程译，华东师范大学出版社2008年版。

［法］让·雅克·卢梭：《论人与人之间不平等的起因和基础》，李平沤译，商务印书馆2008年版。

［德］利奇温：《十八世纪中国与欧洲文化的接触》，朱杰勤译，商务印书馆1962年版。

Macaulay Babington, *Œuvres de Frédéric le Grand*, Berlin, 1983.

［德］卡西尔：《卢梭·康德·歌德》，刘东译，生活·读书·新知三联书店2002年版。

［德］彼得·克劳斯·哈特曼：《耶稣会简史》，谷裕译，宗教文化出版社2003年版。

［德］E. 卡西尔：《启蒙哲学》，顾伟铭、杨光仲、郑楚宣译，山东人民出版社2007年版。

［德］康德：《实践理性批判》，商务印书馆2009年版。

［意］利玛窦：《利玛窦书信集》，罗渔译，光启出版社1986年版。

［意］利玛窦：《中国传教史》，光启出版社1986年版。

［意］维柯：《新科学》，朱光潜译，商务印书馆 1989 年版。

［比］雷蒙·特鲁松：《卢梭传》，李平沤、何三亚译，商务印书馆 1998 年版。

［葡］曾德昭：《大中国志》，何高济译，李申校，上海古籍出版社 1998 年版。

［荷兰］包乐士：《中荷关系史》，庄国土译，荷兰路口店出版社 1989 年版。

论文

（清）鸿宝斋主人：《〈洋务经济通考〉叙》，载（清）邵友廉《洋务经济通考》，上海鸿宝斋，光绪戊戌年。

马君武：《唯物论二巨子（底得娄、拉梅特里）之学说》，《大陆》1903 年第 2 期。

范文澜：《中国经学史的演变》，载《范文澜历史论文集》，中国社会科学出版社 1979 年版。

张芝联：《中法文化交流》，载周一良主编《中外文化交流史》，河南人民出版社 1987 年版。

郑良树：《古籍真伪考辨的过去与未来》，《文献》1990 年第 2 期。

赵刚：《康熙博学鸿词科与清初政治变迁》，《故宫博物院院刊》1993 年第 1 期。

李煜瀛：《世界学典书例答问》，载杨家骆《四库全书百科大辞典》，警官教育出版社 1994 年版。

黄燕生：《校理〈四库全书总目〉残稿的再发现》，载《中华文史论丛》第 48 辑，上海古籍出版社 1991 年版。

刘固盛：《现存最早的巴人诗歌》，《文史杂志》1997 年第 3 期。

彭林：《从〈畴人传〉看中西文化冲突中的阮元》，《学术月刊》1998 年第 5 期。

邹振环：《近代最早百科全书的编译与清末文献中的狄德罗》，《复旦大学学报》1998 年第 3 期。

章益国：《史与诗》，《学术月刊》1999 年第 10 期。

罗宾：《梦幻与现实之间：近代某些法国思想家头脑中的中国》，转引自程力田《法国启蒙思想家对中国的看法及中国对其影响》，《南平师专学报》1999 年第 1 期。

吕友仁:《历史文献学是历史系的不能承载之重——历史文献学学科建设刍议》，中国历史文献研究会第二十六届年会论文，2005 年。

周少川等:《世纪断想——中国历史文献学学科建设的思考》，载《历史文献研究》第 22 辑，华中师范大学出版社 2003 年版。

淮茗:《中国藏书文化研究的新收获——评三部新出版的中国藏书文化论著》,《中国图书评论》2001 年第 2 期。

易丹:《李学勤谈清代学术的几个问题》，《中华读书报》2001 年 8 月 15 日第 9 版。

王晓东:《向伟大的时代致敬——〈路易十四时代〉导读》，载［法］伏尔泰《路易十四时代》，王晓东编译，北京出版社 2007 年版。

刘新成:《中文版序言》，载［美］杰里·本特利、赫伯特·齐格勒:《新全球史》，北京大学出版社 2007 年版。

刘新成:《互动：全球史观的核心理念》，载《全球史评论》2009 年第 2 辑，北京大学出版社 2009 年版。

晏绍祥:《18 世纪欧洲关于古典世界历史的学术》，《史学理论研究》2011 年第 3 期。

Donald F. Lach and Edwinj. Van Kley, *China*: *The Late Ming Dynasty. Asia in Making of Europe*. Volume III. *A Century of Advance*. The University of Chicago Press, Chicago, 1993.

后 记

窗外在下雨，很急！大约是今年晴日过长，雨等得不耐烦了，终于有机会露头，也就免不了要点脾气，撒点泼！

喧闹一天的北京，在雨夜中比平日安静了许多。这样难得的雨夜，很容易让我想起家乡的小镇。在这样的雨夜，街上偶尔的匆匆赶回家的路人，踟蹰的流浪汉，老是四处觅食的脏兮兮的狗，他们的身影，全会在家乡小镇昏黄迷蒙的灯光下摇曳。而那天籁一般的寂静，总让难得路过的一两辆汽车，或那两三个或一群大人尚来不及捉归的、不知疲倦的小孩们捉迷藏的吵嚷声划破。待这一切均消逝的时候，小镇就完全进入了梦乡。只有谁家的呓语、谁家咳嗽、谁家的鼾声，从人家窗前、从深巷中，悄悄地飘入小镇的长长的街道中。这当儿，最清醒最快乐的，要数那幸运的不被主人强留家中的夜不寐的猫们，它们正做着呼朋引伴的快事。夜，是属于它们这一类夜的自由者。至于那常与他们争宠于同一屋檐下的狗们，则乖乖地待在主人指定的范围内，小心翼翼地守家护院，半睡半醒。偶尔它们也狂吠几声，表示对路过门前的醉鬼或些许的声音的不满。若吵醒了主人，则照例免不了被呵斥几句，它们也照例委屈地悻悻几声。然后一切的一切均归于夜的统领，一切的一切均如此祥和，一切的一切均如此美好，一切的一切全在这沉静里！

这个夏天，我总算体会到老舍在《骆驼祥子》里描述的闷热了，了了我来京就想体验但似乎并没有体验到的遗憾。或许这个夏天以前的夏天的我，懵懵，甚或浑浑噩噩，以至于对这个北京早就有名的本就存在的夏日的闷热，却没有做好有心人。在它本就存在之际，冷落错过了它。这是我的失心之过！人，或许就是这样，当匆忙于生计，追求身外风景之际，却往往忽略了身边本就存在的风景。其实，那才是最美最真实，日日忠实于你的良辰美景。不过，虽然自己之故，令老舍所言北京之闷热在记忆中未尝烙下痕迹，但骆驼祥子所亲炙的急风骤雨的煎熬倒确实是没有碰见过。看来，气候与很多年前相比，确实变化了许多。时间在悄然改变某些人事，也让人淡忘某些人事之际，也悄然改变了老天。孔子当年曾站在川上感慨此倏忽的时空宇宙，呐喊出“逝者如斯夫”。少时初睹此语，心中顿起无限豪迈。但那仅仅止于心灵的应和，其中哲理，却是年少及阅历颇浅的我，难以悟及的。确然“逝者如斯夫”。离开巴渝来京求学，从此故里京城，两地往来，倏忽九年有余。九年来，人事变迁，聚散离合，书未曾一日辍手。至于今，读书虽然没有破万卷，但小小的居室已经没有我的书的容身之地了。在我而言，它是造就今天的我的功臣，也是带来我平淡得不能再平淡的生活的罪臣。以至于今天的我，小有绝尘寰，弃人事之态。当然，我也得感谢它，带来的是我心灵的静谧与雅量。想逃离这心性的羁绊，但它却是心灵的归依。此一生与其交道是终究的了。既然是宿命，那就不如好好走下去，义无反顾地沿着圣人读人生宇宙而生出慨叹所需要的旅程走下去。只不过圣人之语中所蕴涵的上下古今之境，包罗万象之态，年少时不能参透，现在依然不见长足进步。看来，非历练不止，终生而为不可得了。

也正是系于终日与书为伍，而且大部分时间徜徉于古书之故，有时也多少会把事物理一个因果出来。与我这九年来朝夕相伴的就是那部乾隆1772年计划修纂，日后20年间倾全力打造的丛书。正是这一年，西方法国狄德罗完成了他的《百科全书》的编撰。二者是否有沟通的桥梁？在完成有关四库前两部著作之后，受刘新成老师全球史理念影响，我开始思考这个问题。从2008年至今，倾力于此，今终于有所成，完成了自己有关四库的目前最后一个愿望，即今这本书。本书以全球史视野立足文献以观18世纪及其前后中西及其互动，见证中西未来必然的不同发展趋势与迥异的道路。进入这个领域到领悟它的研究方法，就内部外部言，均不容易。就内部言，我自身外语底子薄，阅读外文文献很是费力；就外部言，全球史对我来说是个陌生的领域，一切均从头开始。幸有良师点拨，愚钝方开！佛家推崇点拨顿悟之功，常达到极致。往昔怪其玄妙，今不信不然。

2012年9月6日